Problemlösungen mit Mathcad für Windows

Markus Hörhager
Heinz Partoll

Problemlösungen mit Mathcad für Windows

Für Mathematiker, Physiker, Qualitätstechniker, Maschinenbauer, Elektrotechniker, Chemiker, Biologen

ADDISON-WESLEY PUBLISHING COMPANY

Bonn · Paris · Reading, Massachusetts · Menlo Park, California · New York
Don Mills, Ontario · Wokingham, England · Amsterdam · Milan · Sydney
Tokyo · Singapore · Madrid · San Juan · Seoul · Mexico City · Taipei, Taiwan

Die Deutsche Bibliothek – CIP-Einheitsaufnahme

Hörhager, Markus:
Problemlösungen mit Mathcad für Windows : Für Mathematiker, Physiker, Qualitätstechniker, Maschinenbauer, Elektrotechniker, Chemiker, Biologen /Markus Hörhager; Heinz Partoll. – Bonn; Paris; Reading, Mass. [u.a.]: Addison-Wesley, 1995
ISBN 3-89319-728-1
NE: Partoll, Heinz:

Satz: Reemers EDV-Satz, Krefeld. Gesetzt aus der Sabon 10/12 Pkt.
Belichtung, Druck und Bindung: Bercker Graphischer Betrieb, Kevelaer
Produktion: Claudia Lucht, Bonn
Umschlaggestaltung: Hommer Grafik-Design, Haar bei München

Das verwendete Papier ist aus chlorfrei gebleichten Rohstoffen hergestellt und alterungsbeständig. Die Produktion erfolgt mit Hilfe umweltschonender Technologien und unter strengsten Auflagen in einem geschlossenen Wasserkreislauf unter Wiederverwertung unbedruckter, zurückgeführter Papiere.

Vorwort

Dieses Problemlösungsbuch richtet sich an alle Mathcad-Anwender, die das »Letzte« aus diesem Computeralgebraprogramm herausholen möchten. Sie werden anhand der vielen Beispiele sehen, wie vielseitig Mathcad anwendbar ist. Dabei ist es »fast« egal, ob Sie sich Mathcad 3.1, 4.0, 5.0 oder PLUS 5.0 gekauft haben, für jeden Benutzer sind Beispiele auf der Beispieldiskette zu finden. König sind Sie selbstverständlich mit der Version PLUS 5.0, da dieses Paket neben sehr vielen nützlichen Funktionen (z.B. zum numerischen Lösen von Differentialgleichungen oder erweiterte Matrixfunktionen) auch die Möglichkeit zur symbolischen Berechnung von Laplace-, *z*- und Fouriertransformation bietet.

Unser Ziel ist es, Ihnen neben einem Kurzeinstieg in Mathcad, Anregungen und Ideen zu vermitteln, wie Sie mit Ihren praxisrelevanten Problemen fertig werden können und Mathcad hierfür sinnvoll als Werkzeug einsetzen können. Dabei ist es vollkommen egal, ob Sie nun ein Nachrichtentechniker sind und ein digitales Filter dimensionieren möchten, oder ein Maschinenbauer, der die Bewegung eines Gelenkgetriebes studieren möchte. Vielleicht sind Sie ein Biologe, der die Vermehrung einer Population berechnen möchte, oder Sie sind ein Qualitätstechniker und benötigen eine Qualitätsregelkarte, oder ein Physiker und möchten die Korteweg-de Vries Gleichung numerisch lösen? Vielleicht sind Sie auch ein Regelungstechniker und möchten das Verhalten einer digitalen Regelung studieren, oder aber ein Ökonom, der das Modell von Samuelson untersuchen möchte. Für Sie alle ist dieses Buch geschrieben.

Im ersten Kapitel dieses Buches finden Sie einen Schnelleinstieg in Mathcad und die Mathematik, die jeder Anwender aus den verschiedenen Fachgebieten benötigt. Dazu gehören die numerische und analytische Lösung von linearen und nichtlinearen Gleichungssystemen, Anwendungen der Interpolations- und Ausgleichsrechnung wie z.B. Curvefitting bei der Auswertung von Meßdaten, symbolische Berechnungsmöglichkeiten von Mathcad wie z.B. Integration, Differentiation oder die Reihenentwicklung, sowie die numerische und analytische Lösung von Differentialgleichungen und Differentialgleichungssystemen. Wenn Sie ausführliche Informationen zur Bedienung von Mathcad benötigen, seien Sie auf unser Buch *Mathcad 5.0 / PLUS 5.0* verwiesen, ebenfalls erschienen im *Addison-Wesley* Verlag, 1994.

Der zweite Abschnitt ist Mathematikern und Physikern gemeinsam gewidmet und aus diesem Grund umfangreicher wie die anderen Abschnitte. Da wir auf Anwendbarkeit in der Praxis höchsten Wert legen, stammen die Problemstellungen hauptsächlich aus verschiedenen Teilbereichen der Physik, die aber sicherlich auch für Mathematiker, Maschinenbauer und Elektrotechniker von Interesse sind.

Problemstellungen aus dem Bereich der Qualitätssicherung und der angewandten Statistik finden Sie im Kapitel 3. Wir zeigen Ihnen die Implementierung von wichtigen Verteilungsfunktionen in Mathcad, sowie deren Anwendung bei statistischen Tests, beim Entwurf von Qualitätsregelkarten oder bei Lebensdaueruntersuchungen.

Den Biologen und Chemikern ist der vierte Abschnitt gewidmet. Wir zeigen Ihnen neben der Untersuchung von Populationsmodellen auch verschiedene Problemstellungen aus der Reaktionskinetik und der Quantenchemie.

Daß dieses Computeralgebraprogramm auch für eingefleischte EXCEL-Anwender aus den Fachbereichen der Betriebswirtschaft und der Ökonomie interessant sein kann, zeigen wir Ihnen im Abschnitt 5. Sie finden eine Analyse des Angebots- und Nachfragegleichgewichts, die Bestimmung des optimalen Standorts eines Auslieferungslagers, einige Untersuchungen an volkswirtschaftlichen Modellen und viele andere interessante Problemstellungen.

Den Maschinenbauern unter Ihnen zeigen wir im Kapitel 6, wie Sie Schwerpunkte und Trägheitsmomente berechnen können. Sie finden neben einer Trägerberechnung für beliebige Punkt- und Streckenlasten auch die Analyse von Kurbelgetrieben verschiedenster Art.

Mit dem Kapitel 7 wenden wir uns an den Elektrotechniker und den Elektronikingenieur. Neben der Analyse von Einschaltvorgängen finden Sie auch die Behandlung nichtlinearer Bauelemente. Wir zeigen Ihnen anhand von Kleinsignalverstärkern, wie Sie mit Mathcad die verschiedenartigen Vierpolparameter ineinander umrechnen können, um damit unterschiedlichste Schaltungsvarianten durchzuführen.

Das Kapitel 8 ist der Nachrichtentechnik gewidmet. Sie finden in diesem Kapitel die Erstellung von Bode-Diagrammen, die Berechnung passiver und aktiver Filter, die Spektralanalyse verschiedener Modulationsarten, sowie die Berechnung digitaler FIR- und IIR-Filter. Da die Firma *MathSoft* mit dem *Signal Processing Function Pack* ein umfangreiches und sehr leistungsfähiges Zusatzfunktionspaket für Mathcad anbietet, möchten wir Ihnen im letzten Abschnitt dieses Kapitels anhand von einigen Beispielen die vielseitige Einsetzbarkeit dieses Zusatzpaketes zeigen. Dieses Zusatzpaket ist in gleichem Maße auch für den Physiker von Interesse.

Das letzte Kapitel in diesem Buch wendet sich an die Impuls- und Regelungstechniker unter Ihnen. Neben Impulsformung durch Pol-Nullstellen-Kompensation finden Sie auch die Analyse verschiedener Oszillatorschaltungen. Für den Regelungstechniker stellen wir die Dimensionierung von analogen und digitalen Reglern vor. Auch für Probleme der adaptiven Regelung und der Regelung mit endlicher Ausgleichszeit werden Lösungen angeboten.

Wir haben uns größte Mühe gegeben, ein ausgewogenes Mittelmaß für jede Fachrichtung zu finden, auch wenn nicht alle Spezialgebiete den gleichen Seitenumfang aufweisen. Damit dieses Buch auch für Studenten erschwinglich bleibt, wurde die Seitenzahl bewußt auf ca. 300 Seiten beschränkt. Wir kamen dadurch nicht umhin, viele interessante Problemanalysen auf Diskette auszulagern. Würde man alle Beispiele in den Buchtext integrieren, so hätten Sie wohl ein Buch mit 1000 Seiten in Händen.

Uns bleibt nur noch, Ihnen beim Studium dieses Buches viel Freude zu wünschen und verbleiben in der Hoffnung, Ihnen bei der Lösung eigener Problemstellungen hilfreich gewesen zu sein.

Markus Hörhager & Heinz Partoll im Oktober 1994

Konventionen

Symbole:

- ▶ Dieses Dreieck markiert die einzelnen Punkte einer Aufzählung.
- ■ An dieser Stelle beginnt eine logische Folge von Lösungsschritten.
- ⇨ Der Pfeil soll einen Hinweis markieren oder auf eine »Falle« aufmerksam machen.

Dieses Diskettensymbol zeigt an, daß das angesprochene Beispiel zwar im Text erläutert, die vollständige Ausführung aber nur auf der Beispieldiskette zu finden ist.

Dieses Diskettensymbol deutet an, daß das angesprochene Beispiel Features der Version PLUS 5.0 verwendet.

Dieses Zeichen finden Sie bei Befehlen, die in Mathcad 5.0/PLUS 5.0 neu gegenüber der letzten deutschsprachigen Version 3.1 hinzugekommen sind. Manchmal begnügen wir uns aus Platzgründen, mit einer in Klammern hinzugefügten Erläuterung.

Dieses Zeichen finden Sie bei Befehlen, die nur in Mathcad PLUS 5.0 nicht aber in Mathcad 5.0 und den Vorgängerversionen zur Verfügung stehen.

Im Text verwendete Schriften und Zeichen:

- ▶ Menübefehle werden in diesem Buch in KAPITÄLCHEN geschrieben.
- ▶ Dateinamen erscheinen in Großbuchstaben in der Schrift `COURIER`.
- ▶ Ebefalls in `Courier` sind die Mathcad-Eingabezeilen dargestellt.
- ▶ Fehlermeldungen sind in Helvetica *Kursivschrift* gehalten.
- ▶ Spezielle Begriffe und Mathcad-Funktionen werden im Text *kursiv* dargestellt.
- ▶ Tastenkombinationen werden mit »+« verknüpft dargestellt, z.B. <Strg>+<Einfg>.

In den Mathcad-Dokumenten verwendete Schriften:

- Die Schrift, in der Mathcad-Funktionen und Konstante in den Formelregionen erscheinen, ist identisch mit dieser Schrift. Variablen und benutzerdefinierte Funktionen werden ebenfalls in dieser Schrift, allerdings *kursiv* dargestellt.
- Erläuternde Texte in Textregionen sind in der Schrift Arial gehalten. In derselben Schrift, aber *kursiv*, werden Menübefehle und Mathcad-Funktionen dargestellt.

I Inhaltsverzeichnis

1 Mathematik für alle Fachgebiete

In diesem Abschnitt geben wir Ihnen, neben einem Schnelleinstieg in die wichtigsten Grundelemente von Mathcad, einen Überblick über die mathematischen Methoden, die jeder Anwender benötigt. Dazu gehören neben den mathematischen Grundfunktionen auch verschiedene numerische Verfahren zur Lösung von Gleichungen, das Lösen linearer Gleichungssysteme, analytische Berechnungen wie das Bilden von Ableitungen, das Bestimmen von Stammfunktionen (unbestimmte Integration) sowie die Entwicklung einer Funktion in Taylor- und Laurentreihen. Wir besprechen auch die in Mathcad integrierten Interpolationsfunktionen und zeigen Ihnen Regressionsverfahren zur Auswertung von Meßdaten. Zu guter Letzt stellen wir Ihnen Verfahren zum numerischen Lösen von gewöhnlichen Differentialgleichungen vor.

1.1 Schnelleinstieg

Dieses Buch ist eigentlich nicht für Einsteiger in Mathcad gedacht. Wir möchten Ihnen dennoch eine Einstiegshilfe anbieten, indem wir Ihnen einen Überblick über die wichtigsten Grundelemente von Mathcad geben. Die Installation von Mathcad ist denkbar einfach. Sie stecken einfach die Installationsdiskette in das entsprechende Laufwerk und führen im Programm-Manager von Windows den Befehl DATEI AUSFÜHREN aus und geben in die Befehlszeile `A:SETUP` ein (bei der Version 3.1 vom DOS-Prompt `A:INSTALL`). Das Installationsverzeichnis fragt nach dem Ziellaufwerk und schlägt standardmäßig `C:\WINMCAD` vor. Das Installationsprogramm erzeugt eine eigene Programmgruppe *MathSoft Apps* im Programm-Manager.

Mittels Doppelklick auf eine der Mathcad-Icons (Mathcad 3.1 und Mathcad 4.0) (Mathcad 5.0) (Mathcad PLUS 5.0) führen Sie einen *Programmstart* von Mathcad durch.

Neu in 5.0 Sie haben die Möglichkeit, sich zum Schnelleinstieg einen kleinen Film *Mathcad Tutorial* anzusehen. Führen Sie dazu einen Doppelklick auf das Icon in der Windows-Gruppe *MathSoft Apps* durch.

Die Beispielprogramme liegen in komprimierter Form auf der Diskette zum Buch vor. Da wir für jede Mathcad-Version Beispielprogramme vorgesehen haben, wurde aus Platzgründen auf ein Installationsprogramm verzichtet. Das Kopieren und Entpacken der komprimierten Beispieldateien `MCAD31.EXE`, `MCAD4.EXE`, `MCAD5.EXE` ist aber nicht schwer. Je nachdem welche Programmversion Sie besitzen, sollten Sie vorher einen der folgenden Hinweise beachten:

⇨ Benutzer von Mathcad 3.1 kopieren und entpacken `MCAD31.EXE`.

⇨ Benutzer der englischen Version Mathcad 4.0 müssen zuerst `MCAD31.EXE` kopieren und entpacken und anschließend erst die Datei `MCAD4.EXE`. In der Datei `MCAD4.EXE` sind die zur Vorgängerversion 3.1 unterschiedlichen Mathcad-Dokumente verpackt und die entsprechenden Dokumente der Version 3.1 werden überschrieben. Wir haben zwar Beispielprogramme für Besitzer einer englischen Mathcad 4.0 Version vorgesehen, haben aber in diesem Buch auf die Angabe der entsprechenden englischen Befehle verzichtet, um den Text nicht zu überladen. An manchen Stellen finden Sie allerdings Hinweise darauf, wie die entsprechenden englischen Funktionsnamen lauten.

⇨ Benutzer von Mathcad 5.0 oder Mathcad PLUS 5.0 kopieren und entpacken `MCAD5.EXE`. Während Besitzer von Mathcad PLUS 5.0 alle Beispieldokumente benutzen können, dürfen sich Mathcad 5.0 Benutzer nicht wundern, wenn im einen oder anderen Dokument ein schwarz hinterlegter Funktionsname auftaucht, diesen Funktionsnamen kennt eben nur die Version PLUS 5.0 (bitte auf Diskettensymbol  achten).

Nun aber zu den nötigen Schritten für das Kopieren und Entpacken Ihrer Beispieldateien:

- Starten Sie den Dateimanager  in der Windows-Hauptgruppe.
- Wechseln Sie im Dateimanager in das Ziellaufwerk, z.B. C:, und erstellen Sie das Zielverzeichnis mit dem Befehl VERZEICHNIS ERSTELLEN aus dem DATEI Menü (z.B. C:\WINMCAD\BUCH).
- Wechseln Sie auf das Diskettenlaufwerk (z.B. A:) mit der Installationsdiskette und klicken Sie einmal auf die zu entpackende Datei `MCAD31.EXE`, `MCAD4.EXE` oder `MCAD5.EXE`.
- Wählen Sie den Befehl KOPIEREN aus dem Menü DATEI (oder Taste <F8>) und geben Sie den Zielpfad z.B. `C:\WINMCAD\BUCH` ein.
- Zum Entpacken der komprimierten Datei wechseln Sie in das Ziellaufwerk auf Ihrer Festplatte. Mittels Doppelklick auf die Datei `MCAD31.EXE`, `MCAD4.EXE` oder `MCAD5.EXE` im Verzeichnis `C:\WINMCAD\BUCH` starten Sie das Entpacken der Mathcad-Dokumente. Die Mathcad-Dokumente werden kapitelweise getrennt entpackt, die Beispiele zu Kapitel 1 finden Sie dann im Verzeichnis `C:\WINMCAD\BUCH\KAP1`.
- Starten Sie Mathcad und öffnen Sie ein Mathcad-Dokument (z.B. `3DFXY.MCD`) aus dem Verzeichnis `C:\WINMCAD\BUCH\KAP1` zur Probe.

1.1.1 Die Operatorpaletten

Am linken Rand Ihres Mathcad-Fensters finden Sie vertikal eine Operatorpalette angeordnet. In Tabelle 1.1 sind die wichtigsten Operatoren aufgelistet. Falls Sie noch keine Erfahrung mit Mathcad haben, sollten Sie die einfachen Beispiele nachvollziehen. Der Einstieg in Mathcad wird durch die Verwendung der Operatorpaletten wesentlich erleichtert, weil man am Anfang nicht die verschiedenen Tastenkombinationen im Kopf behalten kann. Wenn Sie allerdings viel mit Mathcad arbeiten, sollten Sie sich die wichtigsten Tastenkombinationen merken.

Symbol	Funktion	Beispiel	Taste(n)
	Palettenschalter		
	Wertzuweisung	$x := \cos(\pi)$	:
	Variableninhalt ausgeben	$x = -1$	=
	symbolisches Gleichheitszeichen (nur PLUS 5.0 und 4.0)	*entwickeln* $(u+v)^2 \rightarrow u^2 + 2uv + v^2$	<Strg>+<.>
	Gleichung	$ax^2 + bx + c = 0$	<Strg>+<+>
	Die Zahl $\pi = 3.14159...$		<Strg>+<p>
	Operator für Laufvariablen	$i := 1..10$	;
	Quadratwurzel	$\sqrt{4} = 2$	\
	Markierung klammern (nur 5.0)		'
	Betrag einer Zahl	$\|x\| = 1$	|
	Potenz	$3^4 = 81$	^
	Feldindex	$z_i := i^2$	[
	Summe (Mathcad 5.0/3.1)	$\sum_{i=1}^{10} z_i = 385 \quad \sum_i z_i = 385$	<Strg>+ <Umschalt>+<4> $
	Bestimmtes Integral	$\int_0^{\pi} \sin(x)dx = 2$	&
	1.Ableitung	$\frac{d}{dt}\sin(t) \rightarrow \cos(t)$	?
	X-Y-Plot einfügen	`CREATEXY.MCD`	@

Tabelle 1.1: Operatorpalette 1

⇨ Das symbolische Gleichheitszeichen fehlt bei Mathcad 3.1 und bei Mathcad 5.0.

Nachdem Sie die auf der Beispieldiskette befindlichen komprimierten Mathcad-Dateien auf Ihre Festplatte entpackt haben, können Sie sich die zugehörige Datei `PALETTE1.MCD` mit dem Befehl ÖFFNEN aus dem Menü DATEI anschauen (Mathcad 3.1 Menü DATEI, Befehl DOKUMENT ÖFFNEN). Da in Mathcad 5.0 im Vergleich zu 3.1 eine Funktionsleiste integriert wurde, können Sie auch auf das entsprechende Symbol in der Funktionsleiste klicken.

Übung 1.1

Sie sollten auch den letzten Befehl in der ersten Operatorpalette ausprobieren, das Einfügen eines *X-Y-Plots* (vgl. Bild 1.1). Zuvor müssen Sie eine *reelle Laufvariable x* der Form

$$x := x_{min}, x_{min} + \Delta x .. x_{max}$$

definieren, wobei $x_{\min}$ den Startwert, Δx die Schrittweite zwischen 2 benachbarten Punkten und $x_{\max}$ den größten Wert der Laufvariablen darstellen. Ein häufiger Fehler bei der Definition von Laufvariablen ist die Eingabe von 2 einzelnen Punkten anstatt des Laufvariablenoperators (Semikolon <;> mit Tastatur). Anschließend klicken Sie auf das X-Y-Plot Icon und Mathcad erzeugt eine leere Grafik mit 6 Platzhaltern. Tragen Sie in den mittleren Platzhalter auf der Abszisse die Laufvariable *x* ein und im mittleren Platzhalter der Ordinate die zu zeichnende Funktion, z.B. $\sin(x)\cdot\cos(10\cdot x)$. Mit einem Doppelklick auf die Funktionsgrafik können Sie noch Veränderungen am Linientyp vornehmen oder Sie können sich auch Meßpunkte unterschiedlichster Art anzeigen lassen. Auf der Beispieldiskette finden Sie ein entsprechendes Mathcad-Dokument `CREATEXY.MCD`, das Ihnen, neben der Darstellung einer Funktion in der Form $y = f(x)$, zeigt, wie Sie bei einer Funktion in Parameterform (x_i, y_i) einen X-Y-Plot erzeugen können. x_i bzw. y_i müssen als Vektoren über einen Feldindex *i* definiert werden. Die Feldindizierung erfolgt dabei mit einer eckigen Klammer, d.h. x_i geben Sie als Tastenfolge <x><[><i> ein. Alternativ können Sie zur Indizierung das Symbol aus der Operatorpalette verwenden. In Bild 1.1 rechts können Sie eine auf diese Art erzeugte Lissajousfigur sehen.

⇨ Das Erzeugen eines X-Y-Plots kann auch über das Menü GRAFIK der Menüleiste mit X-Y-DARSTELLUNG ERSTELLEN (GRAFIK Menü GRAPH ERSTELLEN) durchgeführt werden.

⇨ Um Ihre eigene Arbeit in ein Mathcad-Dokument vom Typ `*.MCD` zu speichern, wählen Sie aus dem Menü DATEI den Befehl SPEICHERN aus (bzw. Menü DATEI DOKUMENT SPEICHERN) oder klicken auf das Diskettensymbol in der Funktionsleiste.

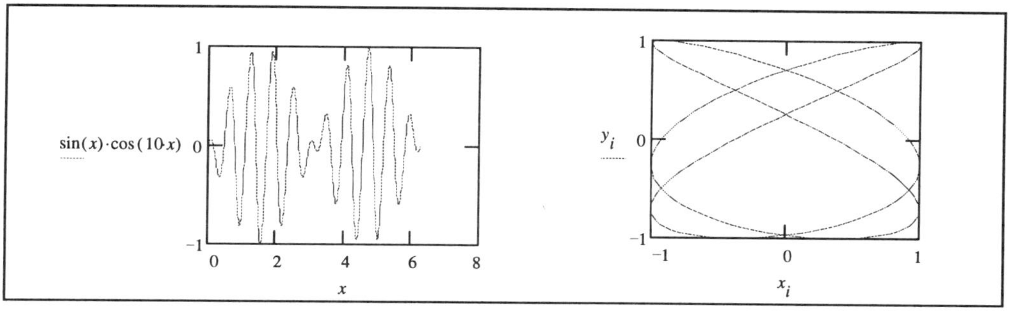

Bild 1.1: Einfügen eines X-Y-Plots, Schwebung und Lissajousfigur

Das oberste Symbol in der Operatorpalette gibt jeweils die Nummer der Operatorpalette an. Wenn Sie auf dieses Symbol klicken, wechseln Sie in die nächste Operatorpalette. Die Symbole der zweiten Operatorpalette sind in Tabelle 1.2 angeführt. Diese Operatoren sind einerseits Vergleichsoperatoren und andererseits Operatoren zum Arbeiten mit Vektoren und Matrizen. Versuchen Sie auch hier die angegebenen Beispiele nachzuvollziehen. Die Vergleichsoperatoren können gut in Funktionsdefinitionen eingebaut werden, z.B. zur stetigen Fortsetzung einer Funktion (z.B. $\frac{\sin(t)}{t}$ an der Stelle t=0) oder zur Definition von Einschaltvorgängen (vgl. Tabelle 1.2 und Übung 1.2).

Symbol	Funktion	Beispiel	Taste(n)
	Palettenschalter		
	Fortsetzungszeile mit +	$x := \cos(\pi)\ldots$ $+\cos(2\pi)$	<Strg>+<↵>
	Globale Wertzuweisung	$y \equiv 0$	~
	Produktoperator (Mathcad 5.0/3.1)	$p := 0.05 \quad \prod_{i=1}^{10}(1+p) = 1.629$	<Strg>+<Umschalt>+<3> #
	Matrixeingabe, Anzahl der Reihen und Spalten eingeben, einzelne Koeffizienten eingeben	$\mathbf{A} := \begin{pmatrix} 4+1i & 1 \\ 2 & 4 \end{pmatrix}$	<Strg>+<m> <Strg>+<v> (Version 3.1)
	Vektorisieren von gleichartigen Vektoren oder Matrizen entspricht komponentenweiser Multiplikation	$\overrightarrow{\left[\begin{pmatrix}2\\3\\1\end{pmatrix}\cdot\begin{pmatrix}-1\\2\\3\end{pmatrix}\right]} = \begin{pmatrix}-2\\6\\3\end{pmatrix}$	<Strg>+<->

Symbol	Funktion	Beispiel	Taste(n)
Σv	Summe der Vektorkomponenten	$u := \begin{pmatrix}2\\3\\1\end{pmatrix}$ $v := \begin{pmatrix}-1\\2\\3\end{pmatrix}$ $\sum u = 6$ $\sum v = 4$	<Strg>+<4>
$M^{\langle\rangle}$	Extrahiert Spalte einer Matrix, die Numerierung beginnt mit Spalte 0	$A^{\langle 0\rangle} = \begin{pmatrix}4 + 1i\\2\end{pmatrix}$	<Strg>+<6>
M^T	Transponierte Matrix	$A^T = \begin{pmatrix}4 + 1i & 2\\1 & 4\end{pmatrix}$	<Strg>+<1>
$\vec{x}\times\vec{y}$	Vektorprodukt zweier Vektoren	$u \times v = \begin{pmatrix}7\\-7\\7\end{pmatrix}$	<Strg>+<8>
$\bar{x}$	Konjugierte Matrix, konjugierter Vektor oder konjugiert komplexe Zahl zu *x*	$\overline{A} = \begin{pmatrix}4 - 1i & 1\\2 & 4\end{pmatrix}$	<«>
≤	≤-Operator	$u(t) := if(t \le 0, 0, sin(t))$	<Strg>+<9>
≥	≥-Operator		<Strg>+<0>
≠	≠-Operator	$Si(t) := if\left(t \ne 0, \frac{sin(t)}{t}, 1\right)$	<Strg>+<3>
	Surface-Plot einfügen	`3DFXY.MCD`	<Strg>+<2>

Tabelle 1.2: Operatorpalette 2

In der Datei `PALETTE2.MCD` finden Sie, neben den in Tabelle 1.2 abgebildeten Beispielen, Hinweise, wie Sie mit Matrizen und Vektoren arbeiten können. Mit +, -, • können Sie Matrizen addieren, subtrahieren und die Matrixmultiplikation durchführen, mit ^ können Sie ganzzahlige Potenzen $A^n, n \in N$ berechnen. Die Kehrmatrix A^{-1} bestimmen Sie mit der Hochzahl -1 und die Determinante $|A|$ einer Matrix mit der Betragsfunktion. Ähnlich verhält es sich mit den Vektoroperationen, +, – für Addition und Subtraktion, • für die Skalarmultiplikation. Sie finden in `PALETTE2.MCD` auch Hinweise zur Bestimmung des Betrags eines Vektors $|u|$ und zur Berechnung von Einheitsvektoren $u_0 := \frac{u}{|u|}$. Weitere Matrix- und Vektoroperationen sind in Tabelle 1.2 aufgeführt.

Übung 1.2

Damit Sie das Erstellen von Funktionsgrafiken nochmals ausprobieren können, versuchen Sie folgende zwei Funktionen in eine Grafik zu verpacken:

$f(t) := \text{wenn}(t < 0, 0, e^{-t/5} \sin(10 \cdot t))$ gedämpfte Schwingung für $t \geq 0$

$Si(t) := \text{wenn}\left(t \neq 0, \dfrac{\sin(t)}{t}, 1\right)$ stetige Fortsetzung notwendig an der Stelle $t = 0$

In beiden Funktionsdefinitionen ist eine *if*-Anweisung enthalten. Die Syntax ist denkbar einfach, der erste Parameter ist die zu prüfende Bedingung, der zweite Parameter die Zuweisung, wenn die Bedingung erfüllt ist, und der dritte Parameter die Zuweisung wenn sie nicht erfüllt ist. In Bild 1.2 sehen Sie die beide Funktionsgraphen links einzeln und rechts in einem Plot enthalten. Um zwei Plots in eine Grafik zu integrieren, müssen Sie nach Eingabe von $f(t)$ in den Platzhalter auf der Ordinate, mit Beistrich getrennt, die zweite Funktion $Si(t)$ eintragen.

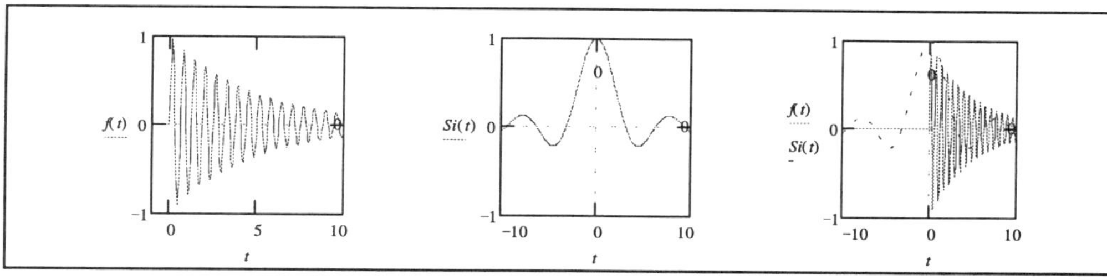

Bild 1.2: Funktionsgrafiken zu Übung 1.2

Eine Lösung dieser Aufgabe finden Sie im Dokument `PALETTE2.MCD`.

Übung 1.3

Der letzte Befehl in der Operatorpalette 2 erzeugt eine 3D-Grafik einer Funktion $z := f(x, y)$ in Form eines Gitternetzes. Wir wollen die spezielle Funktion

$$z := f(x, y) := 3e^{-(x-1)^2 - y^2} + 1.5e^{-(x+1)^2 - y^2}$$

mit $x \in [-1.5, 1.5]$ und $y \in [-1.5, 1.5]$ zuerst als Gitternetzfläche und anschließend ein Niveauliniendiagramm (Contour-Plot) derselben Fläche erzeugen. Zuerst müssen die x_i- und y_j-Werte des Gitternetzes als Vektoren festgelegt werden. Wenn Sie eine äquidistante Teilung der x_i- und y_j-Werte wünschen, können Sie sich folgender Formel bedienen:

$$x_i := x_{\min} + \frac{i}{N}(x_{\max} - x_{\min}), i := 0..N$$

$$y_j := y_{\min} + \frac{j}{N}(y_{\max} - y_{\min}), j := 0..N$$

Nachdem Sie die darzustellende Funktion als Funktionsdefinition

$$f(x,y) := 3\cdot\exp\left[-(x-1)^2 - y^2\right] + 1.5\cdot\exp\left[-(x+1)^2 - y^2\right]$$

in Ihr Mathcad-Dokument eingefügt haben, müssen Sie eine Funktionswertematrix der Form

$$A_{i,j} := f(x_i, y_j)$$

definieren und können nun den Befehl FLÄCHENDARSTELLUNG ERSTELLEN (Menü GRAFIK FLÄCHENDARSTELLUNG ERSTELLEN) aus dem Menü GRAFIK anwählen oder eben auf das Icon aus der Operatorpalette 2 klicken. In den Platzhalter müssen Sie nur noch den Namen der Funktionswertematrix einfügen, in unserem Fall *A*. In der Version Mathcad 5.0 (und auch Mathcad 4.0) haben Sie zusätzlich die Möglichkeit ein Niveauliniendiagramm zu erstellen. Die Vorgehensweise ist die gleiche wie bei der 3D-Fläche, nur müssen Sie den Befehl UMRIẞDARSTELLUNG ERSTELLEN anstatt FLÄCHENDARSTELLUNG ERSTELLEN anwählen. Das Ergebnis sehen Sie in Bild 1.3.

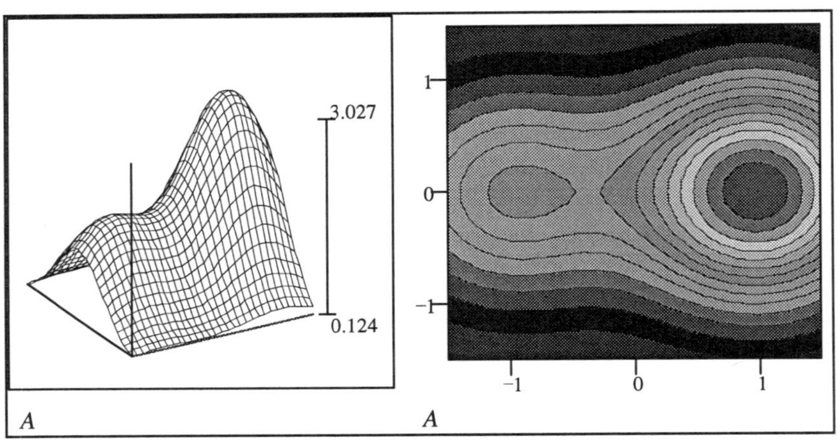

Bild 1.3: 3D-Fläche und Contour-Plot (Umrißdarstellung in Mathcad)

Um die 3D-Grafik zu verändern, müssen Sie einen Doppelklick auf diese Grafik durchführen und die entsprechenden Parameter wie Beobachtungsrichtung (vgl. Bild 1.4) oder Darstellungsart (FARBSPEKTRUM, WEIẞ, GRAUSTUFEN) verändern. Sie können die Fläche auch von unten betrachten, wie Sie im Bild 1.4 rechts erkennen können.

Im Mathcad-Dokument `3DFXY.MCD` finden Sie einen Lösungsvorschlag für diese Übung.

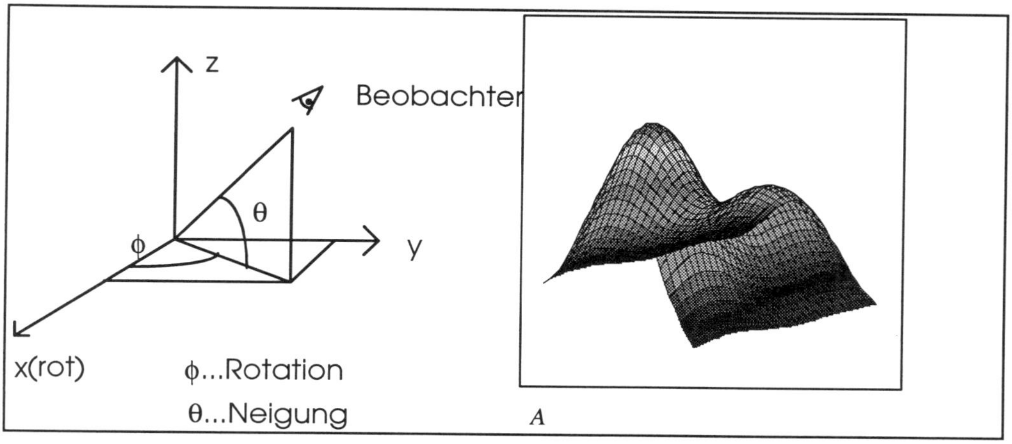

Bild 1.4: Ändern der Blickrichtung des Beobachters, z.B. $\phi = 130°$, $\theta = 330°$

Neu in 5.0 In Mathcad 5.0 wurde eine weitere Palette mit Symbolen zur Erstellung von Grafiken und mit erweiterten Möglichkeiten der symbolischen Berechnung geschaffen.

Symbol	Funktion	Beispiel	Taste(n)
	Palettenschalter		
	Polarplot einfügen	`POLARPLT.MCD`	<Strg>+<7>
	Surface-Plot einfügen	`3DFXY.MCD`	<Strg>+<2>
	Niveauliniendiagramm erzeugen	`3DFXY.MCD`	<Strg>+<5>
	Bereichssumme	$\sum_i z_i = 385$	$
	Bereichsprodukt	$i := 1..10 \quad p := 0.05 \quad \prod_i (1+p) = 1.629$	#
	n-te Ableitung	$\frac{d^2}{dt^2}\sin(t) \rightarrow -\sin(t)$	<Strg>+ <Umschalt>+<#>

Symbol	Funktion	Beispiel	Taste(n)
	Unbestimmtes Integral	$\int \sin(t)dt \to -\cos(t)$	<Strg>+<I>
	Grenzwert (nur PLUS 5.0)	$\lim_{x \to 0} \frac{\sin(x)}{x} \to 1$	<Strg>+<L>
	Rechtsseitiger Grenzwert (nur PLUS 5.0)	$\lim_{x \to \frac{\pi}{2}^{+}} \tan(x) \to -\infty$	<Strg>+<A>
	Linksseitiger Grenzwert (nur PLUS 5.0)	$\lim_{x \to \frac{\pi}{2}^{-}} \tan(x) \to \infty$	<Strg>+<B>

Tabelle 1.3: Operatorpalette 3 in Mathcad 5.0

Die Erstellung eines Polarplots $r(\theta)$ ist nur in der Mathcad-Version 5.0 möglich. Unter Mathcad 5.0 müssen Sie den Befehl KREISDARSTELLUNG ERSTELLEN aus dem Menü GRAFIK wählen. Auf der Beispieldiskette finden Sie das Mathcad-Dokument `POLARPLT.MCD`, das Ihnen die Erstellung einer Lemniskate der Form $r(\theta) = a\sqrt{\cos(2\theta)}, \theta \in [0, 2\pi]$ demonstriert.

Im Mathcad-Dokument `PALETTE3.MCD` finden Sie Beispiele zu den symbolischen Operatoren der Palette 3. Während Sie unter Mathcad 5.0 nur die unbestimmte Integration zur Verfügung haben, können Sie unter Mathcad PLUS 5.0 auch Limesberechnungen durchführen. Um das symbolische Gleichheitszeichen $\to$ verwenden zu können (nur Mathcad PLUS 5.0 und Mathcad 4.0), müssen Sie Smartmath einschalten.

Die Operatorpaletten 4 (3 in Mathcad 3.1 und 4.0) und 5 (4 in Mathcad 3.1 und 4.0) sind lediglich zur Eingabe von griechischen Buchstaben in Formeln vorgesehen. Hier sollten Sie sich gleich von Beginn an die Eingabe über die Tastatur angewöhnen. Um Ihre »Griechen« auf der Tastatur schnell zu finden, möge Ihnen folgende Darstellung der Tastatur behilflich sein:

qθ	wω	eε	rρ	tτ	zζ	uυ	iι	oο	pπ
aα	sσ	dδ	fφ	gγ	hη	jφ	kκ	lλ	
yψ	xξ	cχ	vϖ	bβ	nν	mμ			

Tabelle 1.4: Griechische Kleinbuchstaben

QΘ	WΩ	EE	RP	TT	ZZ	UY	II	OO	PΠ
AA	SΣ	DΔ	FΦ	GΓ	HH	Jϑ	KK	LΛ	
YΨ	XΞ	CX	Vς	BB	NN	MM			

Tabelle 1.5: Griechische Großbuchstaben

Die Eingabe erfolgt jeweils mit einem Buchstaben gefolgt von <Strg>+<g>. Das ∞-Zeichen in der letzten Operatorpalette können Sie mit der Tastenkombination <Strg>+<z> erzeugen, für π geben Sie <Strg>+<p> ein.

1.1.2 Die Funktionsleiste (Toolbar)

Alle modernen Windows-Applikationen haben jetzt eine Funktionsleiste in der die häufigsten Befehle via Anklicken von Icons mit der Maus ausgeführt werden können. So hat auch Mathcad seit der englischen Version 4.0 eine solche Funktionsleiste bekommen (vgl. Bild 1.5).

Bild 1.5: Funktionsleiste von Mathcad 5.0

Die den einzelnen Symbolen zugeordneten Befehle sind in Tabelle 1.6 zusammengefaßt.

Symbol	Mathcad-Befehl	Bedeutung	Taste(n)
	NEU	Neues Dokument erstellen	<F7>
	ÖFFNEN	Vorhandenes Dokument öffnen	<F5>
	SPEICHERN	Dokument sichern	<F6>
	DRUCKEN...	Dokument drucken	<Strg>+<O>
	LETZTE ÄNDERUNG RÜCKGÄNGIG MACHEN	Letzte Eingabe rückgängig machen	<Alt>+<←>
	AUSSCHNEIDEN	Markierten Bereich ausschneiden	<Umschalt>+<Entf>
	KOPIEREN	Markierten Bereich kopieren	<Strg>+<Einfg>

Symbol	Mathcad-Befehl	Bedeutung	Taste(n)
	EINFÜGEN	Zwischenablage einfügen	<Umschalt>+<Einfg>
	HORIZONTAL AUSRICHTEN	Markierte Bereiche horizontal ausrichten	
	VERTIKAL AUSRICHTEN	Vertikal ausrichten	
	TEXTBEREICH ERSTELLEN	Textbereich erzeugen	<«>
	TEXTABSATZ ERSTELLEN	Textabsatz erzeugen (reicht bis zum rechten Rand)	<Strg>+<T>
	RECHTSCHREIBUNG	Rechtschreibprüfung	
	AUTOMATIKMODUS	Automatische Neuberechnung des Dokuments bei Änderungen	
	SMARTMATH (nur Mathcad PLUS 5.0 und englische Version Mathcad 4.0)	Intelligentes Mathcad zur symbolischen Auswertung mit $\rightarrow$	
	BERECHNEN	Neuberechnung des Bildschirms	<F9>
	SYMBOLISCH AUSWERTEN	Symbolische Auswertung	<Umschalt>+<F9>
	ZOOM	Anzeige vergrößern/verkleinern	
	EINHEIT EINFÜGEN	Einheit einfügen	<Strg>+<U>
	HILFE INDEX	Hilfeindex öffnen	<F1>

Tabelle 1.6: Die Bedeutung der Symbole in der Funktionsleiste (Toolbar)

⇨ Smartmath steht nur unter Mathcad PLUS 5.0 und der englischen Version Mathcad 4.0 zur Verfügung.

⇨ Mit dem Befehl SYMBOLLEISTE AUSBLENDEN im Menü WINDOW können Sie die Funktionsleiste ein- bzw. ausblenden.

1.1.3 Die Formatierungsleiste

Eine Stärke von Mathcad ist ohne Zweifel die Kombinierbarkeit von Texten, Berechnungen und Grafiken in einem einzigen Dokument. Ihr Mathcad-Dokument hat im wesentlichen dasselbe Aussehen wie Ihr händisch verfaßtes Berechnungsblatt, nur schöner eben. Während das Erstellen einfacher Formeln und Grafiken bereits vorangestellt wurde, sind wir Ihnen das Erzeugen von Texten noch schuldig geblieben. Man unterscheidet in Mathcad prinzipiell zwei Arten von Texttypen:

- TEXT BEREICH, ein in der Breite veränderbarer Textbereich (Bezeichnung in Mathcad 3.1 TEXTREGION).
- TEXT ABSATZ, ein Textbereich, der sich vom linken bis zum rechten Seitenrand erstreckt (Bezeichnung in Mathcad 3.1 TEXTZEILE).

Während Textbereiche (mit <"> oder A zu erzeugen) in ihrer Breite nach erfolgter Markierung durch Ziehen des Mauspfeils ⇔ verändert werden können, reichen Textabsätze (mit <Strg>+<T> oder ¶ zu erzeugen) immer vom linken Seitenrand bis zum rechten Seitenrand.

Nach erfolgter Texteingabe können Sie das Aussehen Ihres Textes modifizieren. Zur Zeichenformatierung steht Ihnen seit der englischen Version 4.0 eine Formatierungsleiste zur Verfügung (vgl. Bild 1.6).

Bild 1.6: Formatierungsleiste von Mathcad 5.0

Um Ihren Text in die gewünschte Form zu bringen, müssen Sie mehrere Schritte ausführen:

- Text durch Ziehen mit der Maus markieren. Der zu formatierende Text wird invers dargestellt.
- Zeichensatz (Font) durch Klicken auf entsprechenden Pfeil ⬇ in der Formatierungsleiste auswählen (vgl. Bild 1.7 links).
- Zeichengröße [10 ⬇] in Punkt (pt) anwählen.
- Eine oder mehrere Zeichenformatierungen anwählen:

  F FETT, Zeichen wird **fett** gedruckt.

  K KURSIV, Zeichen wird *kursiv* dargestellt.

  u UNTERSTRICHEN, Zeichen wird <u>unterstrichen</u>.

  ab Markierte Zeichen auf normale Texthöhe bringen. Kann z.B. zur Aufhebung einer Indizierung verwendet werden.

  a_b Markiertes Zeichen wird $_{\text{tiefgestellt}}$. Mathcad 5.0 reduziert gleichzeitig Punktgröße um 2 pt.

  a^b Markiertes Zeichen wird ^{hochgestellt}. Mathcad 5.0 reduziert gleichzeitig Punktgröße um 2 pt.

⇨ Wenn Sie griechische Buchstaben in Textbereichen benötigen, müssen Sie zunächst den entsprechenden Buchstaben (vgl. Tabelle 1.4 und Tabelle 1.5) eingeben, diesen markieren und den Zeichensatz auf SYMBOL ändern oder Sie benutzen die Tastenkombination <Strg>+<g>.

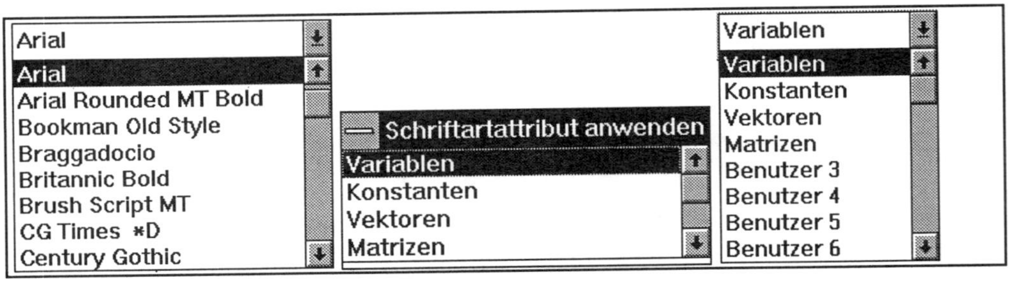

Bild 1.7: Fontauswahl, Schriftartattribut anwenden und Formelformatierung

Sie können aber nicht nur das Aussehen von Texten mit der Formatierungsleiste verändern, sondern auch das Aussehen von Formeln. So ist es z.B. üblich, Vektoren und Matrizen in Formeln **fett** und ***kursiv*** zu schreiben. Dazu zwei Hinweise:

⇨ Mit dem Befehl SCHRIFTARTATTRIBUT ÄNDERN können Sie eigene Zeichensatzgruppen definieren. So könnte man Zeichensatzgruppen VEKTOREN und MATRIZEN erstellen, die Vektoren und Matrizen im gewünschten Format zu formatieren gestatten (z.B. **fett** und ***kursiv***).

⇨ Mit dem Befehl SCHRIFTARTATTRIBUT ANWENDEN können Sie ein permanent sichtbares Formatierungsfenster öffnen und die explizite Zuweisung zu einer Zeichensatzgruppe durchführen (vgl. Bild 1.7 Mitte).

Wenn Sie die Formelformatierung über die Formatierungsleiste durchführen möchten, markieren Sie den zu formatierenden Ausdruck in Ihrer Formel oder plazieren Sie den Cursor hinter der zu formatierenden Variable und klicken Sie auf den Listenpfeil ⬇ in Ihrer Formatierungsleiste. Wählen Sie die gewünschte Zeichensatzfamilie durch einen Mausklick an (vgl. Bild 1.7 rechts).

1.1.4 Übersicht über mathematische Grundfunktionen

Mathcad verfügt über eine Menge eingebauter Funktionen. Um Sie nicht gleich mit der Fülle aller Funktionen zu erschlagen, geben wir Ihnen jetzt nur eine Aufstellung der Standardfunktionen und häufig benötigter Funktionen. Die restlichen Funktionen haben wir thematisch gruppiert und stellen sie Ihnen erst dann vor, wenn wir sie zur Lösung einer Problemstellung benötigen.

In Tabelle 1.7 sehen Sie eine Zusammenstellung der wichtigsten Funktionen wie Logarithmusfunktionen, Exponentialfunktionen, trigonometrische und hyperbolische

Funktionen sowie deren Umkehrfunktionen. Zusätzlich stellt Mathcad Funktionen zur Bestimmung von Real- und Imaginärteil, sowie Betrag und Argument einer komplexen Zahl zur Verfügung. In Klammer werden unterschiedliche Funktionsnamen von Mathcad 3.1 angegeben.

⇨ Keine Angst beim Umsteigen von Mathcad 3.1 auf Mathcad 5.0. Wenn Sie ein mit Mathcad 3.1 erstelltes Dokument mit Mathcad 5.0 öffnen, werden die Funktionsnamen von selbst auf Mathcad 5.0 übersetzt.

Nur in +5.0 Unter Mathcad PLUS 5.0 ist der Funktionsumfang um einiges erweitert worden. So finden Sie neue Funktionen zum numerischen Lösen von Differentialgleichungen, erweiterte Matrixfunktionen und Matrixzerlegungen wie z.B. QR-Transformation, Singulärwertzerlegung oder Cholesky-Zerlegung, Funktionen zur linearen und nichtlinearen Ausgleichsrechnung und letztendlich neue Lösungsfunktionen zum Lösen von Gleichungen.

Funktionsname	Bedeutung	Beispiel
$y := \sin(x)$, $y := \mathrm{asin}(x)$ ($y := \arcsin(x)$)	Sinus bzw. Arcussinus von x	$\sin(\frac{\pi}{2}) = 1, \mathrm{asin}(1) = 1.571$
$y := \cos(x)$, $y := \mathrm{acos}(x)$ ($y := \arccos(x)$)	Cosinus bzw. Arcuscosinus von x	$\cos(\frac{\pi}{2}) = 0, \mathrm{acos}(0) = 1.571$
$y := \tan(x)$, $y := \mathrm{atan}(x)$ ($y := \arctan(x)$)	Tangens bzw. Arcustangens von x	$\tan(\frac{\pi}{4}) = 1, \mathrm{atan}(1) = 0.785$
$y := \cot(x)$ ($y := \mathrm{kot}(x)$)	Cotangens von x	$\cot(\frac{\pi}{4}) = 1$
$y := \sec(x) = \frac{1}{\cos(x)}$ ($y := \mathrm{sek}(x)$)	Secans von x	$\sec(\frac{\pi}{4}) = 1.414$
$y := \mathrm{cosec}(x) = \frac{1}{\sin(x)}$ ($y := \mathrm{ksk}(x)$)	Cosecans von x	$\mathrm{cosec}(\frac{\pi}{4}) = 1.414$
$y := \sinh(x)$, $y := \mathrm{arsinh}(x)$ ($y := \mathrm{arcsinh}(x)$)	Sinushyperbolicus und Areasinushyperbolicus von x	$\sinh(1) = 1.175$, $\mathrm{arsinh}(1.175) = 1$
$y := \cosh(x)$, $y := \mathrm{arcosh}(x)$ ($y := \mathrm{arccosh}(x)$)	Cosinushyperbolicus und Areacosinushyperbolicus von x	$\cosh(1) = 1.543$, $\mathrm{arcosh}(1.543) = 1$
$y := \tanh(x)$, $y := \mathrm{artanh}(x)$ ($y := \mathrm{arctanh}(x)$)	Tangenshyperbolicus und Areatangenshyperbolicus von x	$\tanh(1) = 0.762$, $\mathrm{artanh}(0.762) = 1$

Funktionsname	Bedeutung	Beispiel
$y := \coth(x)$ $(y := \mathrm{koth}(x))$	Cotangenshyperbolicus x	$\coth(1) = 1.313$
$y := \mathrm{sech}(x) = \dfrac{1}{\cosh(x)}$ $(y := \mathrm{sekh}(x))$	Secanshyperbolicus von x	$\mathrm{sech}(1) = 0.648$
$y := \mathrm{cosech}(x) = \dfrac{1}{\sinh(x)}$ $(y := \mathrm{kskh}(x))$	Cosecanshyperbolicus von x	$\mathrm{cosech}(1) = 0.851$
$y := e^x = \exp(x)$	Exponentialfunktion zur Basis e	$e^1 = 2.718$
$y := \ln(x)$	Natürlicher Logarithmus von x	$\ln(2) = 0.693$
$y := \log(x)$	Dekadischer Logarithmus von x	$\log(100) = 2$
$x := \mathrm{Re}(z)$	Realteil der komplexen Zahl z	$\mathrm{Re}(1+2i) = 1$
$y := \mathrm{Im}(z)$	Imaginärteil der komplexen Zahl z	$\mathrm{Im}(1+2i) = 2$
$r := \lvert z \rvert$	Betrag der komplexen Zahl z	$\lvert 1+2i \rvert = 2.236$
$\varphi := \arg(z)$	Argument der komplexen Zahl z Wertebereich: $\varphi \in \left]-\pi, \pi\right]$	$\arg(1+2i) = 1.107$

Tabelle 1.7: Mathematische Grundfunktionen

⇨ Sämtliche in Tabelle 1.7 aufgeführten Funktionen sind auch bei komplexem Argument verwendbar. So liefert Mathcad beispielsweise für $e^{1+i} = 1.469 + 2.287i$ oder für den Logarithmus einer negativen Zahl $\ln(-1) = 3.142i$ (im Bereich der reellen Zahlen nicht definiert).

⇨ Wenn Sie Benutzer einer englischen Version Mathcad 4.0 oder 5.0 sind, so müssen Sie folgende deutsche Standardfunktionsnamen ersetzen:
cosec→csc, *cosech→csch*, *arsinh→asinh*, *arcosh→acosh*, *artanh→atanh*.

1.2 Numerische Berechnungen mit Mathcad

1.2.1 Verwendung der wurzel-Funktion zum Auflösen von Gleichungen und zur Nullstellensuche

In der Praxis hat man es oft mit Gleichungen zu tun, die sich nicht explizit nach der gesuchten Größe auflösen lassen. Nehmen wir z.B. die Gleichung $\sin(x) = 1 - x$. Diese Gleichung kann nicht explizit nach x aufgelöst werden. Mit der Definition $f(x) := \sin(x) - 1 + x$ wird das Lösen der ursprünglichen Gleichung auf das Auffinden einer Nullstelle von $f(x)$ reduziert. In der Praxis verwendet man zur numerischen Lösung dieser Aufgabe das *Newtonverfahren.* Dabei wird, ausgehend von einem geeigneten Startwert x_0, eine Iteration der Form $x_{i+1} := x_i - f(x_i) / f'(x_i)$ durchgeführt, um zu besseren numerischen Näherungslösungen für die Gleichung $f(x) = 0$ zu gelangen.

Mathcad nimmt uns die Durchführung einer solchen Iteration ab und stellt hierfür die *wurzel*-Funktion zur Verfügung. Lediglich ein geeigneter Startwert muß Mathcad mittels Wertzuweisung vor Verwendung der *wurzel*-Funktion vorgegeben werden. In Tabelle 1.8 ist die Lösung obigen Beispiels mit Mathcad dargestellt. Am besten Sie vollziehen die Lösung mit Mathcad nach und erzeugen anschließend mit X-Y-DARSTELLUNG ERSTELLEN eine Darstellung der Funktion $f(x)$. Die Funktionsgrafik kann auch zum Ablesen eines geeigneten Startwertes verwendet werden.

Funktionsname	**Bedeutung**	**Beispiel**
$x_0 :=$ wurzel$(f(x), x)$	Sucht ausgehend vom Startwert eine Lösung der Gleichung $f(x) = 0$ und speichert die gefundene Nullstelle in x_0.	$x := 1$ Startwert muß angegeben werden $x_0 :=$ wurzel$(\sin(x) - 1 + x, x)$ $x_0 = 0.511$ Lösung von $\sin(x) - 1 + x = 0$.

Tabelle 1.8: Nullstellensuche mit der wurzel-Funktion

Neu in 5.0 Mit der neuen Mathcad-Version 5.0 wird eine Funktion *nullstellen* mitgeliefert, die Ihnen die im allgemeinen komplexwertigen Nullstellen eines Polynoms berechnet.

Funktionsname	Bedeutung	Beispiel
$x_0 := \text{nullstellen}(a)$	Sucht die Nullstellen x_0 der durch den Vektor a definierten Polynomfunktion $P(x) := \sum a_i x^i$. Da ein Polynom n-ten Grades in der Menge der komplexen Zahlen genau n Nullstellen besitzt, ist die Dimension des Nullstellenvektors x_0 um 1 kleiner als die des Vektors a.	$a := \begin{pmatrix} 1 \\ -1 \\ 2 \\ 1 \end{pmatrix}$, $P(x) := 1 - x + 2x^2 + x^3$ $nullstellen(a) = \begin{pmatrix} -2.547 \\ 0.273 - 0.564i \\ 0.273 + 0.564i \end{pmatrix}$

Tabelle 1.9: Nullstellensuche einer Polynomfunktion mit der nullstellen-Funktion

Im Mathcad-Dokument `POLYROOT.MCD` finden Sie das in Tabelle 1.9 dargestellte Beispiel und die grafische Darstellung der Polynomfunktion. Bitte beachten Sie, daß bei reellwertigen Polynomkoeffizienten a_i komplexwertige Nullstellen immer paarweise, konjugiert komplex auftreten.

1.2.2 Lösen linearer Gleichungssysteme mit Hilfe von Matrizen

Wir betrachten ein lineares Gleichungssystem der Form

$$a_{1,1}x_1 + a_{1,2}x_2 + \ldots + a_{1,n}x_n = b_1$$
$$a_{2,1}x_1 + a_{2,2}x_2 + \ldots + a_{2,n}x_n = b_2$$
$$\ldots\ldots$$
$$a_{n,1}x_1 + a_{n,2}x_2 + \ldots + a_{n,n}x_n = b_n$$

in den n Unbekannten $x_1, x_2, \ldots, x_n$. Dieses Gleichungssystem läßt sich nach Einführung von einer Koeffizientenmatrix $\boldsymbol{A}$ und den Spaltenvektoren $\boldsymbol{x}$, $\boldsymbol{b}$ in Matrixform $\boldsymbol{Ax} = \boldsymbol{b}$ anschreiben. Mit Mathcad kann man dieses Gleichungssystem auf sehr einfache Weise lösen. Die Kehrmatrix $\boldsymbol{A}^{-1}$ gibt man so ein, wie man sie schreibt, nämlich durch Eingabe einer Hochzahl mittels der Hochzahltaste ^, und so lautet unsere Lösung des Gleichungssystem einfach $\boldsymbol{x} = \boldsymbol{A}^{-1}\boldsymbol{b}$.

Übung 1.4

Versuchen Sie ein Gleichungssystem in drei Unbekannten mit Hilfe der Kehrmatrix zu lösen. Dazu noch kurz einige Hinweise:

⇨ Wie Sie bereits gehört haben, können Sie eine Matrix mit dem Symbol oder der Tastenkombination <Strg>+<m>(Mathcad 3.1 und 4.0 <Strg>+<v>) erzeugen.

Zusätzlich müssen die Anzahl der Spalten und Zeilen eingeben werden. Jetzt können Sie die Koeffizienten in die vorgesehenen Platzhalter eintragen und mit der <TAB>-Taste zum nächsten Platzhalter weiterspringen.

⇨ Mit dem Befehl SCHRIFTARTATTRIBUT ÄNDERN können Sie eigene Zeichensatzgruppen definieren. So könnte man Zeichensatzgruppen VEKTOREN und MATRIZEN erstellen, die es gestatten, die Vektoren und Matrizen im gewünschten Format zu formatieren (z.B. **fett** und *kursiv*).

⇨ Mit dem Befehl SCHRIFTARTATTRIBUT ANWENDEN können Sie die explizite Zuweisung zu einer Zeichensatzgruppe durchführen.

Im Mathcad-Dokument `LINGL_3.MCD` zeigen wir Ihnen die nötigen Schritte zur Problemlösung.

Nur in +5.0 Wenn Sie stolzer Besitzer von Mathcad PLUS 5.0 sind, können Sie sich der Funktion $\boldsymbol{x}$:= llösen($\boldsymbol{A},\boldsymbol{b}$) bedienen.

1.2.3 Verwendung von Lösungsblöcken (Solveblocks) zum simultanen Lösen mehrerer Gleichungen

Es müssen oft mehrere nichtlineare Gleichungen simultan gelöst werden. In Mathcad steht uns hier ein sehr mächtiges Werkzeug zur Verfügung, die sogenannten Lösungsblöcke (Solveblocks). Ein Lösungsblock wird immer mit dem Schlüsselwort *vorgabe* (*given*) eingeleitet. Anschließend folgen die zu lösenden, im allgemeinen nichtlinearen Gleichungen. Die Anzahl der Gleichungen wird durch die Anzahl der unbekannten Größen bestimmt. Zusätzlich können Sie noch zu erfüllende Ungleichungen (z.B. bei linearen Optimierungsproblemen) in den Lösungsblock einschließen, um die Lösungsvielfalt einzuschränken. Abgeschlossen wird der Solveblock mit der *suchen*-Funktion (*find*-Funktion), wenn Sie nach einer exakten Lösung Ihrer Gleichungen suchen. In Tabelle 1.10 ist ein Beispiel zur Bestimmung eines Schnittpunktes eines Kreises mit einer Geraden angegeben. Wichtig dabei ist die Wahl sinnvoller Startwerte. Denn die von Mathcad gefundene Lösung ist natürlich vom Startwert abhängig (sofern es mehrere Lösungen gibt).

Dieses Beispiel finden Sie auch im Mathcad-Dokument `SOLVEBL.MCD`.

⇨ Wenn Sie Mathcad PLUS 5.0 Besitzer sind und Ungleichungen in den Lösungsblock integrieren, müssen Sie zusätzlich Smartmath ausschalten. Unter Mathcad 5.0 ist es nämlich möglich, in symbolischen Lösungsblöcken mehrere Gleichungen symbolisch zu lösen. In diesem Fall ist es nicht erlaubt, Ungleichungen in den Solveblock einzubauen.

Funktionsname & Bedeutung	Beispiel	Beispiel
$\begin{pmatrix} x_0 \\ y_0 \end{pmatrix} := \text{suchen}(x,y)$ Suchen von Lösungen der Gleichungen und Ungleichungen des vorangegangenen Lösungsblocks. Die gesuchten Variablen x_0, y_0,... müssen in Form eines Spaltenvektors angegeben werden.	$x:=1\ \ y:=1$ *vorgabe* $x^2+y^2=1$ $x+y=0.5$ $x \geq 0$ $\begin{pmatrix} x_0 \\ y_0 \end{pmatrix} := \text{suchen}(x,y)$ $\begin{pmatrix} x_0 \\ y_0 \end{pmatrix} = \begin{pmatrix} 0.911 \\ -0.411 \end{pmatrix}$	Startwerte angeben Beginn des Solveblocks Kreisgleichung mit Radius 1 Geradengleichung suchen Schnittpunkt mit $x \geq 0$ Ende des Solveblocks. Schnittpunkt Kreis-Gerade
$\begin{pmatrix} x_0 \\ y_0 \end{pmatrix} := \text{minfehl}(x,y)$ Suchen von Lösungen der Gleichungen und Ungleichungen des vorangegangenen Lösungsblocks. Wenn keine Lösung gefunden werden kann, wird der Gesamtfehler sämtlicher Gleichungen minimiert. Dieses Verfahren kann vor allem dazu verwendet werden, zu vorgegebenen Meßwerten die bestmögliche Fitfunktion zu finden.	$v:=10\ \ a:=5$ $s(t,v,a):=vt+\frac{a}{2}t^2$ $F(v,a):=\sum_i (y_i - s(t_i,v,a))^2$ *vorgabe* $F(v,a)=0$ $1=1$ $\begin{pmatrix} v \\ a \end{pmatrix} := \text{minfehl}(v,a)$	Startwerte angeben vorgegebene Fitfunktion, quadratischer Fehler der Meßwerte (t_i, y_i). Fehler soll minimal werden Dummygleichung *minfehl* sucht bestmögliches v und a

Tabelle 1.10: Lösen nichtlinearer Gleichungssysteme mit Lösungsblöcken (Solveblocks)

Eine häufige Problemstellung der Praxis ist das *Curvefitting* durch vorgegebene Meßpunkte. Dabei kennt man die funktionalen Zusammenhänge (z.B. wie ändert sich der Ort s einer gleichmäßig beschleunigten Masse mit der Zeit t) und eine Serie von Meßpunkten (t_i, y_i) (vgl. Tabelle 1.11), nicht aber die Parameter im funktionalen Zusammenhang (bewegungsbestimmende Größen Anfangsgeschwindigkeit v und Beschleunigung a). Da eine Messung immer mit Meßfehlern behaftet ist, versucht man, die zu den Meßpunkten am besten passenden Parameter (v und a) durch Minimierung des quadratischen Fehlers $F(v,a)$ (Summe der Abweichungsquadrate) zu finden. Die Gleichung $F(v,a)=0$ ist nicht exakt erfüllbar (der Experimentator wäre sonst ein Zauberkünstler oder ein Schwindler) und Mathcad würde mit der *suchen*-Funktion keine Lösung finden. Aus diesem Grund gibt es in Mathcad die *minfehl*-Funktion, die versucht, die Gleichung $F(v,a)=0$ bestmöglich zu erfüllen.

Bitte beachten Sie, daß auch bei der *minfehl*-Funktion soviele Gleichungen im Solveblock enthalten sein müssen, wie Sie Parameter haben. Wenn Ihnen Gleichungen fehlen, fügen Sie einfach soviele *Dummygleichungen* 1=1, 2=2, ... hinzu, wie Sie benötigen (vgl. Beispiel in Tabelle 1.10). Weitere Informationen zur Methode der kleinsten Fehlerquadrate finden Sie im Abschnitt *Ausgleichsrechnung* weiter unten in diesem Abschnitt.

Übung 1.5

Erstellen Sie ein Mathcad-Dokument, wo Sie die Beispiele von Tabelle 1.10 ausprobieren. Für das Curvefitting verwenden Sie bitte die Meßdaten in Tabelle 1.11. Erstellen Sie eine X-Y Grafik, wo die Meßwerte zusammen mit der Ausgleichskurve zu sehen sind (vgl. Bild 1.8).

t_i	y_i
0	0
1	7.0
2	23.9
3	50.9
4	87.7
5	135.2

Tabelle 1.11 Meßwerte

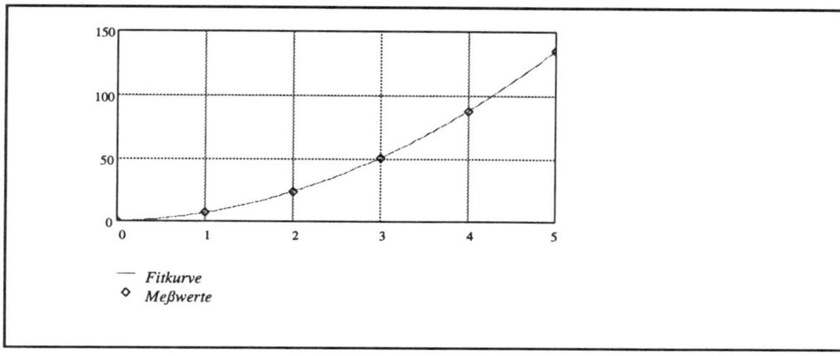

Bild 1.8: Meßdaten und gefittete Kurve (Curvefitting)

Eine Lösung dieser Übung finden Sie im Mathcad-Dokument `SOLVEBL.MCD` auf der Beispieldiskette.

1.2.4 Berechnung von bestimmten Integralen und Mehrfachintegralen

Die Berechnung bestimmter Integrale der Form

$$\int_a^b f(x)dx$$

erfolgt denkbar einfach. Nach Eingabe des Integrationsoperators mit <&> oder durch Klicken auf das Symbol (Mathcad 3.1 und 4.0) in der Operatorpalette müssen Sie lediglich die Integrationsgrenzen a, b, den Integranden $f(x)$ und die Integrationsvariable x in die dafür vorgesehenen Platzhalter eintragen. Nach Drücken der Leertaste sehen Sie eine blaue Selektionsbox um das zu ermittelnde bestimmte Integral. Mit der Eingabe eines Gleichheitszeichens veranlassen Sie Mathcad, den numerischen Wert des Integrals zu bestimmen. Bei der numerischen Berechnung von Doppel- und Dreifachintegralen der Form

$$\int_{x_u}^{x_o}\int_{y_u(x)}^{y_o(x)} f(x,y)dydx \qquad \int_{x_u}^{x_o}\int_{y_u(x)}^{y_o(x)}\int_{z_u(x,y)}^{z_o(x,y)} f(x,y,z)dzdydx$$

müssen Sie zwei bzw. drei <&>-Zeichen eingeben. Zusätzlich müssen Sie beachten, daß die äußeren Grenzen zur letzten Integrationsvariable gehören.

Übung 1.6
Erstellen Sie ein Mathcad-Dokument und berechnen Sie folgende Integrale:

$$\int_0^{\pi} \sin(x)dx = 2\,,\ \int_{-1}^{1}\int_{-\sqrt{1-x^2}}^{\sqrt{1-x^2}} dydx = \pi\,,\ \int_{-1}^{1}\int_{-\sqrt{1-x^2}}^{\sqrt{1-x^2}}\int_0^1 dzdydx = \pi\,,$$

$$\int_{-1}^{1}\int_{-\sqrt{1-x^2}}^{\sqrt{1-x^2}}\int_{-\sqrt{1-x^2-y^2}}^{\sqrt{1-x^2-y^2}} dzdydx = \frac{4\pi}{3}$$

Das erste Integral bestimmt die Fläche unter einer Halbwelle einer Sinusschwingung, das zweite die Fläche eines Kreises mit Radius 1 über ein Doppelintegral ($r^2\pi = \pi$), das dritte Integral das Volumen eines Kreiszylinders der Höhe 1 und Radius 1 über ein Dreifachintegral ($r^2\pi h = \pi$), und das letzte Integral das Volumen einer Kugel vom Radius 1 ($\frac{4\pi r^3}{3} = \frac{4\pi}{3}$). Beim letzten Integral stößt Mathcad an seine Grenzen und liefert eine Fehlermeldung. Abhilfe schafft in diesem Fall die Reduktion von Mehrfachintegralen auf Integrale mit einer Integrationsvariablen. Dies ist in vielen Fällen durch Ausnützung einer Symmetrie (z.B. Rotationssymmetrie bei Zylinder und Kugel) möglich.

Die Berechnung dieser Integrale finden Sie im Mathcad-Dokument `BEST_INT.MCD`.

Neu in 5.0 Mit Mathcad 5.0 ist es nun auch möglich, unbestimmte Integrale mit Hilfe des ∫ Symbols der Operatorpalette 3 auszuwerten. Mit Mathcad PLUS 5.0 können Sie zusätzlich das symbolische Gleichheitszeichen → verwenden, um die Stammfunktion direkt hinter diesem auszugeben (vgl. Tabelle 1.3 und Datei `PALETTE3.MCD` auf der Beispieldiskette).

1.3 Symbolische Berechnungen mit Mathcad

Mathcad bietet Ihnen eine Vielfalt von Möglichkeiten zur analytischen (symbolischen) Berechnung von Ausdrücken. Die Befehle zur symbolischen Berechnung und Weiterverarbeitung von Ausdrücken sind alle im Menü SYMBOLIK untergebracht und wir werden diese Befehle anhand von Beispielen besprechen (vergleichen Sie Mathcad-Dokument `SYMBOLIC.MCD` und Text weiter unten).

Wenn Sie das erstemal das Menü SYMBOLIK anklicken, werden die meisten Felder noch grau hinterlegt bzw. nicht anwählbar sein. Sie müssen zuerst den Symbolprozessor laden mit dem untersten Befehl im Pull-Down-Menü SYMBOLPROZESSOR LADEN, um symbolische Berechnungen durchführen zu können. Während des Ladevorgangs können Sie ein schwarzes Ahornblatt erkennen.

SYMBOLISCH AUSWERTEN <Umschalt >+<F9>

Dient der symbolischen Auswertung von bestimmten Integralen (z.B. mit allgemeinen Integrationsgrenzen oder auch uneigentliche Integrale, vgl. Bild 1.9 links), zum analytischen Differenzieren mittels Differentialoperators (erste und höhere Ableitungen, vgl. Bild 1.9 Mitte), zum Berechnen von Summen mit variabler Obergrenze und zur symbolischen Auswertung von Produkten mittels Produktoperator. Vor Ausführung des Befehls muß der zu berechnende Ausdruck selektiert werden (blaue Selektionsbox).

$$\int_0^\infty x\cdot e^{-x}\,dx \qquad \frac{d}{dx}\left(x^2+3\cdot x+5\right) \qquad \textit{vereinfachen}\quad \operatorname{asin}\left(\frac{1}{\sqrt{1+\tan(x)^2}}\right)\rightarrow\frac{1}{2}\cdot\pi-x$$

$$1 \qquad 2\cdot x+3$$

Bild 1.9: Symbolisch auswerten und vereinfachen

VEREINFACHEN

Zur Vereinfachung von Ausdrücken. VEREINFACHEN kann in Mathcad PLUS 5.0 auch durch ein, dem zu vereinfachenden Ausdruck vorangestelltes, Schlüsselwort *vereinfachen* und einer anschließenden symbolischen Auswertung des Ausdrucks mit dem symbolischen Gleichheitszeichen → erfolgen (vgl. Bild 1.9 rechts). Wenn keine Vereinfachung möglich ist, wird der Ausdruck in derselben Form wieder ausgegeben.

AUSDRUCK ENTWICKELN

Dient zum Ausmultiplizieren von Potenzen und Produkten (vgl. Bild 1.10 links), sowie zur Zurückführung von Winkelfunktionstermen wie z.B. $\cos(2x)$ auf $2\cos^2(x)-1$. Auch hier kann in Mathcad PLUS 5.0 auf analoge Weise wie bei VEREINFACHEN mit dem vorangestellten Schlüsselwort *entwickeln* gearbeitet werden.

$$(\sin(x)+y)^4$$

$$\sin(x)^4+4\cdot\sin(x)^3\cdot y+6\cdot\sin(x)^2\cdot y^2+4\cdot\sin(x)\cdot y^3+y^4$$

faktor

$$1-x^4 \rightarrow -(x-1)\cdot(x+1)\cdot\left(x^2+1\right)$$

Bild 1.10: Ausdruck entwickeln und faktorisieren

AUSDRUCK FAKTORISIEREN (FAKTORISIEREN)

Zum Herausheben gemeinsamer Faktoren und zum Zusammenfassen von Ausdrücken. Wie bei VEREINFACHEN und bei AUSDRUCK ENTWICKELN kann in Mathcad PLUS 5.0 mit einem vorangestellten Schlüsselwort *faktor* gearbeitet werden (vgl. Bild 1.10 rechts).

NACH UNTERAUSDRUCK SAMMELN (ZUSAMMENFASSEN)

Der Gesamtausdruck kann nach fallenden Potenzen des markierten Teilausdrucks geordnet werden (z.B. im Bild rechts nach fallenden Potenzen von x geordnet).

$$x^4\cdot\left(x+y^3\right)+y^5\cdot\left[8\cdot x\cdot y^2+7\cdot x^3\cdot(1-y)\right]$$

$$x^5+y^3\cdot x^4+y^5\cdot(7-7\cdot y)\cdot x^3+8\cdot y^7\cdot x$$

$$\frac{1-x^2}{1+x^2}$$

$$-2\cdot\frac{x}{\left(x^2+1\right)}-2\cdot\frac{\left(1-x^2\right)}{\left(x^2+1\right)^2}\cdot x$$

Bild 1.11: Nach Unterausdruck x sammeln und nach Variable x differenzieren

NACH VARIABLE DIFFERENZIEREN (DIFFERENZIEREN NACH VARIABLE)

Der Ausdruck wird nach der markierten Variablen (die Variable ist entweder mit blauer Selektionsbox umgeben oder rechts neben der Variablen ist der blaue Strichcursor plaziert) abgeleitet, und die symbolisch gebildete Ableitung wird je nach Einstellung des ABLEITUNGSFORMATS unterhalb oder neben dem abzuleitenden Ausdruck ausgegeben (vgl. Bild 1.11 rechts). Bei Funktionen mit mehreren Veränderlichen wird mit diesem Befehl die symbolische, partielle Ableitung nach der markierten Variablen gebildet. Eine Ableitung höherer Ordnung kann durch mehrmaliges Ausführen von NACH VARIABLE DIFFERENZIEREN gebildet werden. In diesem Fall ist die Methode via SYMBOLISCH AUSWERTEN und passendem Differentialoperator schneller. Mit VEREINFACHEN können Sie das Ergebnis der symbolischen Ableitung weiter vereinfachen.

NACH VARIABLE INTEGRIEREN (INTEGRIEREN NACH VARIABLE)

Dient zum Bestimmen des unbestimmten Integrals bezüglich der markierten Variablen (Selektionsbox oder Strichcursor) als Integrationsvariable. Die ermittelte Stammfunktion wird dabei ohne allgemeine Integrationskonstante ausgegeben (vgl. Bild 1.12 links).

Neu in 5.0 Die Stammfunktion kann alternativ mit dem Integraloperator (Symbol in der Operatorpalette 3) ermittelt werden. Als dritte Variante kann eine Stammfunktion auch mittels variabler oberer Grenze über ein bestimmtes Integral (Symbol) bestimmt werden. Bei beiden alternativen Varianten müßten Sie allerdings den Befehl SYMBOLISCH AUSWERTEN verwenden oder das symbolische Gleichheitszeichen $\rightarrow$ bei Verwendung von Smartmath.

NACH VARIABLE AUFLÖSEN

Ermöglicht das symbolische Auflösen (Umformen nach der gesuchten Variablen) einer Gleichung nach der markierten Variablen. Das Gleichheitszeichen ist dabei mit der Tastenkombination <Strg>+<+> einzugeben. In fast allen Fällen findet Mathcad eine Lösung, egal ob es sich um eine quadratische Gleichung (vgl. Bild rechts), eine Exponentialgleichung, Wurzelgleichung oder eine goniometrische Gleichung handelt.

NACH VARIABLE ERSETZEN (VARIABLE ERSETZEN)

Die markierte Variable einer Gleichung (z.B. x) kann durch den in der Zwischenablage gespeicherten Ausdruck (z.B. $\cos(t)$) in der ganzen Gleichung ersetzt werden. Ein Ausdruck $\frac{x}{1+x^2}$ wird dabei, wie bei einer Substitution in der Mathematik üblich, in $\frac{\cos(t)}{1+\cos^2(t)}$ umgeformt.

$\frac{1-x^2}{1+x^2}$	$\frac{x}{1+x^2} = y$	$\cos(x)$
$-x+2\cdot\operatorname{atan}(x)$	$\begin{bmatrix} \frac{-1}{(2\cdot y)}\cdot\left(-1+\sqrt{1-4\cdot y^2}\right) \\ \frac{-1}{(2\cdot y)}\cdot\left(-1-\sqrt{1-4\cdot y^2}\right) \end{bmatrix}$	$1-\frac{1}{2}\cdot x^2+\frac{1}{24}\cdot x^4+O\left(x^6\right)$

Bild 1.12: Nach Variable x integrieren, nach Variable x auflösen, Reihenentwicklung

REIHENENTWICKLUNG

Wenn der betreffende Ausdruck bezüglich der angewählten Variablen (z.B. x) an der Stelle $x=0$ keine Singularität aufweist, so wird eine Taylorreihenentwicklung bis zur angegebenen Ordnung bezüglich der angewählten Variablen berechnet. Besitzt der Ausdruck eine Singularität am Entwicklungspunkt $x=0$, so wird automatisch eine Laurentreihe berechnet (Ausnahme: wesentliche Singularität). Die Anzahl der Glieder der Laurentreihe entspricht dann der Entwicklungsordnung (GRAD DER NÄHERUNG). Mit der Laurentreihe ist auch eine Bestimmung von Residuen möglich.

Möchte man an einer Stelle $x = x_1 \neq 0$ eine Taylorreihen- bzw. Laurentreihenentwicklung vornehmen, so muß im zu entwickelnden Ausdruck zuerst eine Substitution $u = x - x_1$ durchgeführt werden.

PARTIALBRUCHZERLEGUNG

Zerlegt eine gebrochen rationale Funktion in Partialbrüche, z.B. wird $\frac{2}{x^2-1}$ in $\frac{1}{x-1}+\frac{1}{x+1}$ zerlegt. Bevor der Befehl angewählt werden kann, muß die entsprechende Variable (bei uns x) markiert worden sein.

MATRIX TRANSPONIEREN

Bestimmt die transponierte Matrix $\boldsymbol{A}^T$ einer ausgewählten Matrix $\boldsymbol{A}$, d.h., Zeilen und Spalten der Matrix werden vertauscht.

MATRIX INVERTIEREN

Bestimmt die inverse Matrix bzw. Kehrmatrix $\boldsymbol{A}^{-1}$ einer ausgewählten quadratischen Matrix $\boldsymbol{A}$ (Produkt von Matrix mit Kehrmatrix liefert Einheitsmatrix $\boldsymbol{A}\boldsymbol{A}^{-1} = \boldsymbol{A}^{-1}\boldsymbol{A} = \boldsymbol{E} = \text{einheit}(n)$).

DETERMINANTE (DETERMINANTE DER MATRIX)

Berechnet die Determinante einer quadratischen Matrix.

ABLEITUNGSFORMAT

Standardmäßig wird das Ergebnis einer symbolischen Berechnung unterhalb des auszuwertenden Ausdrucks ausgegeben. Sind dort bereits Formeln bzw. Texte präsent, so werden Zeilen im Dokument eingefügt, um ein Überschreiben zu verhindern. Diese Einstellung entspricht beim Befehl ABLEITUNGSFORMAT der Option VERTIKAL MIT EINFÜGEN VON ZEILEN. Möchte man das Ergebnis einer symbolischen Berechnung rechts neben dem auszuwertenden Ausdruck sehen, ist die Option HORIZONTAL anzuwählen. Zusätzlich besteht die Möglichkeit, bei jeder symbolischen Berechnung auch einen Kommentar auszugeben. Diese Kommentare lauten z.B. für den Befehl SYMBOLISCH AUSWERTEN »*ergibt*«, oder für den Befehl NACH VARIABLE DIFFERENZIEREN »*durch Differentiation, ergibt*«.

AN STELLE ABLEITEN (ABLEITEN AN STELLE)

Sie sollten wegen der besseren Lesbarkeit Ihres Mathcad-Dokuments diesen Menübefehl nicht anwählen. Tun Sie es dennoch (sichtbar an einer Markierung √ vor dem Menübefehl) so wird der auszuwertende Ausdruck prinzipiell durch das Ergebnis der symbolischen Berechnung ersetzt.

SYMBOLPROZESSOR LADEN

Lädt den Symbolprozessor in den Speicher. Erst nach Laden des Symbolprozessors sind symbolische Berechnungen möglich.

Übung 1.7

Die einzelnen Menübefehle werden im Mathcad-Dokument SYMBOLIC.MCD anhand von Beispielen demonstriert. Bitte versuchen Sie diese Beispiele nachzuvollziehen, um die Stärken von Mathcad kennenzulernen. In diesem Mathcad-Dokument sind auch die Lösungsschritte zur Durchführung der einzelnen Befehle angegeben.

1.3.1 Intelligentes Mathcad – Smartmath

Nur in +5.0 SMARTMATH ist ein Wortkombination *smart Mathcad*, zu Deutsch *schlaues Mathcad* und steht nur Benutzern der Version PLUS 5.0 oder der englischen Version 4.0 zur Verfügung. Wenn Sie die Option SMARTMATH im Menü RECHNEN einschalten (oder Sie klicken auf das Symbol in der Funktionsleiste), stehen Ihnen im wesentlichen zwei zusätzliche Features von Mathcad zur Verfügung:

- AKTIVE SYMBOLIK, Verwendung eines symbolischen Gleichheitszeichens zur symbolischen Berechnung von Ausdrücken wie z.B. Integralen und Ableitungen. Das symbolische Gleichheitszeichen wird mit der Tastenkombination <Strg>+<.> nach dem zu berechnenden Ausdruck eingegeben und erscheint in Ihrem Dokument als Pfeil →. Wenn Sie nun außerhalb des Ausdrucks klicken, wird die symbolische Berechnung durchgeführt. Am besten, Sie versuchen folgende drei Beispiele (symbolisches Differenzieren, Integrieren, Summieren) nachzuvollziehen:

$$\frac{d}{dt}(\cos(\omega \cdot t)) \rightarrow -sin(\omega \cdot t)\cdot\omega$$

$$\int_0^t x^2 \cdot e^{-x}\, dx \rightarrow -2\cdot exp(-t)\cdot t - exp(-t)\cdot t^2 - 2\cdot exp(-t) + 2$$

$$\sum_{i=1}^{n-1} i \rightarrow \frac{1}{2}\cdot n^2 - \frac{1}{2}\cdot n$$

Diese Beispiele finden Sie im Mathcad-Dokument SMART1.MCD.

- OPTIMIEREN: Optimieren von Gleichungen und auszuwertenden Ausdrücken. Mit dem vorangestellten Schlüsselwort *optimieren* können Sie Mathcad dazu anhalten, vor der numerischen Auswertung des gesuchten Ausdrucks eine symbolische Berechnung zu versuchen, und wenn eine geschlossene Form gefunden wird, diese auch zu verwenden. Wenn eine solche geschlossene Form (z.B. die Stammfunktion eines Integrals) gefunden wurde, deutet dies Mathcad durch einen kleinen roten Stern auf der rechten Seite des zu bestimmenden Ausdrucks an (vergleichen Sie Bild 1.13). Ein Doppelklick auf diesen Stern oder den zu berechnenden Ausdruck öffnet ein Fenster mit dem optimierten Ergebnis, z.B. der Stammfunktion eines Integrals. Anstatt des Doppelklicks können Sie – nach Markierung des zu berechnenden Ausdrucks – auch den Befehl SMARTMATH ANZEIGEN aus dem Menü MATH verwenden.

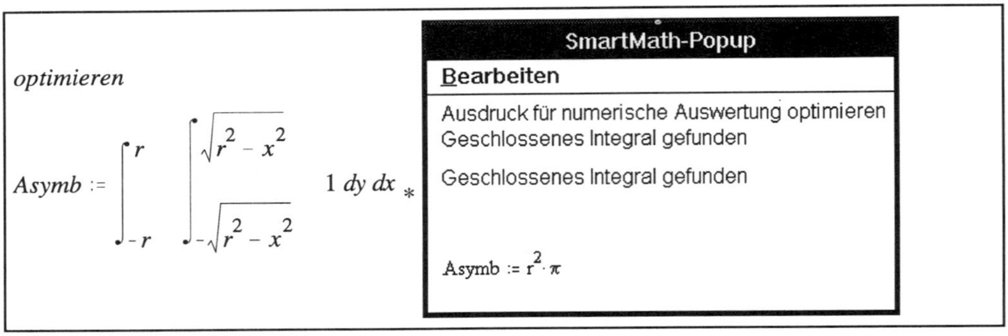

Bild 1.13: Gleichungen optimieren

In der Datei SMART2.MCD auf der Beispieldiskette finden Sie das in Bild 1.13 angeführte Beispiel, das die Fläche eines Kreises mit Smartmath berechnet.

Neben dem Schlüsselwort *optimieren* stellt Smartmath noch folgende weitere Schlüsselwörter zur Verfügung:

- *vereinfachen* $\sin(x)^2 + \cos(x)^2 - 1 \rightarrow 0$
  Smartmath versucht den dem Schlüsselwort *vereinfachen* folgenden Ausdruck zu vereinfachen, sei es durch Herausheben von gemeinsamen Faktoren oder durch Zusammenfassen trigonometrischer Terme.
- *entwickeln* $(a + b)^5 \rightarrow a^5 + 5 \cdot a^4 \cdot b + 10 \cdot a^3 \cdot b^2 + 10 \cdot a^2 \cdot b^3 + 5 \cdot a \cdot b^4 + b^5$
  Smartmath multipliziert alle Potenzen und Produkte in einem Ausdruck aus.
- *faktor* $a^5 + 5 \cdot a^4 \cdot b + 10 \cdot a^3 \cdot b^2 + 10 \cdot a^2 \cdot b^3 + 5 \cdot a \cdot b^4 + b^5 \rightarrow (a + b)^5$
  Smartmath versucht, den *faktor* folgenden Ausdruck in ein Produkt zu verwandeln und gegebenenfalls gemeinsame Faktoren herauszuheben.
- *annehmen* Durch dieses Schlüsselwort behandelt Mathcad die *annehmen* folgende Variable auch dann als Variable, wenn zuvor eine Wertzuweisung erfolgte. Auch mehrere Variablen, durch Beistrich getrennt, können in einem *annehmen*-Statement angegeben werden (vgl. Bild 1.14 links).

- *komplex* Dieses Schlüsselwort fordert Mathcad auf, seine symbolischen Berechnungen im Körper der komplexen Zahlen durchzuführen und die Ergebnisse in der Form $\mathrm{Re}(z)+i*\mathrm{Im}(z)$ darzustellen (vgl. Bild 1.14 rechts).

annehmen x, y

$$\int_0^x sin(t\cdot y)\, dt \rightarrow \frac{-cos(x\cdot y)}{y} + \frac{1}{y}$$

annehmen $s>0$

$$\int_0^\infty e^{-s\cdot t}\, dt \rightarrow \frac{1}{s}$$

annehmen x, y

komplex

$$sinh(x + i\cdot y) \rightarrow sinh(x)\cdot cos(y) + i\cdot cosh(x)\cdot sin(y)$$

Bild 1.14: Die Schlüsselwörter annehmen und komplex

Diese und weitere Beispiele zur Verwendung der gerade behandelten Schlüsselwörter finden Sie im Mathcad-Dokument `SMART3.MCD` auf der Beispieldiskette.

1.3.2 Neue symbolische Berechnungsmethoden mit Mathcad PLUS 5.0

Mathcad PLUS 5.0 bringt wesentliche Neuerungen auf dem Gebiet der symbolischen Berechnung. Sehr wichtig sind die Aufnahme der *Fourier-*, *Laplace-* und *z-Transformation* in den Funktionsumfang von Mathcad PLUS 5.0, die in weiten Bereichen der Naturwissenschaft und Technik, aber auch der Ökonomie, eine bedeutende Rolle spielen.

Falls Sie glücklicher Besitzer von Mathcad PLUS 5.0 sind, sollten Sie unbedingt die symbolischen Berechnungen im Mathcad-Dokument `SYMBOL50.MCD` selbst ausprobieren. Sie finden zu jedem neuen Befehl ein Beispiel.

Nun die neuen Befehle des Menüs SYMBOLIK im einzelnen:

AUSWERTEN – KOMPLEXE AUSWERTUNG
: Komplexwertige Ergebnisse analytischer Berechnungen werden in der Form $\mathrm{Re}(z)+i\mathrm{Im}(z)$ ausgegeben (vgl. Bild 1.15 links).

AUSWERTEN – GLEITKOMMAAUSWERTUNG
: Konstanten wie π oder e werden durch ihre numerischen Werte mit bestimmter Stellenzahl im Ergebnis der symbolischen Auswertung ersetzt (vgl. Bild 1.15 rechts).

$$e^{i \cdot x} \cdot e^{i \cdot y}$$

$$\cos(x)\cdot\cos(y) - \sin(x)\cdot\sin(y) + i\cdot(\sin(x)\cdot\cos(y) + \cos(x)\cdot\sin(y))$$

$$\int_0^{\infty} \frac{\sin(x)}{x}\,dx$$

1.5707963267948966193

Bild 1.15: Komplexe Auswertung und Gleitkommaauswertung

POLYNOM-KOEFFIZIENTEN

Bestimmt die Polynomkoeffizienten eines Polynoms (z.B. x^2-1) in Form eines Vektors (z.B. (-1, 0, 1)).

TRANSFORMATIONEN – FOURIERTRANSFORMATION und INVERSE FOURIER-TRANSFORMATION

Die Fouriertransformation ist eine Integraltransformation, die einer Zeitfunktion $f(t)$ eine komplexwertige Funktion $F(\omega)$ der Form

$$F(\omega) := \int_{-\infty}^{\infty} f(t)e^{-i\omega t}dt$$

zuordnet. $F(\omega)$ hat die Bedeutung eines Frequenzspektrums und spielt in Technik und Physik eine große Rolle. Die Umkehrtransformation besitzt fast die gleiche Form und lautet:

$$f(t) := \frac{1}{2\pi}\int_{-\infty}^{\infty} F(\omega)e^{i\omega t}dt$$

Als Anwendungsbeispiel betrachten wir die Fouriertransformation eines einzelnen Rechteckimpulses und wir erhalten nach Selektion der Zeitvariable t und Anwendung der Fouriertransformation auf die Zeitfunktion $\Phi(t+T/2)-\Phi(t-T/2)$:

$$\Phi\left(t+\frac{T}{2}\right) - \Phi\left(t-\frac{T}{2}\right) \text{ hat Fourier-Transformation} \frac{-i}{\omega}\cdot \exp\left(\frac{1}{2}\cdot i\cdot\omega\cdot T\right) + \frac{i}{\omega}\cdot\exp\left(\frac{-1}{2}\cdot i\cdot\omega\cdot T\right)$$

Der zeitliche Verlauf und das Frequenzspektrum des Rechteckimpulses sind im Bild 1.16 dargestellt.

Vollziehen Sie bitte diese Fouriertransformation unter Zuhilfenahme des Mathcad-Dokuments `SYMBOL05.MCD` nach.

TRANSFORMATIONEN – LAPLACETRANSFORMATION und INVERSE LAPLACE-TRANSFORMATION

Die Laplacetransformation ist eine der Fouriertransformation »verwandte« Integraltransformation.

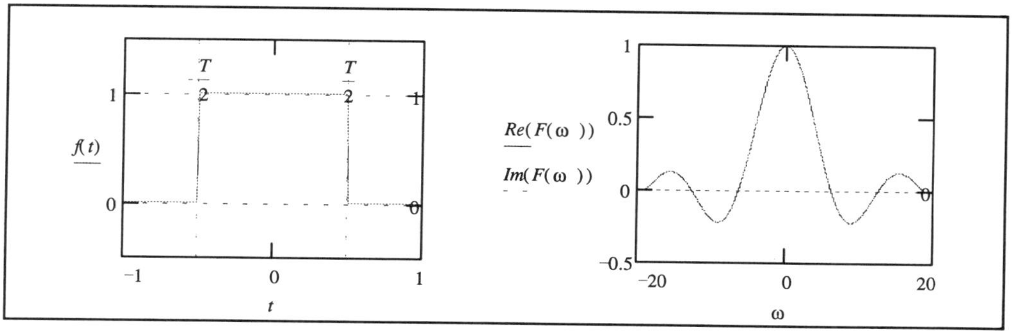

Bild 1.16: Zeitlicher Verlauf eines Rechteckimpulses und sein Frequenzspektrum

Sie ist verwendbar für Zeitfunktionen $f(t)$, die erst zum Zeitpunkt $t=0$ eingeschaltet werden. Sie ist definiert durch:

$$F(s) := \int_0^\infty f(t)e^{-st}dt$$

Verwendbar ist diese Integraltransformation unter anderem zur Lösung linearer Differentialgleichungen mit konstanten Koeffizienten, wie sie vor allem bei Einschaltvorgängen der Elektrotechnik oder bei Problemstellungen der Regelungstechnik auftauchen. Die lineare Differentialgleichung des Zeitbereichs geht über in eine algebraische Gleichung der s-Ebene (Frequenzbereich). Nach erfolgter Auflösung nach der gesuchten Größe, muß die inverse Laplacetransformation

$$f(t) := \frac{1}{2\pi i}\int_{\sigma-i\infty}^{\sigma+i\infty} F(s)e^{st}ds$$

durchgeführt werden, um die Lösung der Differentialgleichung im Zeitbereich zu erhalten.

Wenn Sie z.B. das Einschalten einer Gleichspannung an einer R-L-Serienschaltung betrachten, so lautet die zugehörige Differentialgleichung:

$$U_b = R \cdot i(t) + L \cdot \frac{d}{dt} i(t)$$

Diese Differentialgleichung geht nach erfolgter Laplacetransformation über in eine algebraische Gleichung in s:

$U_b = R \cdot i(t) + L \cdot \frac{d}{dt} i(t)$ hat Laplace-Transformation $\frac{U_b}{s} = R \cdot laplace(i(t), t, s) + L \cdot (laplace(i(t), t, s) \cdot s - i(0))$

Nach der Laplacetransformierten des Stromes $laplace(i(t),t,s)$ aufgelöst ergibt sich mittels inverser Laplacetransformation:

$$\frac{-\left(\frac{U_b}{s}+L\cdot i(0)\right)}{(-R-L\cdot s)} \text{ hat inverse Laplace-Transformation } \frac{1}{R}\cdot U_b+\exp\left(\frac{-R}{L}\cdot t\right)\cdot i(0)-\frac{\exp\left(\frac{-R}{L}\cdot t\right)}{R}\cdot U_b$$

Mit der Anfangsbedingung $i(t=0)=0$ erhalten wir schließlich für den zeitlichen Verlauf des Stromes $i(t)$ und den Spannungen an Widerstand $u_R(t)$ und Spule $u_L(t)$:

$$i(t) := \frac{U_b}{R}\cdot\left(1-\exp\left(\frac{-R}{L}\cdot t\right)\right) \qquad u_R(t) := i(t)\cdot R \qquad u_L(t) := L\cdot\frac{d}{dt}i(t)$$

Den zeitlichen Verlauf vom Strom und der verschiedenen Spannungen können Sie in Bild 1.17 sehen.

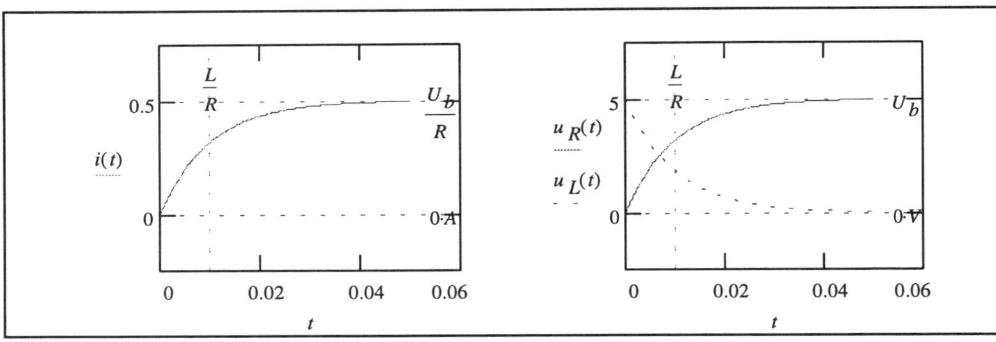

Bild 1.17: Einschalten einer Gleichspannung an L-R-Serienschaltung

Genauere Details dieses Beispiels können Sie in der Datei `SYMBOL05.MCD` nachlesen.

TRANSFORMATIONEN – Z-TRANSFORMATION und INVERSE Z-TRANSFORMATION

Die z-Transformation wird z.B. in der Nachrichtentechnik benötigt, um das Frequenz- und Antwortverhalten digitaler Filter zu bestimmen (vgl. Abschnitt 8.7). Dabei wird einer Folge von abgetasteten Meßwerten $x(n)$ einer Funktion $X(z)$ der Form

$$X(z) := \sum_{n=0}^{\infty} x(n)\frac{1}{z^n}$$

zugeordnet (also einer Laurentreihe). Die Umkehrtransformation ist durch ein komplexes Kurvenintegral

$$x(n) := \frac{r^n}{2\pi} \int_0^{2\pi} X(re^{i\varphi}) e^{in\varphi} d\varphi$$

längs eines Kreises in der komplexen z-Ebene gegeben. Der Radius r ist dabei so groß zu wählen, daß sämtliche Polstellen von $X(z)$ innerhalb des Kreises liegen.

Als Testbeispiel wählen wir den Einheitssprung $\Phi(n)$, dessen z-Transformierte sich aus der Reihenformel für eine geometrische Reihe $1+q+q^2+\ldots=\frac{1}{1-q}$ mit $q=\frac{1}{z}$ ergibt:

$\Phi(n)$ hat Z-Transformation $\frac{z}{(z-1)}$

$\frac{z}{(z-1)}$ hat inverse Z-Transformation 1

Zudem ermöglicht es diese Transformation, lineare Differenzengleichungen zu lösen. Betrachten Sie z.B. die lineare Differenzengleichung

$$y(n+2) - 5 \cdot y(n+1) + 6 \cdot y(n) = n^2$$

so erhalten Sie (in analoger Art und Weise wie bei den linearen Differentialgleichungen mit Hilfe der Laplacetransformation) eine algebraische Gleichung in der z-Transformierten $ztrans(y(n), n, z)$ von $y(n)$, die Sie nach der z-Transformierten auflösen können:

$$\frac{-\left[-y(0) \cdot z^2 - y(1) \cdot z + 5 \cdot y(0) \cdot z - \frac{z^2}{(z-1)^3} - \frac{z}{(z-1)^3}\right]}{\left(z^2 - 5 \cdot z + 6\right)}$$

Mit Hilfe der inversen z-Transformation erhalten Sie die Lösung der Differenzengleichung:

$$\frac{1}{2} \cdot 3^n - 2 \cdot 3^n \cdot y(0) + 3^n \cdot y(1) - 3 \cdot 2^n + 3 \cdot 2^n \cdot y(0) - 2^n \cdot y(1) + \frac{5}{2} + \frac{1}{2} \cdot n^2 + \frac{3}{2} \cdot n$$

Genauere Details dieses Beispiels können Sie wieder in der Datei `SYMBOL05.MCD` nachlesen.

Symbolische Lösungsblöcke

Während Mathcad 3.1 und Mathcad 5.0 zum simultanen Lösen mehrerer Gleichungen nur numerische Lösungsblöcke anbieten, können Sie unter Mathcad PLUS 5.0 mittels der *suchen*-Funktion in Kombination mit dem symbolischen Gleichheitszeichen → allgemeine Lösungen eines Systems mit mehreren Gleichungen finden. Die Angabe von Startwerten entfällt.

⇨ In symbolischen Lösungsblöcken dürfen Sie keine Ungleichungen einbauen!

Im Mathcad-Dokument `SOLVESYM.MCD` finden Sie Beispiele zur symbolischen Lösung eines linearen Gleichungssystems in zwei Unbekannten, Bestimmung von Bremszeit und Bremsweg bei einem gleichmäßig verzögerten Bremsvorgang, und die Analyse eines elastischen, zentrischen Stoßes zweier Massen m_1, m_2 mittels Impuls- und Energiesatz. Das letzte Beispiel finden Sie in Bild 1.18 abgebildet.

vorgabe

$$m_1 \cdot v_1 + m_2 \cdot v_2 = m_1 \cdot w_1 + m_2 \cdot w_2$$ Impulssatz

$$\frac{m_1 \cdot {v_1}^2}{2} + \frac{m_2 \cdot {v_2}^2}{2} = \frac{m_1 \cdot {w_1}^2}{2} + \frac{m_2 \cdot {w_2}^2}{2}$$ Energiesatz

$$\text{suchen}(w_1, w_2) \rightarrow \begin{bmatrix} v_1 & \frac{(-v_1 \cdot m_2 + m_1 \cdot v_1 + 2 \cdot m_2 \cdot v_2)}{(m_2 + m_1)} \\ v_2 & \frac{(2 \cdot m_1 \cdot v_1 + m_2 \cdot v_2 - v_2 \cdot m_1)}{(m_2 + m_1)} \end{bmatrix}$$ Geschwindigkeiten nach dem elastischen Stoß

Bild 1.18: Symbolische Lösungsblöcke mit Mathcad PLUS 5.0

1.4 Statistische Grundfunktionen, Interpolation und Ausgleichsrechnung

1.4.1 Statistische Grundfunktionen

In Tabelle 1.12 finden Sie die am häufigsten verwendeten statistischen Funktionen wie Mittelwert *mittelwert*, Median *median*, Standardabweichung *stdabw* (*stabw*), Varianz *var*, und Korrelation *korr*. Außerdem bietet Mathcad für die kumulative Normalverteilung die Funktion *knorm* an. Beachten Sie bitte, daß Mathcad in den Berechnungsformeln für die Standardabweichung und Varianz als Normierungsfaktor n und nicht n-1 verwendet. Falls Sie die andere Normierung verwenden möchten, korrigieren Sie *var* und *stdabw* mittels der multiplikativen Faktoren $\frac{n}{n-1}\mathrm{var}(\boldsymbol{x})$ bzw. $\sqrt{\frac{n}{n-1}}\mathrm{stdabw}(\boldsymbol{x})$.

Zur Erstellung von Häufigkeitshistogrammen stellt Mathcad die Funktion *hist* zur Verfügung. Bei einer Anweisung $\boldsymbol{f} := \mathrm{hist}(\boldsymbol{x}, \boldsymbol{X})$ stellt x_j, $j := 0..m$ die gewählte Klasseneinteilung dar, X_i, $i := 0..n-1$ die gemessenen Stichprobenmeßwerte, und der Ergebnisvektor f_j, $j := 0..m-1$ gibt die Anzahl der Stichprobenmeßwerte X_i im Intervall $\left[x_j, x_{j+1}\right]$ an. Beachten Sie, daß die Dimension des Vektors f_j um eins kleiner ist als die Dimension von x_j. Diese Funktion kommt bei der Auswertung normalverteilter Meßwerte (vgl. Abschnitt 3.4) und auch bei der Ermittlung von Lebensdauerverteilungen (vgl. Abschnitt 3.3) zum Einsatz.

Funktionsname	Bedeutung	Formel
mittelwert($\boldsymbol{x}$)	Mittelwert des Feldvektors $\boldsymbol{x}$	$\mathrm{mittelwert}(\boldsymbol{x}) = \frac{1}{n}\sum_{i=0}^{n-1} x_i = \overline{\boldsymbol{x}}$
median($\boldsymbol{x}$)	Median des Feldvektors $\boldsymbol{x}$	
var($\boldsymbol{x}$)	Varianz des Feldvektors $\boldsymbol{x}$	$\mathrm{var}(\boldsymbol{x}) = \frac{1}{n}\sum_{i=0}^{n-1}(x_i - \mathrm{mittelwert}(\boldsymbol{x}))^2$
stdabw($\boldsymbol{x}$) (stabw($\boldsymbol{x}$))	Standardabweichung des Vektors $\boldsymbol{x}$	$\mathrm{stdabw}(\boldsymbol{x}) = \sqrt{\frac{1}{n}\sum_{i=0}^{n-1}(x_i - \mathrm{mittelwert}(\boldsymbol{x}))^2}$

Funktionsname	Bedeutung	Formel
$\mathrm{korr}(\boldsymbol{x},\boldsymbol{y})$	Korrelation der Vektoren $\boldsymbol{x}$, $\boldsymbol{y}$. Vektoren müssen gleiche Dimension aufweisen	$\mathrm{korr}(\boldsymbol{x},\boldsymbol{y}) = \dfrac{\sum_{i=0}^{n-1}(x_i-\overline{\boldsymbol{x}})(y_i-\overline{\boldsymbol{y}})}{\sqrt{\sum_{i=0}^{n-1}(x_i-\overline{\boldsymbol{x}})^2\sum_{i=0}^{n-1}(y_i-\overline{\boldsymbol{y}})^2}}$
$\mathrm{knorm}(x)$	kumulative Normalverteilung an der Stelle x	$\mathrm{knorm}(x) = \dfrac{1}{\sqrt{2\pi}}\int_{-\infty}^{x} e^{-\frac{u^2}{2}}\,du$
$f := \mathrm{hist}(\boldsymbol{x},\boldsymbol{X})$	ermittelt ein absolutes Häufigkeitshistogramm der Einzelwerte $\boldsymbol{X}$ bezüglich der Klasseneinteilung $\boldsymbol{x}$	f_j, $j := 0..m-1$ gibt die Anzahl der Stichprobenmeßwerte X_i im Intervall $\left[x_j, x_{j+1}\right]$ an

Tabelle 1.12: Statistische Grundfunktionen

⇨ Wenn Sie Benutzer einer englischen Version Mathcad 4.0 oder 5.0 sind, so müssen Sie folgende deutsche Funktionsnamen ersetzen:
mittelwert→mean, *stdabw→stdev*, *korr→corr*, *knorm→cnorm*.

1.4.2 In Mathcad implementierte Interpolationsfunktionen

In der Praxis hat man oft die Situation, mittels Messung Punktepaare (vx_i, vy_i) aufgenommen zu haben und zu einem bestimmten x-Wert den dazupassenden (interpolierten) y-Wert zu suchen.

Im Falle der *linearen Interpolation* werden die Punktepaare (vx_i, vy_i) durch Geradenstücke verbunden, und es entsteht ein Polygonzug der auch den gesuchten Punkt $(x, y) = (x, \mathrm{linterp}(\boldsymbol{vx}, \boldsymbol{vy}, x))$ enthält (vgl. Tabelle 1.13 und Bild 1.19).

Alternativ stellt Mathcad die *kubische Spline-Interpolation* zur Verfügung. Dabei werden stückweise kubische Parabeln aus den Meßdaten berechnet. Je nachdem, ob an den beiden Spline-Enden ein linearer, parabolischer oder kubischer Verlauf gewünscht ist, verwendet man die Funktion *lspline*, *pspline* oder *kspline* zur Berechnung einer numerischen zweiten Ableitung $\boldsymbol{vs}$ als Zwischenstufe zur Interpolationsfunktion $(x, y) = (x, \mathrm{interp}(\boldsymbol{vs}, \boldsymbol{vx}, \boldsymbol{vy}, x))$. Da die zweite Ableitung einer linearen Funktion verschwindet, liefert z.B. *lspline* an den Spline-Enden $vs_0 = 0$, $vs_N = 0$. Die Funktion *pspline* erzeugt einen Vektor $\boldsymbol{vs}$ mit $vs_0 = vs_1$, $vs_{N-1} = vs_N$, da die zweite Ableitung einer quadratischen Funktion eine Konstante ist. Diese Funktionen zur Spline-Interpolation sind in Tabelle 1.13 zusammengestellt (vgl. Sie auch Bild 1.19).

Funktionsname	Bedeutung
y:= linterp($\boldsymbol{vx}, \boldsymbol{vy}, x$)	Die Datenvektoren $\boldsymbol{vx}$ und $\boldsymbol{vy}$ stellen einen Polygonzug mit Punkten (vx_i, vy_i) dar. linterp($\boldsymbol{vx}, \boldsymbol{vy}, x$) liefert den zu x gehörigen, linear interpolierten y-Wert. Der Vektor $\boldsymbol{vx}$ muß der Größe nach geordnet sein und zudem dieselbe Dimension wie $\boldsymbol{vy}$ besitzen.
$\boldsymbol{vs}$:= lspline($\boldsymbol{vx}, \boldsymbol{vy}$) $\boldsymbol{vs}$:= pspline($\boldsymbol{vx}, \boldsymbol{vy}$) $\boldsymbol{vs}$:= kspline($\boldsymbol{vx}, \boldsymbol{vy}$)	Diese Funktionen berechnen einen Vektor $\boldsymbol{vs}$, der im wesentlichen die zweiten Ableitungen an den Stellen vx_i liefert und dieselbe Dimension wie $\boldsymbol{vx}$ und $\boldsymbol{vy}$ aufweist. Diese Werte werden dazu verwendet, kubische Splines als Interpolationsfunktionen zu bestimmen. Die Funktionen unterscheiden sich in ihrer Form an den Enden der Interpolationsfunktion, lspline($\boldsymbol{vx}, \boldsymbol{vy}$) liefert lineare Enden, pspline($\boldsymbol{vx}, \boldsymbol{vy}$) parabolische Enden und kspline($\boldsymbol{vx}, \boldsymbol{vy}$) kubische Enden. Der erzeugte Vektor $\boldsymbol{vs}$ wird als Parameter in der Interpolationsfunktion interp($\boldsymbol{vs}, \boldsymbol{vx}, \boldsymbol{vy}, x$) benötigt.
y:= interp($\boldsymbol{vs}, \boldsymbol{vx}, \boldsymbol{vy}, x$)	Die durch die Datenvektoren $\boldsymbol{vx}$ und $\boldsymbol{vy}$ repräsentierten Punkte (vx_i, vy_i) werden mit kubischen Splines interpoliert. interp($\boldsymbol{vs}, \boldsymbol{vx}, \boldsymbol{vy}, x$) liefert den zu x gehörigen, interpolierten y-Wert. Der Vektor $\boldsymbol{vx}$ muß der Größe nach geordnet sein und zudem dieselbe Dimension wie $\boldsymbol{vy}$ und $\boldsymbol{vs}$ besitzen.

Tabelle 1.13: Lineare Interpolation und kubische Spline-Interpolation

⇨ Wenn Sie Benutzer einer englischen Version Mathcad 4.0 oder 5.0 sind, so müssen Sie den deutschen Funktionsnamen *kspline* durch *cspline* ersetzen.

Übung 1.8

Erzeugen Sie aus der gedämpften Schwingung $f(x) := e^{-x/4} \sin(x)$, N über eine Periode äquidistant verteilte Meßwerte $vx_i := i\frac{2\pi}{N}$, $vy_i := f(vx_i)$, $i := 0..N$. Verwenden Sie die in Tabelle 1.13 aufgelisteten Interpolationsfunktionen um Zwischenwerte bestimmen zu können. Stellen Sie die Meßwerte, die Ausgangsfunktion $f(x)$ (die in der Praxis nicht bekannt ist!) und die Interpolationsfunktionen linterp($\boldsymbol{vx}, \boldsymbol{vy}, x$) bzw. interp($\boldsymbol{vs}, \boldsymbol{vx}, \boldsymbol{vy}, x$) zum Vergleich in einem Diagramm dar (vgl. Bild 1.19 mit $N = 4$).

Eine Lösung dieses Problems finden Sie im Mathcad-Dokument `INTERPOL.MCD`. In diesem Dokument werden auch die Vektoren $\boldsymbol{vs}$ der unterschiedlichen Spline-Interpolationen gegenübergestellt und mit der zweiten Ableitung $f''(x)$ verglichen. Des weiteren berechnen wir den quadratischen Fehler

$$\int_{vx_0}^{vx_N} (f(x) - \text{linterp}(\text{vx}, \text{vy}, x))^2 dx \text{ bzw. } \int_{vx_0}^{vx_N} (f(x) - \text{interp}(\text{vs}, \text{vx}, \text{vy}, x))^2 dx$$

der natürlich im Falle der Spline-Interpolation wesentlich geringer ist wie bei der linearen Interpolation.

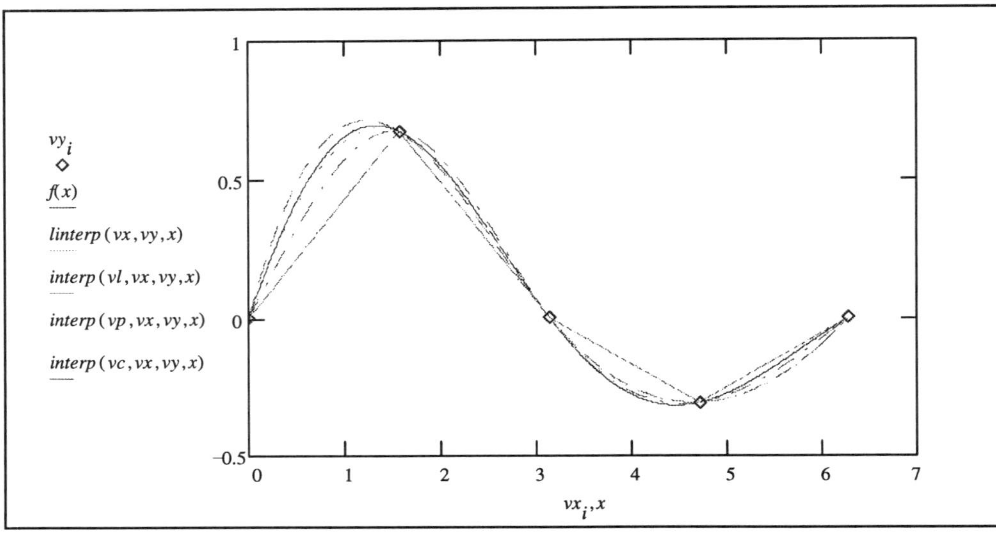

Bild 1.19: Vergleich linearer Interpolation mit kubischer Spline-Interpolation

1.4.3 Regressionsverfahren, Curvefitting

Bei Regressionsverfahren versucht man, I Meßwerte (vx_i, vy_i) $i := 0..I-1$ durch eine bekannte funktionale Abhängigkeit $fit(x, u_0, u_1, ..., u_{N-1})$ bestmöglich anzunähern. Falls die Fitfunktion *fit* linear von den N Fitparametern $u_0, u_1, ..., u_{N-1}$ in der Form $u_0 f_0(x) + u_1 f_1(x) + ... + u_{N-1} f_{N-1}(x)$ abhängt, spricht man von *linearer Ausgleichsrechnung*, andernfalls von *nichtlinearer Ausgleichsrechnung*.

Im Abschnitt Lösungsblöcke haben wir bereits ein solches Ausgleichsproblem anhand einer gleichmäßig beschleunigten Bewegung behandelt. In diesem Abschnitt wollen wir Ihnen einerseits eine allgemeine Methode präsentieren und andererseits die in Mathcad 5.0 neu hinzugekommenen Fitfunktionen *linfit* und *genfit* (nur Mathcad PLUS 5.0) präsentieren.

Methode der minimalen Fehlerquadrate

Wir definieren als quadratischen Fehler die Funktion

$$F(u_0, u_1, \ldots, u_{N-1}) := \sum_{i=0}^{I-1} (vy_i - fit(vx_i, u_0, u_1, \ldots, u_{N-1}))^2$$

und geben vor dem Lösungsblock Startwerte für die gesuchten Parameter $u_0, u_1, \ldots., u_{N-1}$ in Form von Wertzuweisungen vor. Die gesuchten Parameter dürfen dabei in Mathcad nicht als Komponenten eines Vektors geschrieben werden! Verwenden Sie deshalb zur Indizierung die Taste <.> anstatt <[>. $u_0, u_1, \ldots., u_{N-1}$ sind dann allesamt unterschiedliche Variablennamen und nicht mehr Komponenten eines Vektors. Der quadratische Fehler wird im allgemeinen nie Null und legt die Verwendung der *minfehl*-Funktion nahe. Da der Lösungsblock soviele Gleichungen wie gesuchte Parameter $u_0, u_1, \ldots., u_{N-1}$ enthalten muß, sind entsprechende Dummygleichungen in den Lösungsblock zu integrieren:

vorgabe

$$F(u_0, u_1, \ldots, u_{N-1}) = 0$$

$1 = 1$ Dummygleichung1

...

$N - 1 = N - 1$ Dummygleichung$N - 1$

$$\begin{pmatrix} u_0 \\ u_1 \\ \ldots \\ u_{N-1} \end{pmatrix} := \mathrm{minfehl}(u_0, u_1, \ldots, u_{N-1})$$

Das angegebene Schema funktioniert sowohl bei linearer, als auch bei nichtlinearer Ausgleichsrechnung. Zudem können Sie diese Methode auch als Mathcad-3.1-Benutzer verwenden. Wir möchten an dieser Stelle auf drei Beispiele mit diesem Lösungsblocktypus hinweisen.

Im Mathcad-Dokument `SOLVEBL.MCD` auf der Beispieldiskette finden Sie die Bestimmung optimaler Werte für Beschleunigung und Anfangsgeschwindigkeit einer gleichmäßig beschleunigten Bewegung aus vorgegebenen Zeit- und Wegdaten (vgl. Abschnitt 1.2.3. Lösungsblöcke).

Im Abschnitt 1.4.3.4 *nichtlineare Ausgleichsrechnung* weiter unten bestimmen wir eine optimale Normalverteilung zu einem gegebenen Häufigkeitshistogramm. Im Mathcad-Dokument `NLFIT.MCD` finden Sie eine Lösung dieser Problemstellung.

Ein Problem aus der Praxis ist die Auswertung seismologischer Daten, die bei einem Erdbeben mit mehreren verschiedenen Seismographen aufgenommen werden. Auf der Erdoberfläche seien n Meßstationen an Punkten (x_i, y_i, z_i), $i = 0, 1, \ldots, n-1$ mit Seismographen ausgestattet. Wir denken uns die Erdbebenwellen von einer punktförmigen Quelle, dem Hypozentrum, ausgesandt. Der Seismograph ermittelt zwei Einsätze die mit dem Eintreffen der longitudinalen P-Welle und der transversalen S-Welle zusammenhängen. Dieser Zeitversatz wird aus den Seismographendaten bestimmt und hat seine Ursache in unterschiedlichen Ausbreitungsgeschwindigkeiten von longitudinaler und horizontaler Wellenkomponente. Aus mehreren gemessenen Zeitversätzen soll auf das Hypozentrum bzw. auf das, direkt darüber auf der Erdoberfläche befindliche, Epizentrum geschlossen werden. Eine Lösung dieser Problemstellung finden Sie in der Datei `ERDBEBEN.MCD` auf der Beispieldiskette.

Da bei minimalem quadratischen Fehler die partiellen Ableitungen nach den gesuchten Parametern $u_0, u_1, \ldots, u_{N-1}$ verschwinden müssen (Ausnahme: Minimum wird am Rand des Definitionsbereich angenommen wie im Falle von linearen Optimierungsaufgaben), könnte man alternativ zum obigen Lösungsblock auch die partiellen Ableitungen des quadratischen Fehlers nach den gesuchten Parametern als Funktionen definieren und im Lösungsblock null setzen:

vorgabe

$$F_{u_0}(u_0, u_1, \ldots, u_{N-1}) = 0$$

$$F_{u_1}(u_0, u_1, \ldots, u_{N-1}) = 0$$

....

$$F_{u_{N-1}}(u_0, u_1, \ldots, u_{N-1}) = 0$$

$$\begin{pmatrix} u_0 \\ u_1 \\ \cdots \\ u_{N-1} \end{pmatrix} := \text{suchen}(u_0, u_1, \ldots, u_{N-1})$$

Anstatt der *minfehl*-Funktion können Sie hier die *suchen*-Funktion verwenden. Auf ein Anwendungsbeispiel dieser Art von Lösungsblock wird im folgenden hingewiesen.

Im Maschinenbau muß manchmal die Rundheit großer Rohre überprüft werden. Da ja die Rohrform nur näherungsweise ein Kreis ist, kennen wir auch die Lage des Rohrmittelpunkts nicht. Mit guter Näherung kennt man aber bei langen Rohren die Achsenrichtung, sodaß wir uns auf ein ebenes Problem beschränken können. Dabei werden Punkte (x_i, y_i) des Rohrumfangs vermessen und versucht, einen optimalen Kreis durch diese Meßpunkte zu legen. Wir bestimmen den optimalen Kreismittelpunkt (x_m, y_m) und optimalen Kreisradius r mit der *suchen*-Funktion durch

Nullsetzen der partiellen Ableitungen des quadratischen Fehlers nach x_m, y_m und r. Eine Lösung dieser Problemstellung finden Sie in der Datei `CIRCOPTI.MCD` auf der Beispieldiskette.

Gauß'sches Normalgleichungssystem bei linearen Ausgleichsproblemen

Wir betrachten nun den Fall, daß die Fitfunktion *fit* linear von den N Fitparametern $u_0, u_1, ..., u_{N-1}$ in der Form

$$fit(x) := u_0 f_0(x) + u_1 f_1(x) + ... + u_{N-1} f_{N-1}(x)$$

abhängt. Die Funktionen $f_0(x)$, $f_1(x) ... f_{N-1}(x)$ sind im einfachsten Fall Potenzfunktionen, die Fitfunktion wäre dann eine Polynomfunktion:

$$fit(x) := \sum_{n=0}^{N-1} u_n x^n \quad \text{(N-1 ist der Polynomgrad)}$$

Die noch unbekannten Koeffizienten u_n erhalten wir wie oben aus der Minimierung des quadratischen Fehlers

$$F(u_0, u_1, ..., u_{N-1}) := \sum_{i=0}^{I-1} (vy_i - (u_0 f_0(vx_i) + u_1 f_1(vx_i) + ... + u_{N-1} f_{N-1}(vx_i)))^2$$

durch Nullsetzen der partiellen Ableitungen des Fehlers nach den gesuchten Koeffizienten:

$$\frac{\partial F}{\partial u_k} = \sum_{i=0}^{I-1} 2(vy_i - (u_0 f_0(vx_i) + u_1 f_1(vx_i) + \ldots + u_{N-1} f_{N-1}(vx_i)))(-f_k(vx_i)) = 0, \ k = 0,1,\ldots, N-1 \,.$$

Diese Gleichungen stellen ein lineares Gleichungssystem in N Unbekannten u_n dar (deshalb auch die Bezeichnung *lineare Ausgleichsrechnung*), das auch in Matrixform geschrieben werden kann:

$$\mathrm{A}^T \mathrm{A} u - \mathrm{A}^T vy = 0, \ \mathrm{A}_{i,k} := f_k(vx_i), \ i = 0,1 \ldots I-1, \ k = 0,1 \ldots N-1$$

Diese Darstellung ist unter dem Namen *Gauß'sches Normalgleichungssystem* bekannt. Mit Hilfe der Matrixinversion erhalten wir für unseren gesuchten Koeffizientenvektor *u*:

$$u = (A^T A)^{-1} A^T vy = 0$$

Neu in 5.0 Für lineare Ausgleichsprobleme stellt Mathcad 5.0 die Funktion *linfit* zur Verfügung. Wir müssen dabei die Funktionen $f_0(x)$, $f_1(x) \ldots f_{N-1}(x)$ in Form eines Vektors

$$f(x) := \begin{pmatrix} f_0(x) \\ f_1(x) \\ \cdots \\ f_{N-1}(x) \end{pmatrix}$$

und lediglich die Funktion *linfit* mit

$$u := \mathrm{linfit}(vx, vy, F)$$

aufrufen, um die optimalen Parameter $u_0, u_1, \ldots, u_{N-1}$ zu erhalten.

Übung 1.9

Im Mathcad-Dokument `LINFIT05.MCD` zeigen wir Ihnen einerseits die explizite Lösung des Gauß'schen Normalgleichungssystems (auch für Mathcad-3.1-Benutzer) und andererseits die elegante Verwendung der *linfit*-Funktion (nur Mathcad-5.0-Benutzer). Wir versuchen Meßwerte (vx_i, vy_i) aus Tabelle 1.14, die zuerst linear ansteigen und dann eine Sättigung zeigen, mit einer Linearkombination geeigneter Funktionen

$$f_0(x) = \frac{x}{1+x}, \quad f_1(x) = 1 - e^{-x}$$

bestmöglich anzunähern. In Bild 1.20 sind die vorgegebenen Meßwerte und die bestmögliche Linearkombination obiger Funktionen dargestellt.

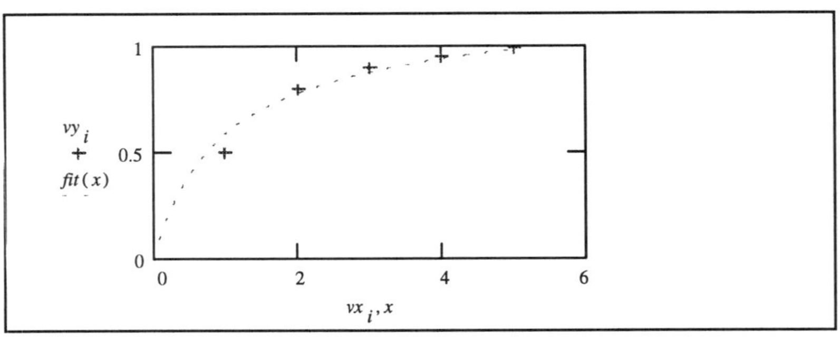

Bild 1.20: Lineare Ausgleichsrechnung

vx_i	vy_i
0	0
1	0.5
2	0.8
3	0.9
4	0.95
5	0.99

Tabelle 1.14: Meßwerte

Die notwendigen Schritte zur Problemlösung entnehmen Sie bitte der Datei `LINFIT05.MCD`.

Lineare Regression

Einen sehr wichtigen und häufig verwendeten Spezialfall der linearen Ausgleichsrechnung ist der Fall der linearen Regression. Unsere Fitfunktion ist in diesem Fall eine lineare Funktion der Form:

$$fit(x) := u_0 + u_1 x = d + kx$$

Gesucht ist die bestmögliche Gerade durch die vorgegebenen Meßpunkte. Zur Bestimmung von optimalem Anstieg *k* und Ordinatenabschnitt *d* stellt Mathcad die Funktionen *neigung(vx,vy)* (Steigung *k*) und *achsenabschn(vx,vy)* bzw. in Mathcad 3.1 *achsenabschnitt(vx,vy)* (Ordinatenabschnitt *d*) zur Verfügung (vgl. Tabelle 1.15).

Funktionsname	Bedeutung	Formel
neigung(**vx**, **vy**)	Steigung der bestmöglichen Regressionsgeraden durch die vorgegebenen Meßpunkte	$\text{neigung}(\mathbf{vx},\mathbf{vy}) = \dfrac{\sum vx_i vy_i \sum 1 - \sum vx_i \sum vy_i}{\sum vx_i^2 \sum 1 - (\sum vx_i)^2}$
achsenabschn(**vx**, **vy**) (achsenabschnitt)	Ordinatenabschnitt der bestmöglichen Geraden	$\text{achsenabschn}(\mathbf{vx},\mathbf{vy}) = \dfrac{\sum vx_i^2 \sum vy_i - \sum vx_i vy_i \sum vx_i}{\sum vx_i^2 \sum 1 - (\sum vx_i)^2}$

Tabelle 1.15: Funktionen zur linearen Regression

⇨ Wenn Sie Benutzer einer englischen Version Mathcad 4.0 oder 5.0 sind, so müssen Sie die deutschen Funktionsnamen *neigung→slope* und *achsenabschn→ intercept* ersetzen.

⇨ Die in Tabelle 1.15 dargestellten Formeln erhält man aus dem Gauß'schen Normalgleichungssytem für diese einfache Struktur der Fitfunktion oder durch explizite Minimierung des quadratischen Fehlers:

$$F(k,d) := \sum_i (vy_i - (kvx_i + d))^2$$

Übung 1.10

Im Mathcad-Dokument `FUEHLER.MCD` zeigen wir Ihnen die Verwendung der Funktionen *neigung* und *achsenabschn* zur Bestimmung einer linearen Temperaturmeßfühlerkurve $u_{lin}(T) := d + kT$ aus vorgegebenen Temperatur T_i und Spannungswerten U_i (Tabelle 1.16). Da die Fühlermeßwerte einen leicht parabolischen Verlauf aufweisen, versuchen wir, mit einer parabolischen Fitfunktion $u(T) := a_0 + a_1 T + a_2 T^2$ eine Verbesserung zu erreichen (vgl. Bild 1.21). Wir demonstrieren dabei nochmals die elegante

Verwendung der *linfit*-Funktion (nur möglich mit Mathcad 5.0). Mathcad-3.1-Benutzer müßten die explizite Lösung des Gauß'schen Normalgleichungssystems (vgl. Übung 1.9) durchführen.

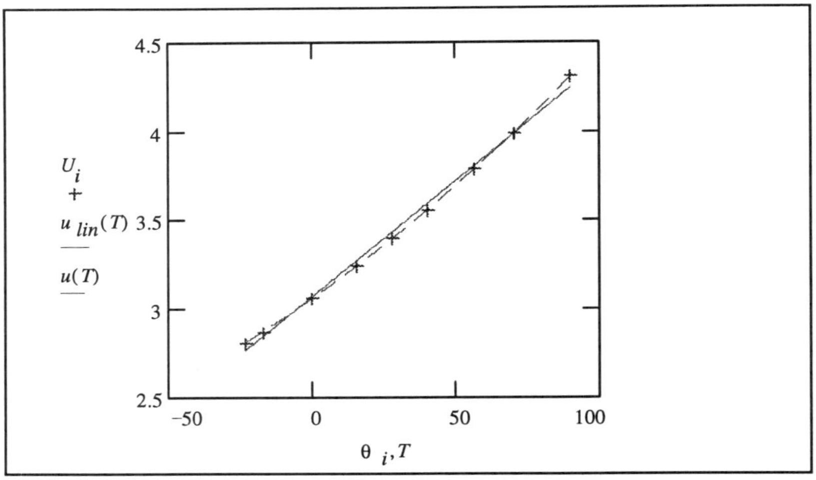

T_i [°C]	U_i [V]
-23.4	2.808
-17.0	2.869
0.0	3.057
15.4	3.243
28.0	3.398
40.1	3.555
56.6	3.788
70.1	3.985
90.0	4.307

Tabelle 1.16: Fühler-Meßwerte

Bild 1.21: Optimale Gerade und Parabel für eine Fühlermeßkurve

Im Mathcad-Dokument `FUEHLER.MCD` finden Sie die notwendigen Schritte zur Problemlösung.

Nichtlineare Ausgleichsprobleme

Wie man nichtlineare Ausgleichsprobleme mit Lösungsblöcken prinzipiell lösen kann, haben wir bereits weiter oben besprochen. Entweder minimiert man den quadratischen Fehler *F* oder sucht die Nullstellen der partiellen Ableitungen des Fehlers nach den zu optimierenden Parametern. Wir wollen nun an einem einfachen Beispiel die Methode demonstrieren.

Übung 1.11

Stellen Sie sich vor, 100 Stück normalverteilte Meßwerte *vx* aufgenommen zu haben. Sie haben diese Meßwerte klassiert mit absoluten Häufigkeiten h_k (vgl. Tabelle 1.17).

Wir versuchen nun eine passende Dichte einer Normalverteilung

$$g(x,\mu,\sigma) := \frac{1}{\sqrt{2\cdot\pi}\cdot\sigma}\cdot e^{-\frac{(x-\mu)^2}{2\cdot\sigma^2}}$$

zur gegebenen Klassifizierung (vx,h) zu finden. Mit Hilfe von Stichprobenmittelwert μ_K und Stichprobenvarianz σ_K erhalten wir geeignete Startwerte für unseren Lösungsblock:

$$\mu_K := \sum_k vx_k \cdot \frac{h_k}{n} \qquad \sigma_K := \sqrt{\frac{n}{n-1} \cdot \sum_k \frac{h_k}{n} \cdot \left(vx_k - \mu_K\right)^2}$$

Da $g(x,\mu,\sigma)$ eine normierte Verteilungsdichtefunktion ist, müssen die absoluten Häufigkeiten h auf die Klassenbreite $\Delta x := vx_1 - vx_0$ und Gesamtanzahl n der Meßwerte normiert werden:

$$vy := \frac{h}{n \cdot \Delta x}$$

In einem Lösungsblock minimieren wir den quadratischen Fehler mit der *minfehl*-Funktion:

vorgabe

$$\sum_k \left(vy_k - g\left(vx_k, \mu, \sigma\right)\right)^2 = 0$$

$$1 = 1$$

$$\begin{pmatrix} \mu \\ \sigma \end{pmatrix} := minfehl(\mu, \sigma)$$

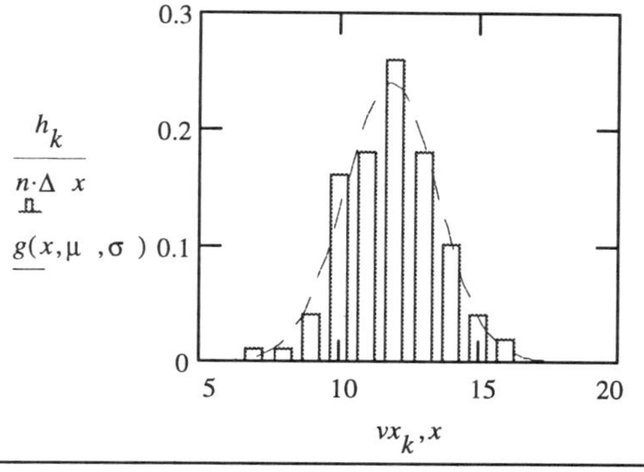

Bild 1.22: Optimale Normalverteilung zu Häufigkeitshistogramm eines normalverteilten Merkmals

vx_k	h_k
7	1
8	1
9	4
10	16
11	18
12	26
13	18
14	10
15	4
16	2

Tabelle 1.17: Häufigkeiten

In Bild 1.22 sehen Sie das Häufigkeitshistogramm der normalverteilten Meßwerte im Vergleich mit der optimalen Normalverteilung.

Im Mathcad-Dokument `NLFIT.MCD` auf der Beispieldiskette finden Sie eine vollständige Lösung dieser Aufgabe.

Nur in +5.0 Mathcad PLUS 5.0 stellt Ihnen für *nichtlineare Ausgleichsprobleme* eine Funktion *genfit* zur Verfügung. Sie haben dabei eine Anzahl von Meßwerten (vx_i, vy_i) vorgegeben und eine Fitfunktion $g(x, u_0, u_1, ..., u_{n-1})$ mit noch unbestimmten Fitparametern $(u_0, u_1, ..., u_{n-1})$. Diese Funktion hängt nichtlinear von den Fitparametern ab. Sie müssen eine Vektorfunktion $F(x,u)$ (Parametervektor u)

$$F(x,u) := \begin{pmatrix} g \\ \dfrac{\partial g}{\partial u_0} \\ \cdots \\ \dfrac{\partial g}{\partial u_{n-1}} \end{pmatrix}$$

definieren, die neben der Fitfunktion $g(x, u_0, u_1, ..., u_{n-1})$ deren partielle Ableitungen nach den Fitparametern enthält.

⇨ Diese Fitparameter müssen bei Verwendung der *genfit*-Funktion als Vektorkomponenten betrachtet werden.

Während man bei linearen Ausgleichsproblemen (*linfit*-Funktion) keine Startwerte benötigt, müssen Sie im Falle der nichtlinearen Ausgleichsrechnung geeignete Startwerte vg_j für die Parameter u_j kennen. Erst mit den Startwerten können Sie die Funktion *genfit* via

$$p := \text{genfit}(vx, vy, vg, F)$$

aufrufen. p enthält die optimalen Parameterwerte $(u_0, u_1, ..., u_{n-1})$. Die optimale Fitfunktion erhalten Sie über die 1. Komponente des Funktionsvektors

$$fit(x) := F(x,p)_0.$$

Das Mathcad-Dokument `GENFIT50.MCD` zeigt Ihnen die Lösung der Übung 1.11 mittels *genfit*-Funktion.

⇨ Im Gegensatz zur *linfit*-Funktion bringt die *genfit*-Funktion keine wesentliche Arbeitserleichterung gegenüber der Lösungsblockmethode, zumal bei der *genfit*-Funktion wie beim Lösungsblock auch Startwerte bekannt sein müssen!

Approximation äquidistant abgetasteter, periodischer Meßdaten durch Fourierpolynome

Wenn Sie periodische Meßsignale in gleichen Zeitabständen abtasten, können Sie versuchen das bestmögliche Fourierpolynom zu den vorgegebenen Meßwerten durch Minimierung des quadratischen Fehlers zu finden. Diese Minimierungsaufgabe führt auf die Fast-Fourierkoeffizienten als Amplituden des Fourierpolynoms. Diese Thematik ist in erster Linie für Nachrichtentechniker relevant und wird deshalb in Abschnitt 8.4 behandelt.

1.4.4 Arbeiten mit Datenfiles, Auswertung von Meßdaten

Nehmen wir an, Sie haben mit einem Meßdatenerfassungsprogramm gerade Meßdaten in Ihren PC eingelesen und Sie möchten diese Daten mit Mathcad weiterverarbeiten. Jedes Meßdatenerfassungsprogramm besitzt die Möglichkeit, ***strukturierte*** ASCII-Dateien (d.h. zusammengehörige Meßdaten in einer Dateizeile gruppiert) zu erzeugen. Diese Datei können Sie dann mit der *PRNLESEN*-Funktion in Ihr Mathcad-Dokument einlesen.

Oder stellen Sie sich vor, Sie schreiben in C, FORTRAN oder PASCAL ein Simulationsprogramm, wo Sie Teilchenbahnen und Teilchengeschwindigkeiten von sehr vielen Teilchen für jeden Zeitschritt neu berechnen. Sie können mit Ihrem Programm *sequentielle* (*unstrukturierte*) ASCII-Dateien erzeugen, die Sie später mit der *LESEN*-Funktion in Mathcad einlesen und dort weiterverarbeiten können, z.B. zur Darstellung des zeitlichen Verlaufs einer physikalischen Größe, die von den Teilchen der Simulation abhängt.

Nachdem im Mathcad 5.0/PLUS 5.0-Buch von Hörhager/Partoll ein ganzes Kapitel dem Arbeiten mit Dateien gewidmet ist, wollen wir Ihnen hier im Rahmen eines Schnelleinstiegs nur eine Übersichtstabelle präsentieren (Tabelle 1.18) und den Umgang mit strukturierten und unstrukturierten ASCII-Dateien lediglich anhand einer Übung zeigen.

Funktionsname	Bedeutung
x_i:= *LESEN* (*file*) (engl. Version *READ*)	Liest Daten aus der unstrukturierten ASCII-Datei `FILE.DAT` in den Vektor x_i ein. Die ASCII-Datei muß die Dateierweiterung `*.DAT` aufweisen.
SCHREIBEN (*file*):= x_i (engl. Version *WRITE*)	Schreibt die Vektorkomponenten x_i des Vektors $\boldsymbol{x}$ in eine unstrukturierte ASCII-Datei `FILE.DAT`. Eine bereits vorhandene Datei gleichen Namens wird überschrieben.

Funktionsname	Bedeutung
ANFÜGEN (*file*):= x_i (engl. Version *APPEND*)	Fügt die Vektorkomponenten x_i des Vektors $\boldsymbol{x}$ am Ende der bereits bestehenden unstrukturierten ASCII-Datei `FILE.DAT` an.
A:= *PRNLESEN* (*file*) (engl. Version *PRNREAD*)	Einlesen der in Spaltenform strukturierten Daten der Datei `FILE.PRN` in eine Datenmatrix $\boldsymbol{A}$. Die Matrix $\boldsymbol{A}$ muß die gleiche Spaltenanzahl besitzen wie die strukturierte ASCII-Datei. Strukturierte ASCII-Dateien müssen die Dateierweiterung `*.PRN` aufweisen.
PRNSCHREIBEN (*file*):= $\boldsymbol{A}$ (engl. Version *PRNWRITE*)	Schreibt die Datenmatrix $\boldsymbol{A}$ in eine strukturierte ASCII-Datei `FILE.PRN`. Mit den Parametern PRNCOLWIDTH und PRNPRECISION kann die Spaltenbreite und die signifikante Stellenzahl beeinflußt werden. Eine bereits vorhandene Datei gleichen Namens wird überschrieben.
PRNANFÜGEN (*file*):= $\boldsymbol{A}$ (engl. Version *PRNAPPEND*)	Fügt die Datenmatrix $\boldsymbol{A}$ am Ende der bereits bestehenden strukturierten ASCII-Datei `FILE.PRN` an. Die Spaltenanzahl der Matrix $\boldsymbol{A}$ muß mit der Spaltenanzahl der strukturierten ASCII-Datei übereinstimmen.

Tabelle 1.18: Dateizugriffsfunktionen

Übung 1.12

Erstellen Sie mit einem ASCII-Editor eine wie in Bild 1.23 dargestellte strukturierte ASCII-Datei `STRUK1.PRN`. Da wir die Anzahl der Meßdaten pro Meßzeitpunkt (in unserem Beispiel drei, nämlich t, x, y), nicht aber die Anzahl der Meßzeitpunkte kennen, lesen wir die Daten mit der *PRNLESEN*-Funktion zunächst in eine Matrix $\boldsymbol{A}$ mit genügend großer Zeilenanzahl ein. Mit dem Spaltenoperator $M^{\langle\rangle}$ extrahieren wir aus dieser Matrix die einzelnen Meßgrößen. Die Anzahl der Meßzeitpunkte erhalten wir wieder mittels *länge*-Funktion aus einem dieser Matrixspaltenvektoren. Die notwendigen Arbeitsschritte hierfür sind in Bild 1.23 dargestellt.

Das Lesen/Schreiben von/in unstrukturierten bzw. strukturierten Dateien finden Sie anhand von Beispielen im Mathcad-Dokument `DATEI.MCD` dargestellt.

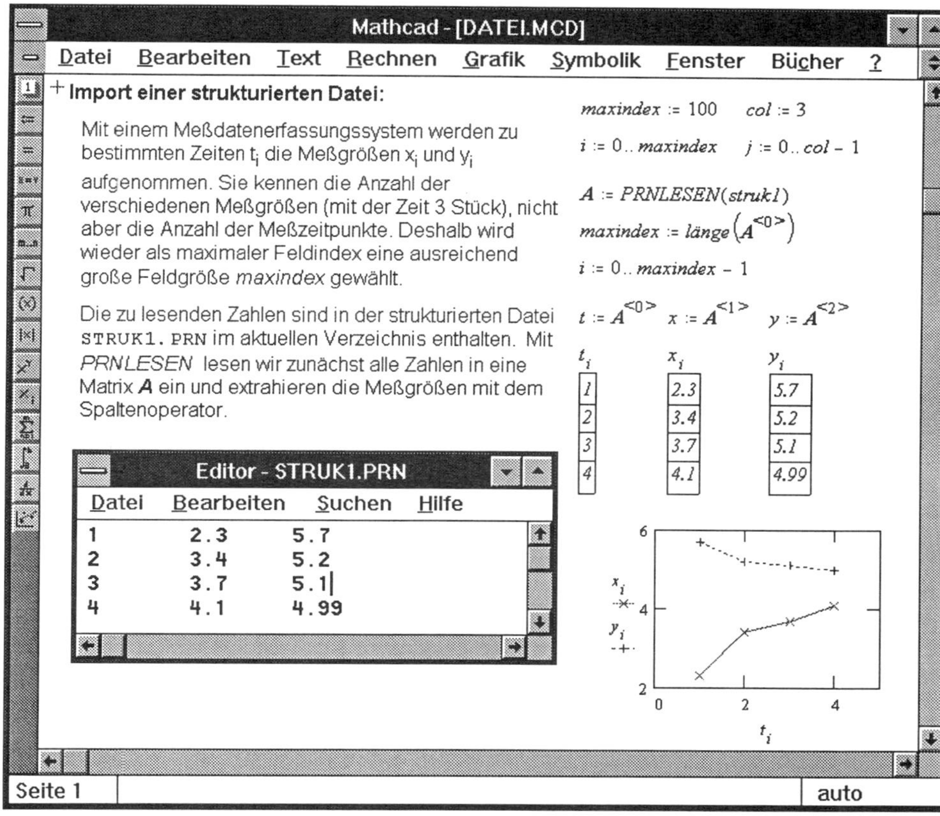

Bild 1.23: Einlesen einer via Meßdatenerfassung erzeugten strukturierten ASCII-Datei

1.5 Gewöhnliche Differentialgleichungen

1.5.1 Grundbegriffe und Problemstellungen aus der Praxis

Eine Differentialgleichung ist eine Gleichung, die neben der gesuchten Lösungsfunktion $y(t)$ auch noch Ableitungen $y'(t)$, $y''(t)$, ..., $y^{(n)}(t)$ der gesuchten Lösungsfunktion enthält. Die höchste vorkommende Ableitung stellt die Ordnung der Differentialgleichung dar. Gibt es eine unabhängige Veränderliche (z.B. t), so spricht man von gewöhnlichen Differentialgleichungen, bei mehr als einer unabhängigen Veränderlichen (z.B. t, x, y, z) von partiellen Differentialgleichungen.

In diesem Abschnitt wollen wir uns auf gewöhnliche Differentialgleichungen beschränken. Sind mehrere Lösungsfunktionen gesucht, so spricht man von einem Differentialgleichungssystem.

Wir wollen Ihnen an dieser Stelle einfache, in allen Berufssparten vorkommende Beispiele von Differentialgleichungen zeigen. Sehr oft treten dabei lineare Differentialgleichungen 1. oder 2. Ordnung (höchste vorkommende Ableitung) der Form

$$y' + a_0 y = s(x) \text{ oder } y'' + a_1 y' + a_0 y = s(x)$$

mit konstanten Koeffizienten a_1, a_0 auf. Ist die Störfunktion $s(x)$ identisch null, so spricht man von einer homogenen, andernfalls von einer inhomogenen Differentialgleichung. In der Praxis sind zusätzlich physikalische Randbedingungen ($y(x=a), y(x=b)$, unabhängige Variable x ist Ortskoordinate) oder Anfangsbedingungen ($y(t=0), \frac{dy}{dt}(t=0)$, unabhängige Variable ist die Zeit t) vorgegeben. Die Bedeutung dieses Differentialgleichungstyps mögen einige Beispiele aus der Praxis unterstreichen:

- Kondensatoraufladung:

$$R\frac{di}{dt} + \frac{1}{C}i(t) = \frac{du_e}{dt}(t)$$

Inhomogene lineare Differentialgleichung 1. Ordnung, R, C Konstanten, Strom $i(t)$ gesuchte Größe, Änderung der Eingangsspannung $\frac{du_e}{dt}(t)$ ist Störfunktion. Bei einem anfänglich ungeladenen Kondensator ist die Anfangsbedingung $Ri(t=0) = u_e(t=0)$ zu erfüllen.

- Radioaktiver Zerfall:

$$\frac{dN}{dt} = -\lambda N$$

Homogene lineare Differentialgleichung 1. Ordnung, λ Zerfallskonstante, $N(t)$ Anzahl der noch nicht zerfallenen Teilchen und gesuchte Funktion. Die Anfangsbedingung $N(t=0) = N_0$ ist zu berücksichtigen.

- Differentialgleichung der Biegelinie:

$$y'' = \frac{1}{EI} M_b(x)$$

Inhomogene lineare Differentialgleichung 2. Ordnung, $\frac{1}{EI} M_b(x)$ Biegemoment dividiert durch E-Modul und Trägheitsmoment I ist die Störfunktion, Durchbiegung $y(x)$ ist die gesuchte Lösungsfunktion. Bei einem einseitig eingespannten Träger z.B. wären die Randbedingungen $y(x=0) = 0, y'(x=0) = 0$ zu berücksichtigen.

▶ Differentialgleichung eines mechanischen Schwingers:

$$y'' + \gamma y' + \omega_0^2 y = 0$$

Dämpfungsterm $\gamma y'$ und Eigenfrequenz ω_0 (reibungsfrei). Die Anfangsbedingungen könnten $y(t=0)=1$ und $y'(t=0)=0$ lauten (z.B. Feder mit angehängter Masse m, Feder auslenken und dann einfach loslassen mit Anfangsgeschwindigkeit 0).

⇨ In Abschnitt 1.3.2 haben wir Ihnen anhand des Einschaltens einer Gleichspannung an einer R-L-Serienschaltung gezeigt, wie Sie die Laplacetransformation verwenden können, um die allgemeine Lösung einer linearen Differentialgleichung zu erhalten.

Die meisten Differentialgleichungen der Physik und Technik sind jedoch nichtlinear, können aber, z.B. durch Beschränkung auf kleine Auslenkungen, linearisiert werden. Betrachten wir z.B. ein simples mathematisches Pendel, so lautet die Differentialgleichung (Bewegungsgleichung $J\frac{d^2\varphi}{dt^2} = M$) für die Auslenkung φ aus der Ruhelage

$$ml^2 \frac{d^2\varphi}{dt^2} = -mgl\sin(\varphi)$$

wobei $M = -mgl\sin(\varphi)$ das rücktreibende Drehmoment und $J = ml^2$ das Trägheitsmoment bezüglich des Aufhängepunktes verkörpern. Durch den $\sin(\varphi)$-Term ist die Differentialgleichung nichtlinear, kann aber für kleine Auslenkungen wegen $\sin(\varphi) \approx \varphi$ in eine lineare Differentialgleichung mit konstanten Koeffizienten übergeführt werden. Diese Linearisierung hilft zwar analytische Lösungen von Differentialgleichungen zu finden (beim Pendel mit der Beschränkung auf kleine Auslenkungen), bestimmte nichtlineare »Eigenheiten« wie z.B. Sättigungsverhalten oder Übergänge zu chaotischem Verhalten gehen aber meist verloren.

Auch in der Biologie und Ökologie führen viele Populationsmodelle auf nichtlineare Differentialgleichungen. Da meistens die Populationen von mehreren Spezies in Wechselwirkung stehen, handelt es sich dann um gekoppelte Differentialgleichungssysteme wie z.B. beim Räuber-Beute-Modell nach Vito Volterra:

Die Beutetiere könnten sich ohne Räuber ungestört mit einer Zuwachsrate g vermehren, die Räuber würden ohne Beutetiere mit einer Rate s aussterben. Durch das Zusammentreffen der Beutetiere mit den Räubern (»Kollisionswahrscheinlichkeit« zum Produkt der Populationen proportional) reduziert sich der Beutetierbestand, die Räuber können überleben. Die zeitlichen Änderungen der Populationen ergeben sich aus diesen Überlegungen zu

$$\frac{dy_B}{dt} = gy_B - ay_B y_R, \quad \frac{dy_R}{dt} = -sy_R + by_B y_R$$

wobei es sich hier, aufgrund des Terms $y_B y_R$, um ein nichtlineares Differentialgleichungssystem handelt. Ähnliche Differentialgleichungssysteme treten auch in der Reaktionskinetik auf und sind somit auch für Chemiker interessant.

1.5.2 Numerische Lösung von gewöhnlichen Differentialgleichungen mit Mathcad PLUS 5.0

Mathcad stellt Ihnen mit der Version PLUS 5.0 neue Funktionen zur Verfügung, mit denen Sie eine numerische Lösung Ihrer Differentialgleichung durchführen können. Wir wollen Ihnen anhand der Funktion *rkfest* (Runge-Kutta-Methode mit fester Schrittweite) zeigen, wie Sie eine explizite, gewöhnliche Differentialgleichung der Form $y^{(n)} = f(x, y, y', ..., y^{(n-1)})$ mit entsprechenden Anfangsbedingungen lösen können. Wir betrachten für diesen Zweck die oben bereits vorgestellte Differentialgleichung eines mechanischen Schwingers (z.B. Feder mit angehängter Masse m) $y'' + \gamma y' + \omega_0^2 y = 0$ mit Dämpfungsterm $\gamma y'$ und Eigenfrequenz ω_0 (reibungsfrei).

Für Sonderfälle von Differentialgleichungen stellt Mathcad weitere Funktionen zur numerischen Lösung von Differentialgleichungen zur Verfügung (Tabelle 1.19).

Funktionsname	**Methode zur Lösung der Differentialgleichung**
$Z := \text{rkfest}(Y, t_a, t_e, N, D)$	Runge-Kutta-Methode mit fixem Zeitschritt.
$Z := \text{Rkadapt}(Y, t_a, t_e, N, D)$	Runge-Kutta-Methode mit variablem Zeitschritt (kleinerer Zeitschritt bei schnellen Änderungen der Lösung verwendet und umgekehrt), Z enthält jedoch die Lösung zu denselben äquidistanten Zeitschritten wie bei Funktion *rkfest*.
$Z := \text{Bulstoer}(Y, t_a, t_e, N, D)$	Verwendet anstatt der Runge-Kutta die Bulirsch-Stoer-Methode. Diese Methode ist genauer als das Runge-Kutta-Verfahren und sollte bei glatten Lösungskurven verwendet werden.
$Z := \text{Stiffb}(Y, t_a, t_e, N, D, J)$	Verwendet die Burlisch-Stoer-Methode bei steifen Differentialgleichungssystemen.
$Z := \text{Stiffr}(Y, t_a, t_e, N, D, J)$	Verwendet die Rosenbrock-Methode bei steifen Differentialgleichungssystemen.

Tabelle 1.19: Funktionen zum numerischen Lösen von Differentialgleichungen

In allen Fällen (also auch den Sonderfällen) müssen Sie die Anfangswerte $y(t_a), y'(t_a), ..., y^{(n-1)}(t_a)$ (bei »örtlichen« Problemen entsprechend die Randbedingungen $y(x_a), y'(x_a), ..., y^{(n-1)}(x_a)$) in Form eines Vektors

$$Y := \begin{pmatrix} y(t_a) \\ y'(t_a) \\ \dots \\ y^{(n-1)}(t_a) \end{pmatrix}$$

anschreiben. Wird unser Federpendel anfänglich auf $y(t=0)=1$ ausgelenkt und dann einfach losgelassen (Anfangsgeschwindigkeit $y'(t=0)=0$), so müßte $Y := \begin{pmatrix} 1 \\ 0 \end{pmatrix}$ zugewiesen werden. Des weiteren müssen Sie eine Vektorfunktion

$$D(t, Y) := \begin{pmatrix} Y_1 \\ \dots \\ Y_{n-1} \\ y^{(n)}(Y_0, \dots, Y_{n-1}) \end{pmatrix}$$

definieren, deren letzte Komponente die explizite Differentialgleichung verkörpert. Dabei entsprechen sich $y = Y_0, y' = Y_1, \dots, y^{(n-1)} = Y_{n-1}$. Beim Federpendel müssen Sie nach Umformen der Differentialgleichung auf y'' noch die Ersetzungen $y \to Y_0$, $y' \to Y_1$ durchführen. Die die Differentialgleichung verkörpernde Vektorfunktion lautet in diesem Fall:

$$D(t, Y) := \begin{pmatrix} Y_1 \\ -\gamma \cdot Y_1 - \omega_0^2 \cdot Y_0 \end{pmatrix}$$

Neben dem Startzeitpunkt t_a (im allgemeinen Zeitpunkt 0) benötigen Sie auch den Endzeitpunkt t_e und die Anzahl der Zeitschritte N. Die numerische Lösung der Differentialgleichung generieren Sie in der Form

$$Z := Funktionsname(Y, t_a, t_e, N, D, [J])$$

wobei die *Jacobimatrix* nur bei *steifen Systemen von Differentialgleichungen* angegeben werden muß (vgl. Tabelle 1.19).

Die Jacobimatrix J ist eine nx(n+1)-Matrix, man erhält sie aus den partiellen Ableitungen

$$J := \begin{pmatrix} \frac{\partial D}{\partial t} & \frac{\partial D}{\partial Y_0} & \dots & \frac{\partial D}{\partial Y_{n-1}} \end{pmatrix}.$$

Auch die Lösung Z ist eine Matrix von der Größe (N+1)x(n+1). Die Spalte 0 enthält die Zeitpunkte $t_a, t_a + \Delta t .. t_e$ mit Zeitschritt $\Delta t := \frac{t_e - t_a}{N}$, die Spalte 1 die gesuchte Lösung y zu den entsprechenden Zeitpunkten, Spalte 2 die erste Ableitung y' und die Spalte n die (n-1)-te Ableitung $y^{(n-1)}$ (beim Schwinger Zeitpunkt t, Ort y und Geschwindigkeit y'). Mit dem Spaltenoperator $M^{<>}$ können Sie die Größen t, y, y' mit

$$t := Z^{<0>} \qquad y := Z^{<1>} \qquad y' := Z^{<2>}$$

aus der Matrix extrahieren. Die Lösung für unseren mechanischen Schwinger im Falle einer freien Schwingung ist in Bild 1.24 links dargestellt.

Übung 1.13

Vollziehen Sie die numerische Lösung dieser Differentialgleichung nach. Sie könnten als Zusatz erzwungene Schwingungen dieses Schwingers untersuchen, indem Sie eine sinusförmige Erregung $s(t) = A\sin(\omega t)$ mit Erregerfrequenz ω (verkörpert die Störfunktion der linearen Differentialgleichung) auf das System einwirken lassen. Die Differentialgleichung lautet jetzt

$$y'' + \gamma y' + \omega_0^2 y = A\sin(\omega t)$$

und ist wegen der Störfunktion inhomogen geworden. Wenn Sie mit der Erregerfrequenz ω in die Nähe der Eigenfrequenz ω_0 des freien Schwingers gelangen, wird die Amplitude des Schwingers, wie in Bild 1.24 rechts dargestellt, aufgrund von Resonanzerscheinungen anwachsen (abhängig von Dämpfungskonstante γ).

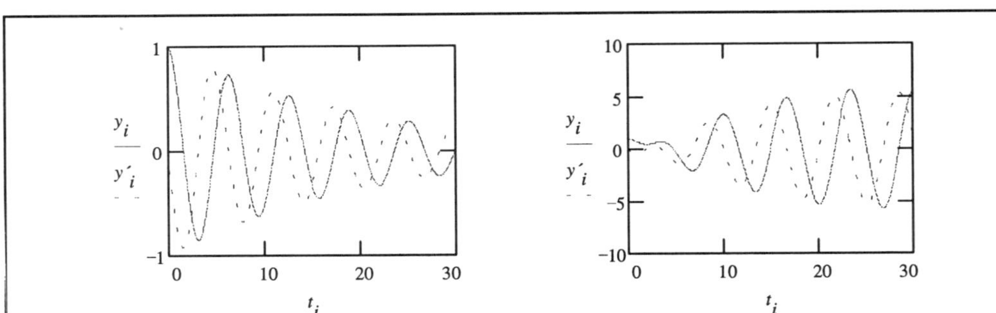

Bild 1.24: Gedämpfte freie Federschwingung und Resonanzerscheinung bei $\omega \approx \omega_0$

Eine Lösung finden Sie auf der Beispieldiskette im Mathcad-Dokument `DGL50.MCD`.

Benutzer von Mathcad 3.1 und Mathcad 5.0 müssen die Runge-Kutta-Methode explizit in ihr Mathcad-Dokument implementieren (vgl. Abschnitt 1.5.5). Eine entsprechende Lösung finden Sie im Mathcad-Dokument `DGL.MCD`.

1.5.3 Numerische Lösung von Differentialgleichungssystemen 1. Ordnung

Übung 1.14

Wir wollen Ihnen anhand eines Räuber-Beute-Modells die Lösung eines gekoppelten Differentialgleichungssystems 1. Ordnung demonstrieren. Das 1931 von Vito Volterra formulierte Differentialgleichungssystem hat, wie vorhin dargelegt, die Form:

$$\frac{dy_B}{dt} = gy_B - ay_B y_R, \quad \frac{dy_R}{dt} = -sy_R + by_B y_R$$

Sie müssen die Anfangspopulationen $y_B(t=0)$, $y_R(t=0)$ in Form eines Vektors

$$Y := \begin{pmatrix} y_B(t=0) \\ y_R(t=0) \end{pmatrix}$$

anschreiben. Des weiteren müssen Sie das Differentialgleichungssystem in Form einer Vektorfunktion

$$D(t,Y) := \begin{pmatrix} \frac{dY_0}{dt}(Y_0, Y_1) \\ \frac{dY_1}{dt}(Y_0, Y_1) \end{pmatrix} = \begin{pmatrix} gY_0 - aY_0Y_1 \\ -sY_1 + bY_0Y_1 \end{pmatrix}$$

definieren. Dabei entsprechen sich $y_B = Y_0, y_R = Y_1$. Wie bei den gewöhnlichen Differentialgleichungen müssen Sie wieder Startzeitpunkt t_a (im allgemeinen Zeitpunkt 0), Endzeitpunkt t_e und die Anzahl der Zeitschritte N vorgeben. Die numerische Lösung des Differentialgleichungssystems generieren Sie auf analoge Weise mit:

$$Z := Funktionsname(Y, t_a, t_e, N, D, [J])$$

Die Lösung Z ist eine Matrix der Größe (N+1)x3. Die Spalte 0 enthält die Zeitpunkte $t_a, t_a + \Delta t .. t_e$ mit Zeitschritt $\Delta t := \frac{t_e - t_a}{N}$, die Spalte 1 die Population der Beutetiere y_B und Spalte 2 die Räuber y_R. Mit dem Spaltenoperator $M^{\langle\rangle}$ können Sie die Größen t, y_B, y_R aus Z extrahieren:

$$t := Z^{\langle 0 \rangle} \qquad y_B := Z^{\langle 1 \rangle} \qquad y_R := Z^{\langle 2 \rangle}$$

Der zeitliche Populationsverlauf ist in Bild 1.25 für die Parameterwerte

$$g := 0.3 \qquad s := 0.3 \qquad a := 0.02 \qquad b := 0.004$$

dargestellt. Zuerst fressen sich die Räuber an der Beute satt und vernichten ihre eigene Existenzgrundlage und drohen auszusterben. Bei wenigen Räubern können sich die Beutetiere wieder ungehindert vermehren. Zeitlich versetzt steigt durch die zahlreich vorhandene Beute bedingt auch wieder die Räuberpopulation. Dieses Schauspiel wiederholt sich in periodischen Zeiträumen (vgl. Bild 1.25).

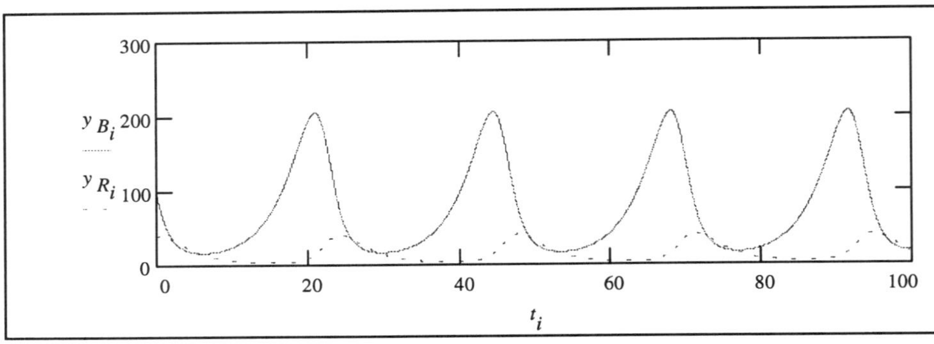

Bild 1.25: Periodischer Populationsverlauf von Beutetieren und Räubern

Eine Lösung finden Sie auf der Beispieldiskette im Mathcad-Dokument `DGLSYS1.MCD`.

Mathcad 3.1 und Mathcad 5.0 Benutzer müssen die Runge-Kutta-Methode explizit in ihr Mathcad-Dokument implementieren (vgl. Abschnitt 1.5.5). Eine dementsprechende Lösung finden Sie im Mathcad-Dokument `DGLSYS.MCD`.

Differentialgleichungssysteme höherer Ordnung werden im Kapitel 2 behandelt. Ein Beispiel, das die Lösung der Bewegungsgleichungen eines Doppelpendels zeigt, finden Sie auf der Beispieldiskette im Mathcad-Dokument `DGLSYS2.MCD`.

1.5.4 Numerische Lösung von steifen Differentialgleichungssystemen 1. Ordnung

Differentialgleichungssysteme der Physik, Chemie oder Biologie besitzen oft die Eigenheit, daß die an der Wechselwirkung beteiligten physikalischen Größen extrem unterschiedlich schnell exponentiell abklingen oder anwachsen. Das Verhältnis von der größten zur kleinsten Abklingkonstante ist im wesentlichen die Steifheit des Systems. Ist diese Steifheit groß, so versagen herkömmliche numerische Lösungsmethoden wie das Runge-Kutta-Verfahren mit festem Zeitschritt. Numerische Instabilitäten oder Oszillationen können die Folge sein. Wenn z.B. die numerisch gefundene Lösung extrem von der zeitlichen Schrittweite abhängt, sollten Sie auf der Hut sein. Versuchen Sie in solchen Fällen anstatt der numerischen Lösungsfunktion *rkfest* (Runge-Kutta-Methode) eine der beiden Lösungsfunktionen *Stiffb* (Burlisch-Stoer-Methode für steife Differentialgleichungssysteme) oder *Stiffr* (Rosenbrock-Methode für steife Differentialgleichungssysteme). In der Physik verwendet man zuweilen verschiedene Zeitskalen zur Lösung solcher Systeme.

Übung 1.15

In der Reaktionskinetik tritt oft der Fall ein, daß sich die Konzentrationen mancher Reaktionspartner extrem rasch ändern, während sich die Konzentrationen anderer Partner relativ langsam ändern. Aus diesem Grund behandeln wir hier ein Beispiel aus der Reaktionskinetik folgender Form:

$$\frac{d}{dt}x_a(t) = -0.1\cdot x_a + 100\cdot x_b\cdot x_c$$

$$\frac{d}{dt}x_b(t) = 0.1\cdot x_a - 100\cdot x_b\cdot x_c - 500\cdot x_b^2$$

$$\frac{d}{dt}x_c(t) = 500\cdot x_b^2 - 0.5\cdot x_c$$

$$x_a(0) = 4 \qquad x_b(0) = 2 \qquad x_c(0) = 0.5$$

Produkte zweier Konzentrationen auf der rechten Seite des Differentialgleichungssystems weisen immer auf bimolekulare Reaktionen (Reaktionen 2. Ordnung) hin, d.h., die Reaktion erfordert Stöße zweier Teilchen. Terme erster Ordnung weisen auf unimolekulare Reaktionen hin, z.B. spontanen Zerfall. Die Bedeutung der einzelnen Terme in unseren Reaktionsgleichungen sei im folgenden kurz angedeutet:

- $-0.1\cdot x_a$ A zerfällt spontan in B.
- $100\cdot x_b\cdot x_c$ Durch Stöße von B mit C entsteht A, Konzentration von A erhöht sich.
- $500\cdot x_b^2$ Stöße von B mit B haben als Folgeprodukt C.
- $-0.5\cdot x_c$ C zerfällt spontan in ein nicht an der Reaktion beteiligtes Element D. Würde ein Zerfall in A oder B vorliegen, müßte dieser Term in einer anderen Gleichung mit anderem Vorzeichen enthalten sein.

Die Anfangskonzentrationen müssen analog zu Übung 1.13 als Vektor X und die Differentialgleichung als Vektorfunktion festgelegt werden:

$$X := \begin{pmatrix} 4 \\ 2 \\ 0.5 \end{pmatrix} \qquad D(t,X) := \begin{bmatrix} -0.1 \cdot X_0 + 100 \cdot X_1 \cdot X_2 \\ 0.1 \cdot X_0 - 100 \cdot X_1 \cdot X_2 - 500 \cdot \left(X_1\right)^2 \\ 500 \cdot \left(X_1\right)^2 - 0.5 \cdot X_2 \end{bmatrix}$$

Dabei entsprechen sich die Konzentrationen $x_a \to X_0$, $x_b \to X_1$, $x_c \to X_2$.

Für den Aufruf der beiden Lösungsfunktionen *Stiffb* (Burlisch-Stoer-Methode) oder *Stiffr* (Rosenbrock-Methode) benötigen wir zusätzlich die Jacobimatrix J der Form:

$$J := \begin{pmatrix} \frac{\partial D}{\partial t} & \frac{\partial D}{\partial X_0} & \cdots & \frac{\partial D}{\partial X_2} \end{pmatrix}$$

Aus den partiellen Ableitungen erhalten wir hier speziell

$$J(t,X) := \begin{bmatrix} 0 & -0.1 & 100 \cdot X_2 & 100 \cdot X_1 \\ 0 & 0.1 & -100 \cdot X_2 - 1000 \cdot X_1 & -100 \cdot X_1 \\ 0 & 0 & 1000 \cdot X_1 & -0.5 \end{bmatrix}$$

für die Jakobimatrix. Die numerische Lösung des Differentialgleichungssystems generieren Sie auf analoge Weise mit:

$$Z := Stiffb(X, t_a, t_e, N, D, J) \text{ oder } Z := Stiffr(X, t_a, t_e, N, D, J)$$

Welche Unterschiede zur Runge-Kutta-Methode auftreten können, sehen Sie in Bild 1.26 beim Verlauf der Konzentration des Reaktionspartners A. Während *Stiffb* und *Stiffr* praktisch identische Lösungen liefern, weicht die mit *rkfest* (Runge-Kutta) ermittelte Lösung drastisch ab.

Die Verläufe der Konzentrationen aller Reaktionspartner A, B, C können Sie dem Mathcad-Dokument `STEIF.MCD` auf der Beispieldiskette entnehmen. Zudem finden Sie auch eine Analyse des zeitlichen Verlaufes der Steifheit des Systems. Für diesen Zweck müssen Sie die Eigenwerte der Jakobimatrix für jeden Zeitpunkt bestimmen. Das Verhältnis von dem betragsmäßig größten zu kleinsten Eigenwert der Jakobimatrix ist als Steifheit festgelegt.

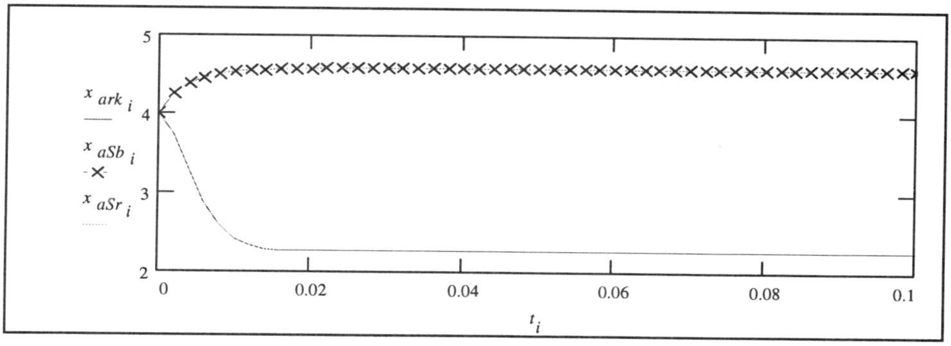

Bild 1.26: Verlauf der Konzentration des Reaktionspartners A

1.5.5 Numerische Lösung von Differentialgleichungen mit Mathcad 3.1 oder Mathcad 5.0

Vielleicht haben Sie sich schon geärgert, weil Sie nicht im Besitz von Mathcad PLUS 5.0 sind. Die Funktionen *rkfest*, *Stiffb*, und wie sie alle heißen, erleichtern einem das Leben im Umgang mit Differentialgleichungen erheblich, aber wenn diese Funktionen nicht zur Verfügung stehen, geht die Welt auch nicht unter. In der folgenden Übung möchten wir Ihnen die Implementierung der Runge-Kutta-Methode 4. Ordnung mit Mathcad vorstellen.

Übung 1.16

Wir greifen wieder das Beispiel aus Übung 1.13 auf und untersuchen die Differentialgleichung 2. Ordnung des mechanischen Schwingers

$$y'' + \gamma y' + \omega_0^2 y = A\sin(\omega t).$$

Der Term auf der rechten Seite stellt eine sinusförmige Erregung $s(t) = A\sin(\omega t)$ mit Erregerfrequenz ω dar. Bevor Sie die Runge-Kutta-Methode anwenden können, müssen Sie die Differentialgleichung in ein Differentialgleichungssystem 1. Ordnung verwandeln, indem Sie die erste Ableitung als weitere gesuchte Lösungsfunktion y_s definieren:

$$\begin{bmatrix} \frac{d}{dt} y \\ \frac{d}{dt} y_s \end{bmatrix} = \begin{bmatrix} y_s \\ \left(-\gamma \cdot y_s - \omega_0^2 \cdot y\right) + s(t) \end{bmatrix}$$

Die Lösung dieses Differentialgleichungssystem erfolgt über eine zeitliche Iteration:

$$\begin{pmatrix} y_0 \\ ys_0 \end{pmatrix} := \begin{pmatrix} y0 \\ ys0 \end{pmatrix} \qquad \begin{pmatrix} y_{j+1} \\ ys_{j+1} \end{pmatrix} := \begin{pmatrix} y_j + rk\left(t_j, y_j, ys_j, h\right) \\ ys_j + rK\left(t_j, y_j, ys_j, h\right) \end{pmatrix}$$

Ausgehend vom Anfangszustand, wird aus dem j-ten Zeitschritt der $j+1$-te Zeitschritt berechnet, h ist dabei die zeitliche Schrittweite. Genaue Details über die Definition der Hilfsfunktionen rk und rK können Sie im Mathcad-Dokument `DGL.MCD` nachlesen.

⇨ Bei einer Differentialgleichung 1. Ordnung vereinfacht sich das Runge-Kutta-Verfahren entsprechend, da nur mehr eine Größe, nämlich y, iteriert werden muß. Die Dimension des Iterationsvektors ist sozusagen 1.

Übung 1.17

Wir greifen nochmals das Räuber-Beute-Modell aus Übung 1.14 auf. Das gekoppelte Differentialgleichungssystem 1. Ordnung hatte die Form

$$\begin{pmatrix} \dfrac{dy_B}{dt} \\ \dfrac{dy_R}{dt} \end{pmatrix} = \begin{pmatrix} gy_B - ay_By_R \\ -sy_R + by_By_R \end{pmatrix}$$

mit entsprechenden Anfangspopulationen $y_B(t=0)$, $y_R(t=0)$. Übertragen Sie die Runge-Kutta-Methode aus Übung 1.16 auf diesen Fall.

Eine Lösung des Räuber-Beute-Problems mittels explizit ausgeführter Runge-Kutta-Methode finden Sie im Mathcad-Dokument `DGLSYS.MCD`.

2 Mathcad für Mathematiker und Physiker

In diesem Abschnitt möchten wir Ihnen etwas anspruchsvollere Anwendungen von Mathcad präsentieren. Wir zeigen Ihnen in erster Linie Anwendungsbeispiele aus dem Fachbereich der Physik, die gehobenere Ansprüche an mathematische Kenntnisse stellen. Wir möchten Ihnen dabei allgemeine Verfahren und Methoden zeigen, die in vielfältiger Weise angewendet werden können.

Nachdem wir die numerische Lösung gewöhnlicher Differentialgleichungen und von Differentialgleichungssystemen 1.Ordnung bereits im Abschnitt 1.5 ausführlich diskutiert haben, wollen wir Ihnen als erstes zu diesem Thema einige Beispiele aus der Physik präsentieren. Wir wollen Ihnen auch zeigen, wie Sie mit Differentialgleichungssystemen höherer Ordnung fertig werden. Anschließend zeigen wir Ihnen die Verwendung der Laplacetransformation zur analytischen Lösung von linearen Differentialgleichungen und linearen Differentialgleichungssystemen. Ein weiterer Abschnitt zeigt Ihnen die Implementierung der Legendre Polynome, assoziierte Legendre Funktionen, Kugelfunktionen, Laguerre Polynome und assoziierte Laguerre Polynome in Mathcad.

Ein weiterer Abschnitt zeigt Ihnen die numerische und analytische Lösung von partiellen Differentialgleichungen. Mathcad PLUS 5.0 besitzt Funktionen zur numerischen Lösung der Poissongleichung, wir demonstrieren Ihnen die numerische Lösung der Laplacegleichung, Wärmeleitungsgleichung, Diffusionsgleichung und Korteweg-de Vries-Gleichung mittels Iterationen. Als analytische Lösungsmethoden stellen wir die Fourierreihenentwicklung und Laplacetransformation der Wellengleichung vor sowie die Verwendung von konformen Abbildungen, um die Umströmung von Tragflügeln zu bestimmen.

Wir zeigen Ihnen auch die Verwendung der zahlreichen Vektor- und Matrizenfunktionen, die Bestimmung von Eigenwerten, Eigenvektoren und Eigenmoden anhand eines Systems gekoppelter Oszillatoren.

Am Schluß des Kapitels zeigen wir Ihnen die Lösung von bestimmten Formen von Integralgleichungen mit Hilfe der Laplacetransformation. Wir lösen unter anderem die Abel'sche Integralgleichung die beim tautachronen Problem auftritt.

2.1 Gewöhnliche Differentialgleichungen und Differentialgleichungssysteme der Physik

2.1.1 Numerische Lösung von Bewegungsgleichungen

Eindimensionale Bewegungen von Punktmassen

In der klassischen Physik lautet die Bewegungsgleichung einer Punktmasse m

$$ma = m\frac{d^2x}{dt^2} = m\frac{dv}{dt} = F$$

wobei x die Ortskoordinate des Massenpunkts, a die Beschleunigung und F die wirkende Kraft darstellt. Bei der Auslenkung einer Feder z.B. ist die rücktreibende Kraft $F(x) = -kx$ proportional zur Auslenkung. Bei einem frei nach unten fallenden Körper mit einem zum Geschwindigkeitsquadrat proportionalen Luftwiderstand ist die beschleunigende Kraft $F(v) = mg - cv^2$. Bei einer erzwungenen Schwingung wirkt eine äußere, harmonische Kraft $F(t) = A\sin(\omega t)$ mit Erregerfrequenz ω auf den Massenpunkt ein.
Wir müssen im Grunde genommen das Differentialgleichungssystem 1. Ordnung

$$\frac{dv}{dt} = \frac{1}{m}F(t,x,v) = a(t,x,v), \; \frac{dx}{dt} = v$$

mit den Anfangsbedingungen $x(t=0) = x_0$ und $v(t=0) = v_0$ lösen. Im Abschnitt 1.5.3 haben wir anhand des Räuber-Beute-Modells nach Volterra gezeigt, wie Sie mit Hilfe der Funktion *rkfest* (nur in Mathcad PLUS 5.0 vorhanden) ein Differentialgleichungssystem 1. Ordnung lösen können. Für Benutzer von Mathcad 3.1 oder Mathcad 5.0 haben wir in Abschnitt 1.5.5 die explizite Implementierung des Runge-Kutta-Verfahrens 4.Ordnung in ein Mathcad-Dokument vorgestellt (vgl. auch erzwungene Schwingung eines Federpendels Übungen 1.13 und 1.16). An dieser Stelle wollen wir Ihnen eine direkte Lösung mittels Iteration vorstellen.

Übung 2.1

Fallschirmspringer wissen, daß Sie im freien Fall aufgrund des Luftwiderstandes irgendwann eine Grenzgeschwindigkeit erreichen. Wenn wir unseren Fallschirmspringer als Massenpunkt betrachten, so lautet unsere Bewegungsgleichung:

$$\frac{dv}{dt} = \frac{1}{m}F(v) = g - \frac{cv^2}{m}, \; \frac{dx}{dt} = v$$

Auch wenn wir die erste Differentialgleichung durch Trennung der Veränderlichen sofort analytisch lösen könnten, wollen wir Ihnen die iterative Lösung zeigen, die bei jeder Bewegung einer Punktmasse anwendbar ist. Die zugehörige iterative Lösung der Bewegungsgleichung bei fixem Zeitschritt Δt mit Anfangsbedingungen $x(t=0)=x_0$ (Anfangshöhe) und $v(t=0)=v_0$ (Anfangsgeschwindigkeit) lautet:

$$\begin{pmatrix} v_{i+1} \\ x_{i+1} \end{pmatrix} := \begin{bmatrix} v_i + a(v_i)\cdot\Delta t \\ x_i + v_i\cdot\Delta t + \dfrac{a(v_i)}{2}\cdot\Delta t^2 \end{bmatrix}$$

Diese Gleichungen erhalten wir aus den Bewegungsgleichungen, wenn wir die Differentialquotienten durch die Differenzenquotienten ersetzen:

$$\frac{dv}{dt} \rightarrow \frac{v_{i+1}-v_i}{\Delta t} = a(v_i), \quad \frac{dx}{dt} \rightarrow \frac{x_{i+1}-x_i}{\Delta t} = v_i + \frac{a(v_i)}{2}\Delta t$$

Da die Geschwindigkeit in einem Zeitintervall Δt ja nicht konstant ist, verwendet man den Korrekturterm $\frac{a(v_i)}{2}\Delta t$ (beschleunigte Bewegung mit $a(v_i)$), $v_i + \frac{a(v_i)}{2}\Delta t$ ist sozusagen die Geschwindigkeit in der Intervallmitte. Sie können diesen Term prinzipiell auch weglassen, nur wird der Fehler aufgrund der Diskretisierung bei gleichem Δt größer werden. In Bild 2.1 sehen Sie den zeitlichen Verlauf der Geschwindigkeit und die gewählten Parameter dargestellt. Durch den Luftwiderstand nähert sich die Geschwindigkeit einer Grenzgeschwindigkeit:

$$v_g := -\sqrt{\frac{g\cdot m}{C}}$$

$v_0 := 0\cdot\frac{m}{s}$ $\quad h := 1000\cdot m$ $\quad g := 9.81\cdot\frac{m}{s^2}$

$C := 0.2\cdot\frac{kg}{m}$ $\quad m := 80\cdot kg$

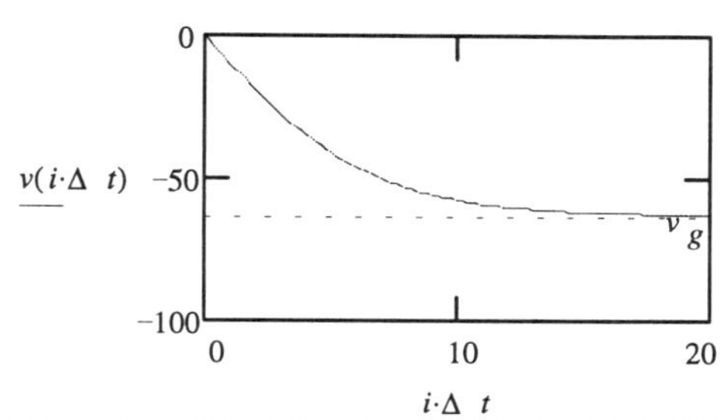

Bild 2.1: Auftreten einer Grenzgeschwindigkeit beim freien Fall

Die Formel für die Grenzgeschwindigkeit erhalten Sie aus der symbolischen Lösung der Bewegungsgleichung.

Im Mathcad-Dokument `FALL.MCD` finden Sie neben der iterativen Lösung der Bewegungsgleichung auch die analytische Integration der Bewegungsgleichung und die Bestimmung der Grenzgeschwindigkeit. Auch die Zeitdiagramme für Höhe x und Beschleunigung a entnehmen Sie bitte dem Mathcad-Dokument.

Zweidimensionale Bewegungen, Differentialgleichungssysteme 2. Ordnung

Übung 2.2

In jedem Physiklehrbuch finden Sie als Fallbeispiel den schiefen Wurf mit einer bestimmten Anfangsgeschwindigkeit v_0 unter einem bestimmten Winkel α und die Berechnung von optimalem Wurfwinkel α_{opt} und maximaler Wurfweite $W_{\max}$. Wir wollen zusätzlich einen Luftwiderstand (Reibungskraft $-c|\vec{v}|\vec{v}$), eine Anfangshöhe h berücksichtigen und unterschiedliche Wurfrichtungen α_n vorsehen. Die Bewegungsgleichungen gleichen denen der eindimensionalen Bewegung, nur eine Orts- und Geschwindigkeitskomponente sind hinzugekommen:

$$\frac{dv_x}{dt} = \frac{1}{m} F_x(v_x, v_y) = -\frac{c\sqrt{{v_x}^2 + {v_y}^2}\, v_x}{m}, \quad \frac{dx}{dt} = v_x.$$

$$\frac{dv_y}{dt} = \frac{1}{m} F_y(v_x, v_y) = -g - \frac{c\sqrt{{v_x}^2 + {v_y}^2}\, v_y}{m}, \quad \frac{dy}{dt} = v_y$$

$$v_x(t=0) = v_0 \cos(\alpha), \quad x(t=0) = 0$$

$$v_y(t=0) = v_0 \sin(\alpha), \quad y(t=0) = h$$

Die Iteration erfolgt wie bei der eindimensionalen Bewegung via

$$\begin{bmatrix} v\,x_{i+1,n} \\ x_{i+1,n} \\ v\,y_{i+1,n} \\ y_{i+1,n} \end{bmatrix} := \begin{bmatrix} v\,x_{i,n} + a\,x\left(v\,x_{i,n}, v\,y_{i,n}\right)\cdot\Delta\,t \\ x_{i,n} + v\,x_{i,n}\cdot\Delta\,t + \dfrac{a\,x\left(v\,x_{i,n}, v\,y_{i,n}\right)}{2}\cdot\Delta\,t^2 \\ v\,y_{i,n} + a\,y\left(v\,x_{i,n}, v\,y_{i,n}\right)\cdot\Delta\,t \\ y_{i,n} + v\,y_{i,n}\cdot\Delta\,t + \dfrac{a\,y\left(v\,x_{i,n}, v\,y_{i,n}\right)}{2}\cdot\Delta\,t^2 \end{bmatrix}$$

wobei n den Index für die unterschiedlichen Startwinkel α_n darstellt und die Beschleunigungskomponenten als Funktionen

$$a_x(v_x, v_y) := -\frac{C\cdot\sqrt{v_x^2 + v_y^2}\cdot v_x}{m} \qquad a_y(v_x, v_y) := -g - \frac{C\cdot\sqrt{v_x^2 + v_y^2}\cdot v_y}{m}$$

festgelegt wurden. Die numerische Bestimmung der Wurfweiten erfolgt mit

$$X := \frac{v_0^2}{g} \qquad W_n := wurzel\left(linterp\left(x^{<n>}, y^{<n>}, X\right), X\right)$$

wobei durch die Verwendung der *wurzel*-Funktion ein Startwert für die Wurfweite benötigt wird (wir verwenden die Wurfweite des reibungsfreien Falles c=0 unter 45 Grad). Mit dem Spaltenoperator extrahieren wir die Bahnkurve zum Startwinkel α_n aus den Matrizen x, y. Da die Bahnkurve in Form eines Polygons vorliegt, verwenden wir die lineare Interpolationsfunktion *linterp* zur Bestimmung des Aufschlagspunkts ($y = 0$) und der Wurfweite (zugehöriger x-Wert). In Bild 2.2 können Sie die ballistischen Kurven und Parameterwerte sehen. Charakteristisch ist der durch den Luftwiderstand bedingte steilere Abfall der Kurven.

$$v_0 := 33\cdot\frac{m}{s} \qquad h := 1.8\cdot m$$

$$g := 9.81\cdot\frac{m}{s^2} \qquad C := 0.04\cdot\frac{kg}{m}$$

$$m := 1\cdot kg$$

$$N := 3 \qquad n := 0..N$$

$$\alpha_n := 35\cdot Grad + n\cdot 5\cdot Grad$$

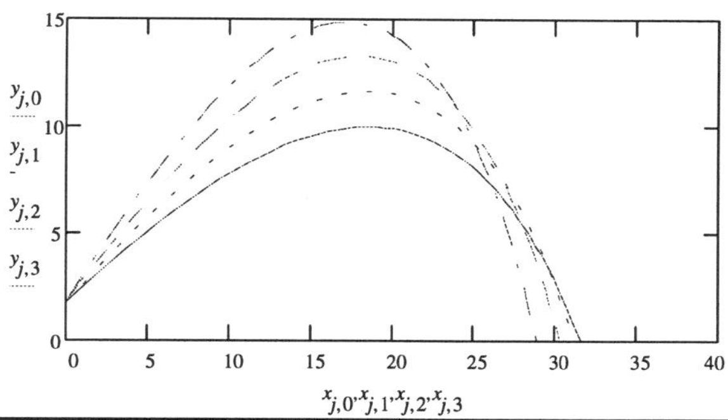

Bild 2.2: Ballistische Kurven beim schiefen Wurf mit Luftwiderstand

Die Ergebnisse sind im Mathcad-Dokument `WURF.MCD` auf der Beispieldiskette zusammengefaßt. In diesem Dokument finden Sie auch die analytische Bestimmung der Wurfweite und die Bestimmung des optimalen Wurfwinkels im reibungsfreien Fall. Durch die Anfangshöhe h bedingt, liegt der optimale Wurfwinkel im reibungsfreien Fall etwas unter 45 Grad.

Übung 2.3

Wir betrachten die Bewegung einer Ladung q mit Masse m_q in gekreuzten elektrischen und magnetischen Feldern. Das elektrische Feld E sei homogen in y-Richtung, das Magnetfeld B ebenfalls homogen in z-Richtung, das Teilchen werde in der x-y-Ebene mit einer bestimmten Anfangsgeschwindigkeit v_0 unter einem Einschußwinkel α eingeschossen. Auf das Teilchen wirkt die Lorentzkraft und demzufolge lautet die Bewegungsgleichung:

$$m_q \cdot \vec{a} = q \cdot \vec{E} + q \cdot \vec{v} \times \vec{B}$$

Aufgrund der Feldbeschaffenheit liegt keine Beschleunigung in z-Richtung vor und wir können uns auf ein zweidimensionales Problem beschränken (o.E.d.A. $v_z = 0$). Wir definieren in Mathcad die Lorentzkraft als Funktion der Geschwindigkeitskomponenten v_x, v_y

$$F(v_x, v_y) := q \cdot E + q \cdot \left[\begin{bmatrix} v_x \\ v_y \\ 0 \cdot \frac{m}{s} \end{bmatrix} \times B \right]$$

und die Beschleunigungen

$$a_x(v_x, v_y) := \frac{F(v_x, v_y)_0}{m_q} \qquad a_y(v_x, v_y) := \frac{F(v_x, v_y)_1}{m_q}$$

als Komponenten der Lorentzkraft dividiert durch die Teilchenmasse.

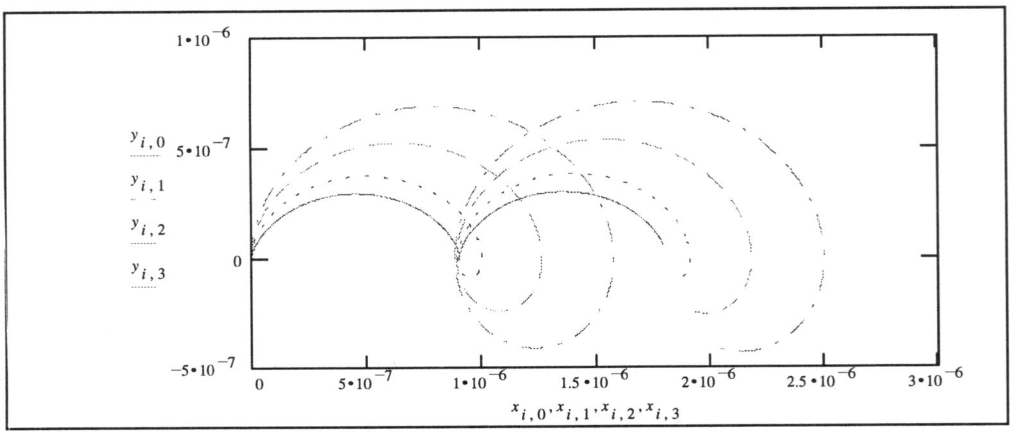

Bild 2.3: Bahnen geladener Teilchen in gekreuztem E- und B-Feld

Die Durchführung der Iteration erfolgt wie in Übung 2.2 und soll nicht nochmals angegeben werden und kann im Mathcad-Dokument `LORENTZ.MCD` nachgelesen werden. In Bild 2.3 können Sie die Bahnkurven für unterschiedliche Einschußgeschwindigkeiten bei Einschußwinkel 90 Grad sehen.

An dieser Stelle wollen wir Ihnen zeigen, wie Sie Differentialgleichungssysteme 2.Ordnung handhaben müssen. Da die Beschleunigungen ja die 2. Ableitungen der Ortskoordinaten sind, liegt mit der Bewegungsgleichung ein Differentialgleichungssystem 2.Ordnung vor. Die allgemeine Form

$$\begin{pmatrix} \dfrac{dx}{dt} \\ \dfrac{d^2x}{dt^2} \\ \dfrac{dy}{dt} \\ \dfrac{d^2y}{dt^2} \end{pmatrix} = \begin{pmatrix} v_x \\ \dfrac{1}{m} F_x(x, v_x, y, v_y, t) \\ v_y \\ \dfrac{1}{m} F_y(x, v_x, y, v_y, t) \end{pmatrix}$$

ist in Mathcad wie folgt zu implementieren:

$$D(t,Y) \equiv \begin{pmatrix} \dfrac{dY_0}{dt}(Y_0, Y_1, Y_2, Y_3, t) \\ \dfrac{dY_1}{dt}(Y_0, Y_1, Y_2, Y_3, t) \\ \dfrac{dY_2}{dt}(Y_0, Y_1, Y_2, Y_3, t) \\ \dfrac{dY_3}{dt}(Y_0, Y_1, Y_2, Y_3, t) \end{pmatrix} := \begin{pmatrix} Y_1 \\ \dfrac{1}{m} F_x(Y_0, Y_1, Y_2, Y_3, t) \\ Y_3 \\ \dfrac{1}{m} F_y(Y_0, Y_1, Y_2, Y_3, t) \end{pmatrix}$$

Die Anfangsbedingungen sind in Form einer Wertzuweisung

$$Y \equiv \begin{pmatrix} Y_0(t=0) \\ Y_1(t=0) \\ Y_2(t=0) \\ Y_3(t=0) \end{pmatrix} := \begin{pmatrix} x(t=0) \\ v_x(t=0) \\ y(t=0) \\ v_y(t=0) \end{pmatrix}$$

festzulegen, wobei Sie gedanklich die Substitutionen $x \to Y_0$, $v_x \to Y_1$, $y \to Y_2$, $v_y \to Y_3$ durchführen müssen.

Im Mathcad-Dokument `LORENTZ.MCD` finden Sie neben der iterativen Lösung auch die Verwendung der Funktion *rkfest* (nur in PLUS 5.0 verfügbar) zur Lösung von Differentialgleichungssystemen 2.Ordnung.

Bewegungen mehrerer wechselwirkender Punktmassen, Stoßprozesse

Wir betrachten in den folgenden Übungen mehrere Teilchen bzw. Massen, die ihre Bewegung durch eine gegenseitige Wechselwirkungskraft beeinflussen. Diese Kraft kann z.B. die Newton'sche Gravitationskraft oder die Coulomb'sche Wechselwirkungskraft sein. Im Falle der Gravitationskraft können wir die Bewegung der Planeten studieren (N-Körperproblem), im Falle der Coulombkraft z.b. Coulombstöße untersuchen. Prinzipiell ließe sich diese Methodik auch auf Teilchensimulationen (z.B. Simulation eines Plasmas) ausweiten, aber für diese Zwecke sind die Rechenzeiten der Iterationen viel zu groß. Teilchensimulationen wird man also in nächster Zukunft noch immer in C oder FORTRAN implementieren.

Übung 2.4

Wir untersuchen das N-Körperproblem von N Massen $m_0, m_1, \ldots, m_{N-1}$, die über die Newton'sche Gravitationskraft in Wechselwirkung stehen. Die Bewegungsgleichung für jede Masse lautet in vektorieller Form

$$m_n \cdot \vec{a}_n = -\sum_{j=0}^{N-1} \frac{G \cdot m_n \cdot m_j}{\left(\left|\vec{r}_n - \vec{r}_j\right|\right)^3} \cdot \left(\vec{r}_n - \vec{r}_j\right)$$

wobei $\vec{r}_n$ den Ortsvektor der Masse m_n verkörpert und die Summation über alle restlichen Massen zu verstehen ist. Der Einfachheit halber beschränken wir uns auf ein ebenes Problem in der x-y-Ebene mit Anfangsorten x_{0_n}, y_{0_n} und Anfangsgeschwindigkeiten v_{0x_n}, v_{0y_n}. Die Beschleunigungskomponenten für die Masse m_n müssen als Funktionsdefinitionen

$$a_x(n,x,y) := \sum_{j=0}^{N-1} wenn\left[n=j, 0, \frac{G \cdot m_j}{\left[\sqrt{\left(x_n - x_j\right)^2 + \left(y_n - y_j\right)^2}\right]^3} \cdot \left(x_j - x_n\right)\right]$$

$$a_y(n,x,y) := \sum_{j=0}^{N-1} wenn\left[n=j, 0, \frac{G \cdot m_j}{\left[\sqrt{\left(x_n - x_j\right)^2 + \left(y_n - y_j\right)^2}\right]^3} \cdot \left(y_j - y_n\right)\right]$$

festgelegt werden. n ist der Massenindex, x und y sind Vektoren, die die Ortskoordinaten aller Massen zu einem bestimmten Zeitpunkt verkörpern, die *wenn*-Funktion benötigt man, um die Summation über alle Massen außer m_n durchführen zu können. Der Zeitschritt Δt der Iteration muß klein genug gewählt werden, da sonst die numerisch bestimmten Bahnkurven mit den tatsächlichen aufgrund numerischer Instabilität nicht mehr viel gemeinsam haben. Zusätzlich führen wir bei der Bestimmung der neuen Geschwindigkeiten eine Mittelwertbildung der Beschleunigungen via

$$\begin{bmatrix} vx_{i+1,n} \\ x_{i+1,n} \\ vy_{i+1,n} \\ y_{i+1,n} \end{bmatrix} := \begin{bmatrix} vx_{i,n} + \left[\dfrac{a_x\left[n, \left(x^T\right)^{<i>}, \left(y^T\right)^{<i>}\right] + a_x\left[n, \left(\left(x + vx\cdot\Delta t\right)^T\right)^{<i>}, \left(\left(y + vy\cdot\Delta t\right)^T\right)^{<i>}\right]}{2} \right]\cdot\Delta t \\ x_{i,n} + vx_{i,n}\cdot\Delta t + \dfrac{a_x\left[n, \left(x^T\right)^{<i>}, \left(y^T\right)^{<i>}\right]}{2}\cdot\Delta t^2 \\ vy_{i,n} + \dfrac{a_y\left[n, \left(x^T\right)^{<i>}, \left(y^T\right)^{<i>}\right] + a_y\left[n, \left(\left(x + vx\cdot\Delta t\right)^T\right)^{<i>}, \left(\left(y + vy\cdot\Delta t\right)^T\right)^{<i>}\right]}{2}\cdot\Delta t \\ y_{i,n} + vy_{i,n}\cdot\Delta t + \dfrac{a_y\left[n, \left(x^T\right)^{<i>}, \left(y^T\right)^{<i>}\right]}{2}\cdot\Delta t^2 \end{bmatrix}$$

durch, um die Genauigkeit der Iteration zu verbessern. Der Zeilenindex i in der Iteration ist der Zeitschrittindex, der Spaltenindex n der Massenindex, v_x, x, v_y, y sind für Mathcad bei dieser Iteration Matrizen. Damit erklärt sich auch ein Funktionsaufruf $a_x\left[n, \left(x^T\right)^{<i>}, \left(y^T\right)^{<i>}\right]$, der mittels Matrixtransponierung und Spaltenoperator die Extrahierung der Ortskoordinaten aller Massen zu einem bestimmten Zeitpunkt i aus den Matrizen x und y vornimmt. Beachten Sie auch die Mittelwertbildung der Beschleunigung, die eine wesentliche Verbesserung der Genauigkeit der Iteration bewirkt.

⇨ Diese Mittelwertbildung der Beschleunigung haben wir bei den Bewegungen einer Punktmasse in externen Feldern nicht vorgenommen. Die Beschleunigung in den Mathcad-Dokumenten `FALL.MCD`, `WURF.MCD` und `LORENTZ.MCD` hängt nämlich nur von der Teilchengeschwindigkeit, nicht aber vom Teilchenort ab!

Im Mathcad-Dokument `NKOERPER.MCD` finden Sie als Anwendungsbeispiele die Diskussion eines Zwei- und Dreikörperproblems. Es sei darauf hingewiesen, daß die Lösungsmethode für eine beliebige Massenanzahl anwendbar ist.

Beim Zweikörperproblem erhalten wir je nach Anfangsbedingungen elliptische (Gesamtenergie $E_{ges}<0$), parabolische ($E_{ges}=0$) oder hyperbolische ($E_{ges}>0$) Bahnkurven, vorausgesetzt, wir wählen das Bezugssystem (bzw. die Anfangsbedingungen) so, daß der Gesamtimpuls 0 ist und bleibt (Impulserhaltung). In Bild 2.4 können Sie die - Kepler'schen Ellipsenbahnen im Falle zweier gleich schwerer Massen sehen. Die - Anfangsbedingungen wurden so gewählt, daß die Gesamtenergie $E_{ges}<0$ ist und der Gesamtimpuls verschwindet. Dadurch bleibt der gemeinsame Schwerpunkt beider Massen aufgrund der Erhaltung des Gesamtimpulses in Ruhe. Ist die gewählte Anfangsgeschwindigkeit zu groß, können auch Parabeln und Hyperbeln als Bahnkurven auftreten. Bestimmen Sie auch die beiden Erhaltungsgrößen Gesamtimpuls

$$p_{ges} := \sum_n \begin{pmatrix} m_n \cdot v\,0x_n \\ m_n \cdot v\,0y_n \end{pmatrix}$$

und Gesamtenergie (Summe aus kinetischer Energie und potentieller Wechselwirkungsenergie, siehe Formel unten) aus den Anfangsbedingungen.

$$E_{ges} := \sum_n \frac{m_n \cdot \left[\left(v\,0x_n\right)^2 + \left(v\,0y_n\right)^2 \right]}{2} - \sum_n \left[\sum_k \mathrm{wenn}\left[k<n, \frac{G \cdot m_k \cdot m_n}{\sqrt{\left(x\,0_k - x\,0_n\right)^2 + \left(y\,0_k - y\,0_n\right)^2}}, 0 \right] \right]$$

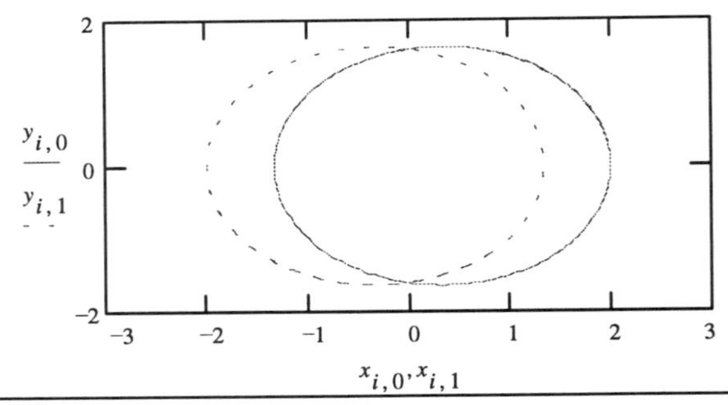

Bild 2.4:Kepler'sche Ellipsenbahnen

$m_0 := 100$ $m_1 := 10$ $m_2 := 1$ $G := 0.01$

$x\,0_0 := 0$ $y\,0_0 := 0$ $v\,0x_0 := 0$ $v\,0y_0 := -\frac{12}{100}$

$x\,0_1 := 1$ $y\,0_1 := 0$ $v\,0x_1 := 0$ $v\,0y_1 := 1$

$x\,0_2 := 1.1$ $y\,0_2 := 0$ $v\,0x_2 := 0$ $v\,0y_2 := 2$

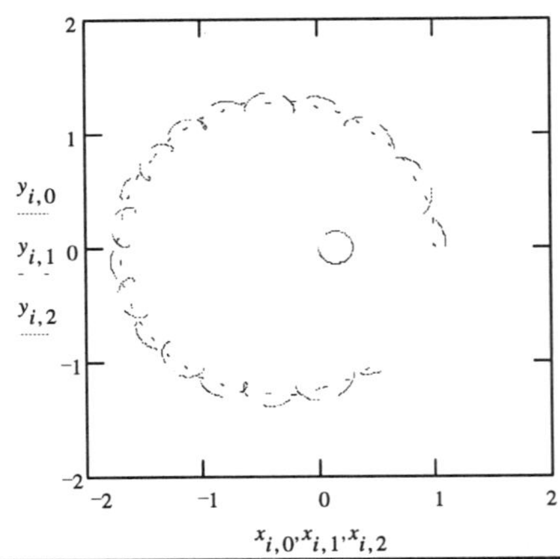

Bild 2.5: Dreikörperproblem

Im Dokument NKOERPER.MCD finden Sie auch die Simulation eines Dreikörperproblems, das die Bewegung von Sonne-Erde-Mond nachempfinden soll. In Bild 2.5 sehen Sie die Bahnkurven sowie die dazugehörigen Massen, Anfangsbedingungen und die gewählte Gravitationskonstante G. Experimentieren Sie ruhig mit der Anfangsgeschwindigkeit des »Mondes« (m_2) ein wenig, und Sie werden sehen, wie schnell der Mond der Erde (m_1) abhanden kommen kann!

Übung 2.5

Bauen Sie das Mathcad-Dokument NKOERPER.MCD für den Fall der elektrischen Wechselwirkung geladener Teilchen via Coulombkraft um. Die Bewegungsgleichung lautet

$$m_n \cdot \vec{a}_n = \frac{1}{4 \cdot \pi \cdot \varepsilon_0} \cdot \sum_{j=0}^{N-1} \frac{q_n \cdot q_j}{\left(\left|\vec{r}_n - \vec{r}_j\right|\right)^3} \cdot \left(\vec{r}_n - \vec{r}_j\right)$$

und hat fast dieselbe Form wie bei der Gravitationswechselwirkung. Die Massen m_n sind auf der rechten Seite durch die Ladungen q_n und die Gravitationskonstante G durch $1/(4\pi\varepsilon_0)$ ersetzt worden. Beachten Sie auch den Vorzeichenwechsel, gleichnamige Ladungen stoßen sich ja bekanntlich ab.

Da Dreierstöße sehr unwahrscheinlich sind, beschränken wir uns auf die Analyse eines Zweierstoßes, dessen analytische Behandlung ja auf Rutherford zurückgeht. In Bild 2.6 sehen Sie die Teilchenbahnen zweier gleich schwerer ($m_0 = m_1 = 1$) und gleich geladener Teilchen ($q_0 = q_1 = 1$) und die zugehörigen Anfangsbedingungen.

$x0_0 := -1 \quad y0_0 := 0.01$

$v0x_0 := 1 \quad v0y_0 := 0$

$x0_1 := 0 \quad y0_1 := 0$

$v0x_1 := 0 \quad v0y_1 := 0$

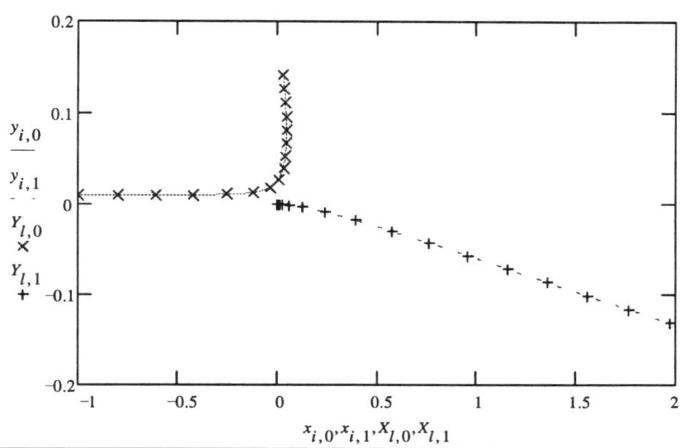

Bild 2.6: Elastischer Coulombstoß zweier gleichnamiger Ladungen

Die Dielektrizitätskonstante wurde ohne Einschränkung der Allgemeinheit $\varepsilon_0 := 1$ gewählt. Das von links kommende Teilchen mit der Masse m_0 wird durch den Stoß bei den gewählten Parameterwerten nach oben abgelenkt und ziemlich stark abgebremst, das anfänglich in Ruhe befindliche Teilchen mit Masse m_1 wird beschleunigt. Untersuchen Sie die Veränderung der Teilchenbahnen, wenn Sie den sogenannten *Impact Parameter* verändern (im Beispiel 0.01 gewählt). Berechnen Sie auch die Teilchenimpulse und kinetischen Teilchenenergien vor und nach dem Stoß und verifizieren Sie damit Impuls- und Energiesatz.

Eine Lösung dieser Problemstellung finden Sie im Mathcad-Dokument `COULOMB.MCD` auf der Beispieldiskette.

Chaotische Bewegungen

In keinem Physiklehrbuch darf heute das Thema *Chaos* fehlen. Wir untersuchen in drei Übungen einige typische Beispiele wie die quadratische Abbildung, die Mandelbrot-Menge und das chaotische Verhalten eines nichtlinearen, getriebenen Pendels.

Die Übungen 2.6, 2.7 und 2.8 sind im Mathcad-Dokument `CHAOS1.MCD` enthalten.

Übung 2.6

Wir untersuchen die sogenannte quadratische Abbildung, die eine simple rekursive Folge der Form

$$x_{n+1} := C - x_n^{\;2};\; x_0 := 0$$

für verschiedene reelle Werte von C iteriert. Je nach Parameterbereichen von C erhält man eine konvergente Zahlenfolge (*period one orbit*), eine Zahlenfolge mit zwei, vier, 2^n Häufungspunkten (*period two*, *four*,... *orbit*), und schließlich den Übergang in ein chaotisches Band (kein Häufungspunkt mehr). Diese Form des Übergangs in das Chaos nennt man *period doubling cascade.* Das sogenannte *Bifurkationsdiagramm* ist in Bild 2.7 links für diese quadratische Abbildung dargestellt.

Für C-Werte kleiner 0.74 ist die rekursive Zahlenfolge konvergent, für $0.74 < C < 1.25$ besitzt die Zahlenfolge zwei Häufungspunkte, bis letztendlich mit einer Verdopplungskaskade der Übergang in das Chaos erfolgt. Man kann im Bifurkationsdiagramm ein kleines Fenster erkennen, wo das Chaos unterbrochen scheint. Dieses Fenster zeigt eine Dreierperiode mit eigenen Periodenverdopplungskaskaden (vgl. Bild 2.7 rechts).

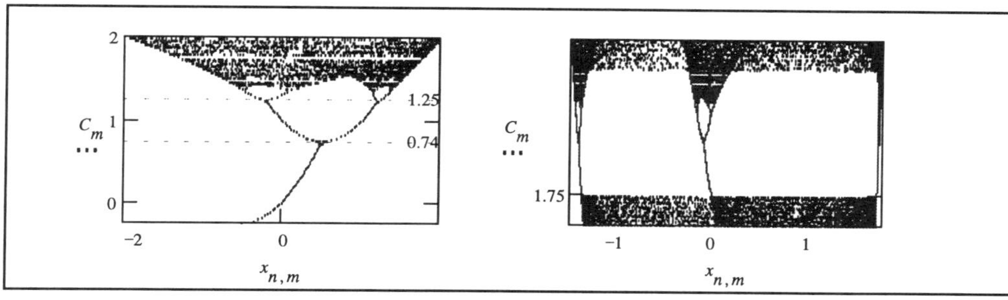

Bild 2.7: Bifurkationsdiagramm und Period-three-window der quadratischen Abbildung

Übung 2.7

Auch darf die nach Benoit B. Mandelbrot benannte Mandelbrot-Menge nicht unerwähnt bleiben. Dabei betrachten wir eine ähnliche Iterationsvorschrift wie bei der quadratischen Abbildung, allerdings mit komplexen Zahlenwerten und Startwerten:

$$z_{n+1} := z_n^{\ 2} + C;\ z_0 := C$$

Je nach Imaginär- und Realteil von C erhält man eine konvergente Zahlenfolge oder eine mehr oder weniger »schnell« divergente Zahlenfolge. Diese »Schnelligkeit« der Divergenz wird mit unterschiedlichen Farben in der komplexen C-Ebene eingefärbt, die Menge aller C-Startwerte mit konvergenter Zahlenfolge bilden die oben erwähnte Mandelbrot-Menge (Benoit B. Mandelbrot, 1983). Es soll nicht verschwiegen werden, daß Mathcad nicht besonders geeignet ist, eine Pixelgrafik zu erzeugen. Wir bedienen uns im Mathcad-Dokument `CHAOS1.MCD` einmal eines PATCH-Plots einer 3D-Fläche und blicken von oben auf diesen PATCH-Plot drauf, als zweite Darstellungsform verwenden wir ein Niveauliniendiagramm (vgl. Bild 2.8).

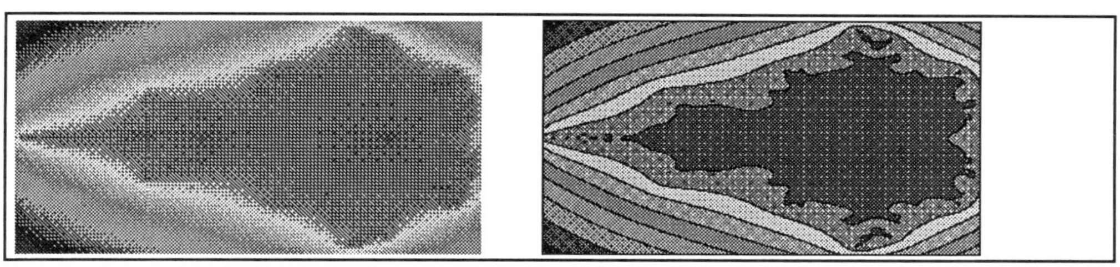

Bild 2.8: Mandelbrot-Menge als Patchplot und Niveauliniendiagramm

Da die Zahlenwerte in divergenten Bereichen sehr rasch ansteigen, wählen wir als Grad für die »Schnelligkeit« der Divergenz den Logarithmus des Betrags des zuletzt iterierten Folgengliedes. Um schöne Fraktale zu erzeugen, sollten Sie sich nach wie vor einer Programmiersprache wie PASCAL oder C mit entsprechenden Grafikfähigkeiten bedienen.

Übung 2.8

Nun wollen wir nach den mathematischen Spielereien von Übung 2.6 und Übung 2.7 zu einem, aus der Sicht des Physikers, wichtigeren Beispiel übergehen.

Wir betrachten ein gewöhnliches Pendel der Länge *l* und Masse *m*, wo der Aufhängepunkt periodisch mit einer Amplitude *A* und Erregerfrequenz ω_e hin und her bewegt wird. Das Pendel soll auch rotieren können, Winkel größer π sollen somit möglich sein. Wir führen keine Linearisierung beim rücktreibenden Drehmoment durch und berücksichtigen zusätzlich einen, zur Winkelgeschwindigkeit proportionalen, Dämpfungsterm. Daß ein derart einfaches System mit der Bewegungsgleichung

$$m\cdot l^2\cdot\left(\frac{d^2}{dt^2}\varphi\right)=A\cdot cos\left(\omega_e\cdot t\right)-\left[\Gamma\cdot\left(\frac{d}{dt}\varphi\right)+m\cdot g\cdot l\cdot sin(\varphi)\right]$$

chaotisches Verhalten zeigen könnte, möchte man auf den ersten Blick nicht meinen. Die Bewegungsgleichung kann nach entsprechender Normierung der Konstanten auf das Trägheitsmoment ml^2 in die Form

$$\frac{d^2}{dt^2}\varphi+\gamma\cdot\left(\frac{d}{dt}\varphi\right)+\left(\omega_0^2+\frac{\gamma^2}{4}\right)\cdot sin(\varphi)=a\cdot cos\left(\omega_e\cdot t\right)$$

übergeführt werden, wobei $\omega_0:=\sqrt{\frac{g}{l}-\frac{\gamma^2}{4}}$ die Eigenfrequenz des linearisierten Systems darstellt (beim Linearisieren wird $\sin(\varphi)\approx\varphi$ unter der Annahme kleiner Auslenkungen ersetzt).

Da bei chaotischen Bewegungen eine kleine Ungenauigkeit im Anfangsstadium zu weit voneinander entfernten Endzuständen führen kann, ist die numerische Integration der Bewegungsgleichung mit großer Vorsicht zu genießen. Aus diesem Grund muß man die Bewegungsgleichung unbedingt mit unterschiedlichen Schrittweiten integrieren und untersuchen, ob sich die Lösung dabei noch ändert. Selbst wenn eine genügend kleine, geeignete Schrittweite gefunden wurde, so treten nach mehreren Perioden Integrationszeit einfach numerische Fehler auf. Da die Runge-Kutta-Methode via Mathcad-Funktion *rkfest* einen fixen Zeitschritt verwendet, ist es sinnvoll, andere Integrationsmethoden wie Burlisch-Stoer (*Stiffb*-Funktion) oder Rosenbrock (*Stiffr*-Funktion) zum Vergleich zu verwenden. Diese Methoden verwenden bei der Integration einen variablen Zeitschritt und benötigen dementsprechend mehr Rechenzeit (vgl. steife Differentialgleichungen Abschnitt 1.5.4). Nur wenn alle drei Lösungsmethoden dieselbe Lösung liefern und die Ergebnisse sich bei Verfeinerung des Zeitschritts nicht mehr verändern, würde ich mich auf die numerische Lösung verlassen!

Wie eine gewöhnliche Differentialgleichung 2.Ordnung zu lösen ist, haben wir bereits in Abschnitt 1.5.2 anhand des Federpendels kennengelernt. Wir wollen hier lediglich die Ergebnisse für die in Bild 2.9 angeführten Parameterwerte angeben. Nur in dem Zeitbereich wo alle drei Methoden übereinstimmen und der Einfluß des Zeitschritts ausgeschaltet ist, ist die Lösung »glaubwürdig«. Andererseits ist es ja gerade eine Eigenheit des Chaos, daß eine Unsicherheit in den Anfangsbedingungen zu weit entfernten Endzuständen führen kann!

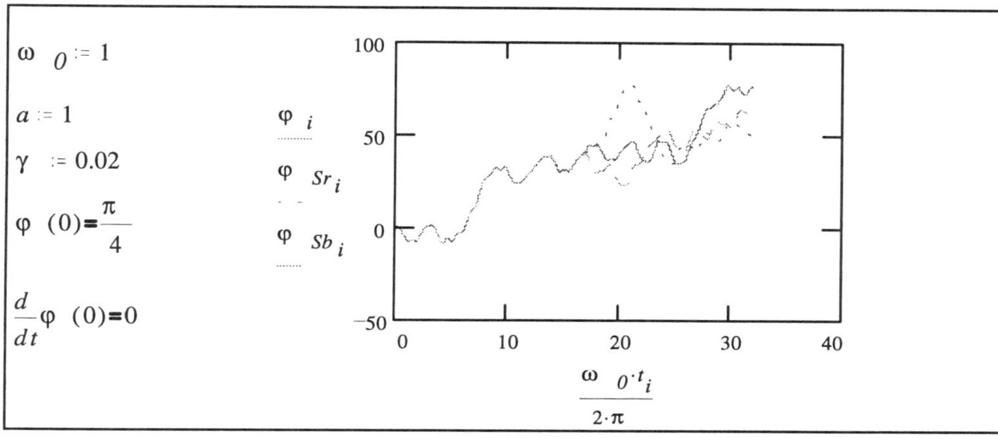

Bild 2.9: Chaotische Pendelbewegung

Ein weiteres Charakteristikum chaotischer Bewegungen ist ein kontinuierliches Frequenzspektrum. Mathcad stellt Funktionen *SFT*, *ISFT*, *sft*, *isft* für die Berechnung der Fast-Fourierkoeffizienten zur Verfügung (vgl. Tabelle 8.1).

Der Mathematiker bzw. Physiker ist gewohnt, mit Minimalprinzipien zu arbeiten und kann die Herleitung der Fast-Fourierkoeffizienten aus der bestmöglichen Approximation von Abtastwerten durch ein Fourierpolynom in Abschnitt 8.4 nachlesen.

Das in Bild 2.10 links dargestellte Frequenzspektrum der numerischen Runge-Kutta-Lösung hat kontinuierlichen Charakter und weist einen leichten Peak bei der Eigenfrequenz des Systems auf. Die Darstellung im Phasenraum unterstreicht den chaotischen Charakter der Bewegung (vgl. Bild 2.10 rechts).

Variieren Sie die Parameter a (für a=0 erhalten Sie z.B. eine freie gedämpfte Schwingung), γ (bei großem γ erhalten Sie eine gewöhnliche erzwungene Schwingung), ω_e (für $\omega_e = \omega_0$ erhalten Sie Resonanzerscheinungen, wenn die Gleichung näherungsweise erfüllt ist, Schwebungen) sowie die Anfangsbedingungen und studieren Sie das daraus resultierende Verhalten des Pendels!

Eine Lösung für das periodisch erregte Pendel finden Sie im Mathcad-Dokument `CHAOS1.MCD`.

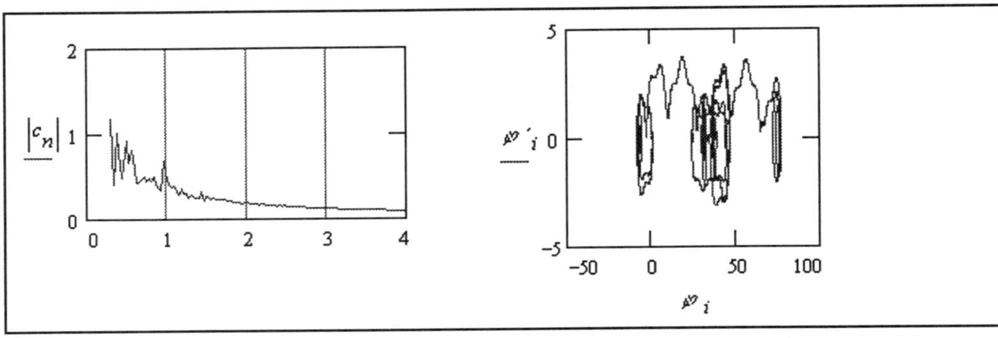

Bild 2.10: Fourierspektrum und Phasenraum bei chaotischem Verhalten

Im Mathcad-Dokument `DGLSYS2.MCD` finden Sie die Lösung der Bewegungsgleichung eines einfachen Doppelpendels mit Längen l_1, l_2 und Massen m_1, m_2, die über ein reibungsfrei drehbares Gelenk miteinander verbunden sind. Man möchte meinen, daß ein konservatives, als reibungsfrei angenommenes System kein chaotisches Verhalten zeigen kann. Aber auf Grund der Nichtlinearität des Systems (große Auslenkungen der Pendel!) gibt es auch Parameterbereiche mit resultierender chaotischer Pendelbewegung (vgl. `DGLSYS2.MCD`). Wie Sie mit Differentialgleichungssystemen 2. Ordnung fertig werden können, haben wir Ihnen bereits in Übung 2.3 gezeigt. Bezüglich der Verläßlichkeit der numerischen Lösung gilt dasselbe wie beim Beispiel aus Übung 2.9. Aus diesem Grund muß man die Bewegungsgleichung unbedingt mit unterschiedlichen Schrittweiten integrieren und die Auswirkungen der Schrittweitenänderung auf die Lösung untersuchen.

2.1.2 Analytische Lösung linearer Differentialgleichungen und linearer Differentialgleichungssysteme mittels Laplacetransformation

In Abschnitt 1.3.2 haben wir Ihnen anhand eines Einschaltvorgangs an einer R-L-Serienschaltung die Verwendung der Laplacetransformation zur Lösung einer linearen Differentialgleichung 1.Ordnung demonstriert. Im folgenden zeigen wir Ihnen einige Beispiele, wie Sie mit Mathcads Laplacetransformation lineare Differentialgleichungen und Differentialgleichungssysteme analytisch lösen können.

Die komplette Lösung dieser Beispiele finden Sie im Mathcad-Dokument `LAPLACE1.MCD` auf der Beispieldiskette.

Nur in +5.0 Wir weisen nochmals darauf hin, daß nur Besitzer von Mathcad PLUS 5.0 auf die Laplacetransformation zurückgreifen können.

Analytisches Lösen linearer Differentialgleichungen mittels Laplacetransformation

Übung 2.9

Wir betrachten eine lineare Differentialgleichung 2.Ordnung

$$\frac{d^2}{dt^2}y(t)+\frac{d}{dt}y(t)+y(t)=\sin(t)$$

und suchen die Lösung dieser Differentialgleichung für die Anfangsbedingungen $y(t=0)=0$, $\frac{dy}{dt}(t=0)=0$. Da Mathcads Symbolprozessor nicht in der Lage ist, die Laplacetransformierte der zweiten Ableitung zu bestimmen, müssen wir die Differentialgleichung 2.Ordnung in $y(t)$ auf ein Differentialgleichungssystem 1.Ordnung

$$z(t)=\frac{d}{dt}y(t) \qquad \frac{d}{dt}z(t)+\frac{d}{dt}y(t)+y(t)=\sin(t)$$

in $y(t)$, $z(t)$ zurückführen. Nach Ausführung der Laplacetransformation und Ersetzen von $laplace(y(t),t,s)\rightarrow Y$, $laplace(z(t),t,s)\rightarrow Z$ erhalten wir ein lineares Gleichungssystem

$$Z=Y\cdot s-y(0) \qquad Z\cdot s-z(0)+Y\cdot s-y(0)+Y=\frac{1}{\left(s^2+1\right)}$$

in den Laplacetransformierten $Y(s)$, $Z(s)$. Die Laplacetransformierte $Y(s)$

$$\frac{\left[s\cdot y(0)+z(0)+y(0)+\frac{1}{\left(s^2+1\right)}\right]}{\left(s^2+s+1\right)}$$

erhalten wir, indem wir die erste Gleichung in die zweite einsetzen und nach Y auflösen. Im Prinzip könnten Sie nun sofort die inverse Laplacetransformation durchführen, um eine allgemeine Lösung für beliebige Anfangsbedingungen $y(t=0)$, $\frac{dy}{dt}(t=0)=z(t=0)$ zu erhalten, doch empfiehlt es sich, vor der Rücktransformation bereits die Anfangsbedingungen einzusetzen, um überdimensionale Endergebnisse zu vermeiden. Für die Anfangsbedingungen $y(t=0)=0$, $\frac{dy}{dt}(t=0)=0$ erhalten wir

$$y(t) := -\cos(t) + \frac{1}{3}\cdot\exp\left(\frac{-1}{2}\cdot t\right)\cdot\sin\left(\frac{1}{2}\cdot\sqrt{3\cdot t}\right)\cdot\sqrt{3} + \exp\left(\frac{-1}{2}\cdot t\right)\cdot\cos\left(\frac{1}{2}\cdot\sqrt{3\cdot t}\right)$$

als Lösung für unsere Differentialgleichung. Der erste Term ist eine partikuläre Lösung der inhomogenen Differentialgleichung, die letzten beiden Terme stellen die Lösung der homogenen Differentialgleichung angepaßt an die Anfangsbedingungen dar.

Übung 2.10

Mathcad kann zwar nicht die Laplacetransformierte zweiter und höherer Ableitungen bestimmen, wohl aber die Laplacetransformierte des bestimmten Integrals über die gesuchte Zeitfunktion. Betrachten wir den Einschaltvorgang einer Sinusspannung an einem R-L-C-Serienschwingkreis, so ist die Kirchhoff'sche Maschenregel durch

$$U\cdot\sin(\omega\cdot t) = R\cdot i(t) + L\cdot\frac{d}{dt}i(t) + \frac{1}{C}\cdot\int_0^t i(t')\,dt'$$

gegeben. Wir haben dabei angenommen, daß der Kondensator (Kapazität C) im Einschaltaugenblick ungeladen war. Nach erfolgter Laplacetransformation und Substitution $laplace(i(t),t,s) \rightarrow I$ lautet die Maschenregel

$$U\cdot\frac{\omega}{\left(s^2+\omega^2\right)} = R\cdot I + L\cdot(I\cdot s - i(0)) + \frac{1}{(C\cdot s)}\cdot I$$

und wir erhalten für die Laplacetransformierte $I(s)$

$$\frac{U\cdot\frac{\omega}{\left(s^2+\omega^2\right)}}{\left[R+\left[L\cdot s+\frac{1}{(C\cdot s)}\right]\right]}$$

unter der Annahme $i(t=0)=0$ als Anfangsbedingung. Diese Bedingung ist aufgrund der Induktivität L gerechtfertigt, zudem ist die Gesamtspannung $U\sin(\omega t)$ im Einschaltaugenblick 0. Auf das Ergebnis der inversen Laplacetransformation $i(t)$ verzichten wir an dieser Stelle aufgrund der Länge des Ergebnisses (vgl. Mathcad-Dokument `LAPLACE1.MCD`). Nach einem Einschwingvorgang nimmt der Strom eine stationäre Wechselstromamplitude

$$i_{stat} := \frac{U}{\sqrt{R^2+\left(\omega\cdot L-\frac{1}{\omega\cdot C}\right)^2}}$$

an, die dem Ergebnis der Wechselstromrechnung der Elektrotechnik entspricht (vgl. Bild 2.11).

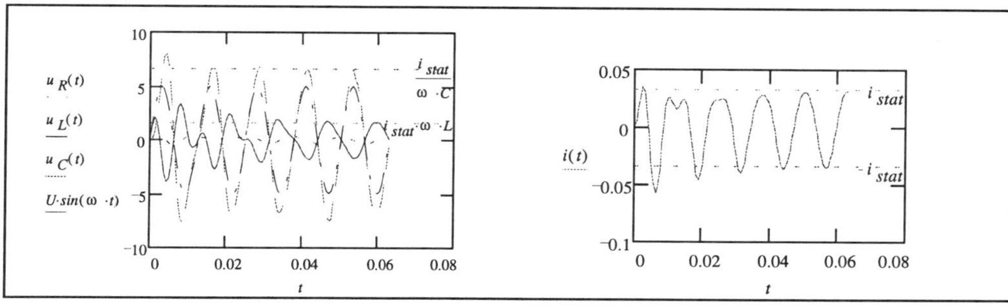

Bild 2.11: Einschalten einer sinusförmigen Wechselspannung an Serienschwingkreis

Analytisches Lösen linearer Differentialgleichungssysteme mittels Laplacetransformation

Übung 2.11

Wir betrachten zwei gleich lange Pendel (Länge l) mit gleichen Massen m, die über eine Kopplung k (z.B. Feder) miteinander in Wechselwirkung stehen. Wird ein Pendel ausgelenkt, so wird über die Kopplung die Energie auf das zweite Pendel übertragen und umgekehrt. Die linearisierten (kleine Auslenkungen angenommen) Bewegungsgleichungen

$$m\cdot l^2\cdot\frac{d^2}{dt^2}\varphi_1(t)=-m\cdot g\cdot l\cdot\varphi_1+k\cdot\left(\varphi_2(t)-\varphi_1(t)\right)$$

$$m\cdot l^2\cdot\frac{d^2}{dt^2}\varphi_2(t)=-m\cdot g\cdot l\cdot\varphi_2-k\cdot\left(\varphi_2(t)-\varphi_1(t)\right)$$

stellen ein lineares Differentialgleichungssystem 2.Ordnung dar. Durch Einführen der ersten Zeitableitungen als zusätzliche gesuchte Funktionen

$$\frac{d}{dt}\varphi_1(t)=\varphi'_1(t) \qquad m\cdot l^2\cdot\frac{d}{dt}\varphi'_1(t)=-m\cdot g\cdot l\cdot\varphi_1(t)+k\cdot\left(\varphi_2(t)-\varphi_1(t)\right)$$

$$\frac{d}{dt}\varphi_2(t)=\varphi'_2(t) \qquad m\cdot l^2\cdot\frac{d}{dt}\varphi'_2(t)=-m\cdot g\cdot l\cdot\varphi_2(t)-k\cdot\left(\varphi_2(t)-\varphi_1(t)\right)$$

reduziert sich das Differentialgleichungssystem 2.Ordnung auf ein System 1.Ordnung. Die Laplacetransformation liefert ein lineares Gleichungssystem

$$\Phi_1 \cdot s - \varphi_1(0) = \Phi'_1 \qquad m \cdot l^2 \cdot \left(\Phi'_1 \cdot s - \varphi'_1(0)\right) = -m \cdot g \cdot l \cdot \Phi_1 + k \cdot \left(\Phi_2 - \Phi_1\right)$$

$$\Phi_2 \cdot s - \varphi_2(0) = \Phi'_2 \qquad m \cdot l^2 \cdot \left(\Phi'_2 \cdot s - \varphi'_2(0)\right) = -m \cdot g \cdot l \cdot \Phi_2 - k \cdot \left(\Phi_2 - \Phi_1\right)$$

in den Unbekannten $\Phi_1, \Phi_1', \Phi_2, \Phi_2'$. Als Besitzer von Mathcad PLUS 5.0 können Sie sich eines symbolischen Lösungsblocks (vgl. Abschnitt 1.3.2) der Form

vorgabe

$$m \cdot l^2 \cdot \left[\left(\Phi_1 \cdot s - \varphi_1(0)\right) \cdot s\right] = -m \cdot g \cdot l \cdot \Phi_1 + k \cdot \left(\Phi_2 - \Phi_1\right)$$

$$m \cdot l^2 \cdot \left[\left(\Phi_2 \cdot s\right) \cdot s\right] = -m \cdot g \cdot l \cdot \Phi_2 - k \cdot \left(\Phi_2 - \Phi_1\right)$$

$$suchen\left(\Phi_1, \Phi_2\right) \rightarrow \begin{bmatrix} \left(m \cdot l^2 \cdot s^2 + m \cdot g \cdot l + k\right) \cdot \dfrac{l}{\left(m \cdot l^3 \cdot s^4 + 2 \cdot m \cdot l^2 \cdot s^2 \cdot g + 2 \cdot l \cdot s^2 \cdot k + m \cdot g^2 \cdot l + 2 \cdot g \cdot k\right)} \cdot \varphi_1(0) \cdot s \\ \dfrac{l}{\left(m \cdot l^3 \cdot s^4 + 2 \cdot m \cdot l^2 \cdot s^2 \cdot g + 2 \cdot l \cdot s^2 \cdot k + m \cdot g^2 \cdot l + 2 \cdot g \cdot k\right)} \cdot k \cdot \varphi_1(0) \cdot s \end{bmatrix}$$

bedienen. Dabei haben wir der Einfachheit halber bereits die Anfangsbedingungen $\varphi_1'(0) = 0$, $\varphi_2(0) = 0$, $\varphi_2'(0) = 0$ eingesetzt (Pendel 1 wird mit der Anfangsauslenkung $\varphi_1(t = 0) = \varphi_{10}$ losgelassen, Pendel 2 in Gleichgewichtslage). Die inverse Laplacetransformation der einzelnen Komponenten führt auf die Zeitfunktionen

$$\varphi_1(t) := \frac{1}{2} \cdot \varphi_{10} \cdot \cos\left(\frac{\sqrt{g}}{\sqrt{l}} \cdot t\right) + \frac{1}{2} \cdot \varphi_{10} \cdot \cos\left[\frac{\sqrt{m \cdot g \cdot l + 2 \cdot k}}{\left(\sqrt{m \cdot l}\right)} \cdot t\right]$$

$$\varphi_2(t) := \frac{1}{2} \cdot \varphi_{10} \cdot \cos\left(\frac{\sqrt{g}}{\sqrt{l}} \cdot t\right) - \frac{1}{2} \cdot \varphi_{10} \cdot \cos\left[\frac{\sqrt{m \cdot g \cdot l + 2 \cdot k}}{\left(\sqrt{m \cdot l}\right)} \cdot t\right]$$

deren zeitlicher Verlauf in Bild 2.12 dargestellt ist. Dieses System gekoppelter Pendel besitzt zwei lineare Eigenfrequenzen

$$\omega_1 := \sqrt{\frac{g}{l}} \text{ und } \omega_2 := \sqrt{\frac{g}{l} + \frac{2k}{ml^2}}$$

die man aus den Nullstellen des Nenners der Laplacetransformierten Φ_1, Φ_2 nach Ersetzen von $s \to i\omega$ erhält (vgl. Mathcad-Dokument `LAPLACE1.MCD`).

Daß die Laplacetransformation nur bei linearen Differentialgleichungen erfolgreich ist, demonstrieren wir an der *Herleitung der barometrischen Höhenformel* für eine isotherme und eine adiabatische Schichtung. Während die Laplacetransformation bei der isothermen Schichtung erfolgreich ist (lineare Differentialgleichung), erleidet man bei einer adiabatischen Schichtung Schiffbruch. Im Mathcad-Dokument `LAPLACE1.MCD` zeigen wir Ihnen die analytische Lösung mittels Separation und anschließender Integration für den Fall der adiabatischen (isentropen) Schichtung.

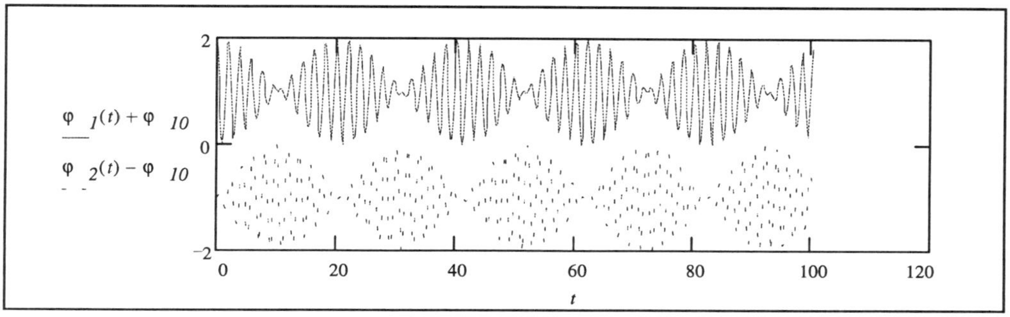

Bild 2.12: Koppelschwingungen zweier Pendel gleicher Masse und Länge

⇨ Bei einer *Radioaktive Zerfallskette* der Form

$$X_1 \xrightarrow{\lambda_1} X_2 \xrightarrow{\lambda_2} X_3$$

mit Zerfallskonstanten λ_1, λ_2, gehorchen die Teilchenzahlen der Substanzen X_1, X_2, X_3 den Differentialgleichungen

$$\frac{dN_1}{dt} = -\lambda_1 N_1, \ \frac{dN_2}{dt} = -\lambda_2 N_2 + \lambda_1 N_1, \ \frac{dN_3}{dt} = \lambda_2 N_2.$$

Dieses lineare Differentialgleichungssystem kann mit Hilfe der Laplacetransformation auf gleiche Weise wie das Koppelpendel gelöst werden.

2.1.3 Spezielle Differentialgleichungen und spezielle Funktionen

Bessel'sche Differentialgleichung, Besselfunktionen

Die Bessel'sche Differentialgleichung

$$x^2 y'' + xy' + (x^2 - n^2) y = 0$$

mit den *Besselfunktionen* 1. Art J_n (Mathcad-Funktion $Jn(n,x)$) und 2. Art Y_n ($Yn(n,x)$) als Lösungsfunktionen und die modifizierte Bessel'sche Differentialgleichung

$$x^2 y'' + xy' - (x^2 + n^2) y = 0$$

mit den *modifizierten Besselfunktionen* 1. und 2. Art, I_n ($In(n,x)$) bzw. K_n ($Kn(n,x)$) als Lösungsfunktionen, werden im Abschnitt 8.6 des Kapitels Nachrichtentechnik beim Frequenzspektrum einer Frequenzmodulation besprochen. Das asymptotische Verhalten der Besselfunktionen kann Tabelle 8.2 entnommen werden.

Legendre Differentialgleichung, Legendresche Polynome, Legendresche Funktionen höherer Ordnung

Die Legendre Polynome sind Lösungen der Legendre Differentialgleichung

$$(1 - x^2) y'' - 2xy' + l(l+1) y = 0$$

und spielen bekanntlich bei der Bestimmung der Eigenwerte und Eigenfunktionen der Bahndrehimpulsoperatoren in der Quantenmechanik eine große Rolle.

Die schnellste Art die Legendre Polynome $P_l(x)$ mit Mathcad zu bestimmen, erfolgt mittels Reihenentwicklung der erzeugenden Funktion

$$\frac{1}{\sqrt{1 - 2 \cdot t \cdot x + t^2}} = \sum_{l=0}^{\infty} P_l(x) \cdot t^l$$

bezüglich der Variablen *t*. Mathcad liefert für die Taylorreihenentwicklung

$$1 + x \cdot t + \left(\frac{-1}{2} + \frac{3}{2} \cdot x^2\right) \cdot t^2 + \left(\frac{-3}{2} \cdot x + \frac{5}{2} \cdot x^3\right) \cdot t^3 + \left(\frac{3}{8} - \frac{15}{4} \cdot x^2 + \frac{35}{8} \cdot x^4\right) \cdot t^4 + \left(\frac{15}{8} \cdot x - \frac{35}{4} \cdot x^3 + \frac{63}{8} \cdot x^5\right) \cdot t^5 + O\left(t^6\right)$$

und die Legendre Polynome können sofort abgelesen werden. Diese Reihenentwicklung können wir in Mathcad aber nicht für eine allgemeine Definition $P(l,x)$ verwenden. Man könnte die Legendre Polynome zwar über die *Rodriguesformel*

$$P(l,x) := wenn\left[l = 0, 1, \frac{1}{2^l \cdot l!} \cdot \frac{d^l}{dx^l} \left(x^2 - 1\right)^l\right]$$

definieren, die einzelnen Funktionswerte werden dann aber über höhere Ableitungen numerisch berechnet und bereits bei $l = 4$ liefert Mathcad die Fehlermeldung **Nicht** *konvergent* für x-Werte zwischen -1 und 1. Eine für die Auswertung mit Mathcad bessere Formel erhalten wir über die Cauchy'sche Integralformel

$$f(x) = \frac{1}{2\pi i}\oint \frac{f(z)}{z-x} dz \quad \text{mit} \quad f(z) = (z^2-1)^l$$

und Bildung der l-ten Ableitung nach x. Das resultierende Contourintegral für die Legendre Polynome wird Schläfli-Integraldarstellung genannt:

$$P_l(x) := \frac{1}{2^l 2\pi i}\oint \frac{(z^2-1)^l}{(z-x)^{l+1}} dz$$

Mathcad kann im Prinzip jedes komplexe Kurvenintegral auswerten. Man benötigt lediglich eine Parameterdarstellung des Weges (hier z.B. $z(\varphi, x) := x + e^{i \cdot \varphi}$) und im auszuwertenden Kurvenintegral muß die Ableitung von z nach dem Parameter φ ergänzt werden:

$$P(l,x) := \frac{1}{2^l \cdot 2 \cdot \pi \cdot i} \cdot \int_0^{2\cdot\pi} \frac{\left(z(\varphi, x)^2 - 1\right)^l}{(z(\varphi, x) - x)^{l+1}} \cdot \frac{d}{d\varphi} z(\varphi, x)\, d\varphi$$

Die Berechnung dieses komplexen Kurvenintegrals um die Polstelle $z=x$ benötigt aber, wegen der zusätzlichen numerischen Ableitung im Integranden, sehr viel Rechenzeit. Man tut gut daran, in Mathcad die Substitution $z = x + e^{i\varphi}$, $dz = ie^{i\varphi}$ händisch durchzuführen. Mit der Definition der Legendre Polynome via

$$P(l,x) := \frac{1}{2^l \cdot 2 \cdot \pi} \cdot \int_0^{2\cdot\pi} \left[\left(x + e^{i \cdot \varphi}\right)^2 - 1\right]^l \cdot e^{-i \cdot l \cdot \varphi}\, d\varphi$$

erspart man sich Rechenzeit um einen Faktor 10. In Bild 2.14 können Sie die mit dieser Integraldarstellung berechneten Graphen der Legendre Polynome sehen.

Die Legendreschen Funktionen höherer Ordnung

$$P_l^m(x) := (1-x^2)^{\frac{m}{2}} \frac{d^m}{dx^m} P_l(x)$$

sind Lösungen der assoziierten Legendre Differentialgleichung

$$(1-x^2)y'' - 2xy' + (l(l+1) - \frac{m^2}{1-x^2})y = 0.$$

Durch Differentiation der Schläfli-Integraldarstellung erhalten wir eine Integraldarstellung der assoziierten Legendre Funktionen:

$$P_l^m(x) := (1-x^2)^{\frac{m}{2}} \frac{\prod_{k=1}^{m}(l+k)}{2^l 2\pi i} \oint \frac{(z^2-1)^l}{(z-x)^{l+m+1}} dz$$

Nach der Substitution $z = x + e^{i\varphi}$, $dz = ie^{i\varphi}$ können wir die asoziierten Legendre Funktionen in Mathcad mit der Integraldarstellung

$$P_a(l,m,x) := \left(1-x^2\right)^{\frac{m}{2}} \cdot \frac{\left[\prod_{k=1}^{m}(l+k)\right]}{2^l \cdot 2 \cdot \pi} \cdot \int_0^{2\cdot\pi} \left[\left(x+e^{i\cdot\varphi}\right)^2 - 1\right]^l \cdot e^{-i\cdot(l+m)\cdot\varphi}\, d\varphi$$

$$P_a(l,m,x) := wenn\left(m{=}0, P(l,x), P_a(l,m,x)\right)$$

definieren.

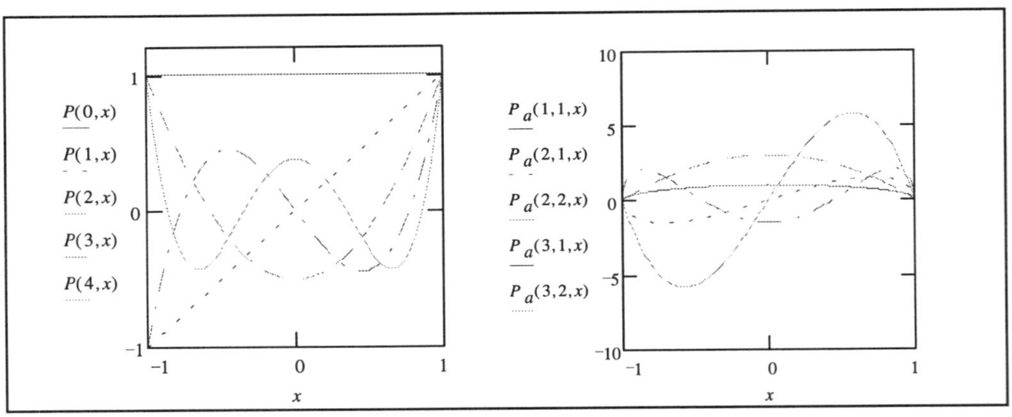

Bild 2.13: Legendre Polynome und assozierte Legendre Funktionen

Übung 2.12

Versuchen Sie, wie im Mathcad-Dokument LEGENDRE.MCD auf der Beispieldiskette beschrieben, die Legendre Polynome und assozierte Legendre Funktionen via Integraldarstellungen zu definieren und deren deren grafische Darstellung wie in Bild 2.13 zu reproduzieren.

Kugelfunktionen und Laguerre Polynome

Die Kugelfunktionen und Laguerre Polynome spielen eine bedeutende Rolle bei der Lösung der zeitunabhängigen Schrödingergleichung

$$H\psi = \left[-\frac{\hbar^2}{2\mu}\Delta - \frac{e^2}{4\pi\varepsilon_0 r} \right]\psi = E\psi$$

für das Wasserstoffatom. r ist der Radius, μ ist die reduzierte Masse und Δ der Laplaceoperator. Mit einem Seperationsansatz

$$\psi(r,\theta,\varphi) = R(r)Y(\theta,\varphi)$$

und Verwendung des Laplaceoperators in Kugelkoordinaten

$$\Delta = \frac{1}{r^2}\frac{\partial}{\partial r}(r^2\frac{\partial}{\partial r}) + \frac{1}{r^2 \sin\theta}\left[\frac{\partial}{\partial\theta}(\sin\theta\frac{\partial}{\partial\theta}) + \frac{1}{\sin\theta}\frac{\partial^2}{\partial\varphi^2}\right]$$

kann die partielle Differentialgleichung in zwei gewöhnliche Differentialgleichungen aufgespalten werden.

Die Kugelfunktionen $Y_l^m(\theta,\varphi)$ (bzw. $Y(l,m,\theta,\varphi)$ in Mathcad-Schreibweise)

$$Y(l,m,\theta,\varphi) := (-1)^m \cdot \sqrt{\frac{2\cdot l+1}{4\cdot\pi}\cdot\frac{(l-m)!}{(l+m)!}}\cdot P(l,m,cos(\theta))\cdot e^{i\cdot m\cdot\varphi}$$

sind Lösungen des winkelabhängigen Anteils der Schrödingergleichung und erhält man aus den assoziierten Legendre Funktionen. Sie sind die Eigenfunktionen des Bahndrehimpulsoperators $\vec{L}^2$ zum Eigenwert $\eta^2 l(l+1)$ (d.h. $\vec{L}^2 Y_l^m = \eta^2 l(l+1)Y_l^m$) und L_3 zum Eigenwert ηm (d.h. $L_3 Y_l^m = \eta m Y_l^m$). l ist die Nebenquantenzahl und klassiert die Orbitale (l=0 s-Orbital, l=1 p-Orbitale, l=2 d-Orbitale, l=3 f-Orbitale) und m ist die magnetische Quantenzahl mit $|m| \le l$. Die Kugelfunktionen, genauer gesagt $|Y_l^m(\theta,\varphi)|^2$, geben Auskunft über die winkelabhängige Verteilung der Aufenthaltswahrscheinlichkeit des Elektrons. Bei den in Bild 2.14 dargestellten Orbitalen liegt die positive z-Achse in Richtung $\theta = 0$.

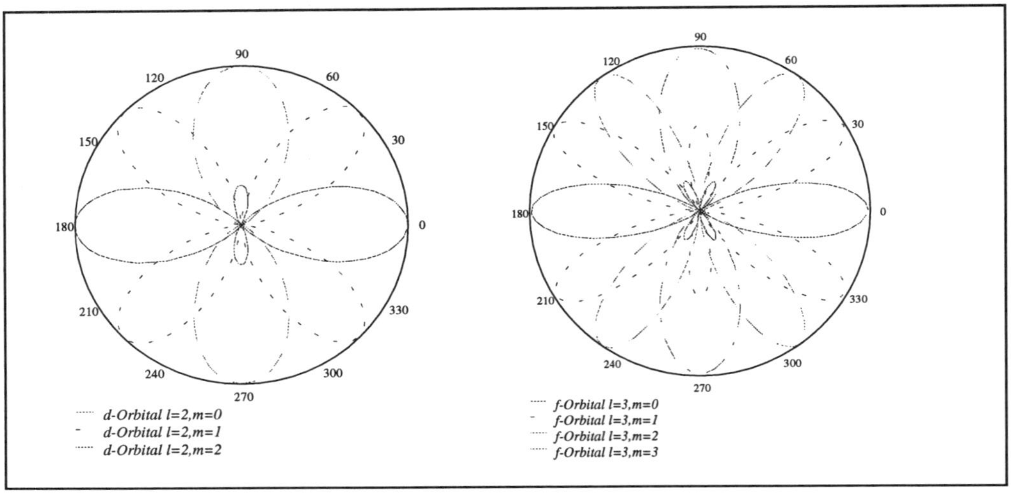

Bild 2.14: d- und f-Orbitale des Wasserstoffatoms, Verteilung von $\left|Y_l^m(\theta,\varphi)\right|^2$ *über* θ

Die Integration von $\left|Y_l^m(\theta,\varphi)\right|^2$ über den ganzen Raumwinkel gibt stets 1 (die Kugelfunktionen sind so normiert!) und kann in Mathcad mittels Auswertung eines Doppelintegrals

$$\int_0^{2\cdot\pi}\int_0^{\pi}(|Y(3,1,\theta,\varphi)|)^2\cdot sin(\theta)\,d\theta\,d\varphi=1$$

überprüft werden. Die φ-Integration erfolgt von 0 bis 2π, die θ-Integration von 0 bis π.

Der radiale Anteil der Schrödingergleichung

$$-\frac{\eta^2}{2\mu}\frac{1}{r^2}\frac{d}{dr}\left(r^2\frac{dR(r)}{dr}\right)-\frac{e^2}{4\pi\varepsilon_0 r}R(r)+\frac{\eta^2}{2\mu}\frac{l(l+1)}{r^2}R(r)=ER(r)$$

hat als Lösung $R_{n,l}(r)$ zu einem bestimmten Energieeigenwert $E_n=-\frac{1}{n^2}\mu\frac{e^4}{8\varepsilon_0^2 h^2}$, wobei n als Hauptquantenzahl bezeichnet wird. Die Funktionen $R_{n,l}(r)$ lassen sich auf die Laguerre Polynome bzw. assoziierten Laguerre Polynome zurückführen. Aus diesem Grund müssen wir zuerst die Laguerre Polynome in Mathcad definieren:

$$L(n,x) := e^{x}\cdot\frac{d^n}{dx^n}\left(e^{-x}\cdot x^n\right) \qquad L_a(n,m,x) := \frac{d^m}{dx^m}L(n,x)$$

Wegen den üblichen Problemen bei der Bildung höherer numerischer Ableitungen ist folgende Definition wesentlich besser geeignet:

$$L(n,x) := \sum_{k=0}^{n} (-1)^k\cdot\frac{(n!)^2}{(k!)^2\cdot(n-k)!}\cdot x^k$$

$$L_a(n,m,x) := \sum_{k=m}^{n} (-1)^k\cdot\frac{(n!)^2}{(k!)^2\cdot(n-k)!}\cdot\left[\prod_{l=0}^{m-1}(k-l)\right]\cdot x^{k-m}$$

$$L_a(n,m,x) := wenn\left(m=0, L(n,x), L_a(n,m,x)\right)$$

⇨ Die Laguerre Polynome sind Lösungen der Laguerre'schen Differentialgleichung $xy''+(1-x)y'+ny=0$ bzw. $xy''+(m+1-x)y'+ny=0$.

Damit erhalten wir für die Lösung des radialen Anteils der Schrödingergleichung

$$R(n,l,r) := -\sqrt{\left(\frac{2}{n\cdot a}\right)^3\cdot\frac{(n-l-1)!}{2\cdot n\cdot((n+l)!)^3}}\cdot\left(\frac{2\cdot r}{n\cdot a}\right)^l\cdot e^{-\frac{r}{n\cdot a}}\cdot L_a\left(n+l, 2\cdot l+1, \frac{2\cdot r}{n\cdot a}\right)$$

mit $a=\frac{\varepsilon_0 h^2}{\pi\mu e^2}$ als Bohr'schen Radius. Die radiale Wahrscheinlichkeitsverteilung $|R_{n,l}(r)|^2 r^2$ ist in Bild 2.15 für verschiedene Hauptquantenzahlen n und Nebenquantenzahlen l dargestellt.

Im Mathcad-Dokument `H_ATOM.MCD` auf der Beispieldiskette finden Sie die Definitionen der Kugelfunktionen, Laguerre Polynome und assoziierten Laguerre Polynome sowie der radialen Eigenfunktionen $R_{n,l}(r)$. Sie finden auch die Darstellung der s, p, d, f Orbitale und die radialen Wahrscheinlichkeitsverteilungen des H-Atoms.

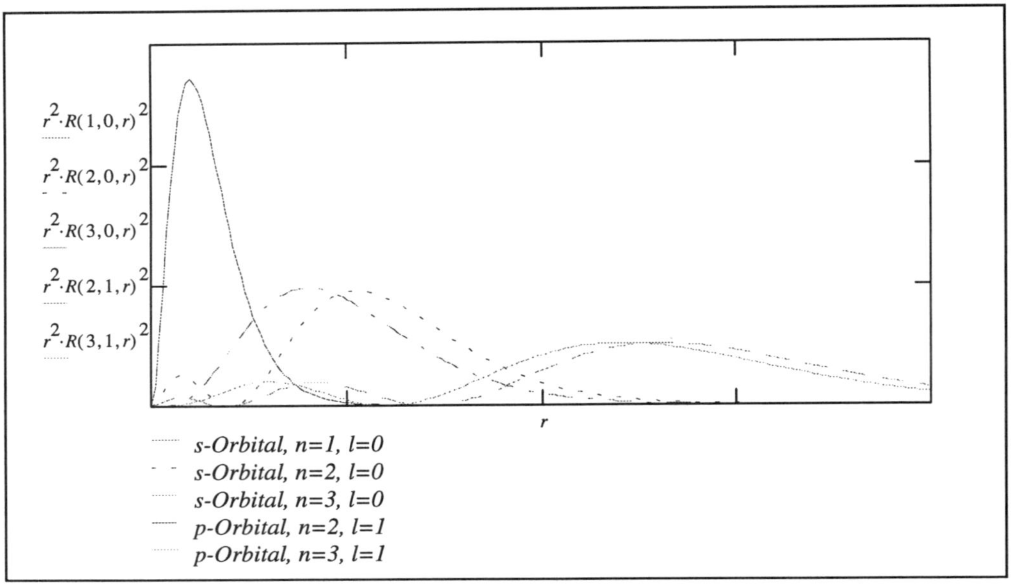

Bild 2.15: Radiale Wahrscheinlichkeitsverteilung $\left|R_{n,l}(r)\right|^2 r^2$ *beim H-Atom*

2.2 Partielle Differentialgleichungen

2.2.1 Numerische Lösung partieller Differentialgleichungen

Numerische Lösung der Poissongleichung

Mathcad stellt zur numerischen Lösung der Poissongleichung

$$\frac{\partial^2\phi}{\partial x^2}+\frac{\partial^2\phi}{\partial y^2}=-\frac{\rho(x,y)}{\varepsilon_0}$$

die zwei Funktionen *relax* und *multigrid* zur Verfügung. Wir wollen Ihnen im folgenden Mathcad-Dokument die Verwendung dieser Funktionen bei der Bestimmung des Potentialfeldes zweier Punktladungen zeigen. Die Lösung dieser Aufgabe finden Sie im Mathcad-Dokument `POISSON.MCD` auf der Beispieldiskette.

Numerische Lösung der Poissongleichung (poisson.mcd)

1. Ursprung der Poissongleichung:

$\mathrm{div}(E) = \dfrac{\rho}{\varepsilon_0}$ Maxwellgleichung

$\mathrm{rot}(E) = 0 \quad \Rightarrow \quad E = -\mathrm{grad}(\phi)$ Annahme eines Potentialfeldes

$\mathrm{div}(\mathrm{grad}(\phi)) = \Delta\phi = -\dfrac{\rho}{\varepsilon_0}$ Poissongleichung, für $\rho=0$ Laplacegleichung

$\phi_{xx} + \phi_{yy} = -\dfrac{\rho(x,y)}{\varepsilon_0}$ Poissongleichung in der Ebene

2. Diskretisierung der partiellen Differentialgleichung:

Diskretisierung der partiellen Ableitungen in einem kartesischen Gitternetz:

$$\phi_{x_{i,j}} = \frac{\phi_{i+1,j} - \phi_{i-1,j}}{2\cdot\Delta x} \qquad \phi_{y_{i,j}} = \frac{\phi_{i,j+1} - \phi_{i,j-1}}{2\cdot\Delta y}$$

$$\phi_{xx_{i,j}} = \frac{\phi_{i+1,j} - 2\cdot\phi_{i,j} + \phi_{i-1,j}}{\Delta x^2} \qquad \phi_{yy_{i,j}} = \frac{\phi_{i,j+1} - 2\cdot\phi_{i,j} + \phi_{i,j-1}}{\Delta y^2}$$

Diskretisierte Poissongleichung:

$$\frac{\phi_{i+1,j} - 2\cdot\phi_{i,j} + \phi_{i-1,j}}{\Delta x^2} + \frac{\phi_{i,j+1} - 2\cdot\phi_{i,j} + \phi_{i,j-1}}{\Delta y^2} = -\frac{\rho_{i,j}}{\varepsilon_0}$$

$N := 32 \qquad i := 0..N \qquad j := 0..N$ Punkteanzahl in x-, y-Richtung

$\Delta x := 1 \qquad \Delta y := 1$ Gittergröße ohne Einschränkung der Allgemeinheit 1 gewählt.

$\varepsilon_0 := 1$ Dielektrizitätskonstante, o.E.d.A. 1.

Ladungsverteilung im Gitternetz:

$\rho_{i,j} := 0 \qquad \rho_{\frac{3\cdot N}{4},\frac{N}{2}} := 1 \qquad \rho_{\frac{N}{4},\frac{N}{2}} := -1$ Eine positive und eine negative Punktladung im Gitternetz, sonst keine Ladungen.

3. Vergleich mit Parametern der *relax*-Funktion und numerische Lösung:

$\mathrm{relax}(a, b, c, d, e, f, \phi_r, r_J)$ Parameter der *relax*-Funktion.

$$a_{i,j}\cdot\phi_{i+1,j} + b_{i,j}\cdot\phi_{i-1,j} + c_{i,j}\cdot\phi_{i,j+1} + d_{i,j}\cdot\phi_{i,j-1} + e_{i,j}\cdot\phi_{i,j} = f_{i,j}$$

Koeffizientenvergleich mit Poissongleichung:

$$a_{i,j} := \frac{1}{\Delta x^2} \quad b := a \quad c_{i,j} := \frac{1}{\Delta y^2} \quad d := c \quad e_{i,j} := -\frac{2}{\Delta x^2} - \frac{2}{\Delta y^2} \quad f := -\frac{\rho}{\varepsilon_0}$$

Vorgegebene Randwerte des Potentials und Startwerte des Potentials innerhalb:

$$\phi_{r_{i,j}} := 0$$

Spektralradius der numerischen Jakobi-Iteration:

$r_J := 0.95$ Wert zwischen 0 und 1, problemspezifisch.

Numerische Berechnung der Potentialfunktion mit *relax*:

$$\phi := \mathrm{relax}(a, b, c, d, e, f, \phi_r, r_J)$$

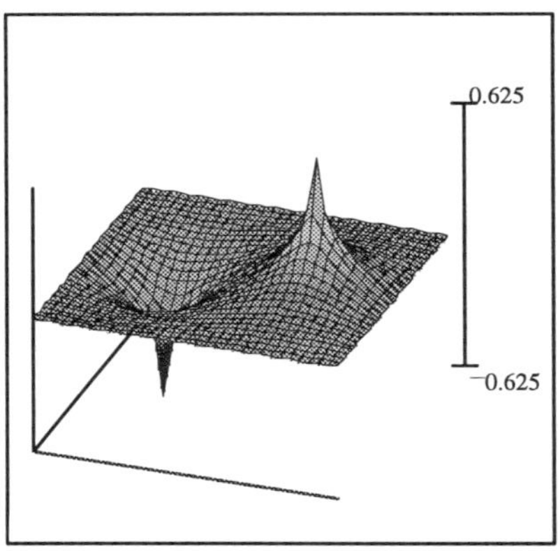

ϕ

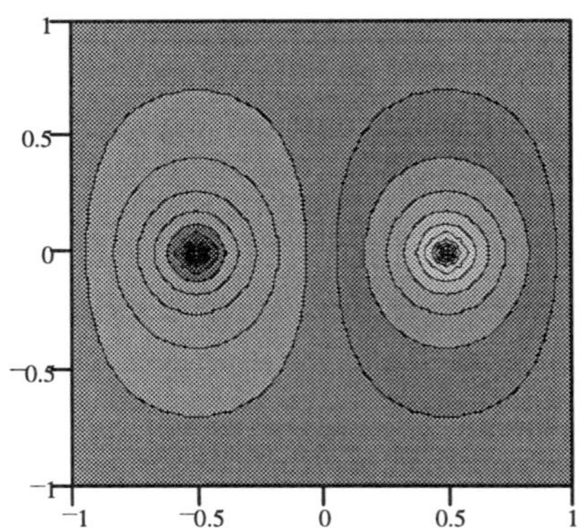

ϕ

4. Lösung der Poissongleichung mit der *multigrid*-Funktion:

Unter der Annahme gleicher Gitterkonstanten Δx und Δy sowie der Randbedingung ϕ_r=0, kann die Poissongleichung mit der Funktion *multigrid* schneller wie mit *relax* gelöst werden.

$\mathrm{multigrid}(M, n_c)$

$M := -\left(\frac{\rho}{\varepsilon_0} \cdot \Delta x^2\right) \cdot N^2$

Die Matrix M muß eine quadratische $(1+2^n)x(1+2^n)$ Matrix sein. Bei uns gilt 1+N= $1+2^n$. Der Faktor N^2 ist ein Normierungsfaktor, um mit *relax* und *multigrid* die gleichen Lösungsamplituden zu erhalten.

$n_c := 3$

Anzahl der Durchläufe bei jedem Level der *multigrid*-Iteration.

$\phi_{mg} := \text{multigrid}(M, n_c)$

Numerische Lösung mit *multigrid*.

$\sum_i \sum_j \left(\phi_{i,j} - \phi_{mg_{i,j}}\right)^2 = 4.809 \cdot 10^{-6}$

Unterschied der beiden Verfahren.

Numerische Lösung der Laplacegleichung

Eine Sonderform der Poissongleichung stellt die Laplacegleichung

$$\frac{\partial^2 \phi}{\partial x^2} + \frac{\partial^2 \phi}{\partial y^2} = 0$$

dar. Prinzipiell müßte die Funktion *relax* imstande sein, die Laplacegleichung zu lösen, wenn das Potential ϕ_r am Rand eines rechteckigen Bereichs vorgegeben ist. Daß dem nicht so ist, zeigen wir im Mathcad-Dokument `LAPLACE2.MCD` anhand der Bestimmung des Potentialfeldes einer Elektronenlinse. Mathcad bringt die Fehlermeldung *too many iterations*. Wir müssen uns nun etwas anderes einfallen lassen.

Auf H. Liebmann geht ein Mittelungsverfahren zurück, daß das Potential für einen inneren Punkt durch den Mittelwert der anliegenden Gitterpunkte ersetzt.

$$innen(i,j) := (i>0)\cdot(j>0)\cdot(i<N)\cdot(j<N)$$

$$Iteration(\phi, i,j) := \frac{1}{4}\cdot\left(\phi_{i+1,j} + \phi_{i-1,j} + \phi_{i,j+1} + \phi_{i,j-1} - 4\cdot\phi_{i,j}\right)$$

$$\phi_{i,j} := \phi_{i,j} + wenn(innen(i,j), Iteration(\phi, i,j), 0)$$

Diese Iteration wird so oft wiederholt, bis keine Änderung durch diese Mittelung mehr auftritt $(Iteration(\phi, i, j) = 0)$. Das bedeutet aber, daß die diskretisierte Laplacegleichung

$$\frac{\phi_{i+1,j} - 2\cdot\phi_{i,j} + \phi_{i-1,j}}{\Delta x^2} + \frac{\phi_{i,j+1} - 2\cdot\phi_{i,j} + \phi_{i,j-1}}{\Delta y^2} = 0$$

unter der Annahme $\Delta x = \Delta y$ erfüllt ist! Da unsere gesuchte Potentialfunktion ϕ in Form einer Matrix vorliegt und Mathcad leider keine Matrixiterationen durchführen kann, müssen wir die oben angeführte Iteration öfters hintereinander durchführen bzw. im Mathcad-Dokument anschreiben (vgl. Mathcad-Dokument `LAPLACE2.MCD`). In Bild 2.16 können Sie die Potentialverteilung der Elektronenlinse nach zehn Iterationsschritten sehen.

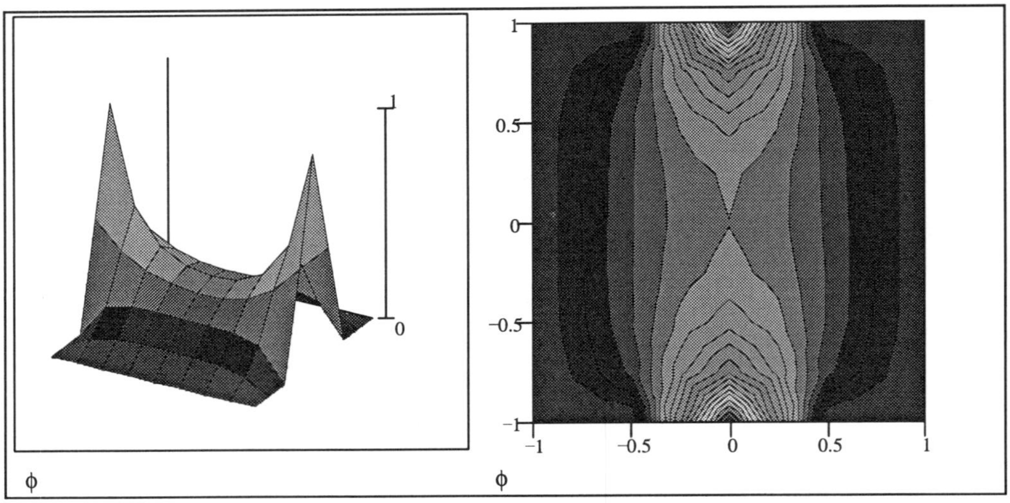

Bild 2.16 Potentialverteilung innerhalb einer Elektronenlinse

Übung 2.13

Mit dem Potential in der Mitte können Sie die Brechkraft der elektronischen Linse verändern. Untersuchen Sie diesen Einfluß auf das Potentialfeld.

Numerische Lösung der Wärmeleitungsgleichung und Diffusionsgleichung

Da die Wärmeleitungsgleichung und die Diffusionsgleichung dieselbe Struktur aufweisen, können wir uns auf die Lösung der Wärmeleitungsgleichung beschränken.

Ein Wärmereservoir (Temperatur T_0, $x < 0$) grenze an der Stelle $x = 0$ $(T(x = 0, t) = T_0)$ an einen Körper mit Anfangstemperatur 0 $(T(x > 0, t = 0) = 0)$. Wir wollen die örtliche Temperaturverteilung zu verschiedenen Zeitpunkten berechnen. Die eindimensionale Wärmeleitungsgleichung

$$\frac{1}{\kappa}\frac{\partial T}{\partial t} = \frac{\partial^2 T}{\partial x^2}$$

mit der Anfangsbedingung $T(x > 0, t = 0) = 0$ und den Randbedingungen

$$T(x = 0, t) = T_0, \ \lim_{x \to \infty} T(x,t) = 0$$

ist bei dieser Problemstellung zu lösen. Wir diskretisieren die Differentialgleichung bezüglich Zeit (Index i) und Ort (Index j) und erhalten

$$\frac{1}{\kappa} \cdot \frac{T_{i+1,j} - T_{i,j}}{\Delta t} = \frac{T_{i,j+1} - 2 \cdot T_{i,j} + T_{i,j-1}}{\Delta x^2}$$

bzw. auf $T_{i+1,j}$ umgeformt

$$T_{i+1,j} := T_{i,j} + \Delta t \cdot \kappa \cdot \frac{T_{i,j+1} - 2 \cdot T_{i,j} + T_{i,j-1}}{\Delta x^2}$$

die entsprechende Iterationsvorschrift bezüglich der Zeit. Anfangs- und Randbedingungen

$$T_{0,j} := 0 \quad T_{i,0} := T_0$$

müssen vor der Iteration in diskretisierter Form angegeben werden. In Bild 2.17 können Sie die Temperaturverteilungen für verschiedene Zeitpunkte sehen.

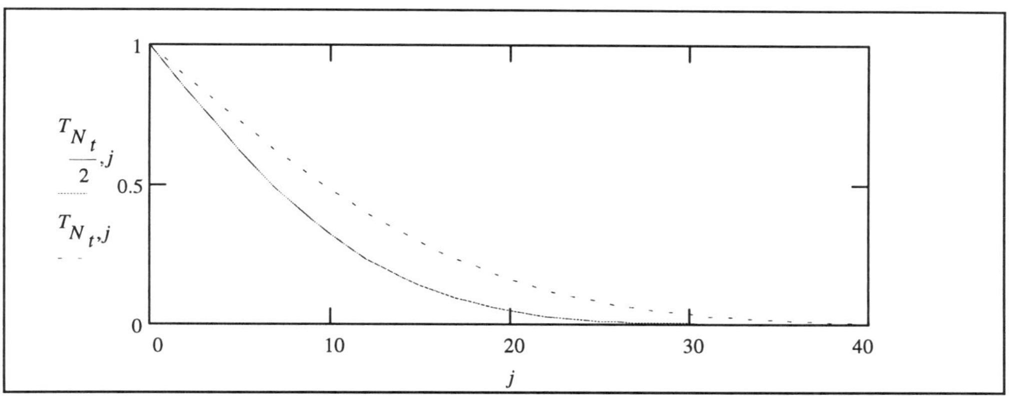

Bild 2.17 Temperaturverteilung im Stab zu verschiedenen Zeiten

Die komplette Lösung können Sie im Mathcad-Dokument `WAERME.MCD` nachlesen.

Üblicherweise wird dieses Wärmeleitungsproblem mittels Laplacetransformation bezüglich der Zeit t gelöst. Die resultierende gewöhnliche Differentialgleichung bezüglich $T(x,s)$ ist linear und kann sofort gelöst werden. Die Rücktransformation von

$$T(x,s)=\frac{T_0}{s}e^{-\sqrt{\frac{s}{\kappa}}x}$$

in den Zeitbereich ist aufgrund eines Verzweigungsschnitts längs der negativen reellen Achse in der s-Ebene nicht mehr so einfach. Die inverse Laplacetransformation führt auf die Fehlerfunktion (in Mathcad *fehlf*-Funktion)

$$T(x,t):=T_0(1-\text{fehlf}(\frac{x}{2\sqrt{\kappa t}})),$$

kann aber von Mathcad nicht durchgeführt werden.

⇨ Die inverse Laplacetransformation mittels Mathcad ist i.a. nur für Funktionen vom Typ $R(s)e^{st}$ erfolgreich, wobei $R(s)$ eine rationale Funktion von s darstellt. Diese Funktionstypen kommen bei der Lösung von gewöhnlichen, linearen Differentialgleichungen beliebiger Ordnung mittels Laplacetransformation vor (vgl. Abschnitt 2.1.2).

Numerische Lösung der Korteweg – de Vries Gleichung, Solitonen

Ähnlich wie die Wärmeleitungsgleichung könnten Sie auch die Korteweg – de Vries Gleichung

$$\frac{\partial\psi}{\partial t}=6\psi\frac{\partial\psi}{\partial x}-\frac{\partial^3\psi}{\partial x^3},\ \psi(x,t=0)=\frac{-N(N+1)}{\cosh^2(x)},\ N=1,2,\ldots$$

lösen. Die diskretisierte Form dieser nichtlinearen partiellen Differentialgleichung

$$\frac{\psi_{i+1,j}-\psi_{i,j}}{\Delta t}=6\cdot\psi_{i,j}\cdot\frac{\psi_{i,j+1}-\psi_{i,j-1}}{2\cdot\Delta x}-\frac{\psi_{i,j+2}-2\cdot\psi_{i,j+1}+2\cdot\psi_{i,j-1}-\psi_{i,j-2}}{2\cdot\Delta x^3}$$

kann direkt in eine Iterationsvorschrift für $\psi_{i+1,j}$ umgeformt werden.

Die Korteweg – de Vries Gleichung hat zahlreiche Anwendungsmöglichkeiten in der Physik, unter anderem bei der Ausbreitung von Wasserwellen. Wir suchen die zeitliche Entwicklung der Anfangsverteilung $\psi(x,t=0)$. Die Lösungen der Korteweg – de Vries Gleichung werden *soliton solutions* genannt. Während für $N=1$ das Wellenpaket ohne zu zerfallen weiterwandert ($\psi(x,t) = \dfrac{-2}{\cosh^2(x-4t)}$ ist die exakte Lösung für diesen Fall), zerfällt im Fall $N = 2$ die Anfangslösung in zwei unterschiedlich schnelle Solitonen (vgl. Bild 2.18).

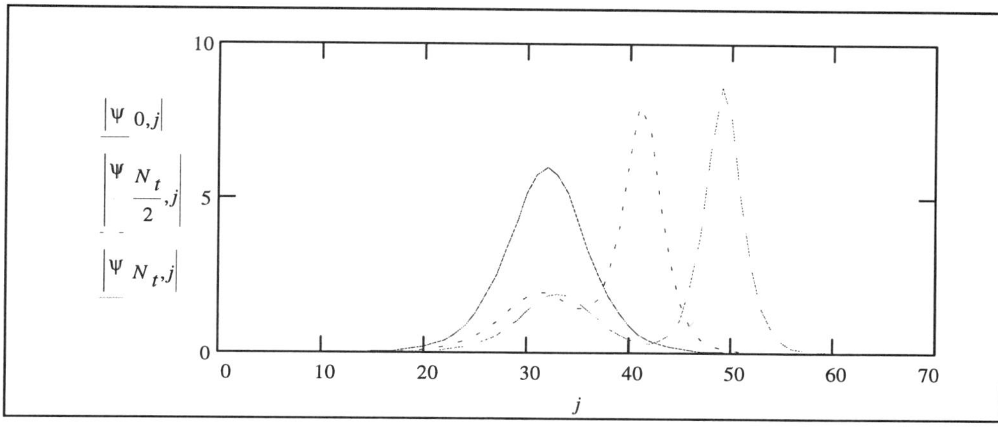

Bild 2.18: Zerfall der Anfangsverteilung in 2 unterschiedlich schnelle Solitonen

Drazin und Johnson (1989, *Solitons, an introduction*, Cambridge University Press) haben gezeigt, daß die Anzahl der entstehenden Solitonen gleich der Anzahl der gebundenen Zustände der Schrödingergleichung im Potential $V(x) = \dfrac{-N(N+1)}{\cosh^2(x)}$ ist, nämlich N.

Übung 2.14

Variieren Sie den Wert von N und untersuchen Sie den Einfluß auf die Lösung. Falls Sie einen höheren N-Wert ausprobieren möchten, sollten Sie unbedingt den Zeitschritt Δt klein genug wählen, um keine numerische Instabilität heraufzubeschwören. Außerdem sollten Sie viel Geduld für die nötige Rechenzeit aufbringen.

Im Mathcad-Dokument `SOLITON.MCD` finden Sie die nötigen Lösungsschritte.

2.2.2 Analytische Lösung partieller Differentialgleichungen

Wir wollen uns in diesem Abschnitt auf partielle Differentialgleichungen aus dem Gebiet der Physik beschränken, die entweder mit einem Seperationsansatz oder durch Ausnützung irgendwelcher Symmetrien (z.B. Rotationssymmetrie) auf gewöhnliche Differentialgleichungen zurückgeführt werden können. Bei Anfangswertproblemen führt oftmals die Durchführung einer Fouriertransformation oder einer Laplacetransformation zur Reduktion auf eine gewöhnliche Differentialgleichung in der ω- bzw. s-Ebene. Bei Randwertproblemen ist meist ein geeigneter Fourierreihenansatz zielführend.

Lösung der Laplacegleichung mittels konformer Abbildungen

Wenn Sie eine komplexwertige Funktion $f(z) = f(x+iy) = \Phi(x,y) + i\Psi(x,y)$ zweimal partiell nach x bzw. y ableiten, so sehen Sie, daß $f(z)$ und somit auch deren Realteil Φ und Imaginärteil Ψ die zweidimensionale Laplacegleichung erfüllen. Als eine der wichtigsten Anwendungen im Bereich der Physik ist die Bestimmung von ebenen Potentialströmungen inkompressibler Flüssigkeiten zu nennen. Die Kontinuitätsgleichung einer inkompressiblen Flüssigkeit $\mathrm{div}(\vec{v}) = 0$ liefert unter der Annahme der Wirbelfreiheit ($\vec{v} = \mathrm{grad}(\Phi)$) die Laplacegleichung $\Delta\Phi = \mathrm{div}(\mathrm{grad}(\Phi)) = \mathrm{div}(\vec{v}) = 0$.

Wir wollen zuerst die Potentialströmung um einen rotierenden Kreiszylinder ermitteln und diese Lösung zur Bestimmung des Geschwindigkeitsfeldes um einen Tragflügel mittels konformer Abbildung verwenden.

Übung 2.15

Das ebene Geschwindigkeitsfeld einer wirbelfreien Strömung um einen unendlich langen, rotierenden Kreiszylinder soll ermittelt werden. Die Geschwindigkeitskomponenten ergeben sich aus den partiellen Ortsableitungen

$$v_x = \frac{\partial\Phi}{\partial x} = \frac{\partial\Psi}{\partial y},\ v_y = \frac{\partial\Phi}{\partial y} = -\frac{\partial\Psi}{\partial x},$$

die partiellen Ableitungen von Realteil Φ und Imaginärteil Ψ hängen über die Cauchy-Riemann'schen Differentialgleichungen zusammen. Die Stromlinien sind gegeben durch $\Psi = \mathrm{Im}(f(z)) = const$, die Äquipotentiallinien durch $\Phi = \mathrm{Re}(f(z)) = const$. Wie das der physikalischen Ausgangssituation angepaßte komplexe Potential aussieht, hängt von der Geometrie und den Randbedingungen ab. Die analytische Funktion

$$f(z) := \frac{\Gamma}{2\cdot\pi\cdot i}\cdot\ln(z) + v_u\cdot\left(z + \frac{R^2}{z}\right)$$

erfüllt die Randbedingungen, daß die Geschwindigkeit im Unendlichen gleich v_u ist, daß auf der Zylinderoberfläche $\Psi = \mathrm{Im}(f(z)) = const$ gilt (Zylinder muß Stromlinie sein) und daß das Kreisintegral

$$\oint \vec{v}\cdot d\vec{s} = \oint f'(z)dz = \Gamma$$

die Zirkulation Γ ergibt. Um die Stromlinien zu zeichnen, bedienen wir uns der Umrißdarstellung für die Stromlinien-Matrix

$$\Psi_{i,j} := wenn\left(\left|z_{i,j}\right| \le R, 0, Im\left(f\left(z_{i,j}\right)\right)\right)$$

für ein rechteckiges Wertegitter $z_{i,j}$ (Befehl UMRIẞDARSTELLUNG ERSTELLEN aus dem Menü GRAFIK). Innerhalb des Kreiszylinders setzen wir $\Psi = 0$. In Bild 2.19 links können Sie das Stromlinienbild für die Parameter

$$v_u := 1 \qquad R := 1 \qquad \Gamma := -2\cdot\pi \cdot v_u \cdot R$$

sehen. Durch die Zirkulation wandern die Staupunkte ($\vec{v} = 0$) nach unten. Untersuchen Sie, wie sich das Stromlinienbild mit der Zirkulation Γ ändert.

Eine Lösung dieser Übung finden Sie im Mathcad-Dokument `STROMLI1.MCD` auf der Beispieldiskette.

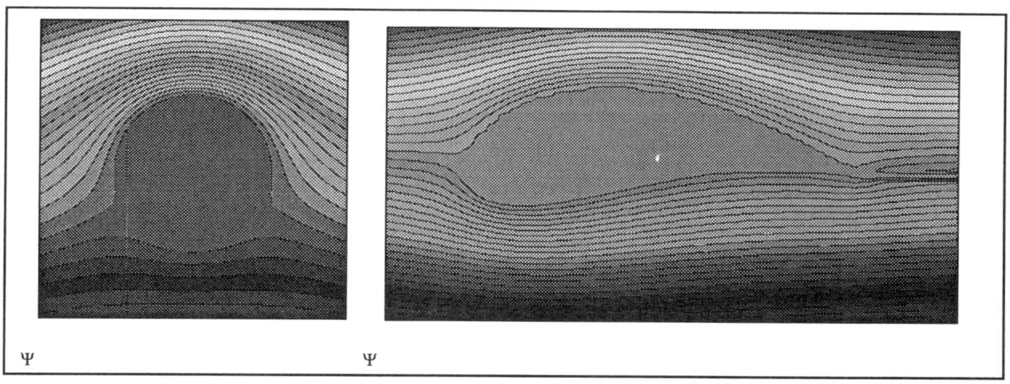

Bild 2.19: Umströmung eines rotierenden Zylinders und einer Tragfläche

Übung 2.16

Um die Umströmung eines Tragflügels zu bestimmen, benötigen wir eine Abbildung von der z-Ebene auf die w-Ebene, die den Kreiszylinder der z-Ebene auf die Form eines Tragflügels in der w-Ebene abbildet. Mit der konformen Abbildung

$$w = c_0 + c_1 \cdot z + \frac{1}{c_0 + c_1 \cdot z} \qquad c_0 := 0.25\cdot(-1 + i) \quad c_1 := 1.275$$

wird dies ermöglicht. Sie können die zwei Parameter c_0, c_1 selbstverständlich so verändern, bis Ihnen die Form des Tragflügels zusagt. Um die Lösung der Laplacegleichung

chung für die Umströmung des Tragflügels zu erhalten, setzen wir einfach unsere konforme Abbildung in die Gleichung

$$f(z) = g(w) = g\left(c_0 + c_1 \cdot z + \frac{1}{c_0 + c_1 \cdot z}\right)$$

ein, wobei $f(z)$ die bekannte Lösung der Laplacegleichung für den nicht rotierenden Kreiszylinder ($\Gamma = 0$), $g(w)$ die unbekannte Lösung der Laplacegleichung für den Tragflügel darstellt. Um die Stromlinien zu zeichnen, bedienen wir uns der Beziehung:

$$\Psi = \mathrm{Im}(f(z)) = \mathrm{Im}(g(w)) = const$$

ohne explizit $g(w)$ zu bestimmen. Wir bilden ein rechteckiges Wertegitter $w_{i,j}$ der Tragflügelebene auf die z-Ebene ab. Die $z_{i,j}$-Werte erhalten wir aus der Auflösung der konformen Abbildung nach z. In Bild 2.19 rechts können Sie die Umströmung des Tragflügels sehen.

Im Mathcad-Dokument `STROMLI2.MCD` ist zusätzlich die Anströmung des Tragflügels unter einem bestimmten Winkel θ zur x-Achse enthalten. Die Lösung der Laplacegleichung für den Kreiszylinder

$$f(z) := v_u \cdot \left(z \cdot e^{-i \cdot \theta} + \frac{R^2}{z \cdot e^{-i \cdot \theta}}\right)$$

erhält man durch Substitution $z \to z \cdot e^{-i\theta}$ und Berücksichtigung $\Gamma = 0$.

Lösung separierbarer, linearer Differentialgleichungen mittels Fourierreihenansatz

Bei vielen Randwertproblemen der Physik ist ein Fourierreihenansatz aufgrund der periodischen Fortsetzbarkeit der Lösung anwendbar. Ob es sich dabei um Saitenschwingungen, longitudinalen Schwingungen oder transversale Biegeschwingungen von Stäben, Torsionsschwingungen, Membranschwingungen und dergleichen handelt, der Ansatz und die Lösungsmethodik ist in allen Fällen gleich.

Übung 2.17

Betrachten wir z.B. die Bewegungsgleichung für longitudinale Schwingungen in Stäben (c Ausbreitungsgeschwindigkeit im Stab, E Elastizitätsmodul, ρ Dichte des Stabmaterials):

$$\frac{\partial^2 u}{\partial t^2} = c^2 \frac{\partial^2 u}{\partial t^2}, \; c = \sqrt{\frac{E}{\rho}}$$

so kann diese partielle Differentialgleichung mit einem Separationsansatz $u(x,t) = X(x)\cdot T(t)$ in zwei gewöhnliche Differentialgleichungen

$$\frac{d^2T}{dt^2} + \omega^2 T = 0, \frac{d^2X}{dx^2} + \frac{\omega^2}{c^2} X = 0$$

zerlegt werden. Diese Differentialgleichungen können sofort gelöst werden:

$$T(t) = A\cos(\omega t) + B\sin(\omega t),\ X(x) = C\cos(\frac{\omega}{c}x) + D\sin(\frac{\omega}{c}x)$$

Lediglich die Anpassung an die jeweiligen Randbedingungen und Anfangsbedingungen fehlt noch. Diese Anpassung liefert die erlaubten ω_i Werte (Eigenfrequenzen) und die Koeffizienten A_i, B_i, C_i, D_i der allgemeinen Lösung

$$u(x,t) = \sum_{i=0}^{\infty} (A_i \cos(\omega_i t) + B_i \sin(\omega_i t))(C_i \cos(\frac{\omega_i}{c}x) + D_i \sin(\frac{\omega_i}{c}x))$$

der partiellen Differentialgleichung. Betrachten wir z.B. einen an beiden Enden freien Stab, der kurzzeitig (Zeitpunkt $t = 0$) mit einer Kraft F an beiden Enden zusammengedrückt und dann losgelassen wird, so lauten die Randbedingungen der freien Enden aufgrund des Hook'schen Gesetzes $\sigma(x,t) = Eu_x(x,t)$

$$\frac{\partial u}{\partial x}(x = 0,t) = 0, \frac{\partial u}{\partial x}(x = L,t) = 0$$

und die Anfangsbedingungen

$$u(x,t = 0) = f(x) = \varepsilon(\frac{L}{2} - x), \frac{\partial u}{\partial t}(x,t = 0) = 0$$

wobei ε die Dehnung in den Stabenden zum Zeitpunkt $t = 0$ darstellt. Im Mathcad-Dokument `STABVIB1.MCD` zeigen wir Ihnen die Bestimmung der Eigenfrequenzen $\omega_i = (c/L)i\pi$ und der Fourieramplituden A_i, B_i, C_i, D_i mit

$$A_0 := \frac{1}{L}\cdot\int_0^L f(x)\,dx \qquad A_n := \frac{2}{L}\cdot\int_0^L f(x)\cdot\cos\left(n\cdot\frac{\pi}{L}\cdot x\right)dx$$

und $B_i = 0$, $C_i = 1$, $D_i = 0$. Das in Bild 2.20 links dargestellte Frequenzspektrum könnte man mit am Stab befestigten Bewegungsaufnehmern nachweisen. Die Kenntnis der Eigenfrequenzen des Stabes ist von großer Bedeutung für die Schallabstrahlung (z.B.

Schallabstrahlung von Bohrhämmern). In Bild 2.20 rechts ist auch der zeitliche Verlauf der Verschiebung $u(x,t)$ an unterschiedlichen Stabpositionen dargestellt.

Die örtlichen und zeitlichen Spannungsverläufe $\sigma(x,t)$ entnehmen Sie bitte dem Mathcad-Dokument STABVIB1.MCD.

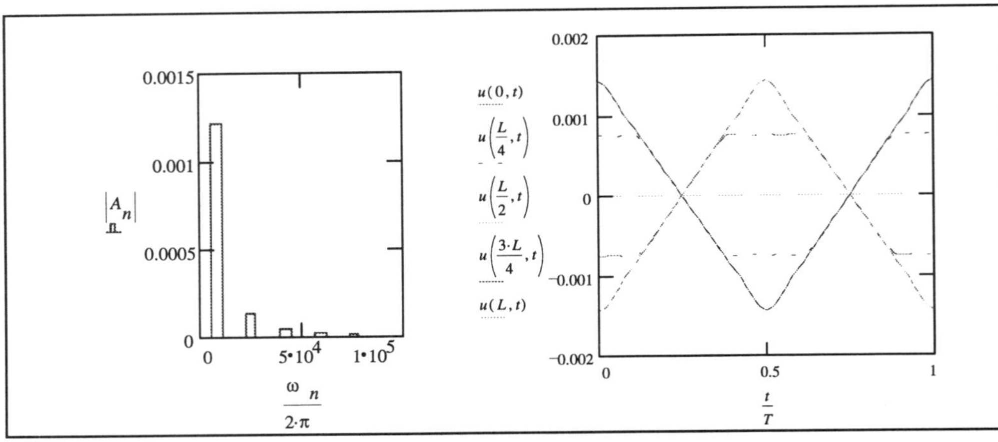

Bild 2.20: Longitudinale Eigenschwingungen des beidseitig freien Stabes

Lösung linearer partieller Differentialgleichungen mittels Laplacetransformation

Wir können bei den in Abschnitt 2.2.2.2 besprochenen Situationen wie Saitenschwingungen, Schwingungen von Stäben, der Wärmeleitungsgleichung (vgl. Abschnitt 2.2.1.3) oder der Telegraphengleichung (vgl. Abschnitt 7.1) anstatt des Seperationsansatzes auch eine Laplacetransformation bezüglich der Zeit t durchführen und die partielle Differentialgleichung in eine gewöhnliche Differentialgleichung bezüglich des Ortes x mit s als Parameter überführen. Daß diese Methode nicht immer zum Ziel führt, haben wir bereits bei der Lösung der Wärmeleitungsgleichung gesehen (die inverse Laplacetransformation von Mathcad scheiterte an einem Verzweigungsschnitt in der s-Ebene!).

Übung 2.18

In dieser Übung wollen wir dieselbe longitudinale Stabschwingung wie in Übung 2.17 betrachten. Wir führen zuerst die partielle Differentialgleichung 2. Ordnung durch Hinzunahme der Geschwindigkeit $v(x,t)=u_t(x,t)$ in ein partielles Differentialgleichungssystem 1.Ordnung bezüglich der Zeit t über (bekanntlich kann Mathcad nicht die Laplacetransformierte von höheren Ableitungen bilden) und bilden die Laplacetransformierte. Wir erhalten nach Elimination von $V(x,s)$ und Berücksichtigung der Anfangsbedingungen für $t=0$ eine gewöhnliche, lineare Differentialgleichung 2. Ordnung bezüglich des Ortes für $U(x,s)$

$$c^2\cdot\left(\frac{d}{dx}\frac{d}{dx}U\right)-s^2\cdot U=-s\cdot f(x)=-s\cdot\left[\varepsilon\cdot\left(\frac{L}{2}-x\right)\right]$$

deren Lösung

$$U(x,s)=A(s)\cdot\cosh\left(\frac{s}{c}\cdot x\right)+B(s)\cdot\sinh\left(\frac{s}{c}\cdot x\right)+\frac{1}{s}\cdot\left[\varepsilon\cdot\left(\frac{L}{2}-x\right)\right]$$

sofort angegeben werden kann. Die Koeffizienten $A(s)$, $B(s)$ erhalten wir aus den Randbedingungen (Kräftefreiheit bedeutet $U_x(x=0,t)=0, U_x(x=L,t)=0$). Die Laplacetransformierte $U(x,s)$ ergibt sich zu

$$U(x,s):=-\frac{\varepsilon\cdot c}{s^2}\cdot\frac{\cosh\left(\frac{s}{c}\cdot L\right)-1}{\sinh\left(\frac{s}{c}\cdot L\right)}\cdot\cosh\left(\frac{s}{c}\cdot x\right)+\frac{\varepsilon\cdot c}{s^2}\cdot\sinh\left(\frac{s}{c}\cdot x\right)+\frac{1}{s}\cdot\left[\varepsilon\cdot\left(\frac{L}{2}-x\right)\right]$$

und die Lösung $u(x,t)$ der Wellengleichung muß mittels inverser Laplacetransformation

$$u(x,t)=\frac{1}{2\cdot\pi\cdot i}\cdot\int_{\sigma-i\cdot\infty}^{\sigma+i\cdot\infty}e^{s\cdot t}\cdot U(x,s)\,ds$$

daraus bestimmt werden. Mit der in Mathcad integrierten inversen Laplacetransformation haben wir bei dieser Form von $U(x,s)$ kein Glück. $U(x,s)$ besitzt nämlich unendlich viele Pole

$$s=s_n=i(2n-1)\pi\frac{c}{L}$$

auf der imaginären Achse der s-Ebene und Mathcad ist nur imstande von rationalen Funktionen in s die inverse Laplacetransformation zu bilden (vgl. Abschnitt 2.2.1.3.). Wir hätten nun prinzipiell die Möglichkeit, das komplexe Kurvenintegral der Inversionsformel numerisch auszuwerten, diese Methode ist aber von der Wahl von σ und der Wahl der Integrationsgrenzen (man kann nicht von $+\infty$ bis $-\infty$ numerisch integrieren) abhängig und somit unbrauchbar. Wir haben noch die Möglichkeit mit Hilfe des Residuensatzes die inverse Laplacetransformierte zu bestimmen. Da der Integrand in der Inversionsformel keine Verzweigungsschnitte in der s-Ebene aufweist, können wir den Integrationsweg mit einem Kreis, der die Polstellen des Integranden enthält, schließen. Die Anwendung des Residuensatzes liefert

$$u(x,t)=\frac{1}{2\cdot\pi\cdot i}\cdot\int_{\sigma-i\cdot\infty}^{\sigma+i\cdot\infty}e^{st}\cdot U(x,s)\,ds=\sum_{n=-\infty}^{\infty}Res\left(e^{st}\cdot U(x,s),s_n\right)$$

wobei die einzelnen Residuen mittels Laurentreihenentwicklung an den Stellen $s = s_n$ ermittelt werden können. Das Residuum ist gleich dem Koeffizienten vor s^{-1}. Im Mathcad-Dokument `STABVIB2.MCD` ist diese Bestimmung der Residuen im Detail beschrieben, wir begnügen uns hier mit dem Ergebnis:

$$R_0(x,t) := \left[\frac{-1}{2} \cdot \varepsilon \cdot L + \varepsilon \cdot x + \varepsilon \cdot \left(\frac{1}{2} \cdot L - x \right) \right]$$

$$R(n,x,t) := -\frac{\varepsilon \cdot c}{\left(s_n\right)^2} \cdot \left(2 \cdot \frac{c}{L}\right) \cdot \cosh\left(\frac{s_n}{c} \cdot x\right) \cdot e^{s_n \cdot t}$$

$$u(x,t) := R_0(x,t) + \sum_{n=1}^{N} R(n,x,t) + \overline{\sum_{n=1}^{N} R(n,x,t)}$$

Dabei wurden die Beiträge konjugiert komplexer Pole mittels Konjugation berücksichtigt. Die Lösung der Wellengleichung mittels Laplacetransformation liefert dieselben zeitlichen und örtlichen Verläufe wie die Methode mit Fourierreihenansatz (vgl. Bild 2.21 und Mathcad-Dokumente `STABVIB1.MCD` und `STABVIB2.MCD`).

2.3 Lineare Differenzengleichungen

Wie man lineare Differenzengleichungen prinzipiell mittels Anwendung der *z*-Transformation lösen kann, haben wir bereits im Abschnitt 1.3.2 erläutert. Aus Platzgründen verweisen wir Sie auf den Abschnitt 8.7, wo wir bei der Simulation digitaler Filter diese Lösungsmethoden oftmals verwenden.

2.4 Matrixfunktionen, Eigenwerte und Eigenvektoren von Matrizen

Mathcad verfügt über eine große Anzahl von Matrix- und Vektoroperatoren, die in Tabelle 2.1 zusammengestellt sind. Die meisten von diesen Operatoren haben wir bereits beim Schnelleinstieg Abschnitt 1.1.1 bei der Besprechung der Operatorpaletten kennengelernt (vgl. Tabelle 1.2 und Mathcad-Dokument `PALETTE2.MCD`).

Operation	Anzeige	Tasten	Symbol	Bedeutung
Skalaraddition Skalarsubtraktion	$A+a$ $A-a$	+ -		Addiert/Subtrahiert einen Skalar zu den einzelnen Vektorkomponenten bzw. Matrixelementen
Skalar-multiplikation	$A\cdot a$	*		Multipliziert einen Skalar mit den einzelnen Vektorkomponenten bzw. Matrixelementen
Negation	$-A$	-		Elementweise Multiplikation mit (-1)
Skalardivision	$\frac{A}{a}$	/		Dividiert einen Skalar durch die einzelnen Vektorkomponenten bzw. Matrixelemente
Konjugierte Matrix	$\overline{A}$	"		Konjugiert den komplexwertigen Vektor bzw. die Matrix elementweise
Transposition	A^{T}	<Strg>+<1>		Vertauscht Zeilen und Spalten
Skalarprodukt	$x\cdot y$	*		Skalarprodukt (inneres Produkt) zweier gleichdimensionaler Vektoren
Vektorprodukt	$x\times y$	<Strg>+<8>		Ergibt das Vektorprodukt im R^3
Matrixaddition, Matrixsubtraktion	$A+B$ $A-B$	+ -		Addiert/Subtrahiert elementweise Vektoren bzw. Matrizen gleicher Dimension(en)
Matrizenprodukt	$A\cdot B$	*		Matrixprodukt oder Produkt einer Matrix mit einem Vektor (Spaltenzahl von A = Zeilenzahl von B !)
Matrixpotenzen	A^n	^		n-te Potenz einer quadratischen Matrix
Matrixinversion	A^{-1}	^		Invertiert die Matrix
Vektorbetrag	$\lvert x\rvert$	|		$\sqrt{x^2}$ im Reellen, $\sqrt{x\cdot\overline{x}}$ im Komplexen
Determinante	$\lvert A\rvert$	|		Determinante einer quadratischen Matrix

Operation	Anzeige	Tasten	Symbol	Bedeutung
Summe	$\sum v$	<Strg>+<4>		Ergibt die Summe der Komponenten
Vektorisieren	$\overrightarrow{(x \cdot v)}$	<Strg>+<.>		Ergibt Vektor mit Komponenten $x_i v_i$
Matrixspalten	$A^{<n>}$	<Strg>+<6>		Extrahiert die n-te Spalte einer Matrix
Vektorkomponente	a_n	[		Spricht die n-te Komponente des Vektors an
Matrixelement	$A_{m,n}$	[		Matrixelement der m-ten Zeile, n-ten Spalte

Tabelle 2.1: Matrix- und Vektoroperationen

Bei den Matrix- und Vektorfunktionen gibt es bei den Versionen Unterschiede im Funktionsumfang. Die Mathcad-Versionen 3.1 und 5.0 haben in etwa denselben Funktionsumfang (vgl. Tabelle 2.2), die Version PLUS 5.0 verfügt über eine weit größere Anzahl von Matrizenfunktionen (vgl. Übung 2.19).

Funktionsname	Bedeutung
zeilen(***A***), spalten(***A***)	Gibt die Anzahl der Zeilen/Spalten der Matrix an
Re(***A***), Im(***A***)	Erzeugt eine Matrix (einen Vektor), die (der) nur die Realteile/Imaginärteile der Elemente der Matrix (des Vektors) **A** enthält
max(***A***), min(***A***)	Gibt das Maximum/Minimum der Realteile plus i mal Maximum/Minimum der Imaginärteile der Elemente der Matrix (des Vektors) an. Für reelle Matrizen (Vektoren) ist der Imaginärteil natürlich Null
sp(***A***)	Gibt die Spur (Summe der Diagonalelemente) der quadratischen Matrix an
eigenwerte(***A***)	Gibt die Eigenwerte (Nullstellen des charakteristischen Polynoms $P_A(\lambda) = \det(\lambda \boldsymbol{I} - \boldsymbol{A})$) der reellwertigen, quadratischen Matrix ***A*** an
v:=eigenvek(***A***,λ)	Gibt den auf Länge 1 normierten Eigenvektor ***v*** zum Eigenwert λ an ($\boldsymbol{A}\boldsymbol{v} = \lambda \boldsymbol{v}$)
erweitern(***A***,***B***)	Fügt die Spalten zweier zeilengleicher Matrizen (Vektoren) aneinander

Funktionsname	Bedeutung
stapeln(***A***,***B***) (fehlt in Mathcad 3.1)	Fügt die Zeilen zweier spaltengleicher Matrizen (Vektoren) übereinander
submatrix(***A***,*za*,*ze*,*sa*,*se*) (fehlt in Mathcad 3.1)	Untermatrix von ***A*** mit Zeilen von *za* bis *ze* und Spalten von *sa* bis *se*. Die Zeilen- und Spaltennumerierung beginnt bei 0, außer Sie haben eine Anweisung ORIGIN:=*x* verwendet
einheit(n)	Erzeugt die n-dimensionale Einheitsmatrix
länge(***a***)	Gibt die Anzahl der Elemente (Dimension) eines Vektors an
letzte(***a***)	Gibt den Index des letzten Elementes eines Vektors an

Tabelle 2.2: Matrix- und Vektorfunktionen der Mathcad-Versionen 3.1 und 5.0

Übung 2.19

Wir wollen die neu hinzugekommenen Matrixfunktionen der Version PLUS 5.0 in Form eines Mathcad-Dokuments vorstellen. So können Sie beispielsweise mit *submatrix* eine Untermatrix erzeugen (geht auch in der Version 5.0), den Rang einer Matrix mit *rg* bestimmen, eine Diagonalmatrix aus einem Vektor mit *diag* generieren, verschiedene Matrixnormen mit *norme*, *norm1*, *norm2*, *normi* berechnen. Neben den für lineare Gleichungssysteme wichtigen Konditionszahlen (mittels *conde*, *cond1*, *cond2*, *condi*), können Sie einige Matrixzerlegungen wie die QR-Transformation, die Singulärwertzerlegung und die Cholesky-Zerlegung durchführen.

Zum Lösen eines linearen Gleichungssystems $\boldsymbol{Ax} = \boldsymbol{b}$ wird eine Funktion *llösen* bereitgestellt (vgl. Abschnitt 1.2.2). Auch Funktionen *genwerte* und *genvektoren* zur Lösung des erweiterten Eigenwertproblems $\boldsymbol{Ax} = \lambda\boldsymbol{Bx}$ sind in Mathcad PLUS 5.0 integriert worden. Die Anwendung dieser Matrixfunktionen sehen Sie am besten im folgenden Beispieldokument `MATRIX50.MCD`.

Neue Matrixfunktionen in Mathcad 5.0 (matrix50.mcd)

Erzeugung einer Diagonalmatrix aus einem Vektor ***v***.

$$\boldsymbol{v} := \begin{pmatrix}1\\2\end{pmatrix} \qquad \mathrm{diag}(\boldsymbol{v}) = \begin{pmatrix}1 & 0\\0 & 2\end{pmatrix}$$

Rang einer Matrix, Anzahl der linear unabhängigen Zeilen bzw. Spalten.

$$\mathrm{rg}\left(\begin{pmatrix}2 & 0\\1 & 0\end{pmatrix}\right) = 1$$

Untermatrix mit Zeilen 2 bis 3 und Spalten 1 bis 3. Die Nummerierung der Matrixkoeffizienten beginnt bei 0, bei 1 beginnt sie, wenn Sie den Parameter *ORIGIN*=1 verwenden.

$$\mathrm{submatrix}\left(\begin{bmatrix}1 & 6 & 11 & 16 & 21\\ 2 & 7 & 12 & 17 & 22\\ 3 & 8 & 13 & 18 & 23\\ 4 & 9 & 14 & 19 & 24\\ 5 & 10 & 15 & 20 & 25\end{bmatrix},2,3,1,3\right) = \begin{pmatrix}8 & 13 & 18\\ 9 & 14 & 19\end{pmatrix}$$

Linksinverse Matrix L einer Matrix A mit LA=I:

$$\boldsymbol{A} := \begin{pmatrix}1 & 4\\ 2 & 5\\ 3 & 6\end{pmatrix}$$

$$\boldsymbol{L} := \mathrm{geninv}(\boldsymbol{A}) \qquad \boldsymbol{L} = \begin{pmatrix}-0.944 & -0.111 & 0.722\\ 0.444 & 0.111 & -0.222\end{pmatrix} \qquad \boldsymbol{L}\cdot\boldsymbol{A} = \begin{pmatrix}1 & 0\\ 0 & 1\end{pmatrix}$$

Reduzierte Echelonform einer Matrix:

$$\mathrm{rref}(\boldsymbol{A}) = \begin{pmatrix}1 & 0\\ 0 & 1\\ 0 & 0\end{pmatrix}$$

Die Funktion *erweitern*(A,B) (Mathcad 3.1) fügt zwei Matrizen gleicher Zeilenzahl zu einer Matrix zusammen. Unter Mathcad 5.0 hinzugekommen ist die Funktion *stapeln*(A,B), die zwei Matrizen gleicher Spaltenzahl übereinander zu einer gemeinsamen Matrix zusammenfaßt.

$$\boldsymbol{A} := (1\ \ 2) \qquad \boldsymbol{B} := \begin{pmatrix}3 & 5\\ 4 & 6\end{pmatrix} \qquad \mathrm{stapeln}(\boldsymbol{A},\boldsymbol{B}) = \begin{pmatrix}1 & 2\\ 3 & 5\\ 4 & 6\end{pmatrix}$$

Verschiedenartige Matrixnormen und Konditionszahlen:

$$\boldsymbol{A} := \begin{pmatrix}1 & 0\\ -1 & 2\end{pmatrix} \qquad N := 2 \qquad i := 0..N-1 \qquad j := 0..N-1$$

$$\mathrm{norme}(\boldsymbol{A}) = 2.449 \qquad \sqrt{\sum_{i=0}^{N-1}\sum_{j=0}^{N-1}\left(\boldsymbol{A}_{i,j}\right)^2} = 2.449$$ Euklidische Norm

$$\mathrm{norm2}(\boldsymbol{A}) = 2.288 \qquad \sqrt{\max\left(\mathrm{eigenwerte}\left(\boldsymbol{A}\cdot\boldsymbol{A}^T\right)\right)} = 2.288$$ L2 Norm

$$\mathrm{norm1}(\boldsymbol{A}) = 2 \qquad \boldsymbol{v}_j := \sum_{i=0}^{N-1}\left|\left(\boldsymbol{A}^{<j>}\right)_i\right| \qquad \max(\boldsymbol{v}) = 2$$ L1 Norm

$$\mathrm{normi}(\boldsymbol{A}) = 3 \qquad \boldsymbol{v}_i := \sum_{j=0}^{N-1}\left|\left[\left(\boldsymbol{A}^T\right)^{<i>}\right]_j\right| \qquad \max(\boldsymbol{v}) = 3$$ Unendlichnorm

Die Konditionszahl ist definiert als Produkt der Matrixnormen von A und A^{-1}.

$\mathrm{conde}(A) = 3 \qquad \mathrm{norme}(A)\cdot\mathrm{norme}(A^{-1}) = 3$

$\mathrm{cond1}(A) = 3 \qquad \mathrm{norm1}(A)\cdot\mathrm{norm1}(A^{-1}) = 3$

$\mathrm{cond2}(A) = 2.618 \qquad \mathrm{norm2}(A)\cdot\mathrm{norm2}(A^{-1}) = 2.618$

$\mathrm{condi}(A) = 3 \qquad \mathrm{normi}(A)\cdot\mathrm{normi}(A^{-1}) = 3$

Diese Zahl spielt eine große Rolle bei einem linearen Gleichungssystem Ax=b mit fehlerbehaftetem b. Eine Änderung Δb hat eine Änderung der Lösung Δx zur Folge. Es läßt sich zeigen, daß der relative Fehler von x kleiner gleich der Konditionszahl multipliziert mit dem relativen Fehler von b ist.
Zum Lösen eines linearen Gleichungssystems Ax=b ist die Funktion *llösen*(A,b) in den Funktionsumfang von Mathcad aufgenommen worden.

$b_1 := \begin{pmatrix} 1 \\ 2 \end{pmatrix} \quad r_b := 10\cdot\% \quad j := 0..1 \quad b_{2_j} := b_{1_j}\cdot\left[1 + \left(\mathrm{rnd}(2)\cdot r_b - r_b\right)\right] \quad b_2 = \begin{pmatrix} 0.9 \\ 1.877 \end{pmatrix}$

$x_1 := \mathrm{llösen}(A, b_1) \qquad x_2 := \mathrm{llösen}(A, b_2)$

$x_1 = \begin{pmatrix} 1 \\ 1.5 \end{pmatrix} \qquad x_2 = \begin{pmatrix} 0.9 \\ 1.389 \end{pmatrix} \qquad \frac{|x_2 - x_1|}{|x_1|} = 8.287\cdot\%$

$\mathrm{conde}(A)\cdot r_b = 30\cdot\%$

Funktionen zur Lösung des verallgemeinerten Eigenwertproblems Ax= λBx:

$A := \begin{pmatrix} 1 & 3 \\ 2 & 4 \end{pmatrix} \qquad B := \begin{pmatrix} 1 & 2 \\ 1 & 4 \end{pmatrix}$

Bestimmung der Eigenwerte: $\lambda := \mathrm{genwerte}(A, B) \qquad \lambda = \begin{pmatrix} -0.781 \\ 1.281 \end{pmatrix}$

Bestimmung der Eigenvektoren: $x := \mathrm{genvektoren}(A, B) \qquad x = \begin{pmatrix} 0.932 & -0.842 \\ -0.364 & -0.539 \end{pmatrix}$

Probe: $A\cdot x^{\langle 0\rangle} - \lambda_0\cdot B\cdot x^{\langle 0\rangle} = \begin{pmatrix} 0 \\ 0 \end{pmatrix} \qquad A\cdot x^{\langle 1\rangle} - \lambda_1\cdot B\cdot x^{\langle 1\rangle} = \begin{pmatrix} 0 \\ 0 \end{pmatrix}$

Matrixfunktionen für verschiedene Matrixzerlegungen:

Zerlegung einer symmetrischen, positiv definiten Matrix $A=LL^T$, wobei L eine untere Diagonalmatrix darstellt.

$A := \begin{pmatrix} 1 & 1 \\ 1 & 4 \end{pmatrix} \qquad L := \mathrm{cholesky}(A) \qquad L = \begin{pmatrix} 1 & 0 \\ 1 & 1.732 \end{pmatrix} \qquad L\cdot L^T = \begin{pmatrix} 1 & 1 \\ 1 & 4 \end{pmatrix}$

Zerlegung einer Matrix A in eine orthonormale Matrix Q und eine obere Dreiecksmatrix R der Form A=QR. Die Matrixelemente von A müssen reell sein, Q und R müssen mit der Funktion *submatrix* aus der Ergebnismatrix B=*qr*(A) extrahiert werden.

$B := \mathrm{qr}(A)$ $\quad Q := \mathrm{submatrix}(B,0,1,0,1)$ $\quad R := \mathrm{submatrix}(B,0,1,2,3)$

$$Q = \begin{pmatrix} 0.707 & -0.707 \\ 0.707 & 0.707 \end{pmatrix} \qquad R = \begin{pmatrix} 1.414 & 3.536 \\ 0 & 2.121 \end{pmatrix} \qquad Q \cdot R = \begin{pmatrix} 1 & 1 \\ 1 & 4 \end{pmatrix}$$

Zerlegung einer Matrix A der Form PA=LU. L ist eine untere, U eine obere Diagonalmatrix. P, L, U müssen mit der Funktion *submatrix* aus der Ergebnismatrix B=*lu*(A) extrahiert werden.

$$B := \mathrm{lu}(A) \qquad B = \begin{pmatrix} 1 & 0 & 1 & 0 & 1 & 1 \\ 0 & 1 & 1 & 1 & 0 & 3 \end{pmatrix}$$

$P := \mathrm{submatrix}(B,0,1,0,1)$ $\quad L := \mathrm{submatrix}(B,0,1,2,3)$ $\quad U := \mathrm{submatrix}(B,0,1,4,5)$

$$P = \begin{pmatrix} 1 & 0 \\ 0 & 1 \end{pmatrix} \qquad L = \begin{pmatrix} 1 & 0 \\ 1 & 1 \end{pmatrix} \qquad U = \begin{pmatrix} 1 & 1 \\ 0 & 3 \end{pmatrix}$$

Probe: $P \cdot A - L \cdot U = \begin{pmatrix} 0 & 0 \\ 0 & 0 \end{pmatrix}$

Die Singulärwertzerlegung einer mxn Matrix A mit m>=n hat die Form $A=USV^T$ und kann mit den Funktionen *svd* und *svds* berechnet werden. U ist eine mxn Matrix, V eine nxn Orthogonalmatrix, S ist eine nxn Diagonalmatrix mit den Singulärwerten $s_i>0$ als Elemente. Die Singulärwerte lassen sich mit der Funktion *svds*(A) berechnen. Diese Zerlegung ist in der numerischen Mathematik zur Lösung von Fehlergleichungen von Bedeutung.

$$A := \begin{pmatrix} 1 & 4 \\ 2 & 5 \\ 3 & 6 \end{pmatrix} \qquad s := \mathrm{svds}(A) \qquad s = \begin{pmatrix} 9.508 \\ 0.773 \end{pmatrix}$$

Singulärwerte

$B := \mathrm{svd}(A)$ $\quad U := \mathrm{submatrix}(B,0,2,0,1)$ $\quad V := \mathrm{submatrix}(B,3,4,0,1)$

$$U = \begin{pmatrix} -0.429 & -0.806 \\ -0.566 & -0.112 \\ -0.704 & 0.581 \end{pmatrix} \qquad V = \begin{pmatrix} -0.386 & 0.922 \\ -0.922 & -0.386 \end{pmatrix}$$

V ist orthogonal

Aus Singulärwerten $s_i>0$ eine Diagonalmatrix bilden:

$$s := \mathrm{submatrix}(s,0,1,0,0) \qquad S := \mathrm{diag}(s) \qquad S = \begin{pmatrix} 9.508 & 0 \\ 0 & 0.773 \end{pmatrix}$$

Probe: $A - U \cdot S \cdot V^T = \begin{pmatrix} 0 & 0 \\ 0 & 0 \\ 0 & 0 \end{pmatrix}$

Übung 2.20

Wir wollen nun die besprochenen Matrixfunktionen zur Bestimmung der Eigenmoden und Normalkoordinaten gekoppelter harmonischer Oszillatoren verwenden. Im Abschnitt 2.1.2.2 haben wir die Bewegungsgleichung eines Koppelpendels mit Hilfe der Laplacetransformation analytisch gelöst. Sehr viele physikalische Systeme haben die Form gekoppelter Oszillatoren. Die Bewegungsgleichungen haben im Fall kleiner Auslenkungen die allgemeine Form

$$\begin{pmatrix} \ddot{x}_0 \\ \ddot{x}_1 \\ \ldots \\ \ddot{x}_{n-1} \end{pmatrix} + \begin{pmatrix} A_{0,0} & A_{0,1} & \ldots & A_{0,n-1} \\ A_{1,0} & A_{1,1} & \ldots & A_{1,n-1} \\ \ldots & \ldots & \ldots & \ldots \\ A_{n-1,0} & A_{n-1,1} & \ldots & A_{n-1,n-1} \end{pmatrix} \begin{pmatrix} x_0 \\ x_1 \\ \ldots \\ x_{n-1} \end{pmatrix} = \begin{pmatrix} 0 \\ 0 \\ \ldots \\ 0 \end{pmatrix} \quad \text{bzw.} \quad \ddot{\mathrm{x}} + \mathrm{Ax} = 0 ,$$

wobei wir n Freiheitsgrade der Bewegung vorliegen haben (z.B. n gekoppelte Pendel) und die Matrix $\boldsymbol{A}$ symmetrisch ist ($\boldsymbol{A} = \boldsymbol{A}^T$). Um die Eigenfrequenzen des Systems zu bestimmen, machen wir einen Lösungsansatz $\boldsymbol{x}(t) = \boldsymbol{x}_p e^{i\omega t}$ und setzen in unser Differentialgleichungssystem ein. Um eine nicht triviale Lösung zu erhalten, muß die Bedingung

$$\det(\omega^2 \boldsymbol{I} - \boldsymbol{A}) = \left|\omega^2 \boldsymbol{I} - \boldsymbol{A}\right| = 0$$

erfüllt sein, oder anders ausgedrückt, ω^2 muß ein Eigenwert der Matrix $\boldsymbol{A}$ sein. Die Eigenfrequenzen sind also die Wurzeln der Eigenwerte der Koeffizientenmatrix $\boldsymbol{A}$. Mathcad stellt für diese Zwecke die Funktion

$$\lambda := \mathrm{eigenwerte}(\boldsymbol{A}) , \quad \omega := \overrightarrow{\sqrt{\lambda}}$$

zur Verfügung. Beachten Sie den Vektorisierungsoperator, der hier die Wurzel aus jeder Vektorkomponente bildet, um die Eigenfrequenzen zu berechnen. Nach dem Spektralsatz für symmetrische Matrizen kann die Matrix $\boldsymbol{A}$ mittels einer unitären Matrix $\boldsymbol{U}$ (erfüllt im reellen Vektorraum $\boldsymbol{U}^T\boldsymbol{U} = \boldsymbol{U}\boldsymbol{U}^T = \boldsymbol{I}$ und wird orthogonale Matrix genannt) auf Diagonalform gebracht werden mit

$$\mathrm{U}^T\mathrm{AU} = \begin{pmatrix} \lambda_0 & 0 & \ldots & 0 \\ 0 & \lambda_1 & \ldots & 0 \\ \ldots & \ldots & \ldots & \ldots \\ 0 & 0 & \ldots & \lambda_{n-1} \end{pmatrix}$$

wobei die Spalten von $\boldsymbol{U}$ die normierten Eigenvektoren der Matrix $\boldsymbol{A}$ darstellen. In Mathcad verwenden Sie die Anweisung

$$U^{<k>} := \text{eigenvek}(A, \lambda_k)$$

und schon haben Sie Ihre unitäre Matrix, denn die k-te Spalte von U ist der normierte Eigenvektor zum Eigenwert λ_k. Wir führen mit einer linearen Transformation $x(t) = U\xi(t)$ die Normalkoordinaten $\xi(t)$ ein und erhalten daraus ein entkoppeltes lineares Differentialgleichungssystem 2.Ordnung in den Normalkoordinaten

$$\frac{d^2}{dt^2}\xi(t) + U^T \cdot A \cdot U \cdot \xi(t) = \frac{d^2}{dt^2}\xi(t) + diag(\lambda) \cdot \xi(t) = 0$$

das sofort gelöst werden kann. Die Lösung

$$\xi(t) := \overrightarrow{(c \cdot cos(\omega \cdot t))} + \overrightarrow{(d \cdot sin(\omega \cdot t))}$$

enthält zwei noch zu bestimmende konstante Vektoren c, d. Um die Eigenmoden zu bestimmen, wird jeweils nur eine Normalkoordinate von Null verschieden angenommen. Dadurch ergibt sich dann eine rein harmonische Bewegung mit der Wurzel des zugehörigen Eigenwertes als Frequenz. In Bild 2.21 sehen Sie die möglichen Eigenmoden für den Fall von drei identischen, miteinander gekoppelten Pendeln (Anzahl der Eigenmoden ist gleich der Anzahl der Freiheitsgrade des Systems, hier n). Bei der ersten Eigenmode schwingen die drei Pendel synchron mit gleicher Amplitude, bei der zweiten Eigenmode schwingen erstes und drittes Pendel gegenphasig bei ruhendem mittleren Pendel, und bei der dritten Eigenmode schwingen erstes und drittes Pendel synchron und das mittlere Pendel dazu gegenphasig mit doppelter Amplitude.

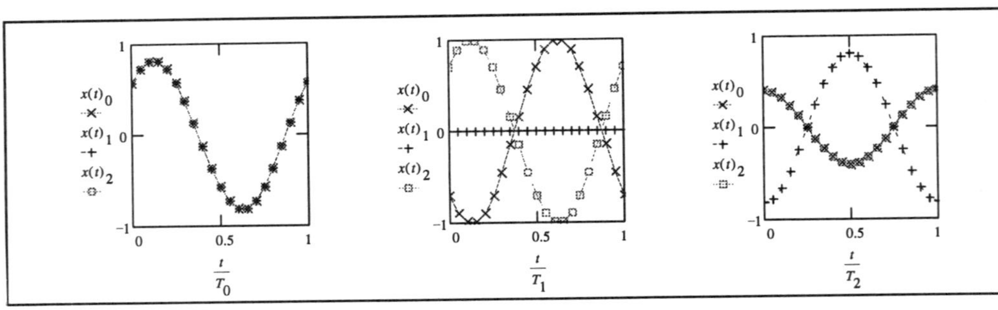

Bild 2.21: Eigenmoden für drei identische, gekoppelte Pendel

Jede beliebige Bewegung ist aufgrund von $x(t) = U\xi(t)$ eine Überlagerung dieser drei (n) Eigenmoden. Kennt man nun die Anfangsorte $x(t=0) = x_0$ und Anfangsgeschwindigkeiten $v(t=0) = v_0$, so können daraus die freien konstanten Vektoren c, d der Normalkoordinaten mit

$$\boldsymbol{c} := \boldsymbol{U}^T \boldsymbol{x}_0, \ \boldsymbol{d} := \boldsymbol{U}^T \boldsymbol{v}_0$$

bestimmt werden und die Lösung $\boldsymbol{x}(t) = \boldsymbol{U}\xi(t)$ ist damit eindeutig festgelegt. In Bild 2.22 können Sie die resultierende Pendelbewegung von drei gekoppelten Pendeln sehen, wenn zu Beginn das erste Pendel ausgelenkt und dann losgelassen wird.

Nähere Einzelheiten entnehmen Sie bitte dem Mathcad-Dokument PENDEL.MCD auf Ihrer Beispieldiskette.

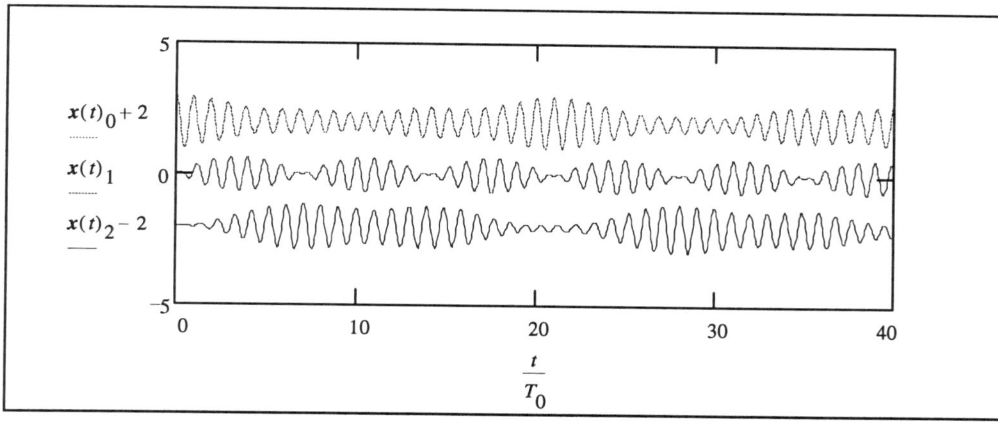

Bild 2.22: Pendelbewegung dreier gekoppelter Pendel

2.5 Analytische Lösung von Integralgleichungen mittels Laplacetransformation

Steht die gesuchte Funktion $y(t)$ im Integranden eines Integrals, so nennt man die Gleichung eine Integralgleichung. Sehr viele Integralgleichungen haben die Struktur eines Faltungsintegrals

$$\int_0^t K(t-\tau)y(\tau)d\tau = K(t) * y(t) \quad \circ\!\!-\!\!\bullet \quad K(s) \cdot y(s)$$

das bei der inversen Laplacetransformation eines Produktes auftritt.

Wir betrachten in diesem Abschnitt nur Integralgleichungen vom Faltungstyp, z.B. die Volterra'schen Integralgleichungen 1. Art und 2. Art:

$$\int_0^t K(t-\tau)y(\tau)d\tau = f(t) \quad \circ\!\!-\!\!\bullet \quad K(s)\cdot y(s) = f(s)$$

$$y(t) - \int_0^t K(t-\tau)y(\tau)d\tau = f(t) \quad \circ\!\!-\!\!\bullet \quad y(s) - K(s)\cdot y(s) = f(s)$$

Eine nichtlineare Integralgleichung vom Typ:

$$\int_0^t y(t-\tau)y(\tau)d\tau = f(t) \quad \circ\!\!-\!\!\bullet \quad y(s)\cdot y(s) = f(s)$$

Eine Sonderform der Volterra'schen Integralgleichung 1. Art stellt die Abel'sche Integralgleichung dar, die beim tautachronen Problem auftaucht:

$$\int_0^t \frac{y(\tau)}{(t-\tau)^\alpha}d\tau = f(t),\ 0 < \alpha < 1 \quad \circ\!\!-\!\!\bullet \quad L\left(\frac{1}{t^\alpha}\right)\cdot y(s) = \frac{(-\alpha)!}{s^{1-\alpha}}\cdot y(s) = f(s)$$

Die Lösungsmethode ist bereits aus den Laplacetransformierten der einzelnen Integralgleichungen ersichtlich. Nach erfolgter Laplacetransformation müssen Sie die Gleichung nach $y(s)$ umformen und anschließend wieder mittels inverser Laplacetransformation in den Zeitbereich rücktransformieren, um $y(t)$ zu erhalten.

Übung 2.21

Lösen Sie die Integralgleichungen

$$\int_0^t \sin(\omega(t-\tau))y(\tau)d\tau = t^2\ ,\quad y(t) - \int_0^t \sin(\omega(t-\tau))y(\tau)d\tau = t^2\ ,\quad \int_0^t y(t-\tau)y(\tau)d\tau = t^2$$

nach der oben beschriebenen Methode.

Die Lösungen dieser Integralgleichungen finden Sie im Mathcad-Dokument `INT_GL.MCD` auf der Beispieldiskette.

Übung 2.22

Wir wollen das sogenannte tautachrone Problem lösen:

Wir suchen jene Kurve $(x(\theta), y(\theta))$, wo die Rutschzeit T längs der Kurve von einem beliebigen Startpunkt (x_0, y_0) aus bis zum Ursprung konstant bleibt. Die Rutschbewegung längs der Kurve werde als reibungsfrei angenommen. Wenn l die Bogenlänge vom Ursprung bis zu einem beliebigen Punkt (x, y) bezeichnet, lautet der Energiesatz:

$$\frac{1}{2}\cdot m\cdot\left(\frac{d}{dt}l\right)^2 + m\cdot g\cdot y = m\cdot g\cdot y_0$$

Mit der Abkürzung

$$f(y) = \frac{d}{dy}l(y) = \sqrt{1 + \left(\frac{d}{dy}x\right)^2}$$

erhalten wir für die Dauer T der Rutschbewegung

$$T = \frac{1}{\sqrt{2\cdot g}}\cdot\int_0^{y_0} \frac{f(y)}{\sqrt{y_0 - y}}\,dy$$

mit der unbekannten Funktion $f(y)$. Diese Integralgleichung ist vom Abel'schen Typ mit $\alpha = \frac{1}{2}$. Die Lösung dieser Integralgleichung erfolgt in gewohnter Weise und liefert

$$f(y) = \sqrt{2}\cdot\sqrt{g}\cdot\frac{T}{\left(\pi\cdot\sqrt{y}\right)}$$

aus der die Gleichung der Bahnkurve

$$x(y) := \text{wenn}\left[y = 0, 0, \int_0^y \sqrt{\frac{2\cdot g\cdot T^2}{\pi^2\cdot y'} - 1}\,dy'\right]$$

gewonnen werden kann. Diese Bahnkurve ist identisch mit einer Zykloide

$$x_z(\theta) := r\cdot(\theta + \sin(\theta)) \quad y_z(\theta) := r\cdot(1 - \cos(\theta))$$

mit Abrollradius

$$r := \frac{gT^2}{\pi^2}.$$

Da die Bewegung längs der berechneten Kurve zum Ursprung unabhängig vom Ausgangspunkt dieselbe Zeit T benötigt, versuchte man bei Pendeln die Bewegung längs solcher Bahnen zu erzwingen. Das Resultat war das Zykloidenpendel nach Huygens.

Die Lösungen des tautachronen Problems finden Sie ebenfalls im Mathcad-Dokument `INT_GL.MCD` auf der Beispieldiskette.

3 Qualitätssicherung

Qualität ist *fitness for use* (Gebrauchstauglichkeit) oder nach DIN 55350 die Gesamtheit von Eigenschaften und Merkmalen eines Produktes (oder einer Tätigkeit), die sich auf deren Eignung zur Erfüllung gegebener Erfordernisse beziehen. Unter Qualtitätssicherung versteht man alle Maßnahmen, die zur Erreichung der geforderten Qualität notwendig sind. In aller Munde ist die Einführung eines Qualitätssicherungssystem nach ISO 9000 in praktisch allen Industriebranchen, um einem Betrieb auch in Zukunft die Möglichkeit zu geben, konkurrenzfähig zu bleiben. Aber was hat all dies mit Mathematik zu tun?

In jedem Qualitätssicherungshandbuch gibt es auch einen Abschnitt *Gebrauch statistischer Methoden*, wo z.B. festgelegt sein muß, wie Wareneingangs-, Fertigungs- und Endprüfungen zu erfolgen haben, welche Qualitätsregelkarten für die Lenkung eines Prozesses einzusetzen sind, wie die Zuverlässigkeit bzw. das Langzeitverhalten eines Produkts festgestellt werden kann, und vieles mehr. Die *Deutsche Gesellschaft für Qualität*, kurz DGQ, bietet als Ausbildungszweig zum Qualitätstechniker den Lehrgangsblock QII zur Erlernung der nötigen mathematischen Hilfsmittel an.

Dabei merken Sie ziemlich schnell, daß mathematische Statistik gar nicht so einfach ist. Bewaffnet mit Nomogrammen (Larson, Thorndike, Durant, Wilrich usw.) und Tabellen der wichtigsten Verteilungsfunktionen, kämpfen Sie sich durch einen schier endlosen Formeldschungel, um zu dem geforderten Ergebnis zu gelangen. Wir wollen Ihnen in diesem Abschnitt zeigen, wie Sie Mathcad-Dokumente erstellen können, die weder eines Nomogramms oder einer Verteilungsfunktionentabelle bedürfen, um zum gewünschten Ziel (z.B. Bestimmung einer $(\overline{x}, s)$ Qualitätsregelkarte für SPC) zu gelangen.

3.1 Verteilungsfunktionen

Um sich nicht mit Verteilungsfunktionstabellen herumzuschlagen, müssen wir wissen, wie die jeweiligen Verteilungen in Mathcad zu implementieren sind. Die Verteilungsfunktionen sind der Ausgangspunkt für alle weiteren Berechnungen im Rahmen der Qualitätssicherung und somit das Grundwerkzeug. Fix in Mathcad integriert, ist nur die in Tabelle 3.1 dargestellte Normalverteilung.

Funktionsname	Bedeutung	Formel
knorm(x)	Kumulative Normalverteilung an der Stelle x, x beliebige reelle Zahl	$\text{knorm}(x) = \frac{1}{\sqrt{2\pi}} \int_{-\infty}^{x} e^{-\frac{u^2}{2}} du$

Tabelle 3.1 Normalverteilung

Andere Verteilungsfunktionen lassen sich ohne größere Komplikationen mit einer Funktionsdefinition festlegen, wie z.B. die bei Lebensdaueruntersuchungen wichtige Weibull-Verteilung:

$$g_{wb}(t,T,b) := \frac{b}{T}\left(\frac{t}{T}\right)^{b-1} e^{-\left(\frac{t}{T}\right)^b}, \; G_{wb}(t,T,b) := \int_0^t g_{wb}(t',T,b)dt' = 1-e^{-\left(\frac{t}{T}\right)^b}$$

Für $b=1$, $\lambda = 1/T$ ergibt sich daraus die bei Lebensdaueruntersuchungen nicht minder wichtige Exponentialverteilung:

$$g_e(x,\lambda) := \lambda e^{-\lambda x}, \; G_e(x,\lambda) := \int_0^x g_e(y,\lambda)dy = 1-e^{-\lambda x}$$

Vielfache Verwendung bei der Definition von Verteilungsfunktionen findet die in Tabelle 3.2 angeführte Euler'sche Gammafunktion $\Gamma(x)$. So könnten Sie z.B. mittels

$$g_\gamma(x,\lambda,\beta) := \frac{\lambda^\beta}{\Gamma(\beta)} x^{\beta-1} e^{-\lambda x}, \; G_\gamma(x,\lambda,\beta) := \int_0^x g_\gamma(y,\lambda,\beta)dy$$

die sogenannte Gammaverteilung definieren, die übrigens für $\beta = 1$ wieder in die Exponentialverteilung übergeht.

Funktionsname	Bedeutung	Formel
$\Gamma(x)$	Euler'sche Gammafunktion, $x>0$ für reelles x erforderlich. Für komplexes x muß die negative reelle Achse aus dem Definitionsbereich ausgeschlossen werden. Für ganzzahliges n gilt $\Gamma(n) := (n+1)!$	$\Gamma(x) := \int_0^\infty u^{x-1} e^{-u} du$

Tabelle 3.2: Euler'sche Gammafunktion

Im folgenden Mathcad-Dokument `VERTEIL.MCD` finden Sie die Definition praktisch aller im Bereich der Qualitätssicherung wichtigen Verteilungsfunktionen der Statistik.

Wichtige Verteilungsfunktionen der Statistik (verteil.mcd)

In diesem Mathcad-Dokument zeigen wir Ihnen, wie Sie die wichtigsten Verteilungsfunktionen der Statistik in Mathcad definieren können. Die Herleitung oder die Formeln der verschiedenen Verteilungsfunktionen, finden Sie in einem der folgenden Literaturangaben:

J.A.Rice, Mathematical Statistics and Data Analysis, The Wadsworth & Brooks/Cole Statistics/Probability Series.
M. Fisz, Wahrscheinlichkeitsrechnung und mathematische Statistik, VEB Verlag.
K. Bosch, Statistiktaschenbuch, R. Oldenbourg Verlag.
Graf, Henning, Stange, Wilrich, Formeln und Tabellen der angewandten mathematischen Statistik, Springer Verlag.

1. Hypergeometrische Verteilung:

Um bei einer Stichprobenentnahme (Umfang n) die hypergeometrische Verteilung verwenden zu können, müßten Sie bereits wissen, wieviele defekte Stücke d im ganzen Los N enthalten sind. Da dies in der Praxis nie der Fall ist (außer wenn Sie eine Vollprüfung des gesamten Loses vorgenommen haben), ist diese Verteilung mehr für Lottospieler als für Qualitätssicherer von Bedeutung.

$N := 2000$ — Losumfang N.

$d := 100$ — Anzahl fehlerhafter Teile d im Los ist bekannt.

$n := 100$ — Stichprobenumfang, n Teile werden entnommen und geprüft. Die überprüften Teile werden nicht in das Los zurückgelegt.

$p := \frac{d}{N}$ $\quad p = 5 \cdot \%$ — Fehleranteil der Grundgesamtheit zu Beginn der Stichprobenentnahme.

$\mathrm{bi}(n,k) := \frac{n!}{k! \cdot (n-k)!}$ — Binomialkoeffizient über Fakultäten definierbar, problematisch wegen der hohen Zahlenwerte bei Berechnung der Fakultät.

$\mathrm{bi}(n,k) := \mathrm{wenn}\left(k = 0, 1, \prod_{m=1}^{k} \frac{n-m+1}{m}\right)$ — Eine bessere Variante ist die Definition über ein Produkt (Produktoperator mit <Strg>+<Umschalt>+<3> einfügen).

$g_{hyp}(x,n,N,d) := \frac{\mathrm{bi}(d,x) \cdot \mathrm{bi}(N-d, n-x)}{\mathrm{bi}(N,n)}$ — Die Verteilungsdichtefunktion g(x) gibt die Wahrscheinlichkeit an, in einer Stichprobe vom Umfang n genau x fehlerhafte Teile zu finden.

$$G_{hyp}(x,n,N,d) := \sum_{y=0}^{x} g_{hyp}(y,n,N,d)$$

Die Verteilungsfunktion G(x) gibt die Wahrscheinlichkeit an, in einer Stichprobe vom Umfang n höchstens x fehlerhafte Teile zu finden.

$\mu_{hyp} := n \cdot p$ $\mu_{hyp} = 5$ Erwartete Fehlerzahl, Erwartungswert

$\sigma_{hyp} := \sqrt{n \cdot p \cdot (1-p) \cdot \frac{N-n}{N-1}}$ $\sigma_{hyp} = 2.125$ Standardabweichung

$x := 0..\,\mathrm{ceil}(\mu_{hyp} + 4 \cdot \sigma_{hyp})$

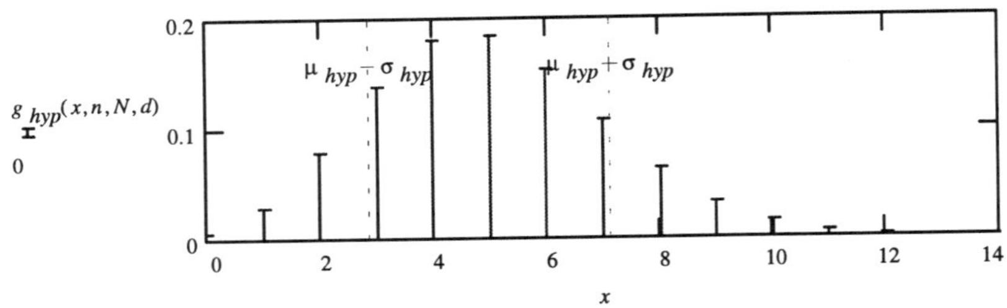

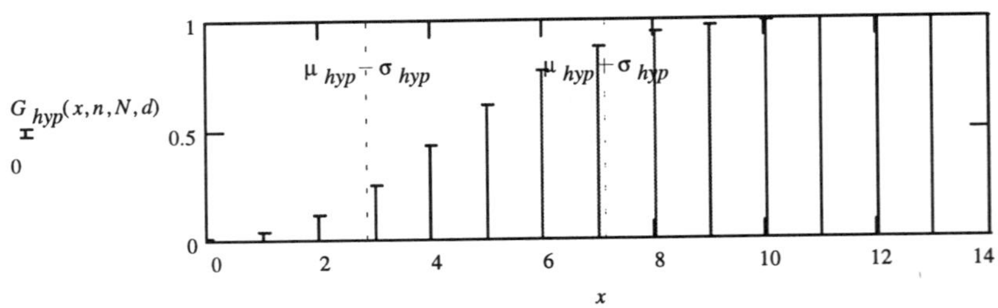

Bemerkung:
Für N>20n, n>10 und p=d/N<0.1 kann die hypergoniometrische Verteilung durch die Poissonverteilung mit μ=nd/N angenähert werden.

2. Binomialverteilung:

Um für eine Stichprobenentnahme die Binomialverteilung verwenden zu können, ist strenggenommen eine Entnahme mit Zurücklegen des geprüften Werkstücks notwendig, auch wenn es in der Praxis nie so gemacht wird. Bei der Binomialverteilung muß nämlich der Fehleranteil p für jedes entnommene Werkstück gleich sein. Bei einem relativ großen Losumfang N im Vergleich zum Stichprobenumfang n ist die Annahme eines konstanten Fehleranteils p auch bei Nichtzurücklegen der geprüften Teile gerechtfertigt.

$n := 100$ Stichprobenumfang

$p := 0.05$ 'Konstanter' Fehleranteil der Grundgesamtheit

$g_{bi}(x,n,p) := \mathrm{bi}(n,x)\cdot p^x\cdot(1-p)^{(n-x)}$ Verteilungsdichtefunktion g(x)

$G_{bi}(x,n,p) := \sum_{y=0}^{x} g_{bi}(y,n,p)$ Verteilungsfunktion G(x)

$\mu_{bi} := n\cdot p$ $\mu_{bi} = 5$ Erwartete Fehlerzahl, Erwartungswert

$\sigma_{bi} := \sqrt{n\cdot p\cdot(1-p)}$ $\sigma_{bi} = 2.179$ Standardabweichung

$x := 0..\mathrm{ceil}(\mu_{bi} + 4\cdot\sigma_{bi})$

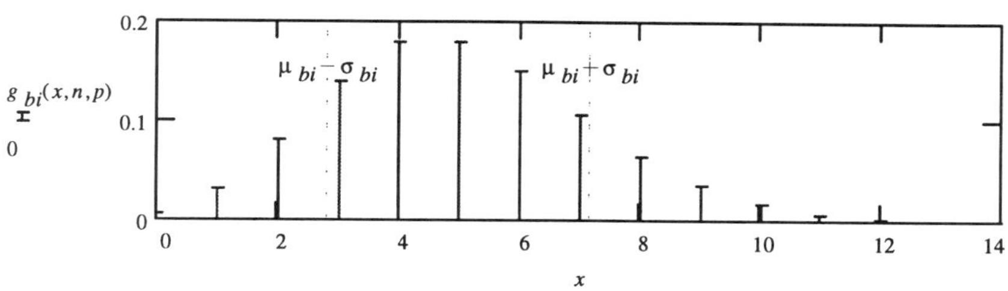

Bemerkung:
Für n>10 und für p<0.1 kann die Binominalverteilung durch die Poissonverteilung mit μ=np angenähert werden.

3. Poissonverteilung:
Die Poissonverteilung ist in der Praxis dann verwendbar, wenn Sie eine mittlere Fehlerzahl μ pro Einheit kennen (z.B. Anzahl von Lackblasen/Kotflügel, Anzahl von eingehenden Telefongesprächen/min). Bei einer Stichprobenentnahme entnehmen Sie dem Los eine (oder mehrere) Prüfeinheit(en) und ermitteln die Fehlerzahl x. g(x) bzw. G(x) ist demnach die Wahrscheinlichkeit in der Prüfeinheit genau bzw. höchstens x Fehler zu finden. Entnehmen Sie k Prüfeinheiten, so müssen Sie den Erwartungswert μ_k=k*μ für k Einheiten verwenden.

$\mu_{po} := 5$ Mittlere Fehlerzahl/Einheit

$g_{po}(x,\mu) := \frac{\mu^x}{x!}\cdot e^{-\mu}$ Verteilungsdichtefunktion g(x)

$$G_{po}(x,\mu) := \sum_{y=0}^{x} g_{po}(y,\mu)$$ Verteilungsfunktion G(x)

$\sigma_{po} := \sqrt{\mu_{po}}$ $\sigma_{po} = 2.236$ Standardabweichung

$x := 0..\,\mathrm{ceil}(\mu_{po} + 4\cdot\sigma_{po})$

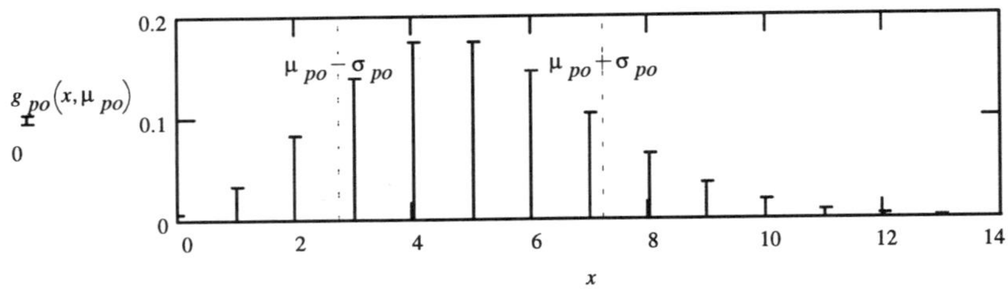

4. Normalverteilung:

Bei kontinuierlichen, symmetrisch verteilten Meßergebnissen ist in den meisten Fällen die Normalverteilung anwendbar. Und wenn die Größe selbst nicht normalverteilt ist, so ist der Mittelwert dieser Größe annähernd normalverteilt (zentraler Grenzwertsatz). Die Normalverteilung ist symmetrisch mit Mittelwert μ und Standardabweichung σ, die Wendepunkte der Verteilung liegen bei $\mu+\sigma$ bzw. $\mu-\sigma$.

$\mu := 16$ Mittelwert

$\sigma := 0.05$ Standardabweichung

$$g_{nv}(x,\mu,\sigma) := \frac{1}{\sqrt{2\cdot\pi}\cdot\sigma}\cdot e^{-\frac{(x-\mu)^2}{2\cdot\sigma^2}}$$

Wahrscheinlichkeitsdichte g(x), wobei g(x)dx die Wahrscheinlichkeit angibt, einen Meßwert im Intervall [x,x+dx] zu erhalten.

$x := \mu - 4\cdot\sigma, \mu - 3.99\sigma\,..\,\mu + 4\cdot\sigma$

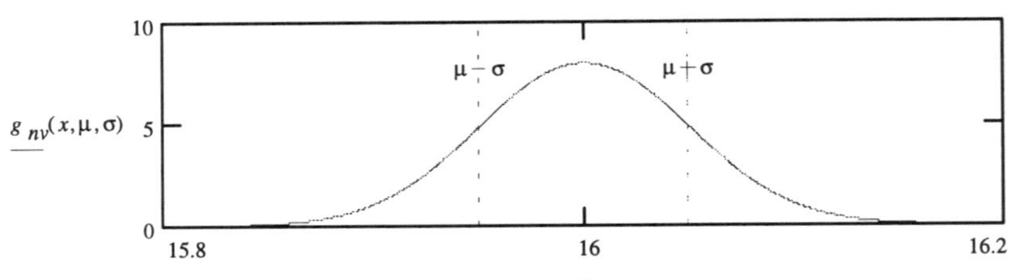

Da die Wahrscheinlichkeitsdichte g(x) für $x<\mu-4\sigma$ praktisch verschwindet, kann für die Berechnung von G(x) die Integration anstatt von $-\infty$ von $\mu-4\sigma$ weg durchgeführt werden.

$$G_{nv}(x,\mu,\sigma) := \int_{\mu-4\cdot\sigma}^{x} g_{nv}(y,\mu,\sigma)\,dy$$

Für jeden x-Wert muß eine numerische Integration durchgeführt werden. Um dies zu vermeiden, verwenden wir die in Mathcad integrierte Funktion *knorm* der Standardnormalverteilung

$$G_{nv}(x,\mu,\sigma) := \mathrm{knorm}\left(\frac{x-\mu}{\sigma}\right)$$

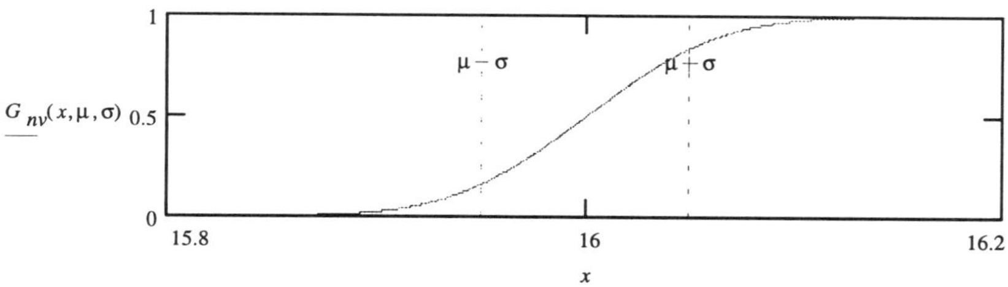

Abschließend führen wir für die Standardnormalverteilung ($\mu=0$, $\sigma=1$) eigene Funktionsnamen ein:

$$g(x) := \frac{1}{\sqrt{2\cdot\pi}}\cdot e^{-\frac{x^2}{2}} \qquad G(x) := \mathrm{knorm}(x)$$

5. Die Mittelwertsverteilung und die Verteilung der Streuung, χ^2-Verteilung:

Nehmen wir an, wir haben eine Stichprobe ($x_0, x_1, \ldots, x_{n-1}$) vom Umfang n einer normalverteilten Grundgesamtheit entnommen. Wir bilden aus den n Meßwerten den Mittelwert x_m und die Streuung s:

$$x_m = \sum_{i=0}^{n-1} x_i \qquad s = \sqrt{\frac{1}{n-1}\cdot\sum_{i=0}^{n-1}\left(x_i - x_m\right)^2} \qquad \chi 2 = \frac{(n-1)\cdot s^2}{\sigma^2}$$

Während der Mittelwert x_m wieder normalverteilt mit gleichem Mittelwert μ, aber um einen Wurzelfaktor kleinerem σ_m ist, ist die normierte Größe $(n-1)s^2/\sigma^2$ χ^2-verteilt mit f=n-1 Freiheitsgraden.

5.1. Mittelwertsverteilung einer normalverteilten Grundgesamtheit:

$$g_m(x,n,\mu,\sigma) := g_{nv}\left(x,\mu,\frac{\sigma}{\sqrt{n}}\right) \qquad G_m(x,n,\mu,\sigma) := G_{nv}\left(x,\mu,\frac{\sigma}{\sqrt{n}}\right)$$

$\mu := 16 \qquad \sigma := 0.05 \qquad n := 9$

$x := \mu - 2\cdot\sigma, \mu - 1.99\cdot\sigma .. \mu + 2\cdot\sigma$

Mittelwertsverteilung im Vergleich zur Verteilung der Einzelwerte:

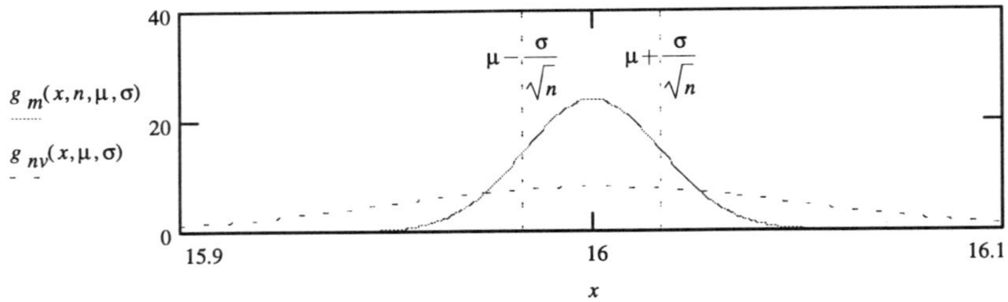

5.2. Verteilung von χ^2:

Die Wahrscheinlichkeitsdichte und die Verteilungsfunktion der χ^2-Verteilung mit f Freiheitsgraden sind gegeben durch:

$$g_{\chi 2}(x,f) := \frac{x^{\frac{f}{2}-1} \cdot e^{-\frac{x}{2}}}{2^{\frac{f}{2}} \cdot \Gamma\left(\frac{f}{2}\right)} \qquad G_{\chi 2}(x,f) := \int_0^x g_{\chi 2}(y,f)\, dy$$

Wir haben dabei die in Mathcad integrierte Gammafunktion Γ verwendet. Die Wahrscheinlichkeitsdichte $g_{\chi 2}(x,f)$ und die Verteilungsfunktion $G_{\chi 2}(x,f)$ sind für verschiedene Freiheitsgrade in den beiden folgenden Diagrammen dargestellt.

$x := 0.1, 0.2 .. 10$

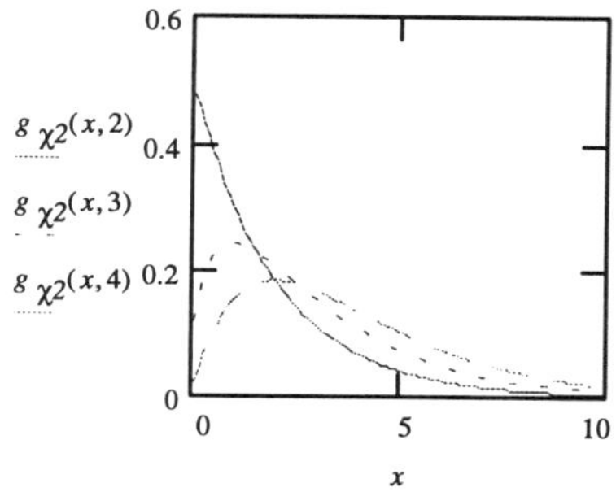

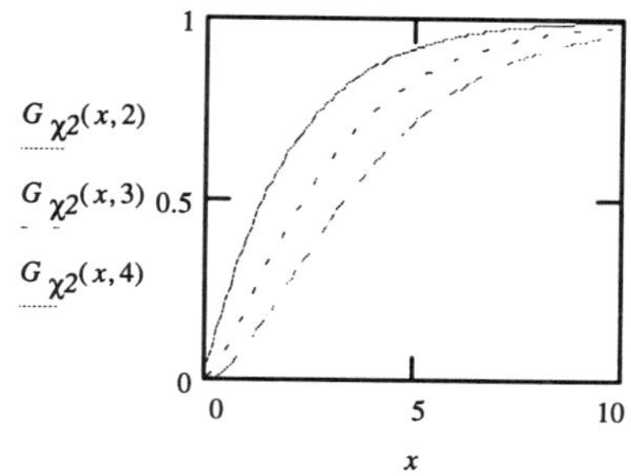

5.3. Verteilung von s^2: $\chi 2 = \frac{(n-1)\cdot s^2}{\sigma^2}$

$$g_{s2}(x,n,\sigma) := \frac{n-1}{\sigma^2}\cdot g_{\chi 2}\left[(n-1)\cdot\frac{x}{\sigma^2}, n-1\right]$$

$$G_{s2}(x,n,\sigma) := G_{\chi 2}\left[(n-1)\cdot\frac{x}{\sigma^2}, n-1\right]$$

$$x := 0, \frac{\sigma^2}{10} .. 4\cdot\sigma^2$$

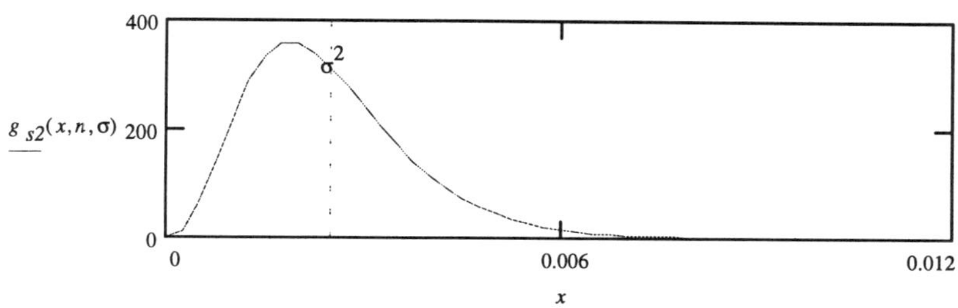

5.4. Verteilung von s: $g_s(s,n,\sigma)\cdot ds = g_{s2}(s^2,n,\sigma)\cdot ds^2 = g_{s2}(s^2,n,\sigma)\cdot 2\cdot s\cdot ds$

$$g_s(s,n,\sigma) := g_{s2}(s^2,n,\sigma)\cdot 2\cdot s$$

$$G_s(s,n,\sigma) := \int_0^s g_s(x,n,\sigma)\, dx$$

Erwartungswert von s:

$$E_s(n,\sigma) := \int_0^{20\cdot\sigma} x\cdot g_s(x,n,\sigma)\,dx \qquad E_s(n,\sigma) = 0.048$$

$$a(n) := \sqrt{\frac{2}{n-1}}\cdot\frac{\Gamma\left(\frac{n}{2}\right)}{\Gamma\left(\frac{n-1}{2}\right)} \qquad a(n) = 0.969$$

Den Erwartungswert kann man auch analytisch berechnen. Für σ=1 ergibt sich der normierte Erwartungswert a(n) aus nebenstehender Formel.

$$E_s(n,\sigma) := a(n)\cdot\sigma \qquad E_s(n,\sigma) = 0.048$$

$$x := 0, \frac{\sigma}{20} .. 2\cdot\sigma$$

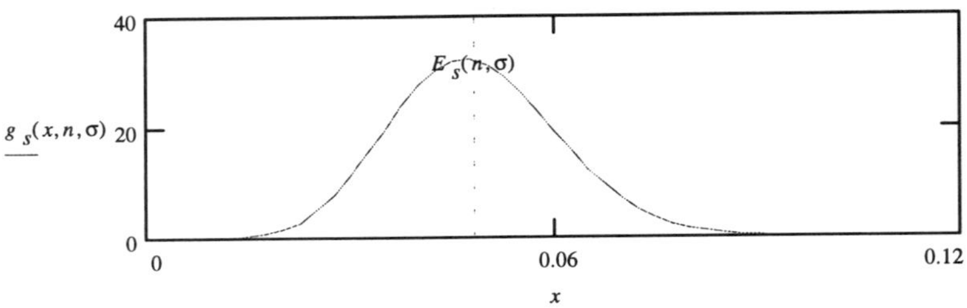

6. Die Verteilung des Medians x_{med} und der Spannweite R, w-Verteilung:

Wir haben nochmals eine Stichprobe $(x_0, x_1, \ldots, x_{n-1})$ vom Umfang n einer normalverteilten Grundgesamtheit entnommen. Wir bilden aus den n Meßwerten anstatt Mittelwert und der Streuung s, die leichter zu ermittelnden Größen Median x_{med} und die Spannweite bzw. den Range $R = x_{max} - x_{min}$. Wir beschränken uns, wie in der Praxis auch, auf ungeraden Stichprobenumfang. Bei geradem Stichprobenumfang müßte man zur Bestimmung des Medians wiederum eine Mittelung durchführen.

$$x_{med} = \text{median}(x) \qquad R = \max(x) - \min(x) \qquad w = \frac{R}{\sigma}$$

Während der Median x_{med} annähernd normalverteilt ist, ist R/σ w-verteilt mit n Freiheitsgraden.

6.1. Die Verteilung des Medians:

Die Medianverteilung kann aus der Normalverteilung berechnet werden:

$$g_{med}(x,n,\mu,\sigma) := \frac{\Gamma(n+1)}{\left(\Gamma\left(\frac{n+1}{2}\right)\right)^2} \cdot g_{nv}(x,\mu,\sigma) \cdot \left[G_{nv}(x,\mu,\sigma) \cdot \left(1 - G_{nv}(x,\mu,\sigma)\right)\right]^{\frac{n-1}{2}}$$

$$G_{med}(x,n,\mu,\sigma) := \int_{\mu - 4\cdot\sigma}^{x} g_{med}(y,n,\mu,\sigma)\, dy$$

Integration von ∞ weg ersetzt durch untere Grenze μ-4σ.

Medianverteilungim Vergleich mit Verteilung der Einzelwerte und Mittelwertverteilung

$$x := \mu - \sigma, \mu - 0.99\sigma .. \mu + \sigma$$

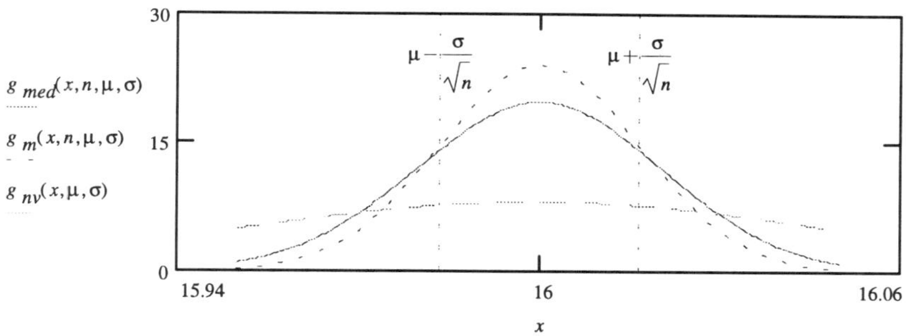

Die Medianverteilung ist zwar keine exakte Normalverteilung, aber sieht ihr sehr ähnlich. Die Medianverteilung ist in erster Näherung um einen Faktor c(n) breiter wie die Mittelwertverteilung. Diesen Faktor kann man bestimmen, wenn man die Varianz des Medians aus der oben angegebenen Medianverteilung berechnet:

$$c(n) := \text{wenn}\left[n=2, 1, \sqrt{n \cdot \int_{-4}^{4} x^2 \cdot \frac{\Gamma(n+1)}{\left(\Gamma\left(\frac{n+1}{2}\right)\right)^2} \cdot g(x) \cdot (G(x) \cdot (1 - G(x)))^{\frac{n-1}{2}} dx}\right]$$

$n = 9 \qquad c(n) = 1.223$

$$\sigma_{med} := c(n) \cdot \frac{\sigma}{\sqrt{n}}$$

Standardabweichung der Medianverteilung.

Vergleich exakte Medianverteilung mit genäherter Normalverteilung:

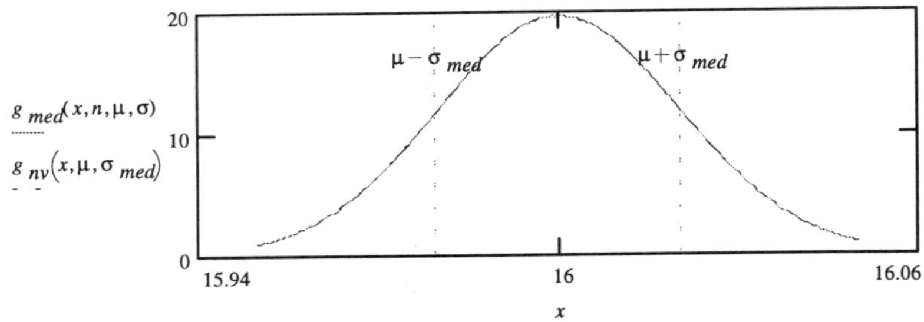

Die Übereinstimmung ist ausgezeichnet, selbst für kleine n-Werte.

6.2. Die w-Verteilung:

Wie bereits oben erwähnt, ist die Differenz von größtem und kleinsten Stichprobenwert normiert auf die Standardabweichung σ, also $(x_{max}-x_{min})/\sigma=R/\sigma$, w-verteilt mit n Freiheitsgraden. Die Wahrscheinlichkeitsdichte und die Verteilungsfunktion der w-Verteilung mit n Freiheitsgraden kann mit Hilfe der Standardnormalverteilung über eine Integraldarstellung berechnet werden:

$$g_w(x,n) := n\cdot(n-1)\cdot\int_{-4+x}^{4} g(y-x)\cdot g(y)\cdot(G(y)-G(y-x))^{n-2}\,dy$$

$$G_w(x,n) := \int_0^x g_w(y,n)\,dy \qquad G_w(1.55,n) = 0.025064$$

Dabei wurden die Integrationsgrenzen $-\infty$ bis $+\infty$ durch -4+x bis +4 ersetzt, da außerhalb das Produkt der Standardnormalverteilungen praktisch 0 ist. Die Wahrscheinlichkeitsdichte $g_w(x,n)$ und die Verteilungsfunktion $G_w(x,n)$ sind für verschiedene Freiheitsgrade in den beiden folgenden Diagrammen dargestellt. Die Berechnung von $G_w(x,n)$ benötigt entsprechend lange, wird doch für jeden x-Wert aufgrund der Definition für $g_w(x,n)$ ein Doppelintegral numerisch ausgewertet.
Erwartungswert der w-Verteilung:

$$d(n) := \int_0^{10} x\cdot g_w(x,n)\,dx$$

Die Integration müßte von 0 bis $+\infty$ durchgeführt werden, die w-Verteilung ist aber für x>10 für praxisrelevante n-Werte praktisch 0.

$d(n) = 2.967$

$x := 0.2, 0.4 .. 5$

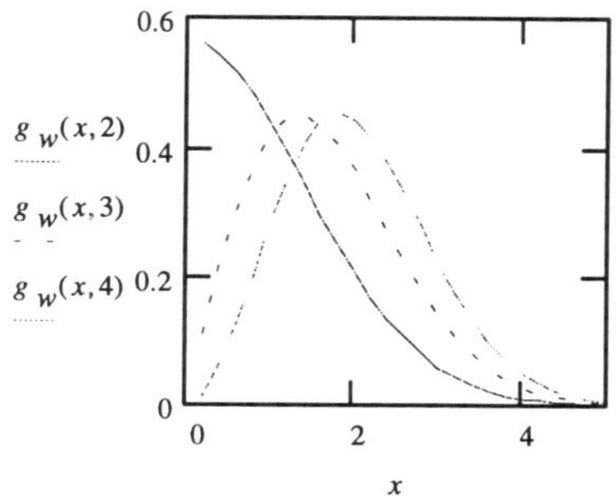

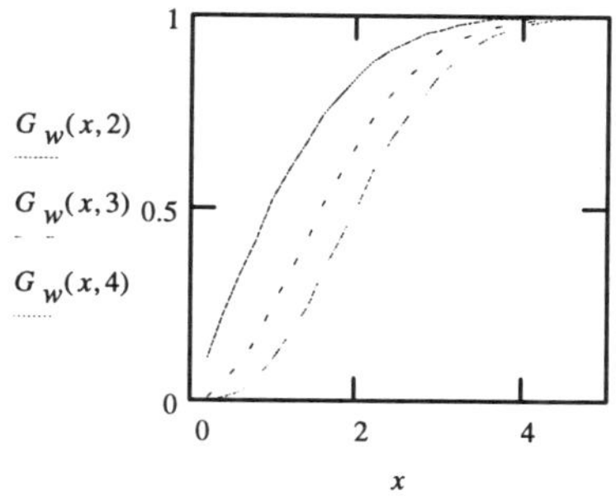

6.3. Die Verteilung der Spannweite R:

$$g_R(x,n,\sigma) := \frac{1}{\sigma} \cdot g_w\left(\frac{x}{\sigma}, n\right) \qquad G_R(x,n,\sigma) := G_w\left(\frac{x}{\sigma}, n\right)$$

Erwartungswert der Spannweite:

$E_R(n,\sigma) := d(n) \cdot \sigma$ d(n) ist der Erwartungswert der w-Verteilung und somit E(R)=E(wσ)=E(w)σ=d(n)σ.

$$x := 0, \frac{\sigma}{5} .. 5 \cdot \sigma$$

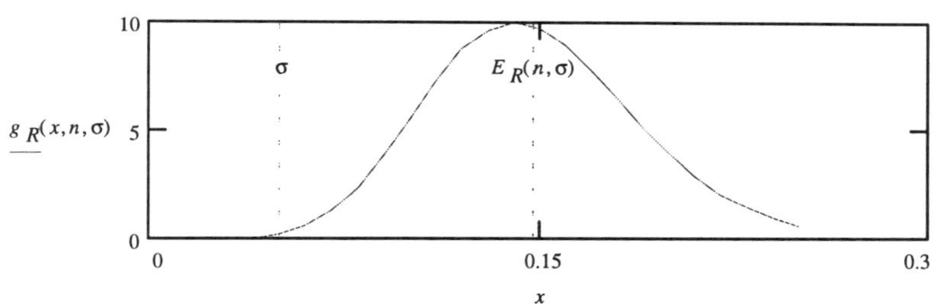

7. Student'sche t-Verteilung:

Betrachtet man den Quotienten einer standardnormalverteilten Zufallsvariablen u und der Wurzel einer χ2-verteilten Zufallsvariablen

$$t = \frac{u}{\sqrt{\frac{\chi\ 2(f)}{f}}}$$

so ist diese neue Zufallsvariable t-verteilt mit f Freiheitsgraden. Die Verteilungsfunktion für diese normierte Größe ist die sogenannte Student'sche t-Verteilung mit f Freiheitsgraden und kann wie folgt berechnet werden:

$$g_t(x,f) := \frac{1}{\sqrt{f \cdot \pi}} \cdot \frac{\Gamma\left(\frac{f+1}{2}\right)}{\Gamma\left(\frac{f}{2}\right)} \cdot \frac{1}{\left(1+\frac{x^2}{f}\right)^{\frac{f+1}{2}}}$$

$$G_t(x,f) := \int_{-20}^{x} g_t(y,f)\,dy$$

Integration von -∞ weg ersetzt durch untere Grenze -20. Für große Freiheitsgrade, könnte man auf -4 reduzieren, wegen dem Übergang der t-Verteilung in die Standardnormalverteilung für f->∞.

Vergleich der t-Verteilung mit der Standardnormalverteilung:

$x := -4, -3.99 .. 4$

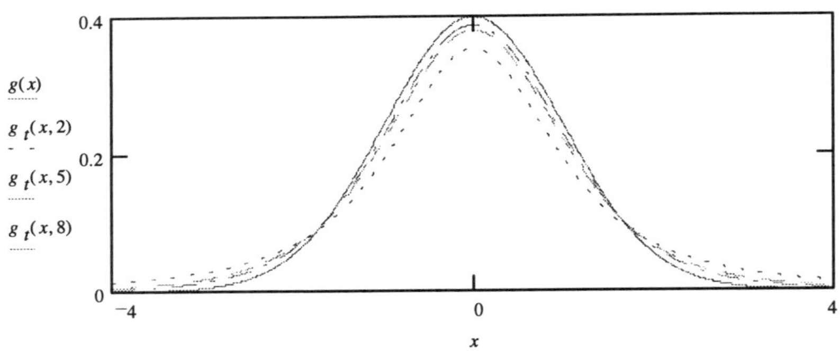

Man kann erkennen, daß die t-Verteilung für f->∞ in die Standardnormalverteilung übergeht.

Anwendung:
Zur Bestimmung des Vertrauensbereichs für μ (mit 95% Wahrscheinlichkeit liegt μ zwischen...) aus Stichprobenmittelwert x_m und Streuung s, wenn man bei einer Stichprobenentnahme weder den Mittelwert μ noch die Standardabweichung σ der Grundgesamtheit kennt.

$$t = \frac{u}{\sqrt{\frac{\chi^2}{n-1}}} = \frac{x_m - \mu}{\frac{\sigma}{\sqrt{n}}} \cdot \frac{\sigma}{s} = \frac{x_m - \mu}{\left(\frac{s}{\sqrt{n}}\right)}$$

$f = n - 1$ Freiheitsgrade

8. Fisher-Verteilung, F-Verteilung:

Betrachtet man den Quotienten zweier $\chi 2$ verteilter Zufallsvariablen

$$F(f_1,f_2)=\frac{\dfrac{\chi 2(f_1)}{f_1}}{\dfrac{\chi 2(f_2)}{f_2}}$$

so ist diese neue Zufallsvariable Fisher-verteilt oder F-verteilt mit (f_1,f_2) Freiheitsgraden. Die Verteilungsfunktion dieser Zufallsvariablen lautet:

$$g_F(x,f_1,f_2) := (f_1)^{\frac{f_1}{2}}\cdot(f_2)^{\frac{f_2}{2}}\cdot\frac{\Gamma\left(\frac{f_1+f_2}{2}\right)}{\Gamma\left(\frac{f_1}{2}\right)\cdot\Gamma\left(\frac{f_2}{2}\right)}\cdot\frac{x^{\frac{f_1}{2}-1}}{(f_1\cdot x+f_2)^{\frac{f_1+f_2}{2}}}$$

$$G_F(x,f_1,f_2) := \int_0^x g_F(y,f_1,f_2)\,dy$$

Darstellung der F-Verteilung für verschiedene Freiheitsgradkombinationen:

$x := 0, 0.1 .. 5$

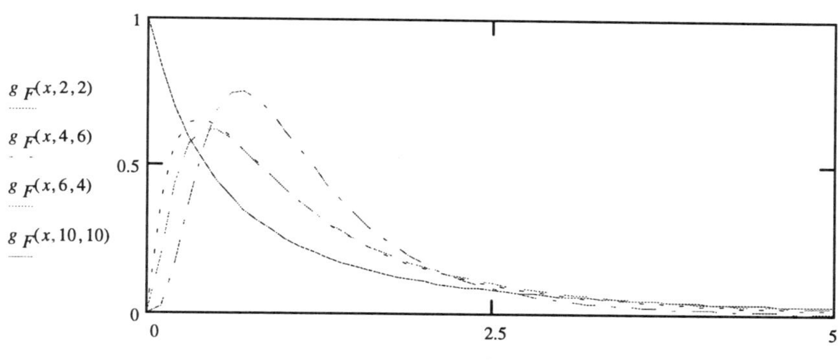

Anwendung beim sogenannten F-Test:
Betrachtet man zwei Stichproben (beide Umfang n) mit entsprechenden Stichprobenmittelwerten x_{ma}, x_{mb} und Streuungen s_a, s_b, so interessiert die Frage, ob die beiden Stichproben derselben Grundgesamtheit angehörten. Zur Überprüfung der Hypothese H_0:$\sigma_a=\sigma_b$ bildet man den Quotienten s_a^2 / s_b^2 und prüft, ob dieser Quotient im Zufallsstreubereich der F-Verteilung liegt oder nicht. Wenn ja, wird die Hypothese angenommen, andernfalls verworfen.

$$F\left(n_a - 1, n_b - 1\right) = \frac{s_a^2}{s_b^2} = \frac{\dfrac{s_a^2}{\sigma_a^2}}{\dfrac{s_b^2}{\sigma_b^2}} = \frac{\dfrac{\chi^2\left(n_a - 1\right)}{n_a - 1}}{\dfrac{\chi^2\left(n_b - 1\right)}{n_b - 1}}$$

Unter Annahme der Hypothese $H_0{:}\sigma_a=\sigma_b$

3.2 Zufallsstreubereiche, Qualitätsregelkarten

Wir beschränken uns in diesem Abschnitt auf normalverteilte Grundgesamtheiten. Aber die vorgestellte Methode können Sie ohne weiteres auch auf binomial- und poissonverteilte Grundgesamtheiten anwenden.

3.2.1 Quantile der Normalverteilung

Bei der Bestimmung der Quantile einer kontinuierlichen Verteilung $G(x) = \alpha$ kennt man sozusagen den G-Wert bzw. α-Wert und sucht den x-Wert, man bestimmt die inverse Verteilung. Geometrisch interpretiert kennt man die Fläche unter der Verteilungsdichtefunktion $g(x)$

$$G(x) = \int_{-\infty}^{x} g(y)dy = \alpha$$

und sucht die Obergrenze des Integrationsbereiches. Ist die Verteilung $g(x)$ die Standardnormalverteilung, so ist der zu $G(x) = \alpha$ gehörige x-Wert das Quantil u_α der Standardnormalverteilung:

$$u_\alpha = x \Leftrightarrow G(x) = \int_{-\infty}^{x} g(y)dy = \frac{1}{\sqrt{2\pi}} \int_{-\infty}^{x} e^{-\frac{y^2}{2}} dy = \alpha$$

Hastings (siehe z.B. in *Abramowitz M., Stegun I., Handbook of Mathematical Functions*) hat eine Näherungsformel zur Berechnung der Quantile der Standardnormalverteilung angegeben:

$$t(\alpha) := \sqrt{-2 \cdot ln(1 - \alpha)} \qquad u(\alpha) := t(\alpha) - \frac{a_0 + a_1 \cdot t(\alpha) + a_2 \cdot t(\alpha)^2}{1 + b_1 \cdot t(\alpha) + b_2 \cdot t(\alpha)^2 + b_3 \cdot t(\alpha)^3}$$

Die Koeffizienten nach Hastings lauten

$a_0 := 2.515517 \quad b_1 := 1.432788 \quad a_1 := 0.802853 \quad b_2 := 0.189269 \quad a_2 := 0.010328 \quad b_3 := 0.001308$

und liefern bei der Berechnung der Quantile einen Fehler $|\alpha - G(u(\alpha))| < 2 \cdot 10^{-4}$.

Im Mathcad-Dokument `HASTINGS.MCD` zeigen wir Ihnen, wie Sie mittels Lösungsblöcken die Koeffizienten derart variieren können, bis der Fehler minimal wird. Die Koeffizienten

$a_0 = 6.007955 \quad b_1 = 22.723173 \quad a_1 = 43.49863 \quad b_2 = 19.798958 \quad a_2 = 7.751155 \quad b_3 = 1.547344$

reduzieren den Fehler auf $|\alpha - G(u(\alpha))| < 4 \cdot 10^{-6}$, eine Verbesserung um fast 2 Zehnerpotenzen!

Mit Mathcad können Sie die Berechnung der Quantile der Normalverteilung viel eleganter realisieren. Sie verwenden die *wurzel*-Funktion und die in Mathcad implementierte *knorm*-Funktion der Standardnormalverteilung:

$$TOL := 10^{-7} \qquad u_0 := 0 \qquad u(\alpha) := wurzel\left(knorm\left(u_0\right) - \alpha, u_0\right)$$

Der Startwert 0 ist zur Berechnung aller Quantile geeignet, die vordefinierte Variable *TOL* beeinflußt die Genauigkeit der Nullstellenberechnung. Standardmäßig ist $TOL = 10^{-3}$, sollte aber mit einer Wertzuweisung auf einen kleineren Wert gesetzt werden. Die *wurzel*-Funktion bricht ihre Iteration ab, wenn $|\alpha - G(u(\alpha))| < TOL$ erfüllt ist.

Im Mathcad-Dokument `HASTINGS.MCD` wird die Berechnung der Quantile nach Hastings gezeigt und der Fehlerverlauf grafisch dargestellt. Sie finden auch die Bestimmung der verbesserten Koeffizienten mittels Lösungsblöcken und die Bestimmung der Quantile unter Zuhilfenahme der *wurzel*-Funktion.

Im Mathcad-Dokument `F_T_TEST.MCD` zeigen wir Ihnen die Berechnung der Quantile der F-Verteilung und t-Verteilung im Rahmen der Auswertung zweier nicht verbundener Stichproben (vgl. Abschnitt 3.4).

3.2.2 Zufallsstreubereiche normalverteilter Meßwerte,QRK

Wir kennen von einer Produktion den Mittelwert μ und die Standardabweichung σ. Wenn wir eine Stichprobe vom Umfang n entnehmen, so interessiert uns die Frage, in welchem x-Bereich liegen aufgrund der zufälligen Streuung 95% aller Meßwerte. $\alpha = 1 - 95\% = 5\%$ liegen außerhalb dieses sogenannten 95%-Zufallsstreubereiches.

Der *zweiseitige* $(1-\alpha)$ Zufallsstreubereich ist somit definiert durch eine Wahrscheinlichkeitsaussage

$$P(x_{un} \le x \le x_{ob}) = G(x_{ob}) - G(x_{un}) = 1-\alpha$$

und wird als symmetrisch zum Mittelwert μ liegend angenommen. Daraus erhalten wir unter Zuhilfenahme der Quantile u_α

$$x_{un}^{ob} = \mu \pm u_{1-\frac{\alpha}{2}}\sigma$$

für die Grenzen des beidseitigen Zufallsstreubereiches. Analoge Formeln ergeben sich für den beidseitigen Zufallsstreubereich des ebenfalls normalverteilten Stichprobenmittelwerts $\bar{x}$ und des annähernd normalverteilten (vgl. VERTEIL.MCD) Medians $\tilde{x}$:

$$\bar{x}_{un}^{ob} = \mu \pm u_{1-\frac{\alpha}{2}}\frac{\sigma}{\sqrt{n}}, \quad \tilde{x}_{un}^{ob} = \mu \pm u_{1-\frac{\alpha}{2}}\frac{c_n\sigma}{\sqrt{n}}$$

Die Medianverteilung ist um einen Faktor c_n breiter wie die Mittelwertverteilung. Die Berechnung des Faktors c_n ist im Dokument VERTEIL.MCD beschrieben. Wenn Sie nun eine Shewart-Qualitätsregelkarte entwerfen wollen, müssen Sie nur den 99% beidseitigen Zufallsstreubereich für die Eingriffsgrenzen und den 95% ZSB für die Warngrenzen bestimmen. Im folgenden Mathcad-Dokument QRKXQ.MCD zeigen wir Ihnen die Dimensionierung einer $\bar{x}$-Karte.

Shewart-Qualitätsregelkarte für Mittelwerte (qrkxq.mcd)

Prozeßkenndaten: $\mu := 5$ Mittelwert

$\sigma := 1$ Streuung

Simulierte Mittelwerte:

$n := 7$ Anzahl der Meßwerte für eine Mittelwertbildung, Stichprobenumfang

$N := 20$ Anzahl der simulierten Mittelwerte

Nach Box & Muller können N(0,1) normalverteilte Zufallszahlen aus gleichverteilten Zufallszahlen im Intervall [0,1[nach folgender Formel bestimmt werden:

$i := 0..n-1 \qquad k := 0..N-1$

$u_{i,k} := \sqrt{-2\cdot\ln(\mathrm{rnd}(1))}\cdot\cos(2\cdot\pi\cdot\mathrm{rnd}(1))$ N(0,1)-verteilte Zufallszahlen

$x_{i,k} := \mu + u_{i,k}\cdot\sigma$ N(μ,σ)-verteilte Zufallszahlen

$xq_k := \frac{1}{n} \cdot \sum_i x_{i,k}$ Simulierte Mittelwerte

Bestimmung der Mittelwertskarte:

Quantile der Normalverteilung mittels *wurzel*-Funktion:

$u_0 := 0$ $TOL := 10^{-7}$ Standardtoleranz von 10^3 zu klein zur Bestimmung der Quantile der Normalverteilung.

$u(\alpha) := wurzel\left(knorm\left(u_0\right) - \alpha, u_0\right)$

Eingriffsgrenzen: (99%ZSB)

$OEG := \mu + u(0.995) \cdot \frac{\sigma}{\sqrt{n}}$ $OEG = 5.974$

$UEG := \mu - u(0.995) \cdot \frac{\sigma}{\sqrt{n}}$ $UEG = 4.026$

Warngrenzen: (95%ZSB)

$OWG := \mu + u(0.975) \cdot \frac{\sigma}{\sqrt{n}}$ $OWG = 5.741$

$UWG := \mu - u(0.975) \cdot \frac{\sigma}{\sqrt{n}}$ $UWG = 4.259$

Erwartungswert: $M := \mu$ $M = 5$

Qualitätsregelkarte für die Mittelwerte, Stichprobenumfang n=7:

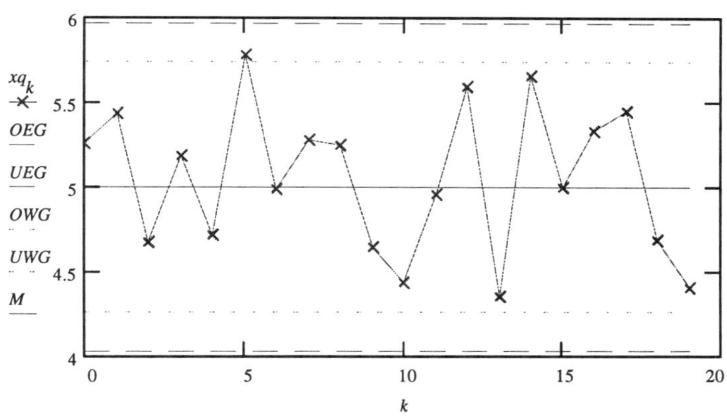

Im Mathcad-Dokument `QRKX.MCD` finden Sie die Dimensionierung einer Shewart-Urwertekarte (vgl. Bild 3.1). Dabei ist zu beachten, daß die Annahme einer Stichprobe erst dann erfolgt, wenn alle n Meßwerte innerhalb der Eingriffsgrenzen liegen.

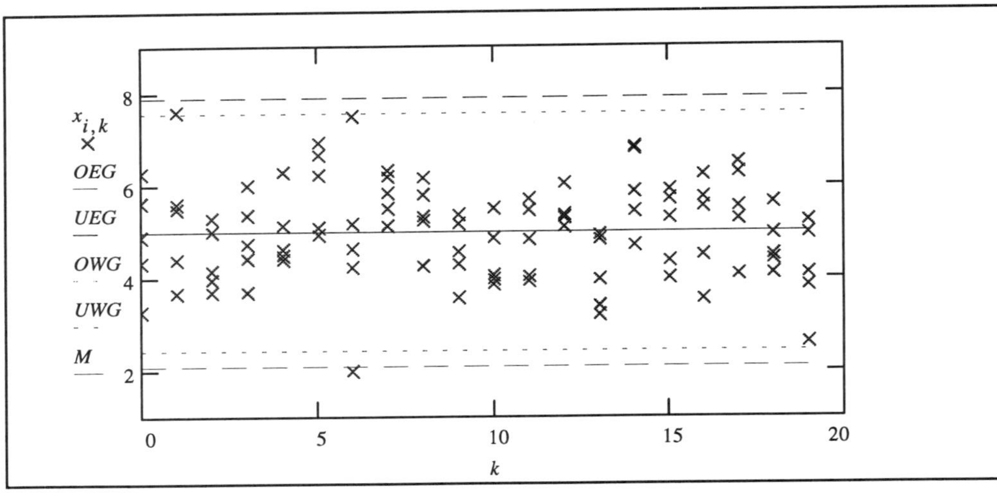

Bild 3.1: Shewart-Urwertkarte für normalverteilte Meßwerte

Im Mathcad-Dokument `QRKS.MCD` finden Sie die Dimensionierung einer Shewart-*s*-Karte. Zur Bestimmung des Zufallsstreubereichs für *s* benötigen Sie die Quantile der χ^2-Verteilung. Wie Sie diese Verteilung in Mathcad implementieren können, haben Sie bereits im Abschnitt 3.1 gesehen, die Quantile können wie bei der Normalverteilung mit Hilfe der *wurzel*-Funktion bestimmet werden.

3.3 Zuverlässigkeitsprüfung und zugehörige Verteilungen

In der Praxis kommt es oft vor, daß die Lebensdauer eines Maschinenteils oder eines Geräts annähernd *exponentialverteilt* ist. Angenommen Sie produzieren Glühlampen und wollen die mittlere Lebensdauer T dieser Lampen bestimmen. Sie verwenden für einen Dauertest N_0 Glühlampen und registrieren jeweils den Ausfallszeitpunkt t_i der Lampe i. Sie können zwar nicht den Ausfall einer einzelnen Lampe vorhersagen, aber die mittlere Abnahme $-\frac{dN}{dt}$ der funktionierenden Lampen ist sicherlich proportional zur Anzahl der zum Zeitpunkt t noch funktionierenden Lampen $N(t)$. Die Proportionalitätskonstante λ wird als Ausfallsrate bezeichnet. Diese Gleichung

$$-\frac{dN}{dt} = \lambda N(t)$$

ist eine lineare Differentialgleichung 1.Ordnung und tritt in dieser Form auch bei radioaktiven Zerfallsprozessen auf. Mit Ihrer Lösung $N(t) = N_0 e^{-\lambda t}$ ist auch die

Wahrscheinlichkeitsdichte $g(t)$ und die Verteilungsfunktion $G(t)$ der Exponentialverteilung verknüpft:

$$g(t) = \lambda e^{-\lambda t} \text{ bzw. } G(t) = 1 - e^{-\lambda t}$$

$G(t)$ hat dabei die Bedeutung einer Ausfallswahrscheinlichkeit, und $g(t)\Delta t$ ist die Anzahl der Ausfälle im Zeitintervall $[t, t + \Delta t]$, normiert auf die Anfangsstückzahl N_0. Da $G(t)$ einen Wertebereich [0,1] besitzt, können wir mit Hilfe gleichverteilter Zufallszahlen exponentialverteilte Ausfallszeitpunkte simulieren:

$$t_i := -\frac{1}{\lambda} \ln(1 - \text{rnd}(1))$$

Diese Gleichung erhalten wir durch Umformen von $G(t)$ nach t und Ersetzen von $G(t)$ durch rnd(1). Die Funktion *rnd* erzeugt gleichverteilte Zufallszahlen zwischen 0 und dem angegebenen Parameter. Ihre Aufgabe ist es nun, solche exponentialverteilte Ausfallszeitpunkte t_i zu generieren und grafisch darzustellen (vgl. Bild 3.2). Bestimmen Sie auch den Mittelwert und die Standardabweichung der erzeugten Lebensdauern. Theoretisch müßte sich die mittlere Lebensdauer zu $T = 1/\lambda$ ergeben, und die Standardabweichung sollte denselben Wert liefern.

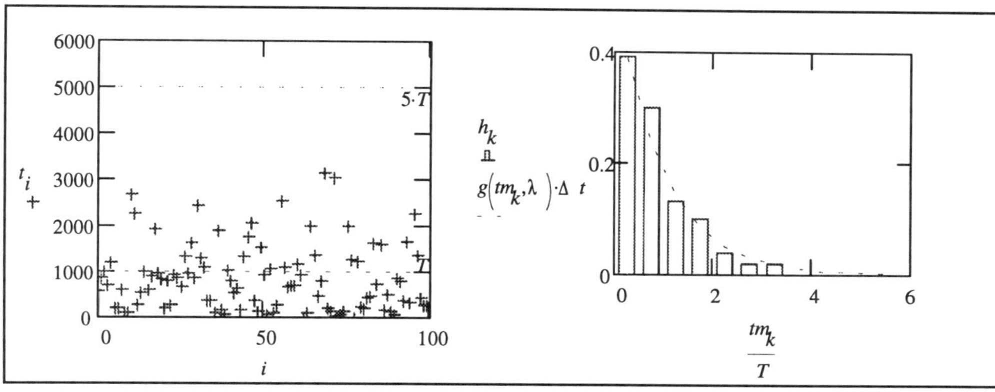

Bild 3.2: Simulation exponentialverteilter Lebensdauern

Um zu überprüfen, ob die Lebensdauer annähernd exponentialverteilt ist, nehmen Sie eine Klassifizierung Ihrer Lebensdauern t_i vor. Dabei wird jeder Klasse ein bestimmtes Lebensdauerintervall $[tr_j, tr_{j+1}]$, $j := 0..n-1$ zugeordnet, n ist die Klassenanzahl. Sie bestimmen für jede Klasse, wieviele der N Lebensdauern in dieser Klasse liegen und bestimmen daraus die relative Häufigkeit h_j, $j := 0..n-1$ für diese Klasse. Mathcad stellt für diesen Zweck die Funktion *hist* zur Verfügung (vgl. Abschnitt 1.4.1). Mit der Anweisung $h := \text{hist}(tr, t)$ bestimmen Sie die absoluten Häufigkeiten, mittels zusätzlicher Division durch N_0 die relativen Häufigkeiten. In Bild 3.2 können Sie einen Vergleich der theoretisch erwarteten Verteilung mit der simulierten Verteilung sehen ($\lambda = 10^{-3}$, $T = 1/\lambda = 1000$, $N_0 = 100$). Dabei wird die relative Häufigkeit h_k mit $g(tm_k)\Delta t$ verglichen, tm_k hat die Bedeutung der Zeitintervallmitten.

Im Mathcad-Dokument `RNDEXPO.MCD` finden Sie eine Lösung dieser Problemstellung.

⇨ Wenn die Lebensdauer eines Maschinenteils nicht exponentialverteilt ist sondern einer Weibull-Verteilung gehorcht, können Sie auf analoge Art und Weise vorgehen.

3.4 Auswertungsverfahren

Zu den Auswertungsverfahren gehören unter anderem die zahlreichen statistischen Tests. Wir haben Ihnen bewußt in Abschnitt 3.1 die Implementierung der benötigten Verteilungsfunktionen gezeigt, da ihre Kenntnis die Grundlage für alle weiteren Schritte darstellt. Aus Platzgründen müssen wir uns kurz fassen und Sie auf Mathcad-Dokumente auf der Beispielediskette verweisen.

Im Mathcad-Dokument `F_T_TEST.MCD` zeigen wir Ihnen die Auswertung zweier nicht verbundener Stichproben. Betrachtet man zwei Stichproben (beide Umfang n) mit entsprechenden Stichprobenmittelwerten $\bar{x}_a$, $\bar{x}_b$ und Streuungen s_a, s_b, so interessiert die Frage, ob die beiden Stichproben derselben Grundgesamtheit angehörten. Zur Überprüfung der Hypothese $H_0\colon \sigma_a = \sigma_b$ bildet man den Quotienten s_a^2 / s_b^2 und prüft, ob dieser Quotient im Zufallsstreubereich der F-Verteilung liegt oder nicht. Wenn ja, wird die Hypothese angenommen, andernfalls verworfen. Bei Annahme von $H_0\colon \sigma_a = \sigma_b$ muß noch der t-Test für $H_0\colon \mu_a = \mu_b$ mit der Prüfgröße $(\bar{x}_a - \bar{x}_b) / \sqrt{(s_a^2 + s_b^2)/n}$ durchgeführt werden. Erst wenn auch diese Hypothese nicht verworfen wird, kann man sagen, daß beide Stichproben mit einer Irrtumswahrscheinlichkeit $<\alpha$ derselben Grundgesamtheit angehören.

Im Mathcad-Dokument `RNDNORM.MCD` zeigen wir Ihnen die Generierung normalverteilter Zufallszahlen, eine Klassifizierung der Meßwerte, die Ermittlung eines Häufigkeitshistogramms und die Ermittlung einer, zu den Meßwerten passenden, Normalverteilung. Wir zeigen Ihnen auch, wie Sie mit den *SCHREIBEN*- und *LESEN*-Funktionen Daten in eine unstrukturierte ASCII-Datei `NVDATEN.DAT` schreiben und wieder lesen können.

⇨ An dieser Stelle sei auch auf das Buch *Hörhager/Partoll, Mathcad 5.0/PLUS 5.0*, Abschnitt 6.3, verwiesen.

4 Biologie und Chemie

Viele Probleme sowohl der Biologie als auch der Chemie werden durch Differential- bzw. Differenzengleichungen oder durch Systeme von derartigen Gleichungen beschrieben. Wenn man Glück hat, wie im Falle vieler Wachstums- bzw. Vermehrungsprobleme oder der Hückel-Molekül-Orbital-Theorie, so sind die Gleichungen linear. Für diesen Fall ist man mit Mathcad PLUS 5.0 sehr gut bedient, da diese Version mit der Laplace- und z-Transformation maßgeschneiderte Lösungsverfahren anbietet. In Abschnitt 1.3.2 wurden diese Transformationen bereits behandelt.

Beispiele dafür finden Sie in den Dokumenten `KANIN.MCD`, `REAKT1_P.MCD`, `EIGEN.MCD` und `CYKL_2.MCD`.

Aber auch wenn Sie sich für Mathcad 5.0 entschieden haben oder noch mit Version 3.1 arbeiten, können Sie derartige Probleme symbolisch (und nicht nur numerisch) lösen.

Die Transformation (Laplace oder z) einer derartigen Gleichung läßt sich mit Hilfe der einschlägigen Regeln üblicherweise sofort hinschreiben. Das Problem liegt in der Rücktransformation. Eine Methode der Rücktransformation, die dem Mathcad 3.1/5.0-Besitzer weiterhelfen kann, blieb in Abschnitt 1 unerwähnt. Sie soll hier mit jeweils einem Dokument belegt werden.

`DIFGL_LA.MCD` zeigt den Weg für die inverse Laplacetransformation.

`DIFZGL_Z.MCD` demonstriert dasselbe Verfahren für die inverse z-Transformation. Dieses Dokument ist im Buch wiedergegeben und enthält den wesentlichen mathematischen Teil des in Abschnitt 4.1.1 beschriebenen Kaninchen-Vermehrungs-Problems.

Die mathematische Methode für diese Umkehrtransformationen ergibt sich unmittelbar aus der komplexen Funktionentheorie. Aus den komplexen Kurvenintegralen für die Laplace- bzw. z-Rücktransformation

$$f(t) := \frac{1}{2\pi j} \int_{\sigma - j\infty}^{\sigma + j\infty} F(s) e^{st} \, ds \quad \text{bzw.} \quad f(n) := \frac{1}{2\pi j} \oint F(z) z^{n-1} \, dz$$

die jeweils mit ihren Integrationswegen alle Pole von F zu umschließen haben, leitet man leicht ab, daß man ebensogut die Residuensumme von $F(s)e^{st}$ bzw. $F(z)z^{n-1}$

über alle umschlossenen Pole berechnen kann, um die Rücktransformation zu bewerkstelligen. In Formeln ausgedrückt:

$$f(t) = \sum_{Pole(F(s))} Residuen(F(s) \cdot e^{st}) \quad \text{bzw.}$$

$$f(n) = \sum_{Pole(F(z))} Residuen(F(z) \cdot z^{n-1})$$

Diese Pole berechnet man durch Lösen von Gleichungen; die Residuen sind jeweils die mit -1 indizierten Koeffizienten der Laurentreihe, die man um den in Frage stehenden Pol herum entwickelt.

Mit diesem Umweg über die Laurentreihen können Sie auch als Besitzer von Mathcad 3.1 bzw. 5.0 alle Dokumente auf der Diskette nachvollziehen, wenn die Transformationsfähigkeiten von PLUS 5.0 verwendet werden. In manchen Fällen, in denen Mathcad mit den Transformationen nicht mehr zu Rande kommt, werden sie ohnehin auch vom PLUS-5.0-Besitzer in dieser Form durchgeführt werden müssen. In seltenen Fällen allerdings, wenn Dezimalzahlen als Koeffizienten der Laplace- oder z-Transformierten erscheinen, nützt nur noch »händische« Partialbruchzerlegung.

Im Dokument REGEL2.MCD in Abschnitt 9 sehen Sie ein Beispiel für eine derartige Rücktransformation.

Inverse z-Transformation mit Residuen (difzgl_b.mcd)

Lösen einer linearen Differenzengleichung mit konstanten Koeffizienten:

Definition: Für eine Folge $f = <f_n>_{No}$ heißt (die Laurentreihe)

$Z(f) = F(z) = f_0 + f_1 \cdot z^{-1} + f_2 \cdot z^{-2} + \ldots$ (z aus C)

(einseitige) z-Transformierte von f, falls die Reihe konvergiert.

Eigenschaften:

$Z(\alpha \cdot f + \beta \cdot g) = \alpha \cdot Z(f) + \beta \cdot Z(g) = \alpha \cdot F(z) + \beta \cdot G(z)$ ... Linearität (α, β aus C)

$Z(<f_1, f_2, \ldots>) = Z(<f_{n+1}>_{No}) = z \cdot Z(f) - f_0 \cdot z = z \cdot F(z) - f_0 \cdot z$ ... Differenzenformel

$Z(<f_{n+2}>_{No}) = z^2 \cdot Z(f) - f_0 \cdot z^2 - f1 \cdot z$ etc.

Umkehrtransformation:

$$f_n = \frac{1}{2\pi j} \oint F(z) z^{n-1} dz = \sum_{Pole(F(z))} (Residuen(F(z) \cdot z^{n-1}))$$

<u>Bsp:</u> (Fibonacci-Zahlen, Vermehrung der Kaninchen) Anfangswertaufgabe: Differenzengleichung 2. Ordnung und Anfangswerte

$f_{n+2}=f_{n+1}+f_n$ Differenzengleichung

$f_0=0 \quad f_1=1$ Anfangswerte

Aus der Linearität und der Differenzenformel folgt:

$$Z(f_{n+2})=Z(f_{n+1})+Z(f_n)$$

$z^2\cdot F - f_0\cdot z^2 - f_1\cdot z = z\cdot F - f_0\cdot z + F$ Mit den Anfangswerten folgt:

$z^2\cdot F - z = z\cdot F + F$ *Nach Variable auflösen* (F) und zur Definition F(z) ergänzen

$$F(z) := \frac{z}{(z^2 - z - 1)}$$

Rücktransformation: Residuen von $F(z)\cdot z^{n-1}$

Pole von F(z):

$z^2 - z - 1 = 0$ *Kopieren*, zur Gleichung ergänzen; *Nach Variable auflösen* (z)

$$\begin{bmatrix} \frac{1}{2}+\frac{1}{2}\cdot\sqrt{5} \\ \frac{1}{2}-\frac{1}{2}\cdot\sqrt{5} \end{bmatrix}$$

Residuum im Pol: $\frac{1}{2}+\frac{1}{2}\cdot\sqrt{5}$

$\frac{z}{z^2-z-1}\cdot z^{n-1}$ Transformation des Pols in den Ursprung mit: $u = z - \left(\frac{1}{2}+\frac{1}{2}\cdot\sqrt{5}\right)$

Nach Variable auflösen (z) $u+\frac{1}{2}+\frac{1}{2}\cdot\sqrt{5}$

$\frac{z}{z^2-z-1}\cdot z^{n-1}$ *Nach Variable ersetzen* (z)

$$\frac{\left(u+\frac{1}{2}+\frac{1}{2}\cdot\sqrt{5}\right)}{\left[\left(u+\frac{1}{2}+\frac{1}{2}\cdot\sqrt{5}\right)^2 - u - \frac{3}{2} - \frac{1}{2}\cdot\sqrt{5}\right]}\cdot\left(u+\frac{1}{2}+\frac{1}{2}\cdot\sqrt{5}\right)^{(n-1)}$$ *Reihenentwicklung* (Grad 2)

$$\left[\frac{1}{5}\cdot\left(\frac{1}{2}+\frac{1}{2}\cdot\sqrt{5}\right)\cdot\sqrt{5}\cdot\left(\frac{1}{2}+\frac{1}{2}\cdot\sqrt{5}\right)^{(n-1)}\right]\cdot u^{(-1)} + O(1)$$

$$\left[\frac{1}{5}\cdot\left(\frac{1}{2}+\frac{1}{2}\cdot\sqrt{5}\right)\cdot\sqrt{5}\cdot\left(\frac{1}{2}+\frac{1}{2}\cdot\sqrt{5}\right)^{(n-1)}\right]$$ Residuum im Pol: $\frac{1}{2}+\frac{1}{2}\cdot\sqrt{5}$

Residuum im Pol: $\frac{1}{2}-\frac{1}{2}\cdot\sqrt{5}$

$\frac{z}{z^2-z-1}\cdot z^{n-1}$ Transformation des Pols in den Ursprung mit: $u=z-\left(\frac{1}{2}-\frac{1}{2}\cdot\sqrt{5}\right)$

Nach Variable auflösen (z) $u+\frac{1}{2}-\frac{1}{2}\cdot\sqrt{5}$

$\frac{z}{z^2-z-1}\cdot z^{n-1}$ *Nach Variable ersetzen* (z)

$$\frac{\left(u+\frac{1}{2}-\frac{1}{2}\cdot\sqrt{5}\right)}{\left[\left(u+\frac{1}{2}-\frac{1}{2}\cdot\sqrt{5}\right)^2-u-\frac{3}{2}+\frac{1}{2}\cdot\sqrt{5}\right]}\cdot\left(u+\frac{1}{2}-\frac{1}{2}\cdot\sqrt{5}\right)^{(n-1)}$$ *Reihenentwicklung* (Grad 2)

$$\left[\frac{-1}{5}\cdot\left(\frac{1}{2}-\frac{1}{2}\cdot\sqrt{5}\right)\cdot\sqrt{5}\cdot\left(\frac{1}{2}-\frac{1}{2}\cdot\sqrt{5}\right)^{(n-1)}\right]\cdot u^{(-1)}+O(1)$$

$$\left[\frac{-1}{5}\cdot\left(\frac{1}{2}-\frac{1}{2}\cdot\sqrt{5}\right)\cdot\sqrt{5}\cdot\left(\frac{1}{2}-\frac{1}{2}\cdot\sqrt{5}\right)^{(n-1)}\right]$$ Residuum im Pol: $\frac{1}{2}-\frac{1}{2}\cdot\sqrt{5}$

Lösung: $n:=0..6$

$$f_n:=\frac{1}{5}\cdot\left(\frac{1}{2}+\frac{\sqrt{5}}{2}\right)\cdot\sqrt{5}\cdot\left(\frac{1}{2}+\frac{1}{2}\cdot\sqrt{5}\right)^{(n-1)}\ldots+\frac{-1}{5}\cdot\left(\frac{1}{2}-\frac{1}{2}\cdot\sqrt{5}\right)\cdot\sqrt{5}\cdot\left(\frac{1}{2}-\frac{1}{2}\cdot\sqrt{5}\right)^{(n-1)}$$

$$f=\begin{bmatrix}0\\1\\1\\2\\3\\5\\8\end{bmatrix}$$

Übung 4.1

Geben Sie sich je eine einfache Differential- bzw. Differenzengleichung vor und versuchen Sie sie auf diesem Weg zu lösen!

Neben linearen Differenzen- und Differentialgleichungen treten natürlich gelegentlich auch nichtlineare Gleichungen auf. Sie können mit Mathcad numerisch gelöst werden. Differenzengleichungen stellen ohnehin schon den iterativen Algorithmus dar, mit dem man sie löst, Differentialgleichungen müssen Sie entweder vorbereitend diskretisieren, oder Sie bedienen sich einer der in Mathcad implementierten Methoden zu ihrer Lösung (vgl. Abschnitt 1.5).

Die Dokumente `UMWELT.MCD` und `REAKT3.MCD` zeigen Beispiele dafür.

Bereits im zitierten Abschnitt 1.5 wurde anläßlich der Behandlung numerischer Verfahren zum Lösen von gekoppelten Differentialgleichungssystemen ein biologisches

Modell beschrieben. Volterra erfaßte als erster die Wechselwirkung zwischen Räubern und Beutetieren mathematisch in Form eines nichtlinearen Differentialgleichungssystems.

Dieses Beispiel ist im Dokument `DGLSYS.MCD` bzw. für Mathcad PLUS 5.0 in `DGLSYS1.MCD` gelöst.

Selbstverständlich sind auch für Chemiker und Biologen wieder alle Spielarten von Ausgleichsrechnung interessant. In der Reaktionskinetik finden Sie Beispiele dafür. Zuletzt zeigt die HMO-Theorie, daß Chemiker auch die Fähigkeiten, die Mathcad in Bezug auf Vektor- und Matrizenrechnung hat, gut verwenden können.

4.1 Biologie

4.1.1 Vermehrung der Kaninchen

Zu Beginn dieses Abschnittes wollen wir das altbekannte Problem der Kaninchenvermehrung, wie es schon Fibonacci (eigentlich Leonardo Pisano) um 1200 herum formuliert hat, lösen. Wir verwenden allerdings modernere mathematische Methoden und die Hilfe von Mathcad.

Die verwendeten Methoden können Sie im Mathcad-Dokument `KANIN.MCD` studieren.

Fibonacci geht von zwei Hypothesen aus.

- Ein erwachsenes Kaninchenpaar bringt jedes Monat ein Paar junger Kaninchen zur Welt.
- Kaninchen brauchen 2 Monate um die Geschlechtsreife zu erlangen.

Beginnen wir mit einem jungen Kaninchenpaar, das in einem Monat die Geschlechtsreife erlangt, so ergibt sich das in Bild 4.1 gezeigte Vermehrungsschema.

Monat	Erwachsene Paare	Junge Paare	Paare insgesamt
1	0	1	1
2	1	1	2
3	1	2	3
4	2	3	5
5	3	5	8
6	5	8	13

Bild 4.1: Vermehrungsschema der Kaninchen

Aus diesem Schema ersehen wir, daß die Vermehrung einem einfachen Gesetz gehorcht. Wenn wir mit f_n die Gesamtanzahl der Kaninchen im Monat n bezeichnen und mit den Anfangswerten $f_0 = 0$ (für den fiktiven Monat 0) und $f_1 = 1$ beginnen, dann können wir die Vermehrung mit dem folgenden Gesetz beschreiben:

$$f_{n+2} = f_{n+1} + f_n$$

Mathematisch handelt es sich um ein Anfangswertproblem. Es läuft darauf hinaus, eine lineare Differenzengleichung mit konstanten Koeffizienten zu lösen. Was heißt in diesem Fall lösen? Nun, momentan können Sie die Glieder dieser Folge nur rekursiv mit Hilfe der oben angegebenen Formel berechnen – ein Glied nach dem anderen. Lösen heißt, für das unbekannte Glied f_n der Folge eine Beschreibung zu finden, die nur mehr von n abhängt. Erst damit können Sie unmittelbar berechnen, wieviele Kaninchen es nach beispielsweise 20 Monaten geben wird. Wie könnten wir dabei vorgehen?

Mathcad PLUS 5.0 bietet zum Lösen derartiger Differenzengleichungen die z-Transformation an. Damit ist das Problem relativ leicht in den Griff zu bekommen.

Im einzelnen müssen Sie (bei bereits aktiviertem Symbolprozessor) folgende Schritte durchführen:

- Mathcad wünscht sich die Differenzengleichung in der Form $f(n+2) = f(n+1) + f(n)$, um sie bearbeiten zu können. Nun müssen Sie Mathcad mitteilen, durch welche Variable die Beschreibung des Gliedes f_n der Folge ausgedrückt werden soll. Diese Variable (in unserem Fall n) ist mit dem Balkencursor zu markieren!
- Rufen Sie jetzt die z-Transformation auf (Menü SYMBOLIK, Option TRANSFORMATIONEN). Mathcad führt die Transformation durch und verwendet für die z-Transformierte der Folge f die Bezeichnung *ztrans*($f(n)$, n, z). Diese Bezeichnung ist zwar informativ, aber nicht besonders glücklich gewählt. Sie sollten nämlich nun die Gleichung nach diesem Ausdruck auflösen. Mathcad weigert sich aber, eine Gleichung mit NACH VARIABLE AUFLÖSEN nach einem Ausdruck aufzulösen. Aufgelöst kann nur nach einer Variablen werden. Es bleibt nichts anderes übrig, als diesen Ausdruck zu löschen (Menü BEARBEITEN) und durch eine Variable (etwa F) zu ersetzen.
- Jetzt erst können Sie die Gleichung auflösen (F markieren und NACH VARIABLE AUFLÖSEN).
- Alternative zu den beiden letzten Schritten ist der »Symbolische Lösungsblock«; er bewältigt auch die Auflösung nach Funktionen! Damit diese Alternative funktioniert, muß SmartMath im Menü RECHNEN aktiviert sein. SmartMath verlangsamt aber leider das Laden des Dokuments und die Berechnungen erheblich! Im Dokument werden beide Varianten gezeigt.
- Nach dem Einsetzen der Anfangswerte berechnet Mathcad mit der Option INVERSE Z-TRANSFORMATION das gewünschte Ergebnis.

- Damit Sie mit dem Ergebnis weiterarbeiten können (Wertetabelle, Graph etc.), sollten Sie noch eine Definition voranstellen. Sie umschließen den Ausdruck mit der Auswahlbox, drücken die Taste <Einfg> und ergänzen mit f_n (n muß vorher definiert werden!).

Im Anschluß an diese Berechnung wollen wir noch klären, ob sich die Vermehrung der Kaninchen durch einen prozentuellen Zuwachs ausdrücken läßt. Wenn wir die prozentuellen Zuwächse für die ersten Monate berechnen, könnten wir vermuten, daß sie einem Grenzwert zustreben (vgl. Bild 4.2).

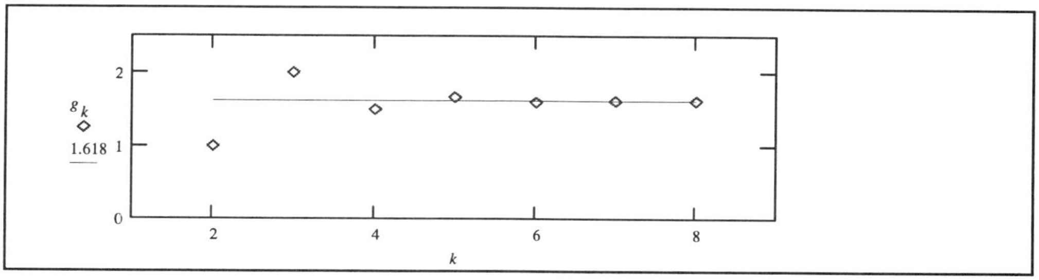

Bild 4.2: Monatlicher Zuwachs der Kaninchenpopulation und Grenzwert

Wie können wir diesen Grenzwert des Populationszuwachses pro Monat eruieren? Durch Umformen der Differenzengleichung ergibt sich eine einfache Gleichung für die Zuwächse der Population von Monat zu Monat. Da der Grenzwert derselben Gleichung genügen muß, ermitteln wir ihn einfach durch Auflösen dieser Gleichung!

⇨ Mathcad-3.1/5.0-Besitzer können den in der Einleitung zitierten Lösungsweg (Dokument `DIFZGL_Z.MCD`) gehen!

Übung 4.2

Vervollständigen Sie das Dokument `DIFZGL_Z.MCD` ausschließlich mit Mathcad-5.0-Methoden nach dem Muster von `KANIN.MCD`.

4.1.2 Selbstmord durch wachsende Umweltbelastung

Niemand wird bestreiten, daß die Belastung unserer Umwelt ein immer größer werdendes Problem darstellt. Durch Konstruktion eines vereinfachten Modells wollen wir Auskunft darüber erhalten, welche Rückwirkung die Umweltverschmutzung U auf das Bevölkerungswachstum x haben kann.

Das Modell geht von einer konstanten Geburtenrate $g = 15\%$ aus. Die Sterberate hingegen wird vom Ausmaß der Umweltbelastung abhängig gemacht. Im Beispiel, das wir im Dokument durchrechnen, beträgt die Sterberate s_0 ursprünglich nur ein Drittel der Geburtenrate; sie wächst aber pro Populations- und Umweltverschmutzungseinheit um $z_s = 1\%$. Die Umweltverschmutzung haben wir, beginnend bei $U_0 = 0$, ebenfalls mit einer Steigerung von 1% (z_U) veranschlagt. Beginnen wir die Berechnung bei einer Anfangspopulation $x_0 = 40$, so erhalten wir die in Bild 4.3 dargestellten Verläufe für das Bevölkerungswachstum x_i und die Zunahme der Umweltverschmutzung U_i in Abhängigkeit von den Zeitschritten i (z.B. Jahre). Der Algorithmus, demnach wir die Berechnung durchführen, ist eine Iteration:

$$\begin{pmatrix} x_{i+1} \\ U_{i+1} \end{pmatrix} := \begin{bmatrix} x_i + g \cdot x_i - \left(s_0 + z_s \cdot U_i\right) \cdot x_i \\ U_i + z_U \cdot x_i \end{bmatrix}$$

Sie geht von der plausiblen Annahme aus, daß die Bevölkerung unbehindert pro Zeitschritt um die Geburtenrate vergrößert und um die Sterberate vermindert würde:

$$x_{i+1} = x_i + g \cdot x_i - s_0 \cdot x_i$$

Nun vergrößert sich aber die Sterberate laufend um den vom Verschmutzungsgrad abhängigen Summanden $z_s \cdot U_i \cdot x_i$. Wir erkennen, daß für $g = s_0 + z_s \cdot U_i$ ein Maximum des Wachstums erreicht sein wird; dann beginnt die Talfahrt bis hin zur unausweichlichen Selbstausrottung der Population.

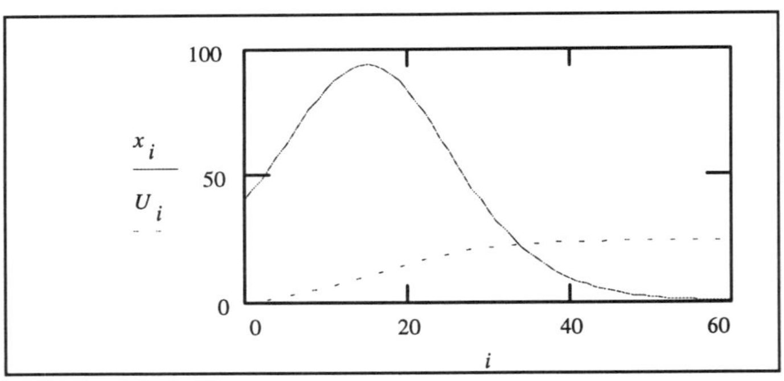

Bild 4.3: Bevölkerungswachstum versus Umweltverschmutzung

Das Dokument `UMWELT.MCD` zeigt Ihnen die Behandlung dieses Problems mit Mathcad.

Um ein wenig Optimismus in das Geschehen zu bringen, wollen wir in einem modifizierten Modell annehmen, daß die Gefahr irgendwann erkannt wurde und die Menschen bereit sind, die Umweltverschmutzung einzudämmen. Dieses Eindämmen wird nicht abrupt verfügt werden können; die gesetzten Maßnahmen werden erst nach und nach greifen. Sinnvollerweise wird, bei sonst gleichen Annahmen, der Verschmutzungsgrad zu Beginn der Berechnung nicht mehr mit 0 angenommen werden können. In dieser Modellvariante denken wir uns den Zuwachs der Umweltverschmutzung (z_U) nicht mehr konstant, sondern exponentiell abnehmend (bei gleichem Startwert $z_U(0) = 0.01$). Der Wert z_U wird also über eine Exponentialfunktion des Typs

$$z_U(i) = 0.01 \cdot \exp(-\tfrac{i}{\tau})$$

gesteuert, wobei τ eine Zeitkonstante darstellt, die die Abnahmegeschwindigkeit regelt.

Der Trost, der sich aus dieser Annahme für die Rettung der Menschheit ergibt, ist nicht gerade umwerfend. Bild 4.4 zeigt, wie schnell die Menschheit reagieren müßte und wie empfindlich und unterschiedlich das Wachstumsverhalten schon auf kleine Änderungen dieser Zeitkonstanten reagiert.

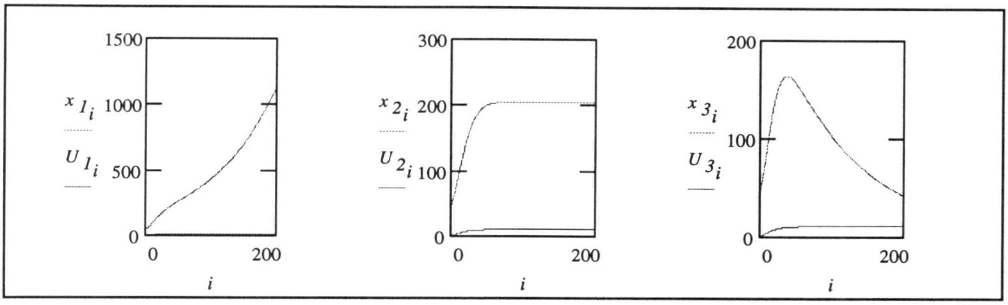

Bild 4.4: Wachstumsverhalten bei unterschiedlicher Geschwindigkeit der Eindämmung der Umweltverschmutzung

Man glaubt kaum, daß sich die drei Bilder nur dadurch unterscheiden, daß die Zeitkonstanten der Reihe nach mit 10, 11 und 12 gewählt wurden. In Halbwertszeiten übersetzt hieße das, daß der Verschmutzungszuwachs in 6.9, 7.6 bzw. 8.3 Jahren auf die Hälfte reduziert wird. Diese Unterschiede scheinen gering, die Auswirkungen sind aber frappierend. Im ersten Fall ein leichter Einbruch im Wachstum, im zweiten Fall bereits eine Sättigungsgrenze, über die das Wachstum nicht mehr hinauskommt und im dritten Fall der unvermeidliche Selbstmord.

Diese Variante des Umweltproblems ist im Dokument `UMWELT_2.MCD` festgehalten.

Übung 4.3

Experimentieren Sie im Dokument `UMWELT_2.MCD` mit den übrigen Parametern.

4.2 Chemie

4.2.1 Chemische Reaktionen 1. Ordnung

Chemische Reaktionen 1. Ordnung werden durch die Differentialgleichung

$$\frac{dx(t)}{dt} = k \cdot x(t)$$

beschrieben. Um Fragestellungen, die den Chemiker dabei interessieren, bearbeiten zu können, müssen wir zunächst diese Differentialgleichung lösen. Schon dabei, wie auch bei den anschließenden Umkehrungen der Fragestellung, zeigt sich, daß alle Aufgaben in allen Mathcad-Versionen gelöst werden können; die Wege dorthin sind aber sehr verschieden.

Im Mathcad-Dokument `REAKT1.MCD` können Sie verfolgen, wie die Probleme mit Version 5.0 gelöst werden können. Auch 3.1-Anwender können diese Lösungswege gehen; lediglich die unbestimmten Integrale wären durch den Aufruf der Option NACH VARIABLE INTEGRIEREN zu ersetzen.

`REAKT1_P.MCD` löst dieselben Probleme mit PLUS 5.0.

Für das Lösen der Differentialgleichung in Version 5.0 bietet sich an, den üblichen mathematischen Lösungsweg nachzuvollziehen. Wir trennen die Variablen, setzen auf beiden Seiten ein Integralzeichen davor und lassen Mathcad die gesamte Gleichung symbolisch integrieren. Dieser Weg ist ausbaufähig. Er hilft uns später auch bei Reaktionen höherer Ordnung. In der Version PLUS 5.0 können wir die Laplacetransformation einsetzen, die allerdings dann bei Reaktionen höherer Ordnung nicht mehr verwendbar ist.

Das erste Beispiel erprobt diese Lösung an einem Verdünnungsvorgang. Ein Behälter, in dem sich eine Salzlösung befindet, wird von reinem Wasser durchflutet. Ein- und Ausflußmenge sind gleich groß. Wir fragen uns nach dem zeitlichen Verlauf der Salzkonzentration. Da die Abnahme der Salzmenge proportional der gerade vorliegenden Salzmenge ist, entspricht dieser Verdünnungsvorgang der angegebenen Differentialgleichung. Der Wasserdurchsatz liefert unmittelbar die Geschwindigkeitskonstante, die Salzmenge zu Beginn ist bekannt. Der Lösung der Differentialgleichung steht nichts mehr im Wege. Die Salzverdünnung (und damit auch die Abnahme der Konzentration) zeigt das gewohnte Bild (vgl Bild 4.5).

Durch simples Lösen einer Exponentialgleichung können wir zum Schluß noch berechnen, daß die Salzmenge nach 138.6 Sekunden den halben Ausgangswert erreicht hat (Halbwertszeit).

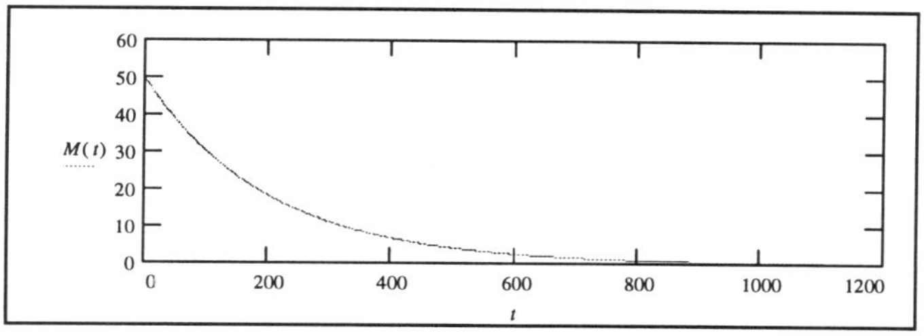

Bild 4.5: Zeitlicher Verlauf der Verdünnung des Salzes

Im zweiten Beispiel wollen wir von einer Messung ausgehen. Die Hydrolyse von Dibrombernsteinsäure ist eine Reaktion 1. Ordnung. Wir haben allerdings nur einige Meßwerte zur Verfügung, die die zeitliche Abnahme der Säuremenge darstellen.

Zeit t (min	5	10	20	30	40	50
Säuremenge m (g)	2,91	2,51	1,83	1,35	0,99	0,72

Wir wollen, wieder für beide Mathcad-Versionen getrennt, die wahrscheinlichsten Werte für die Geschwindigkeitskonstante und die Anfangssäuremenge bestimmen. Da der Reaktionsverlauf und damit der Kurventyp (Exponentialfunktion) bekannt ist, können wir versuchen, die gewünschten Daten aus einem (nichtlinearen) Fit der Funktion zu beziehen. In PLUS 5.0 (Dokument `REAKT1_P.MCD`) steht für den nichtlinearen Ausgleich von Meßdaten die Funktion *genfit* zu Verfügung. Ihre Handhabung (in Abschnitt 1 beschrieben) erscheint in diesem Fall komplizierter als der Weg, den wir in 5.0 (Dokument `REAKT1.MCD`) einschlagen müssen und natürlich auch in PLUS 5.0 gehen könnten. Wir linearisieren das Problem durch Logarithmieren der Exponentialfunktion. Die Meßwerte für die Säuremengen sind ebenfalls zu logarithmieren. Für die Ermittlung des Anstieges und des Ordinatenabschnittes der »Besten Geraden« durch die (zum Teil logarithmierten) Meßwerte können wir nun problemlos die Mathcad-Funktionen *neigung* und *achsenabschn* verwenden. Die Fitfunktion zeigt uns die gewünschten Parameter und ein Graph gestattet eine optische Kontrolle der Qualität der Näherung (vgl. Bild 4.6).

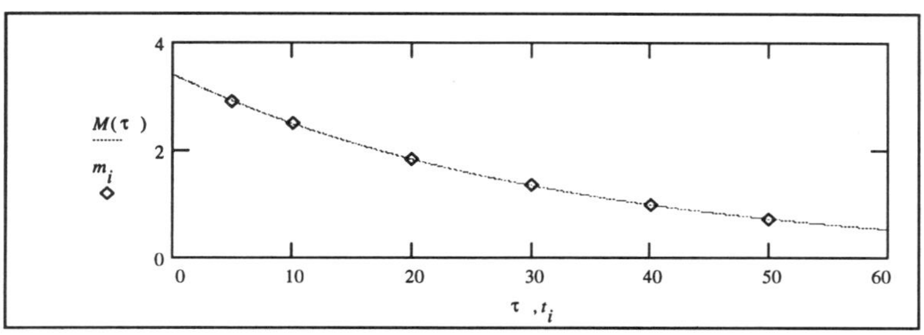

Bild 4.6: Hydrolyse der Dibrombernsteinsäure; Meßwerte und Fit

Die kleinen Unterschiede in den Ergebnissen der beiden Methoden rühren daher, daß *genfit* die echten Meßdaten fittet, während die »Beste Gerade« dem Fit die Logarithmen der Ordinatenwerte zugrundelegt. Die zweite Methode ist also schon vom Ansatz her nicht ganz präzise; die Abweichungen sind aber im allgemeinen unterhalb der Meßgenauigkeit.

In Ausnahmefällen (erhebliche Unterschiede in der Größenordnung der Meßwerte) könnten Sie das Problem haben, daß die Fitparameter doch zu ungenau sind. Auch dafür gibt es eine Lösung mit Mathcad! Sie betrachten die (ungenauen) Werte des Fits, den die »Beste Gerade« liefert als Startwerte für eine exakte Näherung. Für diese exakte Näherung bietet sich die Minimal-Fehlerquadrat-Methode von Gauß an, die Sie mit der *minfehl*-Funktion von Mathcad im Griff haben. Damit ist es leicht, die fraglichen Parameterwerte zu verbessern.

Diese Vorgehensweise ist am Ende des Dokuments `REGRESS.MCD` beschrieben. Der hier angesprochene Teil des Dokuments verwendet nur 5.0-Methoden!

Im 3. Beispiel sollen Sie sehen, wie ein Differentialgleichungssystem gelöst werden kann. Eine Reaktion 1. Ordnung soll unmittelbar anschließend eine Folgereaktion (ebenfalls 1. Ordnung) auslösen. Das zugrundeliegende Differentialgleichungssystem ist linear und kann daher mit der Laplacetransformation elegant gelöst werden:

$$\frac{dx(t)}{dt} = k_1(M_0 - x(t))$$

$$\frac{dy(t)}{dt} = k_2(x(t) - y(t))$$

Die mengenmäßige Abnahme des Ausgangsstoffes M verhält sich dabei, wie Sie es erwarten bzw. wie es oben in Beispiel 1 bereits gezeigt wurde. Die aus M erzeugte Menge des Zwischenproduktes x setzt aber sofort bei ihrer Entstehung die Erzeugung des Endproduktes y in Gang. Welche Funktionen beschreiben die Mengen x und y bzw. $x - y$ als Funktionen der Zeit t?

Wieder müssen wir die Aufgabe je nach Mathcad-Version unterschiedlich lösen. Wir unterwerfen beide Gleichungen der Laplacetransformation (in 5.0 leicht händisch durchzuführen). Die beiden entstehenden algebraischen Gleichungen können wir in PLUS 5.0 mit einem symbolischen Lösungsblock, in 5.0 mit Matrizenrechnung lösen. Die Rücktransformation dieser Lösungen erledigt PLUS 5.0 wieder durch Aufruf der entsprechenden Option im Menü SYMBOLIK. In 5.0 gehen wir den, in `DIFGL_LA.MCD` beschriebenen Weg und führen die Laplacerücktransformation mit Hilfe der Residuenmethode selbst durch. Die Kurven, die sich (bei bestimmter Wahl der Parameter) ergeben, sehen Sie in Bild 4.7. Die Parameterwerte mit denen Bild 4.7 gezeichnet wurde stammen aus dem nachfolgenden 4. Beispiel. Eine mengenmäßige Analyse des Zwischen- und Endproduktes zweier aufeinanderfolgender Reaktionen hat zur Zeit $t = 3$ bestimmte Werte ergeben. Welche Geschwindigkeitskonstanten k_1 und k_2 ergeben sich daraus für die beiden Reaktionen?

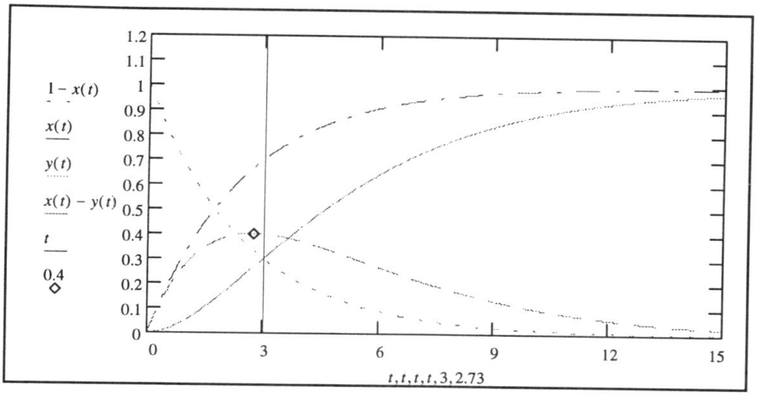

Bild 4.7: Aufeinanderfolgende Reaktionen erster Ordnung

Die Gleichung, die wir lösen müssen, um k_1 zu ermitteln, ist noch symbolisch lösbar. Wir setzen die gegebenen Werte ein, und schon ist der Wert des Parameters gefunden. Anders verhält es sich beim zweiten Parameter k_2. Um ihn bestimmen zu können, müssen wir die zweite Gleichung numerisch lösen. Die Mathcad-Funktion *wurzel* bietet dafür sicher die einfachste Variante.

In Bild 4.7 erkennen wir, daß die aktuelle Menge des Zwischenprodukts zunächst mit der Zeit steigt, dann wieder sinkt. Den dazwischenliegenden Maximalwert können wir leicht aus der Bedingung $\frac{d(y(t)-x(t))}{dt} = 0$ bestimmen. Dabei sehen wir, daß Mathcad sich weigert, die entstehende Exponentialgleichung symbolisch zu lösen. Wir können aber den symbolischen Fähigkeiten von Mathcad durch Logarithmieren der Gleichung auf die Sprünge helfen. Im Graph ist dieser Punkt, der das Maximum darstellt, markiert. Die Ordinate bei 3 gestattet die ursprünglich gegebenen Werte, aus denen die Graphen berechnet wurden, abzulesen.

4.2.2 Chemische Reaktionen 2. Ordnung

Chemische Reaktionen 2. Ordnung werden durch die Differentialgleichung

$$\frac{dx(t)}{dt} = k \cdot (a - x(t))(b - x(t)) \text{ mit } x(0) = 0$$

beschrieben. Wir wollen zunächst wieder die Gleichung abstrakt lösen. Sie ist nicht mehr linear wie die Gleichung für Reaktionen 1. Ordnung. Die Transformationsfähigkeiten von PLUS 5.0 nützen also nichts mehr! Sind die Parameter k, a und b gegeben, dann könnten wir die Lösung numerisch ermitteln (vgl. `REAKT3.MCD`). Interessanter sind aber die Umkehrungen der Fragestellung (gegebene Meßwerte, gesuchte Parameter). In diesen Fällen muß die Gleichung symbolisch gelöst werden!

Der Weg, den wir im Dokument `REAKT1.MCD` beschritten haben, läßt sich verallgemeinern. Wir trennen auch hier die Variablen x und t, setzen Integrale davor und lassen Mathcad die Gleichung symbolisch auswerten. Da Mathcad bei unbestimmten Integralen die Integrationskonstante unterdrückt, müssen wir sie beifügen (*const* im Dokument). Auflösen der Gleichung nach x ergibt bereits die Lösung, allerdings ist der Anfangswert $x(0) = 0$ noch unberücksichtigt. Durch Spezialisierung der Werte auf diese Ausgangssituation, können wir die Integrationskonstante berechnen (Auflösen der Gleichung nach *const*). Einsetzen und vereinfachen ergibt die Lösung für $x(t)$ in einer weiterverwendbaren Form:

$$x(t) = \frac{ab(1 - \exp(kt(a - b)))}{b - a\exp(kt(a - b))}$$

Nun ist es kein Problem mehr, z.B. die Geschwindigkeitskonstante k durch die übrigen Größen auszudrücken.

Ein interessanter Sonderfall ergibt sich für $b = 0$. Die entsprechende Differentialgleichung liefert in diesem Fall als Lösung ein Gesetz, das auch den Volks- und Betriebswirten unter dem Namen »Logistik-Gesetz« bestens bekannt ist und dort zur Beschreibung von Sättigungsprozessen in der Ökonomie verwendet wird.

Im Dokument `REGRESS.MCD` wird dieses Gesetz näher beleuchtet. Dem Chemiker, der eine derartige Reaktionsform zu bearbeiten hat, sei empfohlen, dort nachzusehen!

Anhand von Meßdaten, die eine Schwefelextraktion mit siedendem Benzen im Experiment ergeben hat, wollen wir zunächst die Frage klären, ob es sich dabei um eine Reaktion 1. Ordnung handeln kann. Die Meßdaten entnehmen wir der folgenden Tabelle.

Zeit t (min)	0	10	20	40	60	80
Schwefel-Konzentration (g/80g Benzen)	0	1,48	2,60	4,12	5,04	5,92

Wir linearisieren das Gesetz für die Reaktion 1. Ordnung durch Logarithmieren. Die Werte für den noch ungelösten Schwefel werden ebenfalls logarithmiert. Nun versuchen wir die »Beste Gerade« durch die Wertepaare zu legen. Bild 4.8 zeigt die »echten« Wertepaare und den wieder in Exponentialdarstellung transformierten Fit.

Selbst wenn wir der Messung 5% absolute Fehler (Die Fehlerbalken sind in den Graph eingetragen!) zubilligen, müssen wir die Annahme, daß es sich um eine Reaktion 1. Ordnung handeln könnte, fallenlassen.

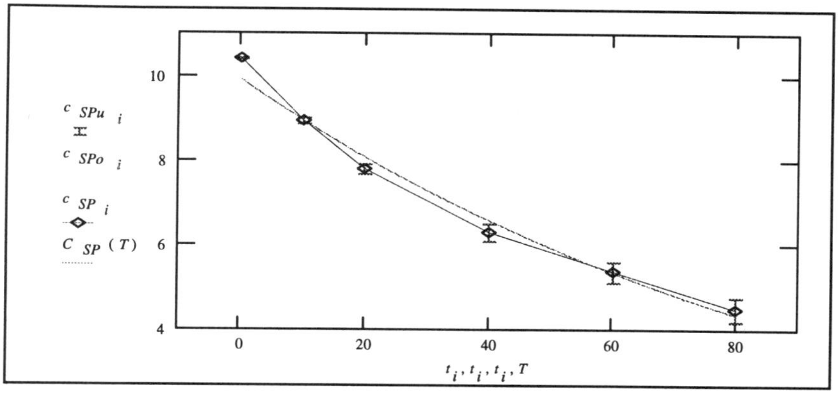

Bild 4.8: Versuch der Darstellung der Schwefelextraktion als Reaktion 1. Ordnung

Wir versuchen es mit der Annahme, die Reaktion sei 2. Ordnung. Nun können wir auf keinen von Mathcad vorgefertigten Fitalgorithmus mehr zurückgreifen. In PLUS 5.0 stünde noch die Methode *genfit* zur Verfügung (vgl. `REAKT1_P.MCD`), in Version 5.0 müssen wir uns der Mimimal-Fehler-Funktion *minfehl* bedienen. Sie ist wie geschaffen, derartige Probleme nach der Gauß'schen Methode der minimalen Fehlerquadrate zu behandeln. Mit Hilfe der oben ermittelten allgemeinen Lösung und der Meßwerte bauen wir die zu minimierende Funktion als Summe auf. Die Ausgangsmenge Schwefel (a) ist bekannt. Die fraglichen Parameter sind also b und die Geschwindigkeitskonstante k. Nach Wahl plausibler Anfangswerte kann Mathcad die Iteration beginnen. Das Ergebnis, grafisch in Bild 4.9 dargestellt, bestätigt die Annahme für die Ordnung der Reaktion.

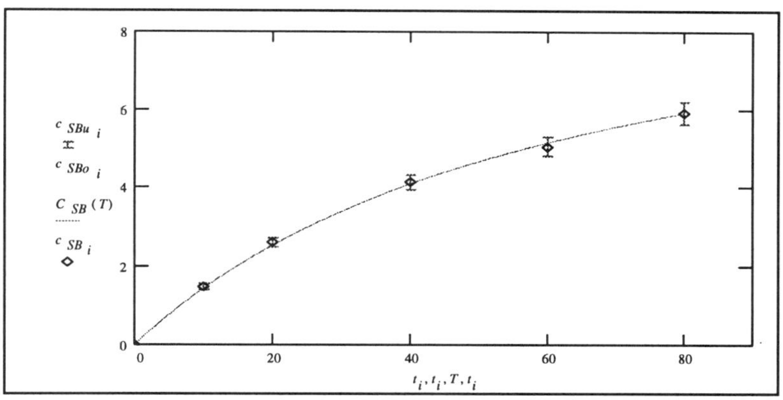

Bild 4.9: Schwefelextraktion als Reaktion 2. Ordnung

Gerechterweise muß man gestehen, daß der Parameter b sehr empfindlich auf die Wahl seines Startwertes reagiert und die Funktion für sehr unterschiedliche Werte von b noch innerhalb der Toleranzgrenzen bleibt. Daraus muß die Konsequenz gezogen werden, daß eine bindende Aussage über die Sättigungsgrenze (das ist die Bedeutung von $b = \lim x(t)$ für t gegen unendlich) nicht möglich ist.

Zuletzt wird noch unter der Zusatzannahme, daß die Sättigungsgrenze b bekannt ist, der Wert für k optimiert. Dieser Wert für die Geschwindigkeitskonstante kann dann als verläßlich angesehen werden. Der sich ergebende Graph ist optisch von dem oben gezeigten kaum unterscheidbar! Interessant ist dabei die Berechnung von k. Wir lösen die Gleichung, die die Reaktion beschreibt, nach k auf. Nun kann Mathcad durch heftigen Einsatz des Vektorisierungsoperators den Wert für k, den jedes Meßwertepaar liefert, simultan berechnen. Der Mittelwert aller dieser k-Werte ist dann die optimale Wahl.

Das Mathcad-Dokument `REAKT2.MCD` enthält alle oben beschriebenen Lösungen.

Übung 4.4
Versuchen Sie einer Reaktion 1. Ordnung eine Reaktion 2. Ordnung als Folgereaktion nachzuschalten. Welchen zeitlichen Verlauf nimmt die Produktion eines der Endprodukte?

4.2.3 Chemische Reaktionen 3. Ordnung

Chemische Reaktionen 3. Ordnung werden durch die Differentialgleichung

$$\frac{dx(t)}{dt} = k \cdot (a - x(t))(b - x(t))(c - x(t)) \quad \text{mit } x(0) = 0$$

beschrieben. Dieser Reaktionstyp tritt nicht mehr gerade häufig auf; bestenfalls erscheinen jene Sonderfälle, für die die Ausgangsmengen der Reaktionspartner (in mol) zumindest teilweise dieselben sind, also $b = c$ oder sogar $a = b = c$. Für diese Sonderfälle vereinfacht sich die Gleichung, insbesondere aber der Lösungsweg beträchtlich. Die Lösungen für diese Spezialfälle haben zwar andere Gestalt, die Wege, die wir dabei gehen können, decken sich aber weitgehend mit denen der Reaktionen 1. und 2. Ordnung.

In voller Allgemeinheit können wir für die Reaktion 3. Ordnung zwei Fragestellungen bearbeiten. Sind k, a, b und c bekannt, so können wir x durch Diskretisierung der Differentialgleichung mittels einer Iteration ermitteln. Wir lösen die Differentialgleichung also numerisch.

Um die Unterschiede der Reaktionskurve zu denen der vorausgehenden Abschnitte darzustellen zu können, sind im Graph auch noch die Kurven für eine Reaktion 1. und 2. Ordnung eingeblendet. Der besseren Vergleichbarkeit wegen wurden die -

Geschwindigkeitskonstanten so gewählt, daß alle Reaktionskurven bei 0 denselben Tangentenanstieg aufweisen (vgl. Bild 4.10; $t = \frac{i}{1000}$).

In Beispiel 2 wollen wir die Gleichung, wieder mit Trennung der Variablen, analytisch lösen. Die Vorgehensweise ist dieselbe wie bei der Reaktion 2. Ordnung; die sich ergebende Gleichung ist aber so kompliziert, daß wir sie nicht mehr nach $x(t)$ auflösen können. (Daher der oben beschriebene numerisch Weg!) Wir müssen uns in diesem Fall damit begnügen, die Zeitdauer t der Reaktion berechnen zu können, wenn alle übrigen Parameter bekannt sind.

Sonderfälle dieses Reaktionstyps sind aber auch analytisch nach $x(t)$ auflösbar. Wir wollen dies noch für den Sonderfall $a = b = c$ tun. Analog läßt sich auch der Sonderfall $b = c$ behandeln.

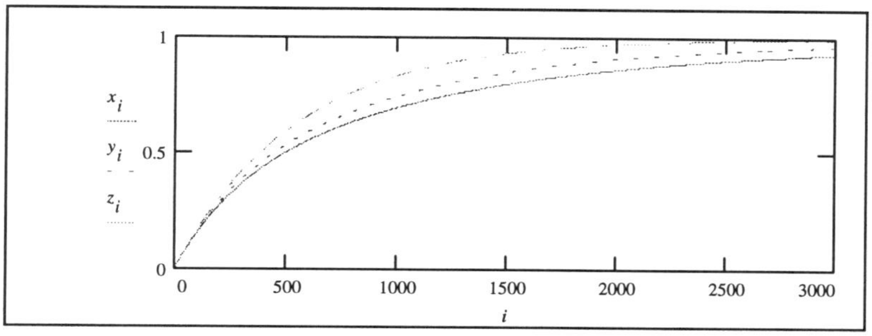

Bild 4.10: Grafischer Vergleich der Reaktion 3., 2. und 1. Ordnung (x, y und z)

Im Dokument `REAKT3.MCD` können Sie in Beispiel 1 den numerischen Weg nachvollziehen. In Beispiel 2 sehen Sie die analytische Lösung der Gleichung.

Übung 4.5

Versuchen Sie den Sonderfall $b = c$ einer Reaktion 3. Ordnung zu lösen.

4.2.4 Hückel-Molekülorbital-Theorie (HMO-Theorie)

In diesem Beitrag wollen wir Mathcads Fähigkeiten an einem Beispiel aus der Quantenchemie erproben. Erich Hückel hat, ursprünglich für organische π-Elektronensysteme (z.B. Ethen, Benzen etc.), ein empirisches Modell entwickelt, das z.B. gestattet, Aussagen über Orbitalenergien und damit über den Bindungscharakter zu machen. Die Theorie geht davon aus, daß bei ungesättigten Kohlenwasserstoffen die π-Elektronen als eigenständig betrachtet werden dürfen. Ihre Bewegung in einem Feld über den Atomrümpfen bzw. den als lokalisiert angenommenen Valenz-σ-Elektronen wird eben durch diese HMO-Theorie beschrieben.

Die HMO's ergeben sich aus Überlappungen von Atomorbitalen. Die beiden HMO's des Ethens z.B. entstehen durch Linearkombination von zwei π-Atomorbitalen der beiden C-Atome. Denkt man sich das Ethenmolekül in der x-y-Ebene liegend, so handelt es sich bei den π-Atomorbitalen um $2p_z$-Atomorbitale. Die zu den Molekülorbitalen gehörigen Orbitalenergien ergeben sich dann zu $\alpha \pm \beta$ als Eigenwerte einer die Orbitale beschreibenden Matrix. α ist dabei der sogenannte Hückel-Parameter und kann als negative atomare Ionisierungsenergie interpretiert werden; β ist für den Bindungseffekt verantwortlich. Beide Parameter sind negativ und haben die Dimension einer Energie. Das Orbital mit dem kleineren Energieniveau hat bindenden Charakter, das andere hat eine Knotenebene zwischen den Kohlenstoffatomen und ist antibindend. Die zugehörigen Eigenvektoren entsprechen dabei je einem Molekülorbital, das je zwei Elektronen aufnehmen kann. Ihre Komponenten stellen die Gewichte für die Darstellung durch die Basisfunktionen dar.

Den Ausgangspunkt für die Theorie bildet ursprünglich die Schrödingergleichung

$$\mathbf{H}\psi(x) = E\psi(x)$$

mit dem Hamiltonoperator **H**. Das Eigenwertproblem, das dadurch charakterisiert wird, reduziert sich im Falle der Beschreibung der Ethenmolekülorbitale nach Hückel auf die Frage nach den Eigenwerten der Matrix

$$\begin{pmatrix} H_{11} & H_{12} \\ H_{21} & H_{22} \end{pmatrix}$$

Die Koeffizienten stellen eigentlich Integrale der Form

$$H_{ij} = \int \varphi_i^*(x)\mathrm{H}\varphi_j(x)dx$$

mit den Basisfunktionen φ dar, die in der Hückeltheorie aber nicht explizit verwendet werden. Hückel setzt für seine Näherung voraus, daß die Basisfunktionen orthogonal sind und daß die Ionisierungsenergien für alle Kohlenstoffatome gleich sind. Es gibt also demnach nur ein α, das für Kohlenstoff charakteristisch ist. Daraus ergeben sich für die Koeffizienten H_{ij} die Gleichungen (aus der Anordnung der Atome im Ethen abgeleitet):

$$H_{11} = H_{22} = \alpha \quad \text{und} \quad H_{12} = H_{21} = \beta$$

Im Dokument `HÜCKEL.MCD` wollen wir nun zuerst die Eigenwerte (Energieniveaus) und Eigenvektoren für das lineare Molekül Ethen ermitteln. Im zweiten Beispiel soll die Theorie am ebenfalls linearen Propen erprobt werden.

Da die Eigenwerte symbolisch und nicht numerisch ermittelt werden sollen, nützen uns die eingebauten Mathcad-Funktionen nichts. Mit symbolischer Rechnung, speziell mit dem symbolischen Lösungsblock für die Ermittlung der Eigenvektoren, gelingt es uns aber dennoch relativ mühelos, alle erforderlichen Lösungsschritte von Mathcad durchführen zu lassen. Matrizenrechnung als Methode des Lösens linearer Gleichungen, aus denen sich die Eigenvektoren ergeben, versagt hier. Die Matrizen sind nämlich singulär! Eine Behandlung dieses Problems ohne den PLUS 5.0-Lösungsblock erscheint daher schwierig.

Kann man dieses Problem der Eigenwertbestimmung allgemein lösen? Betrachten wir eine lineare Kohlenwasserstoffkette mit N Kohlenstoffatomen, so ergibt sich als beschreibende Matrix eine tridiagonale Form mit α in der Hauptdiagonale und β in der Sub- bzw. Hyperdiagonale. Dies drückt aus, daß mit β jeweils zum linken und rechten Nachbarkohlenstoffatom (sofern ein Nachbar vorhanden ist) gebunden wird. Wenn wir nun die Eigenwertgleichung in matrizieller Form anschreiben, also

$$\begin{pmatrix} \alpha - E & \beta & \cdot & 0 \\ \beta & \alpha - E & \cdot & 0 \\ \cdot & \cdot & \cdot & \beta \\ 0 & 0 & \beta & \alpha - E \end{pmatrix} \begin{pmatrix} c_1 \\ c_2 \\ \cdot \\ c_N \end{pmatrix} = \begin{pmatrix} 0 \\ 0 \\ \cdot \\ 0 \end{pmatrix}$$

und diese in Einzelgleichungen auflösen, so ergibt sich ein Differenzengleichungssystem für die Komponenten c_k des Eigenvektors. Damit wir dieses System einheitlich schreiben können, führen wir am besten zwei fiktive Komponenten c_0 und c_{N+1} ein, die wir beide Null setzen.

Im Mathcaddokument `EIGEN.MCD` können Sie die Lösung dieses Anfangs-Randwert-Problems für Differenzengleichungen verfolgen.

Dieses Dokument zeigt uns den Weg, für beliebiges N die Eigenwerte (Energieniveaus) E_m ($m = 1, ..., N$) und für $k = 1, ..., N$ die Komponenten $c_{k,m}$ des (nichtnormierten) Eigenvektors zum Eigenwert E_m zu berechnen. Als Lösung ergibt sich:

$$E_m = \alpha + 2\beta \cos\left(\frac{m\pi}{N+1}\right)$$

$$c_{k,m} = const \cdot \sin\left(\frac{k\pi m}{N+1}\right)$$

⇨ Mathcad kann zwar $\sin(\alpha \cdot n)$ z-transformieren und liefert dabei richtigerweise $\dfrac{z \sin(\alpha)}{z^2 - 2z\cos(\alpha) + 1}$. Läßt man diesen Ausdruck aber rücktransformieren, so wählt Mathcad leider eine wesentlich kompliziertere Darstellung.

⇨ Auch Besitzer von Mathcad 3.1/5.0 können diese Aufgabenstellungen lösen. Lediglich die bequeme z-Transformation von PLUS 5.0 ist durch die Residuenmethode zu ersetzen, was hier aber doch einigen Aufwand bedeutet.

Im Dokument CYKL.MCD wird diese Theorie auf zyklische Kohlenwasserstoffe angewandt und am Cyclobutadien C_4H_4 erprobt.

Ein wenig Achtsamkeit sollten wir bei der Gewinnung der Eigenvektoren in diesem Beispiel walten lassen, weil ein Eigenwert doppelt auftritt. Das erhöht das Problem den vollen Satz von Eigenvektoren zu bestimmen.

Auch für zyklische Kohlenwasserstoffverbindungen gelingt es, das Eigenwertproblem allgemein zu lösen. Wieder ist eine Differenzengleichung zu lösen. Allerdings gestaltet sich die Lösung etwas schwieriger, weil nicht wie früher ein Anfangs- und ein Randwert, sondern zwei Randwerte gegeben sind.

Anhand des Dokuments CYKL_2.MCD können Sie die Lösung dieses Randwertproblems nachvollziehen.

Übung 4.6

Versuchen Sie für die Eigenwerte in CYKL_2.MCD die Eigenvektoren analog dem Weg, den wir in EIGEN.MCD gegangen sind, zu ermitteln.

5 Volks- und Betriebswirtschaft

In den Beiträgen dieses Abschnittes wollen wir zeigen, wie vielfältig die Einsatzmöglichkeiten von Mathcad beim Lösen volks- und betriebswirtschaftlicher Probleme sind. Auch die Grenzen von Mathcad sollen dabei nicht verschwiegen werden. Dies betrifft vor allem zwei Bereiche, wo sie deutlich zutage treten. Einmal im Abschnitt 5.1.3, Tilgungsplan. Mathcad bewältigt die Berechnungen zwar mühelos, aber man muß zugeben, daß es Softwarepakete gibt, die normgerechtere Darstellungen liefern (Tabellenkalkulationen). Ein zweites Mal im Abschnitt 5.1.6, Lineare Optimierung, muß man eingestehen, daß Mathcad keine adäquaten Berechnungsmethoden zur Verfügung stellt. In allen anderen Fällen wird sich zeigen, daß nur ein Algebraprogramm, wie es eben Mathcad ist, eine sinnvolle Unterstützung für die Berechnungen und die Visualisierung durch Graphen darstellt.

Neben Problemen wie Extremwertbestimmungen, die Mathcad locker durch Differentiation und Lösen von Gleichungen bewältigt, bietet es auch Funktionen an, die Regressionsrechnung zum Kinderspiel machen. Die Möglichkeit mit Mathcad Trends berechnen zu lassen, ist beim Bearbeiten mancher betriebswirtschaftlicher Probleme eine wertvolle Unterstützung. Grafische Darstellungen wie die Niveauliniendarstellung können verwendet werden, um in einem »Kostengebirge« (die Kosten hängen von 2 Größen ab) die Linien gleicher Kosten darzustellen.

Eine der großen Stärken von Mathcad ist in jedem Fall die Matrizenrechnung. Mit ihrer Hilfe können Sie auch unübersichtliche Probleme betriebs- und volkswirtschaftlicher Verflechtung ohne großen Aufwand bearbeiten. Für die Lösung dynamischer Probleme bieten sich die Laplace- und z-Transformation an (vgl. auch die Abschnitte 1 und 4). Mit ihrer Hilfe können Probleme des dynamischen Angebots- und Nachfragegleichgewichtes, der Zinseszins- und Rentenrechnung, aber auch Modelle der Volkswirtschaft gelöst werden.

5.1 Betriebswirtschaft

5.1.1 Regressionen, Sättigungsprozesse, Trends

Im nachfolgend eingebundenen Dokument `REGRES_B.MCD` wollen wir einige einfache für Betriebswirte aber grundlegende Rechenverfahren erörtern und zeigen, wie diese Problemstellungen mit Mathcad gelöst werden könnten. Immer wieder taucht die Frage auf, wie man eine Menge von Datenpunkten für die eventuell nachfolgende Berechnung zu einer Funktion ergänzen könnte. Methoden der Interpolations-, vor allem aber der Regressionsrechnung sind gefragt. Im ersten Beispiel des Dokuments sind Wertepaare für eine Nachfragefunktion vorgegeben, und Sie sollten eine lineare Regression ersten Grades (Regressionsgerade) durch diese Punkte legen. Mit Mathcad ist dieses Problem einfach zu bewältigen, weil 2 Funktionen zur Verfügung stehen, die direkt die Parameter der Regressionsgeraden liefern.

Nicht im Buch abgedruckt, aber im Dokument `REGRESS.MCD` zu finden, ist eine lineare Regression zweiten Grades (Polynom 2. Grades), die es ermöglicht, die beiden Regressionen zu vergleichen (vgl. Bild 5.1). Die Mathcad-Methode, die dabei Verwendung findet, gestattet sogar, lineare Regressionen mit beliebigen Funktionen auf einfache Art berechnen zu lassen.

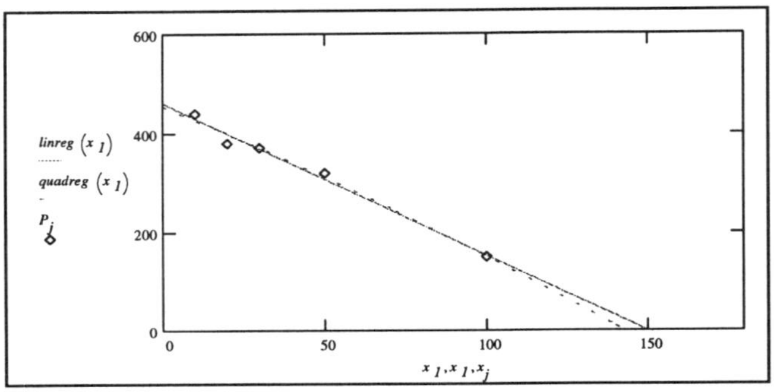

Bild 5.1: Vergleich zwischen linearer Regression ersten und zweiten Grades

Mit dieser Regressionsgeraden als Ersatz für die Nachfragefunktion können wir dann den Sättigungspunkt und zusammen mit einer gegebenen Gewinnfunktion das Betriebsoptimum und -minimum sowie die Gewinngrenzen berechnen. Diese einfachen Berechnungen sollen Ihnen nur demonstrieren, wie man die verschiedenen Mathcad-Fähigkeiten zu einer Problemlösung kombinieren kann. Immer wieder werden die Ergebnisse auch grafisch dargestellt.

In einem zweiten Beispiel, das wieder von korrespondierenden Datenpaaren (verkaufte Menge pro Kalenderjahr) ausgeht, stellen wir uns die Frage, ob aus diesen Daten eine Aussage in die Zukunft möglich ist. Wir versuchen, einen Trend zu erkennen und zahlenmäßig zu erfassen. Wieder hilft uns Mathcad mit der Funktion *prognose* aus der Verlegenheit.

Bei allem Zweifel, den wir dieser Funktion entgegenbringen können, leistet sie gute Dienste. Der Betriebswirt setzt in solchen Fällen gerne Funktionen an, die den zu vermutenden Sättigungsprozeß widerspiegeln. Es sind dies Funktionen des Typs

$$f(t) = \frac{a}{1 + b \cdot e^{c \cdot t}}$$

die leider in den unbekannten Parametern *a*, *b* und *c* nicht linear sind und daher eine Anpassung durch Regressionsrechnung problematisch machen (vgl. Abschnitt 4.2.2). Wir sind in diesem Fall gezwungen, eine Näherungsmethode zu verwenden, die Vorgaben für die Parameter (Startwerte) benötigt. Besonders empfindlich ist dieser Funktionstyp bezüglich des Startwertes für *a*. Hier kann nun die Funktion *prognose* aus der Verlegenheit helfen. Ihr Maximalwert ist sicher ein guter Startwert für den tatsächlichen Wert von *a*, der ja zugleich den Sättigungswert bedeutet.

Wenn wir nun diesen Wert für *a* annehmen, kann die Funktion durch Logarithmieren »linearisiert« werden, so daß die Mathcad-Methode »Regressionsgerade« anwendbar ist. Damit ist *c* und *b* (eigentlich zunächst ln(*b*)) ebenfalls berechnet. Sollte uns dieses Ergebnis zu wenig präzise sein (das Minimum der Quadrate der Logarithmen der Fehler ist nicht identisch mit dem Minimum der Fehlerquadrate!), so können wir die so erhaltenen Werte für *b* und *c* zusammen mit dem *prognose*-Wert für *a* als Startwerte für eine nichtlineare Näherungsmethode verwenden. Im Dokument werden auch diese Schritte noch gezeigt.

Regressionen, Sättigungsprozesse, Trends (regres_b.mcd)

Bsp1: Gegeben sei eine **Nachfragefunktion** P(x) durch die Datenpaare:

x	10	20	30	50	100
P	440	380	370	320	160

und eine **Gewinnfunktion** G(x).

Gesucht: Gewinngrenzen, das Betriebsminimum bzw. -optimum.

Lösung:

Zunächst wollen wir die Nachfragefunktion als lineare Regression $P_{linreg}(x) = k \cdot x + d$ darstellen, um deren Behandlung mit Mathcad zu zeigen.

Lineare Regression:

Datenpunkte als Vektoren definiert:

$$x := \begin{bmatrix} 10 \\ 20 \\ 30 \\ 50 \\ 100 \end{bmatrix} \qquad P := \begin{bmatrix} 440 \\ 380 \\ 370 \\ 320 \\ 150 \end{bmatrix}$$

Mathcad-Funktionen für die lineare Regression	Werte
$d := \text{achsenabschn}\,(x, P)$	$d = 461.142$
$k := \text{neigung}\,(x, P)$	$k = -3.075$

Funktionswerte in den Datenpunkten

$$k \cdot x + d = \begin{bmatrix} 430.394 \\ 399.646 \\ 368.898 \\ 307.402 \\ 153.661 \end{bmatrix}$$

Fehler in den Datenpunkten

$$P - (k \cdot x + d) = \begin{bmatrix} 9.606 \\ -19.646 \\ 1.102 \\ 12.598 \\ -3.661 \end{bmatrix}$$

Regression: $linreg(x) := k \cdot x + d$ $\quad P_l(x) := -3.075x + 461.142$

Grafische Darstellung der Regression: $x_1 := 0, 0.1 .. 180$ $\quad j := 0..4$

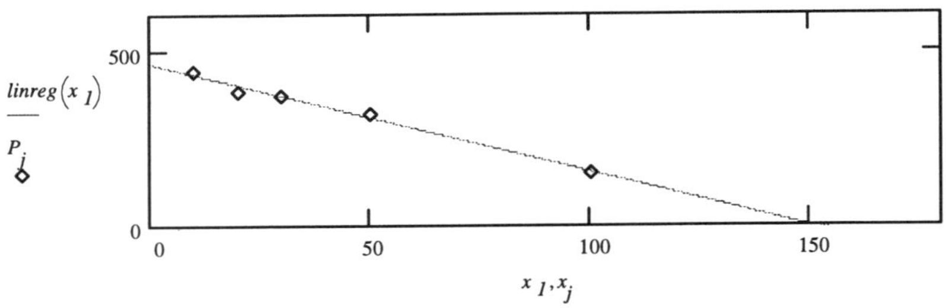

Sättigungspunkt: $k \cdot x + d = 0$ *Nach Variable auflösen* (x)

$$\frac{-d}{k} = 149.974$$

Gewinnfunktion: $G(x) := -x^3 + 22.14x^2 + 49.74x - 1414.53$

Aus G(x) = x·P(x) - K(x) ergeben sich die **Kosten** K(x) für die lineare Regression

$$K(x) := (-3.075x + 461.142) \cdot x - \left(-x^3 + 22.14x^2 + 49.74x - 1414.53\right)$$

$$K(x) := -25.215x^2 + 411.402x + x^3 + 1414.53$$

Stückkosten $K_s(x) = K(x)/x$

$$K_s(x) := \frac{-25.215x^2 + 411.402x + x^3 + 1414.53}{x}$$

Betriebsoptimum: Minimum der Stückkostenfunktion

$$\frac{-25.215x^2 + 411.402x + x^3 + 1414.53}{x}$$

Nach Variable differenzieren, Null setzen und *Nach Variable auflösen*

$$\left[\frac{(-50.43x + 411.402 + 3\cdot x^2)}{x} - \frac{(-25.215x^2 + 411.402x + x^3 + 1414.53)}{x^2}\right] = 0$$

$$\begin{pmatrix} 15.537266148357442516 \\ -1.4648830741787212582\ 6.5859451848965733271i \\ -1.4648830741787212582\ 6.5859451848965733271i \end{pmatrix}$$

Lösung für die lineare Regression (Betriebsoptimum: 15.54 Mengeneinheiten)

Betriebsoptimum: $x_1 := 0.1, 0.2..\ 50$ Laufbereich

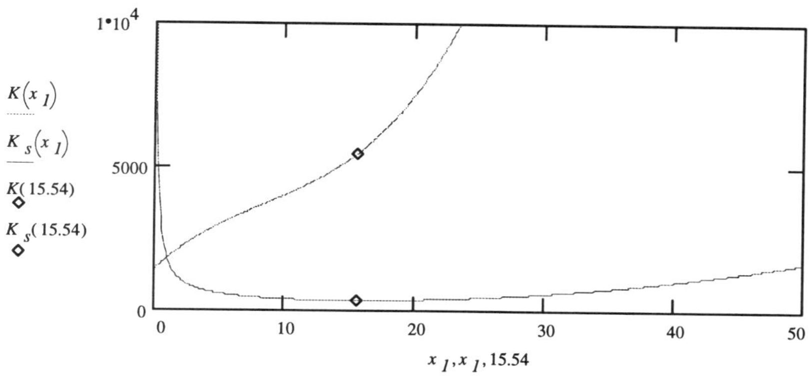

Betriebsminimum:

$K(x) := -25.215x^2 + 411.402x + x^3 + 1414.53$ Kosten

$K_v(x) := -25.215x^2 + 411.402x + x^3$ variable Kosten

$K_{s\_v}(x) := \frac{-25.215x^2 + 411.402x + x^3}{x}$ variable Stückkosten

$\frac{-25.215x^2 + 411.402x + x^3}{x}$ *Nach Variable differenzieren*, Null setzen und *Nach Variable auflösen*

$$\frac{(-50.43x + 411.402 + 3\cdot x^2)}{x} - \frac{(-25.215x^2 + 411.402x + x^3)}{x^2} = 0$$

12.6075 Lösung (Betriebsminimum: 12.6 Mengeneinheiten)

Gewinngrenzen:

$G(x) := -x^3 + 22.14x^2 + 49.74x - 1414.53$

$-x^3 + 22.14x^2 + 49.74x - 1414.53 = 0$

$$\begin{pmatrix} 21.370147080497839699 \\ -7.7600129813699113441 \\ 8.5298659008720716449 \end{pmatrix}$$

Obere Gewinngrenze: 21

Untere Gewinngrenze: 9

Graph mit Gewinngrenzen: Laufbereich $x_1 := 0, 0.1 .. 30$

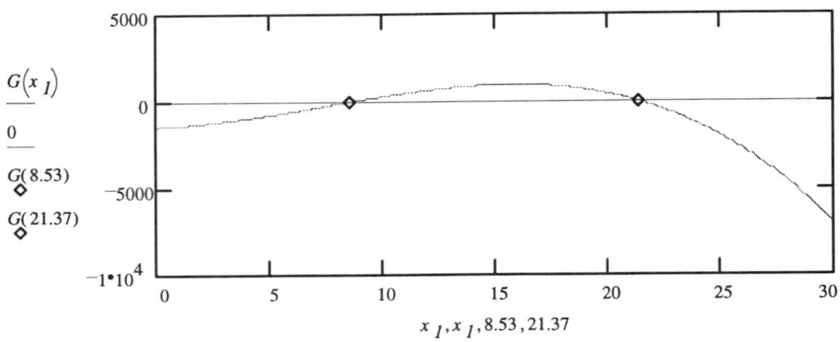

<u>Bsp2:</u> Trends und Sättigungsprozesse.

Eine über die Jahre 1988 bis 1994 geführte Statistik für die verkauften Mengen eines Produktes läßt einen Sättigungsprozeß erkennen:

Jahr	1988	1989	1990	1991	1992	1993	1994
verkaufte Mengen	9.7	18.4	27.7	38.1	49.0	58.4	66.7

Wie kann der Trend beurteilt werden und welche Möglichkeiten einer funktionalen Beschreibung des Sättigungsprozesses (für eventuelle weitere mathematische Bearbeitung) gibt es?

$N := 6$ Indexgrenze (Numerierung beginnt bei 0)

$i := 0 .. N$ Indexlaufbereich

$t_i := 1988 + i$ Zeitvariable (indiziert, nimmt nur ganzzahlige Werte an)
Vektor, der als Komponenten die Verkaufszahlen enthält

$$g := \begin{bmatrix} 9.7 \\ 18.4 \\ 27.7 \\ 38.1 \\ 49.0 \\ 58.4 \\ 66.7 \end{bmatrix}$$

Trendberechnung für 1995 bis 1998 mit Hilfe der Mathcad-Funktion *prognose*

$k := 0 .. 3$ Indexlaufbereich

$T_k := 1995 + k$ Zeitpunkte für die Prognosewerte

$G := \text{prognose}(g, 6, 4)$ Aufruf der Prognosefunktion, die aus den 7 Werten von g eine Prognose für die wahrscheinlichsten 4 Folgewerte erstellt

$$G = \begin{bmatrix} 73.493 \\ 77.036 \\ 78.125 \\ 77.016 \end{bmatrix} \quad \begin{matrix} 1995 \\ 1996 \\ 1997 \\ 1998 \end{matrix}$$ Ergebnis der Prognose

Wenn wir annehmen, daß die Nachfrage nicht zurückgeht (wie die Prognose es andeutet), sondern einem Sättigungswert zustrebt, so ist es üblich, eine Funktion der Art

$$f(\tau, a, b, c) := \frac{a}{1 + b \cdot e^{c \cdot (\tau - 1988)}}$$

anzusetzen. τ bedeutet die Zeit, a, b, c sind die Parameter der Funktion, die so bestimmt werden sollten, daß die Datenpunkte so gut wie möglich angenähert werden.
Mathematisch handelt es sich um ein **nichtlineares Problem der Ausgleichsrechnung**. Derartige Probleme können nur numerisch, also näherungsweise gelöst werden. Mathcad stellt dafür die Funktion *minfehl* zur Verfügung, die versucht, den **Fehler** beim Lösen einer Gleichung zu minimieren. Bei allen derartigen Näherungsmethoden braucht man **Startwerte**, mit denen man die Näherung beginnen will. Bei diesem Funktionstyp ist die Näherung besonders empfindlich bezüglich der Wahl des Startwertes für a. a ist genau die Sättigungsgrenze, die man erhält, wenn man τ gegen unendlich gehen läßt.
Es liegt nahe, als Startwert das Maximum des Prognosewertes zu wählen:

$a := \max(G) \qquad a = 78.125$

Ist a gewählt, so können wir die Funktionsgleichung durch Logarithmieren "linearisieren":

$$\ln\left(\frac{a}{f} - 1\right) = \ln(b) + c \cdot (\tau - 1988)$$

Setzen wir für f die Werte von g ein und korrespondierend für τ die Jahreszahlen (bei 0 beginnend), so sind die Unbekannten ln(b) (und damit ist b berechenbar) und c mit diesen Werten linear veknüpft.
Wir legen nun mit Hilfe der Mathcad-Funktionen *achsenabschnitt* und *neigung* eine lineare Regression durch die Datenpunkte (Jahr - 1988, g_1):

$g1_i := \ln\left(\frac{a}{g_i} - 1\right)$ Berechnung von g_1

$b := \exp(\text{achsenabschn}(t - 1988, g1)) \qquad b = 6.413$ Berechnung von b

$c := \text{neigung}(t - 1988, g1) \qquad c = -0.6$ Berechnung von c

Da wir nicht die echten Werte, sondern die Logarithmen zur Näherung herangezogen haben, stimmen diese Werte strenggenommen nicht, sie stellen für uns aber brauchbare Startwerte für die Näherung durch die Mathcad-Funktion*minfehl* dar.

Nichtlineare Methode der minimalen Fehlerquadrate (als Startwerte nimmt Mathcad die oben berechneten Werte für a, b und c). Da Mathcad für 3 Unbekannte auch 3 Gleichungen benötigt, fügen wir 2 "Dummy-Gleichungen" hinzu.

vorgabe

$$\sum_{n=0}^{N} \left(g_n - f\left(t_n, a, b, c\right)\right)^2 = 0$$ Gleichung für die minimalen Fehlerquadrate

$1 = 1$

$2 = 2$ "Dummy-Gleichungen"

$$\begin{pmatrix} a1 \\ b1 \\ c1 \end{pmatrix} := \mathrm{minfehl}(a, b, c)$$ "Beste" Werte für a, b und c $$\begin{pmatrix} a1 \\ b1 \\ c1 \end{pmatrix} = \begin{pmatrix} 78.106 \\ 6.172 \\ -0.59 \end{pmatrix}$$

Graph der gegebenen Werte, der Prognosewerte, der Näherung durch die ermittelte Funktion und der Sättigungsgeraden

$\tau := 1988, 1988 + 0.05 .. 2000$ Laufbereich für die Zeit

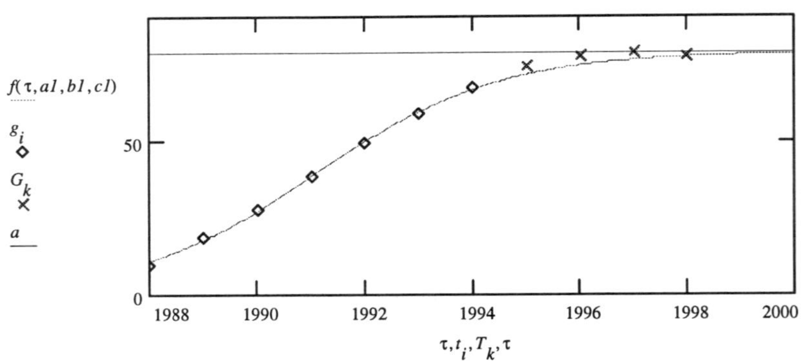

5.1.2 Optimale Losgröße bei Serienfertigung

Bei einer Serienproduktion fallen Kosten an, zum einen die Einrichtungskosten zur Vorbereitung der Serienfertigung, zum andern die Kosten für die Lagerung des nicht sofort gebrauchten Teiles einer Produktionsserie. Sollen die Kunden gleichmäßig über einen Zeitraum T mit insgesamt L Einheiten der Produktion versorgt werden, so ist es im allgemeinen unklug, die gesamte Menge L auf einmal zu produzieren. Zwar minimieren sich dabei die Kosten für das Einrichten der Serie (einmalig), die Lagerkosten werden aber beträchtlich sein, da ja das Lager im Mittel über die Zeit T mit $\frac{L}{2}$ Einheiten gefüllt ist.

Eine essentielle Frage, die sich der Produzent also stellen sollte, ist die nach der optimalen Losgröße; optimal im Sinne einer minimalen Kostensumme für das Einrichten und die Lagerung der Serie. Bild 5.2 zeigt (punktiert gezeichnet) die Situation bei einmaliger Produktion. Die Alternative dazu wäre eine Aufteilung der Produktion in n Chargen. Wir wollen nun analysieren, welche Variante das Kostenminimum darstellt.

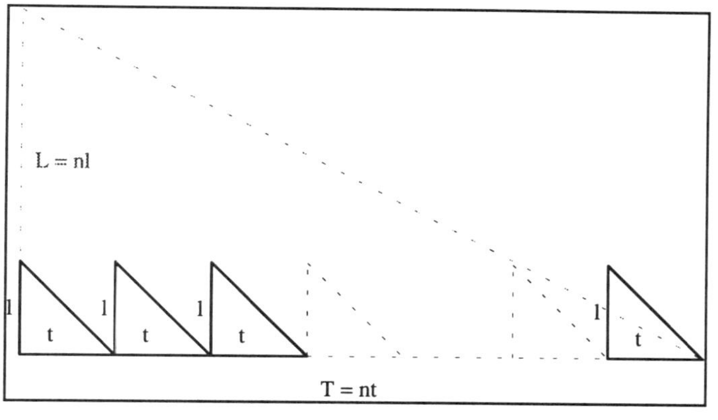

Bild 5.2: Mögliche Verteilungen der Produktion im Lager

Wird mit a der finanzielle Aufwand für die Lagerung einer Mengeneinheit pro Zeiteinheit, mit b der für die Vorbereitung einer Produktionsserie bezeichnet, so ergibt sich bei Teilung der Produktion für den finanziellen Gesamtaufwand $A(l)$:

$$A(l) = a\frac{l}{2}T + \frac{L}{l}b$$

Damit wir sofort einen Überblick über diese Kosten gewinnen, könnten wir uns nach passender Wahl der Größen in der Formel einen Graphen zeichnen lassen. Bild 5.3 zeigt Ihnen, welche Definitionen Sie treffen müssen, um den Graphen zu erzeugen.

Nun wollen wir das Minimum, das uns der Graph zeigt, analytisch (also exakt) bestimmen.

- Wir leiten die Formel mit NACH VARIABLE DIFFERENZIEREN nach l ab (l vorher mit dem Balkencursor markieren!). Nullsetzen der Ableitung liefert dann bereits die gesuchte Losgröße l.
- Ergänzen zu einer Gleichung, Markieren der Variablen l und NACH VARIABLE AUFLÖSEN, und schon ist das Problem gelöst!

$T := 20 \quad L := 50000 \quad a := 0.005 \quad b := 100 \quad A(l) := a \cdot \frac{l}{2} \cdot T + \frac{L}{l} \cdot b$

Graph der Funktion A: $l := 500, 1000 .. 50000$

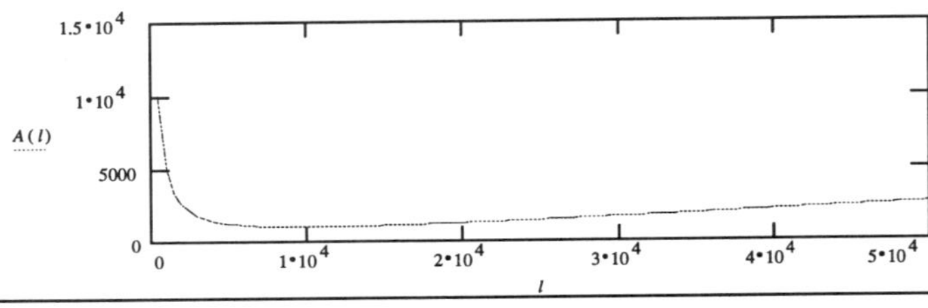

Bild 5.3: Bestimmung der Losgröße bei minimalem Kostenaufwand

Die Details dieser Berechnungen zeigt Ihnen das Dokument `OPTLOS.MCD`.

5.1.3 Tilgungsplan

Zugegeben, es gibt Spezialprogramme (Tabellenkalkulationen), mit deren Hilfe Sie ganz leicht und in optisch ansprechender (normgerechter) Form Tilgungspläne erstellen können. Mathcad ist kein Spezialprogramm, sondern ein universelles Hilfsmittel, und daher können Sie auch diese Aufgabenstellung (vielleicht nicht ganz normgerecht) lösen. Natürlich müssen Sie das Problem selbst in eine passende mathematische Form bringen.

Wie Sie das angehen könnten, zeigt Ihnen das Dokument `TILGUNG.MCD` an mehreren Beispielen.

Wir wollen annehmen, daß eine Schuld K durch (nachschüssige) Ratenzahlungen in n Jahren getilgt sein soll. Der Zinsfuß p (in % angegeben) ist bekannt.

Als erstes zeigen wir, wie einfach es ist, mittels geometrischer Reihen die Annuität zu berechnen. Durch Zerlegen der Annuität (A) in Zinsanteil (Z) und Tilgungsanteil (T) können wir dann 3 Formeln erstellen, die Mathcad nahezu unmittelbar auswerten kann.

Wir müssen nur vorher noch einen Index i samt Laufbereich (vom 1. bis zum n-ten Jahr) definieren und die Schuld K als Restschuld (R) für den Beginn des 1. Jahres festlegen.

$$R_{i+1} = R_i - (A - R_i \frac{p}{100})$$

$$Z_i = R_i \frac{p}{100}$$

$$T_i = A - Z_i$$

Nun können wir bereits die Tabellen für die 3 Anteile abrufen. Zur Illustration geeigneter als Tabellen ist aber zweifellos der Graph (Bild 5.4). Mit der Grafikoption TREPPE können wir eine Art Staffelbild erzeugen, das sehr schön die Abnahme des Zinsanteils, die Zunahme des Tilgungsanteils und das Überschreiten des Wertes K durch die Annuitäten (um genau den Wert der Zinsen) zeigt.

Das Unangenehmste an dieser ganzen Berechnung war zweifellos der Beginn mit der Berechnung der Annuität über eine geometrische Reihe. Ein großer Vorteil, den Mathcad bietet (vorausgesetzt Sie haben den AUTOMATIKMODUS im Menü RECHNEN eingeschaltet), ist die ständige Aktualisierung von Berechnungen bei Änderung von Parameterwerten. Diese Fähigkeit können wir ausnützen, um das Berechnen der Annuität zu vermeiden.

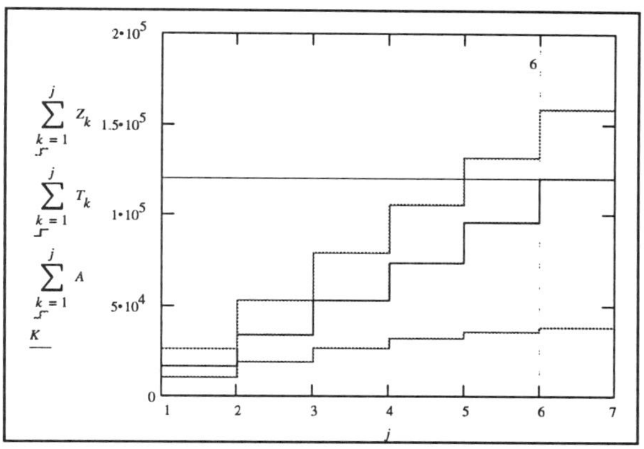

Bild 5.4: Annuität, Zins- und Tilgungsanteil

Wie? Setzen Sie einfach mit der Definition $A := 12345$ einen beliebigen Wert für die Annuität vor die Formeln. Mathcad berechnet sofort alle anderen Werte unter dieser Vorgabe neu. Am Kontrollwert $\sum T_i$ können Sie kontrollieren, wie weit Sie vom Wert K entfernt sind. Nun können Sie sich durch geschicktes Ändern der Annuität an den richtigen Wert herantasten.

5.1.4 Zinseszins als Lösung einer Differenzen- bzw. Differentialgleichung

Selbst einem Newcomer in Sachen Ökonomie wird man die Grundgleichung der Zinseszinsrechnung

$$K(n+1) = K(n) + \textit{Zinsen} = K(n) + p \cdot K(n) = K(n)(1+p)$$

plausibel machen können. (Diese Gleichung gilt nicht nur in der Ökonomie, sie stellt die diskrete Form der Grundgleichung aller Wachstums- bzw. Vermehrungsprobleme dar!)

In dieser Formel bedeuten $K(n)$ das Kapital zum Zeitpunkt n und p (meist als $100 \cdot p$ in % angegeben) den Zinssatz (Zuwachs- bzw. Vermehrungsfaktor) bezogen auf die Zeitspanne Δn (bei uns 1). Die Formel läßt nach leichtem Umbau zu

$$K(n+1) - K(n) = p \cdot K(n)$$

auch noch folgende Interpretation zu: Die Kapitalzunahme bezogen auf die Zeitspanne Δn ist proportional dem zum Zeitpunkt n vorhandenen Kapital. Damit geht die Formel nach einem Grenzübergang $\Delta n \to 0$ in die stetige Form der Wachstumsgesetze

$$\frac{d}{dn} K(n) = p \cdot K(n)$$

über (stetige Verzinsung, meist mit der Zeitvariablen t anstelle von n geschrieben). Wir sehen daraus, daß sich die Kapitalvermehrung im diskreten Fall nach einer Differenzen- im stetigen Fall nach einer Differentialgleichung verhält.

Beide Formeln beschreiben die Realität noch nicht vollständig. In beiden Fällen muß noch das Anfangskapital $K = K(0)$ (zum Zeitpunkt $n = t = 0$) angegeben werden, damit eine eindeutige Lösung zustandekommt. Wie löst man derartige Gleichungen speziell mit Mathcad?

Der Mathematiker würde beide Gleichungen unter dem Schlagwort »linear mit konstanten Koeffizienten« einordnen. Die Konsequenz daraus ist, daß die Differentialgleichung mittels Laplace-, die Differenzengleichung mittels z-Transformation lösbar ist.

Für den Fall der Differenzengleichung wollen wir die Lösung durchführen; der Weg ist im Dokument `ZINS.MCD` ausführlich beschrieben.

In aller Kürze: Folgende Schritte müssen Sie setzen:

- In der Ausgangsgleichung $K(n+1) = K(n) + p \cdot K(n)$ sollten Sie n (an irgend einer Stelle) mit dem (blauen) Balkencursor markieren.

- Nun rufen Sie im Menü SYMBOLIK unter TRANSFORMATIONEN die Z-TRANSFORMATION auf. Mathcad übersetzt die Differenzengleichung in eine algebraische Gleichung der Variablen *ztrans*(*K*(*n*),*n*,*z*).
- Nach dieser Variablen sollten Sie nun die Gleichung auflösen. Die Mathcad-Option NACH VARIABLE AUFLÖSEN kann das nicht auf Anhieb, weil es *ztrans*(*K*(*n*),*n*,*z*) für eine Funktion hält, Gleichungen aber nur nach einfachen Variablen aufgelöst werden können. Mein Vorschlag: LÖSCHEN Sie diesen Ausdruck (Menü BEARBEITEN) und tragen Sie stattdessen *ZK* ein.
- Nun steht einer Auflösung der Gleichung nach *ZK* nichts mehr im Wege (*ZK* markieren und NACH VARIABLE AUFLÖSEN im SYMBOLIK-Menü).
- Alternative zu den beiden letzten Schritten ist der »Symbolische Lösungsblock«; er bewältigt auch die Auflösung nach Funktionen! Damit diese Alternative funktioniert, muß SmartMath im Menü RECHNEN aktiviert sein. SmartMath verlangsamt aber leider das Laden des Dokuments und die Berechnungen erheblich! Im Dokument werden beide Varianten gezeigt.
- Wieder markiern Sie, diesmal die Variable z, und aktivieren INVERSE Z-TRANSFORMATION.
- Wie zu erwarten, erzeugt Mathcad mit $K(0) \cdot (1 + p)^n$ die Lösung, die noch vom Anfangswert $K(0) = K$ abhängt.

Dieses Ergebnis hätten Sie vermutlich auch ohne Mathcad gewußt. Der Sinn dieses Beispiels?

- ▶ Man kann das Beispiel ausbauen und die Formel um Ratenzahlungen erweitern. Damit schreibt sie sich: $K(n + 1) = K(n) + p \cdot K(n) + R(n + 1)$. Dabei nehmen wir an, daß die jeweilige Rate zum nächsten Zinsberechnungstermin gutgeschrieben wird. Im Dokument `ZINS.MCD` wird diese Gleichung mit denselben Methoden weiter untersucht. Damit haben Sie nun auch Ratengeschäfte im Griff.
- ▶ Sie können mit genau demselben Prozedere die Differentialgleichung, die die stetige Verzinsung beschreibt, lösen, wenn Sie nur immer anstelle der Z-TRANSFORMATION die LAPLACE-TRANSFORMATION abrufen.
- ▶ In anderen Beispieldokumenten (`DYN_NA.MCD`, `COBWEB.MCD`, `SAMUEL.MCD` etc.) werden dieselben Methoden auf allerdings kompliziertere Gleichungen und Formeln angewandt. Sie werden sich dort leichter tun, wenn Sie den Lösungsweg dieses einführenden Beispiels durchdacht haben.

Um das Ergebnis dieser Untersuchung zu illustrieren, wollen wir noch eine grafische Darstellung der Zinsentwicklung inszenieren. Bild 5.5 nimmt das gewünschte Ergebnis vorweg. Sie sehen in dieser Darstellung den Kapitalzuwachs eines Kapitals K = 100000 über 10 Jahre hinweg bei allerdings unrealistischem p = 0.2 (20%). Die tieferliegende Treppe zeigt die Zinsen und deren Zuwachs pro Jahr.

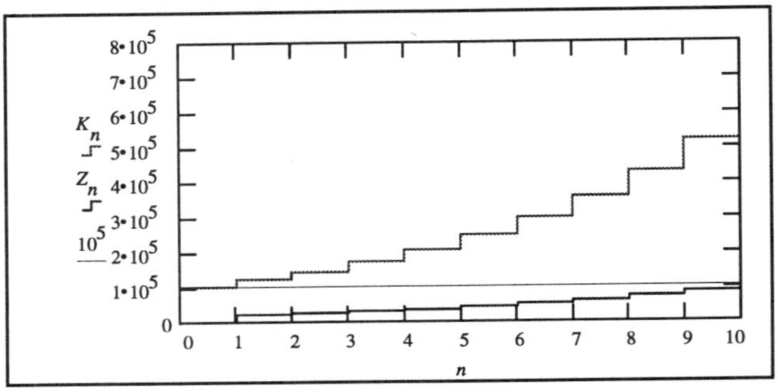

Bild 5.5: Verzinsung eines Kapitals

Wie erzeugen Sie nun diesen Graphen?

- Zunächst sollten Sie die vorgegebenen Daten in Form von Definitionen mit (Operatorpalette 1) festlegen: $K := 100000$ und $p := 0.2$.
- Als nächstes benötigen wir Laufbereichsvariable $n := 0...10$ (mit in Palette 1 erzeugt) für die Kapitalverzinsung und $j := 1...10$ für die Darstellung der Zinsen.
- Nun KOPIEREN (Menü BEARBEITEN) wir das Ergebnis der Berechnung und bauen es zu einer Funktionsdefinition aus, so daß $K_n := K \cdot (1 + p)^n$ entsteht. K(0) sollte vorher (mit <←>) in K abgeändert werden. Die Indizes erzeugen Sie am besten mit .
- Etwas problematischer ist die Darstellung der Zinsen. Ihre Definition durch $Z_j := K_j - K_{j-1}$ liegt auf der Hand. Sie erkennen, warum wir den Laufbereich für j separat gewählt haben. Hätten wir n verwendet, müßte ein K_{-1} definiert sein! Z_0 braucht daher eine Sonderdefinition! Damit ist auch Z für den gesamten Laufbereich von n definiert und für die grafische Darstellung vorbereitet.
- <@> oder das Symbol erzeugt das Rohgerüst der Grafik. Tragen Sie n auf der Abszisse, K_n, Z_n und 10^5, durch Kommata getrennt, auf der Ordinate ein.

Stellen Sie nun den Cursor frei (Anklicken eines freien Feldes im Dokument).

Es erscheint kein oder ein falscher Graph?

- Doppelklick auf den Graphen läßt ein Dialogfenster (Bild 5.6) erscheinen.
- Wählen Sie darin die in Bild 5.6 gezeigten Optionen:

Wenn Sie diese Einstellungen gewählt haben, dann müßte es klappen!

Übung 5.1

Versuchen Sie, die Differentialgleichung, die die stetige Verzinsung beschreibt, auf ähnliche Art und Weise zu bearbeiten.

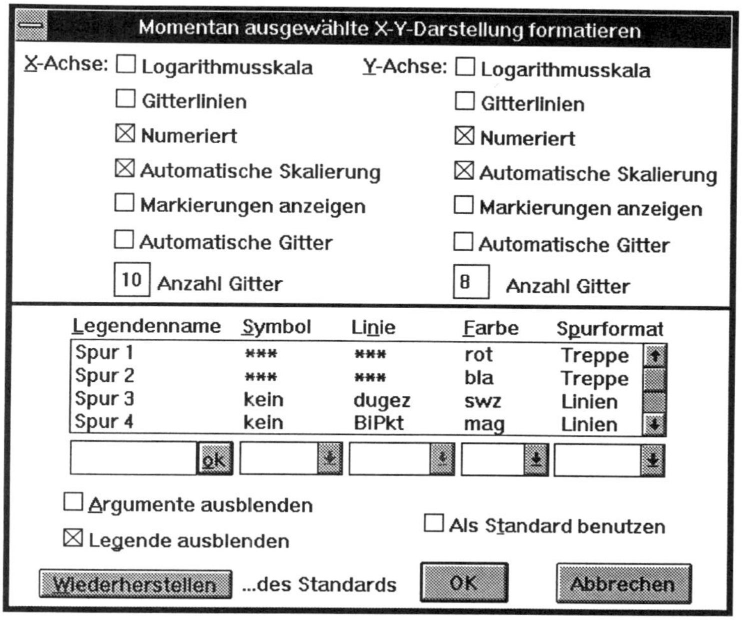

Bild 5.6: Dialogbox zum Einstellen der Grafikoptionen

5.1.5 Das Standortproblem von Steiner-Weber

Im Dokument `OPT_ORT.MCD` wird nach dem optimalen Standort eines zentralen Auslieferungslagers X gesucht.

Dabei wollen wir annehmen, daß r Produzenten P_k $(k = 1, 2, \ldots, r)$, an unterschiedlichen Standorten angesiedelt, ein zentrales Lager so anlegen wollen, daß die Summe der Transportkosten minimal wird. (Es könnte auch ein Produzent mit dislozierten Produktionsstätten sein.)

Der Einfachheit halber sollen die Verbindungen von den Produktionsstätten zum Lager als geradlinig gedacht werden können. Damit wird es möglich, die Anordnung der Standorte in ein Koordinatensystem einzubetten (vgl. Bild 5.7).

Die Entfernung des Standortes des Produzenten P_k vom Lager X sei s_k; die Koordinaten von P_k seien mit (x_k, y_k), die des Lagers X mit (x_L, y_L) fixiert. Des weiteren sollen die Transportkosten auf dem Weg s_k mit dem Gewichtsfaktor c_k bewertet sein.

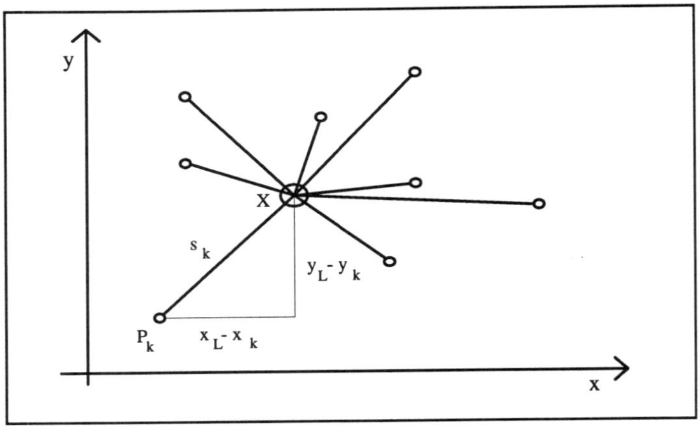

Bild 5.7: Optimaler Standort für ein Zentrallager X

Damit läßt sich der Ansatz für die Kostenfunktion K, die mimimiert werden soll, leicht als Funktion der zu bestimmenden Koordinaten x_L und y_L anschreiben:

$$s_k = \sqrt{(x_L - x_k)^2 + (y_L - y_k)^2} \quad \text{Weg für den k - ten Produzenten}$$

$$K = \sum_{k=1}^{r} c_k s_k = \sum_{k=1}^{r} c_k \sqrt{(x_L - x_k)^2 + (y_L - y_k)^2} \quad \text{Gesamttransportkosten}$$

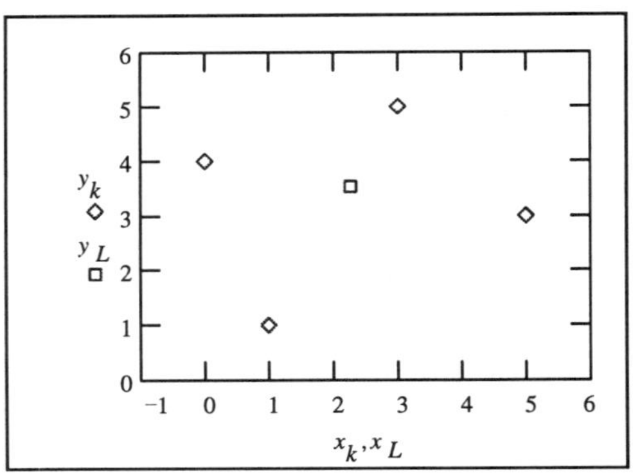

Bild 5.8: Grafische Darstellung der Lösung

Üblicherweise bildet man nun die beiden partiellen Ableitungen $\frac{\partial K}{\partial x_L}$ und $\frac{\partial K}{\partial y_L}$. Nullsetzen dieser Ableitungen und Lösen des Gleichungssystems ergibt zumindest Punkte, die für das gesuchte Minimum in Frage kommen. Sie erkennen die vorsichtige Formulierung! Es ist nämlich nicht sicher, daß diese Punkte Minima sind! Das Lösen dieses Systems hat aber noch einen weiteren Haken. Das Gleichungssystem ist nicht linear, d.h., wir müssen uns eines Näherungsverfahrens bedienen.

Kann Mathcad alle diese Probleme bewältigen?

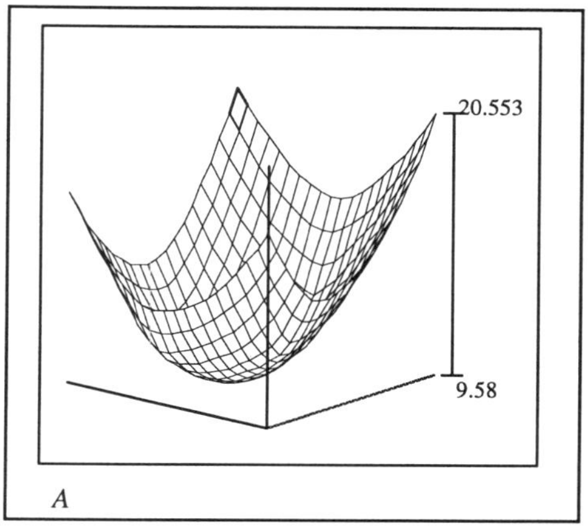

Bild 5.9: Kostenminimum

Es ist viel einfacher, als Sie glauben! Mathcad hat mit *minfehl* (vgl. Abschnitt 1) eine Funktion eingebaut, die unmittelbar gestattet (ohne den Umweg über die Ableitungen), das Minimum einer Funktion zu suchen. Wenn wir trotzdem die Ableitungen bilden, dann nur, um später die Korrektheit der Mathcad-Lösung überprüfen zu können.

Die Funktion *minfehl* wird zusammen mit der Gleichung $K = 0$ in einen Lösungsblock eingebaut (vgl. Abschnitt 1). Da wir 2 Unbekannte bestimmen wollen, braucht Mathcad auch 2 Gleichungen. Wir haben nur eine und fügen daher die »Dummy-Gleichung« $1 = 1$ hinzu.

Ein Problem, das einem nie erspart bleibt, wenn man Gleichungen numerisch lösen muß, besteht noch: Mit welchen Startwerten soll die Suche nach der Lösung begonnen werden? Bild 5.8 deutet an, daß der gesuchte Standort wohl in der »Mitte« zwischen den Produzenten liegen wird. Was also wäre naheliegender, als für den Start das jeweilige (gewichtete) Mittel der Koordinaten zu verwenden. Im Dokument ist der konkrete Fall für 4 gleichgewichtete Produzentenstandorte ausgeführt. Die Standortverteilung bildet ein konvexes Viereck, so daß man »schätzen« kann, daß die Lösung im Schnittpunkt der beiden Diagonalen liegen wird. So ist es denn auch (vgl. Bild 5.8)! Zur Überprüfung der Güte der gefundenen Lösung können wir die Werte der beiden Ableitungen berechnen lassen. Sie sollten Null ergeben!

Mathcad bietet noch eine weitere Möglichkeit der Visualisierung der Situation. Wir können die Kostenfunktion K abhängig von x_L und y_L als Fläche darstellen (vgl. Bild 5.9). Man sieht daraus, daß es nur ein Koordinatenpaar (x_L, y_L) gibt, für das K

minimal wird. Noch deutlicher wird die Situation, wenn wir die Flächendarstellung in eine Konturdarstellung umwandeln lassen. Die Niveaulinien sind in diesem Fall »Linien gleicher Transportkosten«. Wenn wir noch das Koordinatenbild danebenstellen, sieht man deutlich, wie die Transportkosten vom Lagerstandort ausgehend nach allen Richtungen hin anwachsen (vgl Bild 5.10).

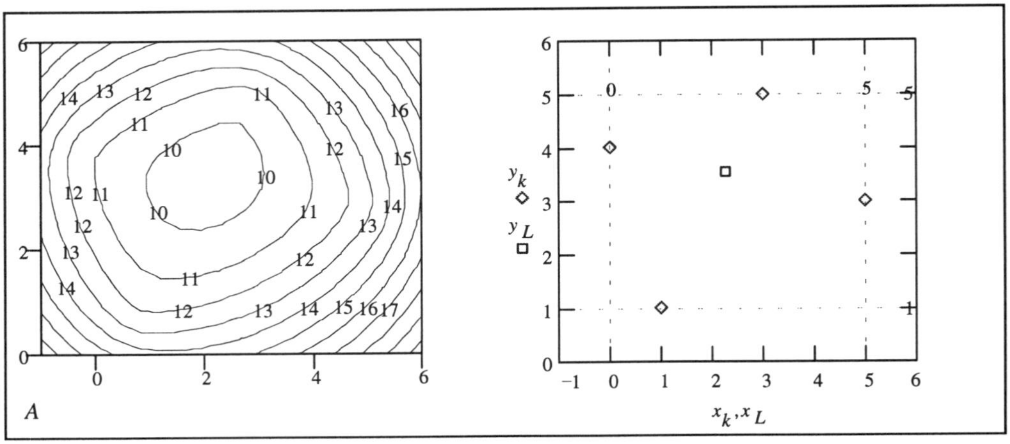

Bild 5.10: Linien gleicher Transportkosten im Vergleich zur Position des Lagers und der Produzenten

Übung 5.2

Variieren Sie die Parameter, insbesondere die Anzahl der Produzenten und die Bewertungsfaktoren für die Transportkosten.

5.1.6 Lineare Optimierung

Zum, beinahe möchte man sagen, klassischen Bestand der mathematischen Methoden in der Ökonomie gehören die Optimierungsverfahren, insbesondere die lineare Optimierung. Ebenso »klassisch« wie ihre Problemstellung ist das Lösungsverfahren von Dantzig, der Simplexalgorithmus. Für diesen Algorithmus gibt es zahllose Programme. Am besten verwendet man wohl ein derartiges Programm zur Lösung einer Optimierungsaufgabe.

Mathcad ist für derartige Probleme nicht das optimale Werkzeug. Wir haben es trotzdem versucht und stellen Ihnen im Dokument `LINOPTIM.MCD` eine Lösungsmöglichkeit vor, die zumindest dann funktioniert, wenn das Problem auch grafisch lösbar wäre (für 2 Variablen in der Zielfunktion), also für Demonstrationsbeispiele. Dem kommt entgegen, daß die Visualisierung durch die Grafik mit Mathcad recht gut gelingt.

Im konkreten Beispiel des Dokuments betrachten wir 3 Maschinen, auf denen jeweils 2 Produkte hergestellt werden können. Der Zeitaufwand pro Stück der jeweiligen Sorte ist für jede der 3 Maschinen festgelegt. Ebenso kennt man die maximale Einsatzdauer jeder Maschine. Die zentrale Frage ist also: Wieviel Stück der beiden Sorten können produziert werden, so daß der Zeitfond der 3 Maschinen bestmöglich genutzt wird?

Aus der Aufgabenstellung ergeben sich 5 Ungleichungen. 3 davon erfüllen die Zeitfondvorgabe für jede Maschine, 2 weitere besagen nur, daß die erzeugten Stückzahlen nicht negativ sein können. Zunächst werden wir eine grafische Lösung ansteuern. Wenn wir die 5 Ungleichungen als Gleichungen auffassen, dann werden damit gerade die Trenngeraden dargestellt, die jeweils die Ebene in eine erlaubte (Ungleichung erfüllt) und eine unerlaubte (Ungleichung nicht erfüllt) Halbebene teilen (vgl Bild 5.11). Die Durchschnittsmenge der erlaubten Halbebenen ist ein von einem konvexen Polygon begrenztes Gebiet, eben der Simplex. Das Mathcad-Bild 5.11 zeigt mit der schraffierten Fläche diesen Simplex.

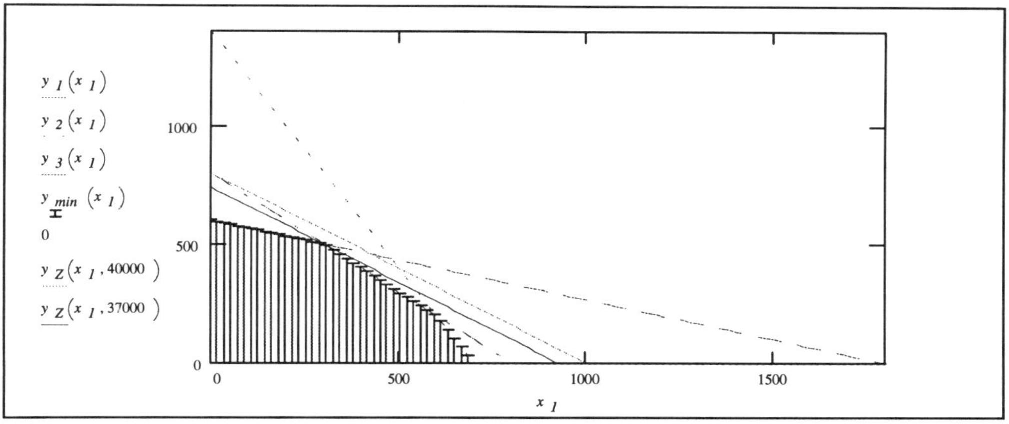

Bild 5.11: Simplex, Trenngeraden und Zielfunktionen

Da von der Zielfunktion nur die Steigung bekannt ist, kann sie als Schar paralleler Geraden interpretiert werden (2 Vertreter sind in Bild 5.11 gezeichnet). Ihr Maximum wird sie erreichen, wenn sie den erlaubten Bereich gerade berührt. In unserem Beispiel berührt sie ihn zweimal – einmal im Punkt (0, 0), der die Zielfunktion aber sicher nicht maximal werden läßt, und einmal bei etwa (350, 500). Dieser Punkt ist für uns ein Schätzwert für die Lösung, die wir nun auf 2 Wegen mittels eines Lösungsblocks exakt bestimmen wollen.

Wir fixieren also die beiden Schätzwerte als Startwert und die 5 Ungleichungen als Vorgabe für den Lösungsblock. Nun brauchen wir noch eine Bedingung, die aus den vielen Lösungen, die die Ungleichungen zulassen, diejenige auswählt, für die die Zielfunktion maximal wird.

Es ist schwierig, Mathcad zu überreden, ein Maximum der Zielfunktion zu suchen. Mathcad kennt aber mit *minfehl* eine Funktion, die einen Fehler minimiert. Damit ist es naheliegend, als Bedingung den Kehrwert der Zielfunktion, der dann natürlich ein Minimum annehmen müßte, 0 zu setzen und mit der Funktion *minfehl* zu verlangen, daß der Fehler minimal wird. Und tatsächlich erzeugt diese Funktion das Wertepaar (300, 500), dem das Maximum der Zielfunktion entspricht.

Aus dem Wert, den die Zielfunktion annimmt, ersehen wir, daß (bei zumindest einer Maschine) ein ungenutzter Zeitfond übrigbleibt. Die oben angedeutete zweite Möglichkeit, das Problem exakt zu lösen, greift auf die Methode zurück, Schlupfvariable einzuführen. Aus den 3 Ungleichungen, die die Zeitfondvorgabe für die 3 Maschinen erfüllen, machen wir mit Hilfe von 3 Schlupfvariablen jeweils eine Gleichung. Die Schlupfvariablen kompensieren dann gerade den ungenutzten Zeitfond der jeweiligen Maschine. Nun ergeben sich noch 5 Ungleichungen, weil keine der Variablen (gilt auch für die Schlupfvariablen) negativ sein kann. Dann werden wir wieder wie oben versuchen, den Kehrwert der Zielfunktion zu minimieren. Es zeigt sich dasselbe Ergebnis.

Läßt man sich nun noch die Werte der Schlupfvariablen ausgeben, so erkennt man, welche der Maschinen nicht voll genutzt werden kann.

5.2 Volkswirtschaft

5.2.1 Volkswirtschaftliche Verflechtung – Leontief-Modelle

Eine Volkswirtschaft bestehe (vereinfacht dargestellt) aus n Zweigen. Jeder Zweig i produziert die Menge x_i eines Gutes, von dem er die Menge x_{ii} selbst verbraucht. Die Menge x_{ij} wird an den Zweig j zur Weiterverwendung abgegeben, während eine Menge y_i für den Endverbrauch bereitgestellt wird. Die Bilanzgleichung für die Menge des i-ten Gutes lautet somit:

$$x_i = x_{i1} + x_{i2} + \ldots + x_{in} + y_i$$

Da eine analoge Gleichung für jeden Zweig besteht, können diese Gleichungen in Matrizenform zusammengefaßt werden:

$$\mathbf{x} = \mathbf{X} \cdot \mathbf{s} + \mathbf{y}$$

wobei s ein n-dimensionaler Vektor ist, dessen Komponenten alle 1 sind. Definiert man eine Matrix **A** mit:

$$a_{ij} := \frac{x_{ij}}{x_j}$$

(also diejenige Menge, die der Zweig *i* an den Zweig *j* abgeben muß, damit dieser eine Einheit seines Gutes produzieren kann), so können die Bilanzgleichungen folgendermaßen umgeschrieben werden:

$$\mathbf{x} = \mathbf{A} \cdot \mathbf{x} + \mathbf{y}$$

oder mit Hilfe der n-dimensionalen Einheitsmatrix umgeformt als:

$$\mathbf{E} \cdot \mathbf{x} = \mathbf{A} \cdot \mathbf{x} + \mathbf{y} \quad \text{bzw.} \quad (\mathbf{E} - \mathbf{A}) \cdot \mathbf{x} = \mathbf{y}$$

Aus dieser Gleichung kann bei vorgegebenem Produktionsvektor $\mathbf{x_p}$ unmittelbar berechnet werden, welche Mengen für den Endbedarf zur Verfügung gestellt werden können ($\mathbf{y_p}$).

Sofern die Matrix ($\mathbf{E} - \mathbf{A}$) invertierbar ist, kann man auch die umgekehrte Fragestellung beantworten: Durch welche Produktionseinheiten je Zweig kann ein vorgegebener Endbedarf befriedigt werden.

Im Dokument `VERFLECH.MCD` wollen wir dieses Verflechtungsmodell an einem Beispiel erproben.

Wir nehmen an, daß 3 Zweige genügen, die Volkswirtschaft zu beschreiben, und geben **x** und **X** vor. Wie oben beschrieben, lassen wir Mathcad die Matrix **A** berechnen und geben den Produktionsvektor $\mathbf{x_p}$ vor, um $\mathbf{y_p}$ zu berechnen, dann lösen wir die Umkehrung der Problemstellung. Für Mathcad stellen alle diese Kalkulationen auf Basis der Matrizenrechnung keinerlei Herausforderung dar.

Auf ähnliche Art und Weise könnten Sie auch betriebswirtschaftliche Verflechtungsmodelle, wie sie etwa O. Pichler bearbeitet hat, mit Mathcad behandeln.

5.2.2 Cobweb-Theorem

Im Dokument `COBWEB.MCD` wollen wir untersuchen, welche Rückwirkung der erzielte Preis eines Produktes auf die Produktion der nachfolgenden Produktionsperiode hat.

Unter Verwendung der folgenden Abkürzungen

- $A(n)$ ... angebotene (produzierte) Einheiten eines Gutes in der Periode n
- $N(n)$ ... nachgefragte Einheiten eines Gutes in der Periode n
- $P(n)$ ... erzielter Preis für das Gut in der Periode n

geht das Modell von folgenden Hypothesen aus:

- Die Nachfrage ist eine Funktion des aktuellen Preises, also $N(n) = f(P(n))$.
- Die Produktion der nachfolgenden Produktionsperiode richtet sich nach dem in der vergangenen Produktionsperiode erzielten Preis: $A(n+1) = g(P(n))$.
- Der Preis ist festgelegt durch das Angebots-Nachfrage-Gleichgewicht, also $A(n+1) = N(n+1)$.
- $P(0)$ wird willkürlich festgesetzt.

Verwendet man alle diese Hypothesen, so gewinnt man die Differenzengleichung

$$g(P(n)) = f(P(n+1))$$

als beschreibende Gleichung für das Modell.

Wir wollen in unserem Dokument den Sonderfall betrachten, daß f und g lineare Funktionen sind. In diesem Fall ist auch die Differenzengleichung linear mit konstanten Koeffizienten. Sie läßt sich daher mittels z-Transformation lösen.

Die Gleichung bekommt die Form:

$$k_A \cdot P(n) + d_A = -k_N \cdot P(n+1) + d_N$$

- In dieser Gleichung markieren wir n mit dem Balkencursor und aktivieren Z-Transformation im Menü Symbolik.
- Nach dem Ersetzen der Mathcad-Bezeichnung *ztrans*$(P(n),n,z)$ für die z-Transformierte von $P(n)$ durch den gültigen Variablennamen P können wir dieses P wieder wie oben markieren. Mit Nach Variable auflösen lassen wir Mathcad die Gleichung lösen.
- Markieren von z und Inverse Z-Transformation liefert schon die Lösung für $P(n)$!

Nun können wir beliebige Werte für k_A, k_N, d_A, d_N und P_0 $(= P(0))$ vorgeben und uns ansehen, wie sich der Preis, die Nachfrage und das Angebot entwickeln.

Am besten verfolgen wir die Entwicklung an einem Graphen. Bild 5.12 zeigt ein Beispiel für eine bestimmte Wahl der Parameter.

Die Entwicklung des Angebots ist in Bild 5.12 nicht eingetragen, weil sie selbstverständlich mit der Nachfrageentwicklung übereinstimmt (vgl. die Gleichungen). Eingetragen sind dafür die Grenzwerte, denen Preis bzw. Nachfrage zustreben. Diese Grenzwerte können allerdings nur in Mathcad PLUS 5.0 ermittelt werden.

Zu klären wäre noch, warum dieses Modell den Namen »Spinnweb-Modell« trägt. Dieser Name rührt von einer grafischen Konstruktionsmethode her. Trägt man die beiden linearen Funktionen f und g als Funktionen von n (in unserem Bild t) in ein kartesisches Koordinatensystem ein (vgl. Bild 5.13), so kann man, beginnend mit dem vorgegebenen Preis $P(0)$, ein Spinnennetz über diese Geraden legen, das genau die Preisentwicklung wiedergibt.

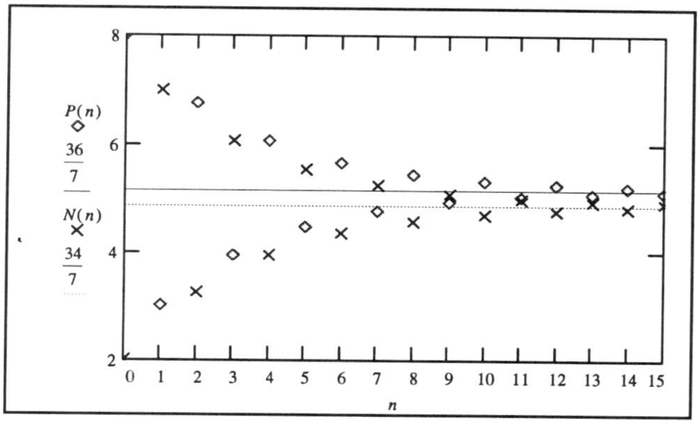

Bild 5.12: Preis- und Nachfrageentwicklung im Konvergenzfall

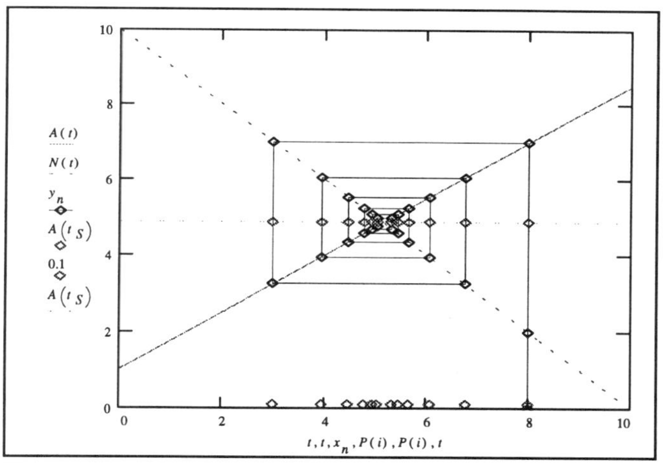

Bild 5.13: Konstruktionsmethode für die Preisentwicklung – Spinnennetz

Im Dokument werden in weiterer Folge noch der Grenzfall und der Divergenzfall dargestellt. Im Grenzfall pendeln Preis und Nachfrage jeweils nur zwischen 2 Werten hin und her. Interessant ist die Mathcad-Auswertung der Grenzwerte für diesen Fall (Oszillation zwischen zwei Häufungspunkten). Im Divergenzfall, bei dem sich die Entwicklung aufschaukelt, sind die Grenzwerte natürlich undefiniert.

5.2.3 Gleichgewicht dynamischer Nachfrage

Der Markt für ein Gut x bestehe aus konkurrierenden Gruppen von Anbietern und Käufern. Wir suchen das Marktgleichgewicht. Selbstverständlich ist an der Gleichgewichtsbedingung (Nachfrage = Angebot) für die Menge des Gutes auf dem Markt nicht zu rütteln. Ebenso klar ist, daß sowohl die Nachfrage als auch das Angebot Funktionen des Preises sind. Betrachtet man den Preis p als eine ein für allemal fixierte Größe, so stellt sich ein statisches Gleichgewicht ein, das durch Lösen einer Gleichung ermittelt werden kann.

Wenn wir aber annehmen, daß der Preis nicht fixiert ist, sondern sich mit der Zeit t verschieben kann ($p = p(t)$), so werden auch alle beteiligten Funktionen, wie Angebot, Nachfrage und letztlich auch das Gleichgewicht mittelbar Funktionen der Zeit.

Nehmen wir nun noch spekulative Elemente mit in das Modell auf, d.h., Käufer und Anbieter beobachten nicht nur den Preis $p(t)$, sondern richten ihr Verhalten auch nach der (vermeintlichen) Änderung des Preises in der Zeit $\frac{dp(t)}{dt} = p'(t)$, so entsteht folgende Gleichgewichtsbedingung:

$$f_{Nachfrage}(p(t), p'(t)) = f_{Angebot}(p(t), p'(t))$$

Nun müssen wir noch Annahmen treffen, wie unsere Nachfrage und Angebotsfunktion aussehen könnte. Wir setzen für beide jeweils eine lineare Funktion an, und unsere Gleichung bekommt damit ihre endgültige Form:

$$a \cdot p(t) + b + c \cdot p'(t) = \alpha \cdot p(t) + \beta + \gamma \cdot p'(t)$$

Die Koeffizienten a bis γ sind dabei als konstant zu betrachten.

Nun darf Mathcad loslegen. Mit LAPLACE-TRANSFORMATION wandeln wir die Differentialgleichung in eine algebraische Gleichung um. Diese Gleichung müssen wir nach *laplace(p(t),t,s)* auflösen. Die Option NACH VARIABLE AUFLÖSEN nützt hier nichts; sie kann eine Gleichung nur nach einer einfachen Variablen, nicht aber nach einer Funktion (*laplace(p(t),t,s)*) auflösen. Eine Möglichkeit wäre, *laplace(p(t),t,s)* durch *P* zu ersetzen und dann aufzulösen; wir gehen einen anderen Weg. Der »Symbolische Lösungsblock« mit *vorgabe* und *suchen* (vgl. Abschnitt 1) führt schneller zum Ziel. Die Lösung, die er anbietet, müssen wir anschließend der INVERSEN LAPLACE-TRANSFORMATION unterwerfen. Sie erzeugt zunächst ein etwas üppiges Ergebnis, das wir mit AUSDRUCK FAKTORISIEREN und Zeilenumbruch bei Summen etwas übersichtlicher gestalten können. Um die Lösung weiterverwenden, insbesondere zeichnen zu können, ergänzen wir zu einer Funktionsdefinition.

In der Folge wollen wir die prinzipiell möglichen Tendenzen der Preisentwicklung diskutieren.

Es zeigt sich, daß der Preis für eine bestimmte Konstellation der Parameter einem Grenzwert zustreben kann, für andere Wahl der Parameter wächst er über jede Grenze.

In einem Graphen (vgl. Bild 5.14) wird nur der Parameter α in der Angebotsfunktion minimal variiert; die Auswirkungen sind beträchtlich. Sie können selbst versuchen, etwa den Parameter γ, der für das spekulative Element in der Angebotsfunktion verantwortlich ist, zu variieren!

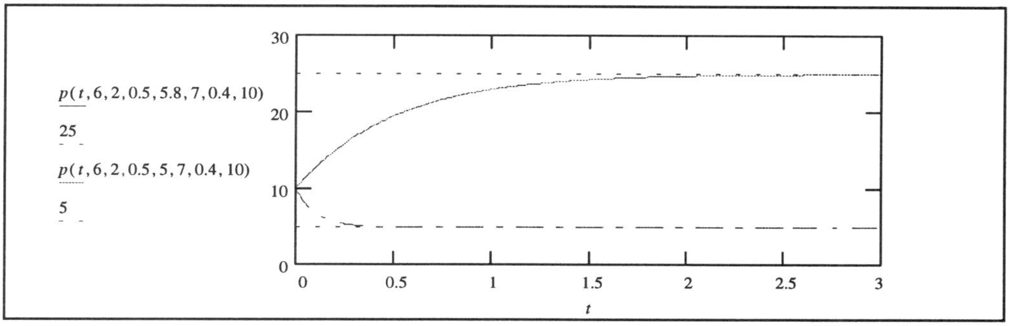

Bild 5.14: Preistendenzen bei dynamischem Angebots- und Nachfragegleichgewicht

Anhand des Dokuments `DYN_NA.MCD` können Sie die beschriebenen Berechnungen nachvollziehen.

Übung 5.3

Wie ändern sich Modell und Lösung, wenn Sie annehmen, daß die Angebotsfunktion von Spekulationen unabhängig ist?

5.2.4 Das Modell von Samuelson

Mit dem Ökonomen Samuelson wollen wir annehmen, daß sich das Nationaleinkommen V aus 3 Einflußgrößen summiert; dem Konsum K, den Investitionen I und den Staatsausgaben S. Die Größen V, K und I werden als zeitabhängige Funktionen betrachtet, während die Staatsausgaben in erster Näherung als konstant angenommen werden. Die Zeit wird in Perioden eingeteilt und daher mit der diskreten Variablen n bezeichnet. Die Zeiteinheit ist die Dauer einer Periode (Gleichung 1).

Der Konsum seinerseits richtet sich (gesteuert von einem Konsumneigungsfaktor γ mit $0 < \gamma < 1$) nach dem Volkseinkommen der vergangenen Einkommensperiode (Gleichung 2). Investitionen in der laufenden Periode werden proportional der Konsumdifferenz der laufenden und gerade vergangenen Periode getätigt. Der steuernde Faktor α, der positiv angenommen werden kann, wird Beschleunigungskoeffizient genannt (Gleichung 3). Dieser Ansatz von Samuelson führt auf ein Differenzengleichungssystem (vgl Bild 5.15), dessen Lösungsfälle wir im folgenden genauer unter die Lupe nehmen und mit Beispielen belegen wollen.

Gleichungen:	
$V(n) = K(n) + I(n) + S$	Gleichung 1
$K(n+1) = \gamma \cdot V(n)$	Gleichung 2
$I(n+1) = \alpha\ (K(n+1) - K(n))$	Gleichung 3

Bild 5.15: Differenzengleichungssystem von Samuelson

Zunächst unterwerfen wir alle 3 Gleichungen der Z-TRANSFORMATION. Damit entsteht ein lineares Gleichungssystem für die z-Transformierten von V (*ztrans*($V(n)$,n,z) im Mathcad-Dokument), K und I. Dieses Gleichungssystem lösen wir am besten symbolisch durch Umbau in Matrizenform (alternativ mit einem Lösungsblock). Der Lösungsvektor, der sich dabei letztendlich ergibt, stellt die z-Transformierten der drei gesuchten Funktionen dar, wobei mit $K_0 := K(0)$ und $I_0 := I(0)$ die noch frei wählbaren Anfangswerte für Konsum und Investitionen gemeint sind.

Interessanter als ein konkretes Beispiel ist es, die prinzipiellen Lösungsfälle zu diskutieren. Mit Hilfe der Nenner der z-Transformierten bzw. ihren Nullstellen in der komplexen Ebene C (Pole der z-Transformierten) können wir sofort entscheiden, ob die Lösungen des Systems einem Grenzwert zustreben (konvergieren) oder über alle Grenzen wachsen.

In allen drei z-Transformierten zeigt sich derselbe wesentliche Faktor im Nenner, der laut Vieta´schem Wurzelsatz als Produkt zweier Linearfaktoren darstellbar ist. Diese Linearfaktoren enthalten die Nullstellen z_1 und z_2 in folgender Form:

$$z^2 - \gamma(\alpha + 1)z + \gamma\alpha = (z - z_1)(z - z_2) = z^2 - (z_1 + z_2)z + z_1 z_2$$

Wenn wir nun noch berücksichtigen, daß Konvergenz nur vorliegen kann, wenn die Nullstellen innerhalb des Einheitskreises liegen, dann folgt sofort: $|z_1 z_2| = \gamma\alpha < 1$ bzw. die Bedingung: $\gamma < \frac{1}{\alpha}$ (beide Parameter sind reell und positiv!). Damit können wir das Konvergenzgebiet abgrenzen (die durchgezogene Linie in Bild 5.16 ist die Trennlinie zwischen Konvergenz- und Divergenzgebiet).

Die punktierte Linie, die Sie in Bild 5.16 sehen, ist ebenfalls eine Trennlinie. Sie trennt das Gebiet zyklischen Verhaltens der Lösungen (Schwingungen) vom Gebiet des aperiodischen Verhaltens. Der eingezeichnete Punkt liegt im zyklischen Konvergenzgebiet!

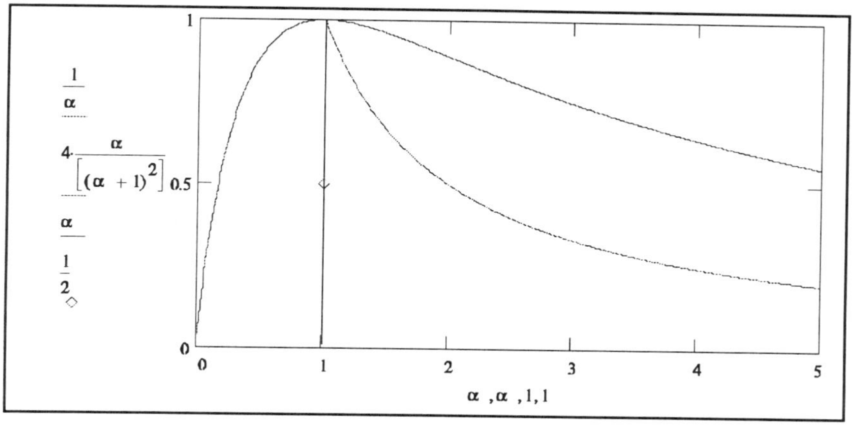

Bild 5.16: Konvergenz und zyklisches Verhalten der Lösungen, Punkt im zyklischen Konvergenzgebiet

Wie haben wir diese Trennlinie gewonnen? Wir denken uns den oben zitierten Nenner zu einer quadratischen Gleichung ergänzt. Zyklisches Verhalten der Lösungen für *V*, *K* und *I* ist gleichbedeutend mit konjugiert-komplexen Lösungen dieser quadratischen Gleichung. Entscheidend dafür wiederum ist die Diskriminante (das ist der Ausdruck unter der Wurzel in den beiden Lösungen der quadratischen Gleichung):

$$\gamma(\gamma\alpha^2 + 2\gamma\alpha + \gamma - 4\alpha)$$

Diese Diskriminante muß negativ (< 0) sein, damit zyklisches Verhalten vorliegt. Löst man diese Ungleichung nach γ auf, so ergibt sich – neben dem uninteressanten Widerspruch $\gamma < 0$ aus dem ersten Faktor – die Bedingung:

$$\gamma < 4\frac{\alpha}{(\alpha+1)^2}$$

Das ist genau der Bereich, der in Bild 5.16 unterhalb der punktierten Linie liegt. Außerhalb dieses Bereichs zeigen die Lösungen daher aperiodisches Verhalten. Die Lösungen für *V*, *K* und *I* können Sie gewinnen, indem Sie für eine spezielle Wahl von α und γ (und der übrigen Parameter) die INVERSE Z-TRANSFORMATION im SYMBOLIK-Menü anwählen.

In Bild 5.17 sehen Sie ein Beispiel für die Lösungen, wobei die Parameter nach der Lage des in Bild 5.16 eingetragenen Punktes gewählt wurden. Im Dokument finden Sie auch noch Beispiele für zyklisch-divergentes und für azyklisch-konvergentes Verhalten der Lösungen.

Im Dokument `SAMUEL.MCD` sind alle oben beschriebenen Betrachtungen mathematisch ausgeführt.

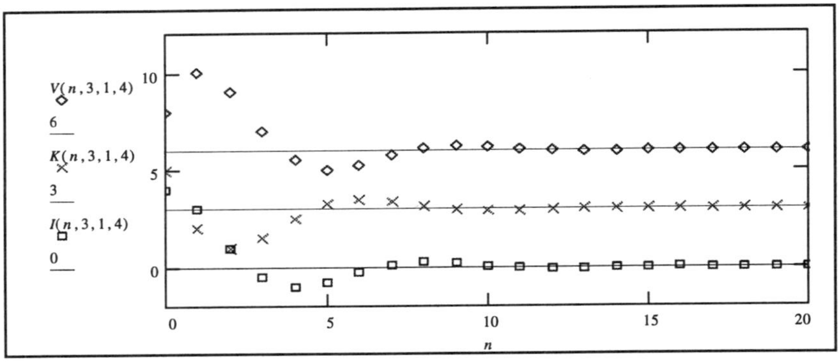

Bild 5.17: Volkseinkommen-, Konsum- und Investitionsentwicklung mit ihren Grenzwerten im zyklisch-konvergenten Fall

5.2.5 Das Modell von Keynes

Eine Variante (die dynamische, diskrete Form) eines keynesianischen Modells wird Ihnen im Dokument VOLK.MCD vorgestellt.

Dieses Modell scheint auf den ersten Blick dem Modell von Samuelson sehr ähnlich zu sein. Dennoch bewirken die unscheinbaren Unterschiede ein durchaus anderes Lösungsverhalten.

Keynes beschreibt sein Modell mit Hilfe dreier Differenzengleichungen.

$$V(n) = K(n) + I(n)$$

$$K(n) = c + m \cdot V(n)$$

$$V(n+1) - V(n) = r \cdot I(n)$$

Übung 5.4

Da sich die Vorgehensweise beim Lösen weitgehend mit dem vorhergehenden Beispiel deckt, sei es Ihnen überlassen, sich an diesem Beispiel selbst zu versuchen. Eine detailliertere Beschreibung des Lösungsweges können Sie dann eventuell dem Mathcad-Dokument entnehmen.

6 Maschinenbau

Das Gebiet des Maschinenbaus ist sehr weitreichend und umfangreich. Wir können Ihnen deshalb auf rund 20 Buchseiten nur auszugsweise einige Beispiele aus verschiedenen Fachbereichen wie z.B. Trägerberechnung oder Getriebeberechnung vorstellen und Sie dazu anregen, Ihre eigenen Problemstellungen mit Mathcad zu formulieren und zu lösen.

6.1 Schwerpunkte und Trägheitsmomente

Unser erster Abschnitt befaßt sich mit Schwerpunktsberechnungen und Trägheitsmomentberechnungen. Da in beiden Fällen bestimmte Integrale symbolisch auszuwerten sind, können wir uns auf die Schwerpunktsbestimmung beschränken. Wir wollen Ihnen anhand bekannter Schwerpunktsformeln zeigen, wie Sie im Prinzip vorgehen müssen, um den Schwerpunkt Ihres eigenen Profils zu berechnen. Angenommen Sie möchten den Schwerpunkt eines Rotationskörpers bestimmen, so müssen Sie die Integrale

$$x_s(a,b) = \frac{\pi \cdot \int_a^b x \cdot f(x)^2 \, dx}{\pi \cdot \int_a^b f(x)^2 \, dx} = \frac{\int_a^b x \, dV}{V(a,b)}$$

symbolisch auswerten. Im Falle eines Drehkegels ($f(x) = rx/h$ wenn die Kegelspitze sich im Ursprung befindet) erhalten Sie unter Zuhilfenahme von Smartmath (nur PLUS 5.0) und des mathematischen Gleichheitszeichens → (Eingabe mit <Strg>+<.>)

annehmen h, r

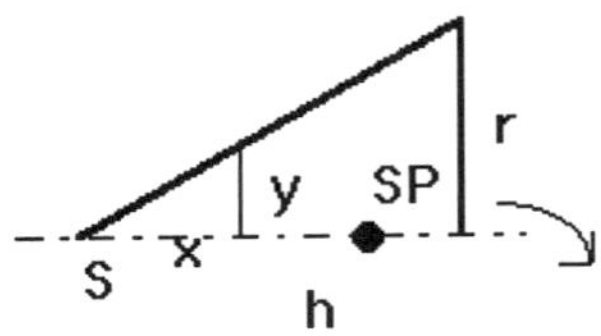

$$\frac{\pi \cdot \left[\int_0^h x \cdot \left(r \cdot \frac{x}{h}\right)^2 dx\right]}{\pi \cdot \int_0^h \left(r \cdot \frac{x}{h}\right)^2 dx} \rightarrow \frac{3}{4} \cdot h$$

die Schwerpunktshöhe bezogen auf die Spitze. Der Schwerpunkt liegt also $h/4$ über der Grundfläche.

⇨ Eine numerische Auswertung der Integrale können Sie selbstverständlich auch vornehmen (wenn Sie z.B. nur Mathcad 3.1 zur Verfügung haben), nur erhalten Sie dann keine allgemein gültige Schwerpunktsformel, sondern eine, die auf die speziellen Körpermaße zugeschnitten ist.

Im Mathcad-Dokument `ANWINTEG.MCD` finden Sie neben der gezeigten Schwerpunktsberechnung weitere Anwendungen der Integralrechnung wie symbolische Flächenberechnungen (anhand der Kreisfläche), Volumsberechnungen (Drehkegelvolumen), Oberflächenberechnungen (Parabolspiegel) und Bogenlängenberechnungen (Länge einer Freileitung).

6.2 Trägerberechnung, Biegelinien

Der langen Rede kurzer Sinn, im folgenden Mathcad-Dokument `TRAEGER1.MCD` zeigen wir Ihnen, wie Sie für einen einseitig eingespannten Träger den Biegemomentenverlauf $M_b(x)$ und Querkraftverlauf $Q(x)$, bei beliebiger Streckenlast $q(x)$ und einer beliebigen Anzahl von Punktlasten F_k an den Stellen l_k, bestimmen können. Zusätzlich zeigen wir Ihnen die Bestimmung der elastischen Linie für einen beliebigen Verlauf $I(x)$ des axialen Flächenträgheitsmoments. Sie benötigen hierfür die Mathcad-Funktion *rkfest* (Runge-Kutta-Methode, nur für Besitzer von Mathcad PLUS 5.0) zur numerischen Lösung der Differentialgleichung der Biegelinie $y''(x) = M_b(x)/(E \cdot I(x))$.

Einseitig eingespannter Träger (traeger1.mcd)

1. Aufgabenstellung:

Die einfachsten Situationen des einseitig eingespannten Trägers sind der Fall einer Punktlast F am Trägerende und der Fall einer Gleichlast q(x)=const.

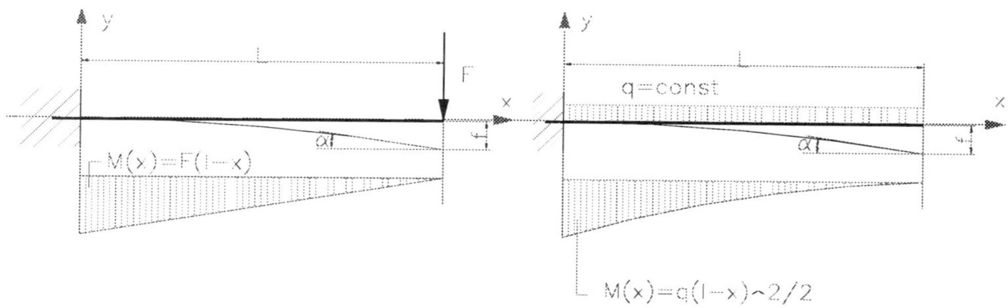

Wir wollen ein Mathcad-Dokument erstellen, das für alle Belastungsarten einsetzbar ist. Wir geben Kräfte F_k an Stellen l_k vor und eine, nicht notwendig konstante, Streckenlast q(x). Außerdem können Sie ein von x abhängiges Flächenträgheitsmoment I(x) bei der Bestimmung der Biegelinie angeben. Im Folgenden stellen wir unterschiedliche Fälle vor, die Sie mittels *Gleichung ein/aus* ausprobieren können.

$L := 1$ Trägerlänge

Punktlast am Ende des Trägers:

$K := 1$ Anzahl der Punktlasten

$F_0 := 1$ Kraft am Trägerende

$l_0 := L$ Kraft wirkt am Trägerende

$q(x) := 0$ keine Streckenlast

Konstante Streckenlast $q(x)=q_0$:

$K := 1$ Anzahl der Punktlasten (mindestens eine mit Amplitude 0 nötig!)

$F_0 := 0$ Kraft am Trägerende 0!

$l_0 := L$ Kraft "wirkt" am Trägerende

$q_0 := 1$ Größe der Streckenlast

$q(x) := q_0$ konstante Streckenlast

Mehrere, äquidistante Kräfte mit zufälligen Amplituden und sinusförmige Streckenlast:

$K := 4$ Kräfteanzahl

$k := 0..K-1$ Laufvariable für Kräfte

$l_k := \frac{k+1}{K} \cdot L$ Angriffspunkte der Kräfte

$F_{max} := 1$ Maximalwert der Kräfte

$F_k := F_{max} \cdot \mathrm{rnd}(1)$ zufällige Amplituden

$q_0 := 1$

$q(x) := q_0 \cdot \sin\left(\pi \cdot \frac{x}{L}\right)$ sinusförmige Streckenlast

$$l = \begin{bmatrix} 0.25 \\ 0.5 \\ 0.75 \\ 1 \end{bmatrix} \qquad F = \begin{bmatrix} 0.001 \\ 0.193 \\ 0.585 \\ 0.35 \end{bmatrix}$$

2. Biegemomentenverlauf und Querkraftverlauf:

Wenn wir einen Träger an der Stelle x freimachen, müssen wir zur Erhaltung des Gleichgewichts ein links-/rechtsdrehendes Biegemoment $M_b(x)$ und eine nach unten/oben wirkende Querkraft Q(x) im linken/rechten Trägerrest ansetzen. Da im rechten Trägerrest nur Kräfte mit l_k>x (Heavisidefunktion $\Phi(l_k\text{-}x)$ verwenden) bzw. Streckenlasten $q(x_i)$ mit x_i>x wirksam sind (Integration von x bis L), lauten Drehmomentengleichgewicht und Kräftegleichgewicht:

Positives $M_b(x)$ bedeutet links-/rechtsdrehendes Biegemoment im linken/rechten Trägerrest. Aufgrund dieser Vorzeichenkonvention erhalten wir hier ein negatives Biegemoment:

$$M_b(x) := -\left[\sum_k \Phi\left(l_k - x\right) \cdot F_k \cdot \left(l_k - x\right) + \int_x^L q\left(x_i\right) \cdot \left(x_i - x\right) dx_i\right]$$

Positives Q(x) bedeutet, daß die Querkraft im linken/rechten Trägerteil nach unten/oben wirkt.

$$Q(x) := \sum_k \Phi\left(l_k - x\right) \cdot F_k + \int_x^L q\left(x_i\right) dx_i \qquad \text{alternativ} \qquad Q(x) := \frac{d}{dx} M_b(x)$$

$$x := 0, \frac{L}{100} .. L$$

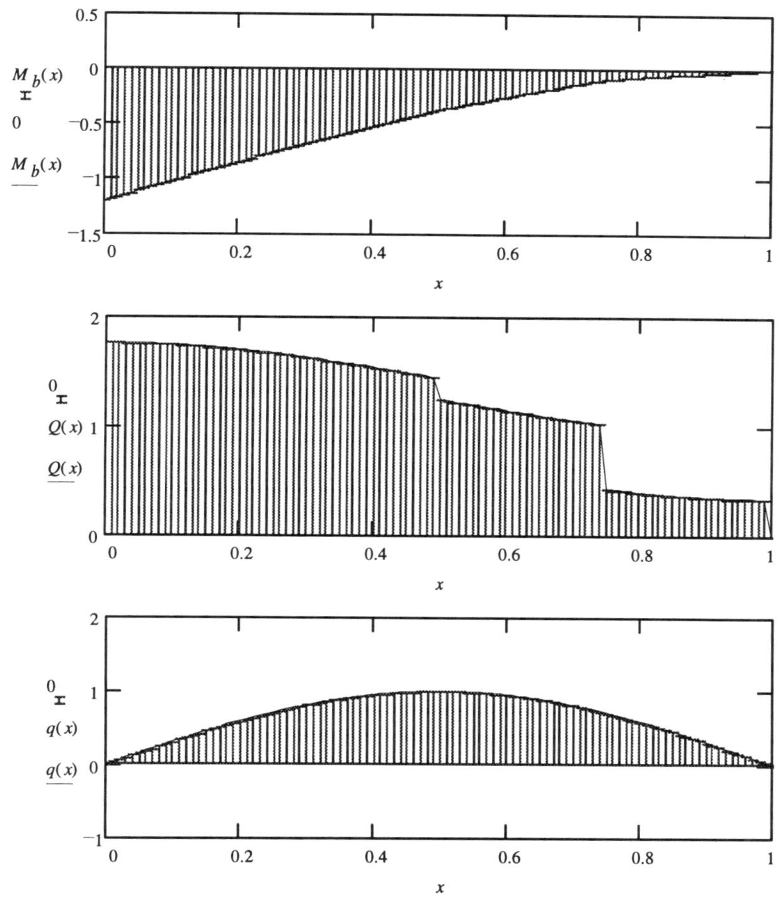

Bemerkung:
Die Ortsableitung der Querkraft Q(x) ergibt den negativen Verlauf der Streckenlast q(x)

3. Numerische Lösung der Differentialgleichung der elastischen Linie:

$$\frac{d^2}{dx^2}y = \frac{1}{E \cdot I(x)} \cdot M_b(x)$$ Differentialgleichung der Biegelinie

$E := 1$ Elastizitätsmodul (z.B. Stahl E=2.1*10 ^{5}N/mm^2)

Das axiale Flächenträgheitsmoment I(x) kann von x abhängig angenommen werden, wenn sich z.B. der Trägerquerschnitt ändert. Wir beschränken uns auf einen konstanten Querschnitt und somit auf ein konstantes axiales Flächenträgheitsmoment.

$I_0 := 1$

$I(x) := I_0$ Verlauf des axialen Flächenträgheitsmoments

$y(0) = 0$ Auslenkung an der Einspannstelle x=0

$y'(0) = 0$ Trägerneigung an der Einspannstelle x=0

$Y := \begin{pmatrix} 0 \\ 0 \end{pmatrix}$ Y verkörpert einen Vektor $(Y_0,\ldots,Y_{n-1})=(y,y',\ldots,y^{(n-1)})$ bei einer Differentialgleichung n-ter Ordnung, in unserem Fall ist n=2

$D(x,Y) := \begin{bmatrix} Y_1 \\ \frac{1}{E \cdot I(x)} \cdot M_b(x) \end{bmatrix}$ D enthält die Differentialgleichung in der Form $D(x,Y):=(Y_1,\ldots,Y_{n-1},y^{(n)}(Y))$, die letzte Komponente ist die nach $y^{(n)}$ umgeformte Differentialgleichung

$N := 400$ Anzahl der Wegschritte für die numerische Berechnung

$x_a := 0$ "Anfangsort" ist die Einspannstelle

$x_e := L$ "Endort" ist das Trägerende

$Z := \text{rkfest}(Y, x_a, x_e, N, D)$

$x := Z^{<0>}$

$y := Z^{<1>}$ $y' := Z^{<2>}$

Runge-Kutta-Methode mit Funktion *rkfest* durchführen, die Lösung Z ist eine (N+1)xn Matrix, die erste Spalte $Z^{<0>}$ enthält die Orte, die nächste Spalte $Z^{<1>}$ die Lösungsfunktion y und die letzte Spalte $Z^{<n>}$ die Ableitung $y^{(n-1)}$

$i := 0..N$

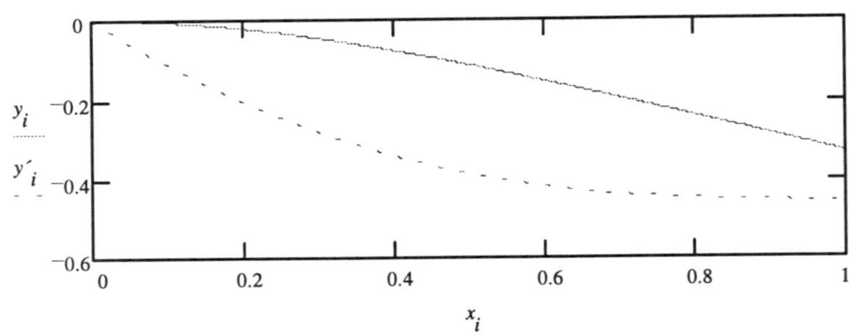

Die maximale Durchbiegung f und den maximalen Steigungswinkel α erhalten wir aus den Extremwerten von y und y'.

$f := \min(y)$ $f = -0.334$

$\alpha := \text{atan}(\min(y'))$ $\alpha = -24.634 \cdot Grad$

Hinweis:
Auch wenn die explizite Integration der Differentialgleichung der Biegelinie in vielen Fällen leicht durchführbar ist, haben wir Ihnen hier die numerische Lösung der Differentialgleichung vorgestellt (auch für beliebiges q(x) und I(x) verwendbar!).
Falls Sie nicht über Mathcad PLUS 5.0 verfügen, müßten Sie die numerische Integration folgendermaßen durchführen:

$$\frac{d^2}{dx^2}y = \frac{1}{E \cdot I(x)} \cdot M_b(x)$$ Differentialgleichung der Biegelinie

$$y'(x) := \int_0^x \frac{1}{E \cdot I(x_i)} \cdot M_b(x_i)\, dx_i$$ y'(x=0)=0 bereits enthalten

$$y(x) := \int_0^x y'(x_i)\, dx_i$$ y(x=0)=0 bereits enthalten

$$x := 0, \frac{L}{20} .. L$$

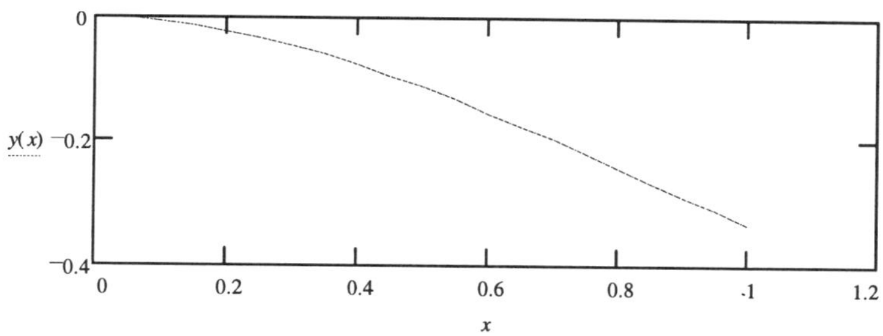

$f := y(L)$ $f = -0.334$

Im Mathcad-Dokument TRAEGER2.MCD behandeln wir dieselbe Problemstellung wie im vorangegangenen Beispiel für einen Träger auf zwei Stützen (vgl. Bild 6.1). Wir bestimmen auch das maximale Biegemoment $M_{b\max}$ und zeigen Ihnen, wie Sie bei der Bestimmung der elastischen Linie mit einem zweiseitigen Randwertproblem fertig werden können. Im Gegensatz zum einseitig eingespannten Träger (Randbedingungen $y(x=0)=0$ und $y'(x=0)=0$) müssen wir beim Träger auf zwei Stützen zwei Randbedingungen an unterschiedlichen Stellen ($y(x=l_a)=0$ und $y(x=l_b)=0$) erfüllen. Für diese Art von Randbedingung ist die Funktion *rkfest* zum Lösen der Differentialgleichung nicht geeignet. Mathcad stellt für diese Zwecke die Funktion *bvalfit* (*boundary value fit*) zur Verfügung. Man muß Startwerte für die

Ableitungen $y'(x = l_a)$ und $y'(x = l_b)$ vorgeben, die Funktion *bvalfit* variiert diese Werte so lange, bis die Randbedingungen $y(x = l_a) = 0$ und $y(x = l_b) = 0$ erfüllt sind. Die von *bvalfit* berechnete Lösungsmatrix S enthält die Werte $y'(x = l_a)$ und $y'(x = l_b)$, die zur Lösung der Differentialgleichung nach der Runge-Kutta-Methode (Funktion *rkfest*) nötig sind. Nähere Einzelheiten entnehmen Sie bitte der Beispieldiskette.

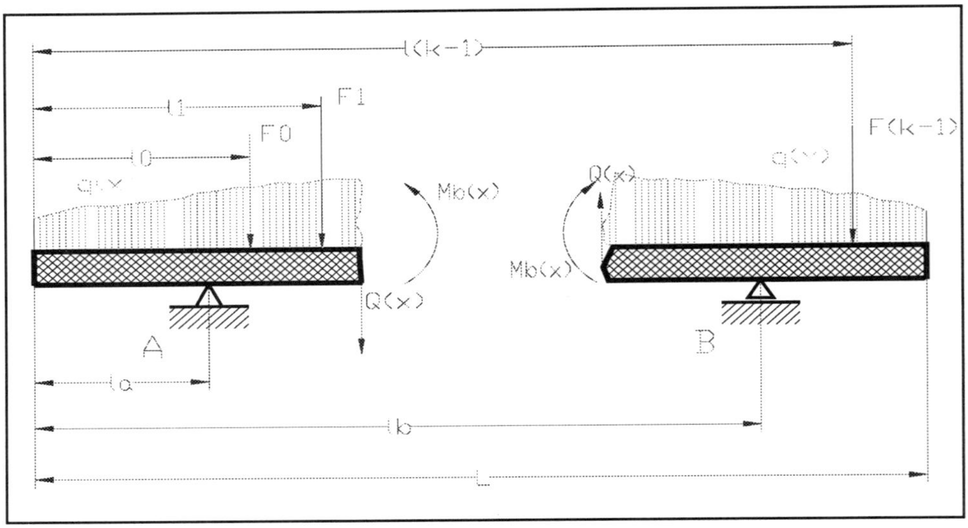

Bild 6.1: Träger auf zwei Stützen

6.3 Beanspruchung auf Knickung

Wir untersuchen zwei typische Knicksituationen:

- Den beidseitig gelenkig gestützten Stab (vgl. Bild 6.2 links).
- Den einseitig eingespannten, auf der anderen Seite geführten Stab (vgl. Bild 6.2 rechts).

Wir bestimmen in beiden Fällen den Biegemomentenverlauf und die elastische Linie. Wegen der zu erfüllenden Randbedingungen gibt es beim Knickproblem mehrere verschiedene Lösungsfunktionen (Eigenfunktionen), von denen allerdings nur die erste Lösung eine stabile Lösung darstellt. In Bild 6.3 sind diese Eigenfunktionen für beide Knicksituationen dargestellt.

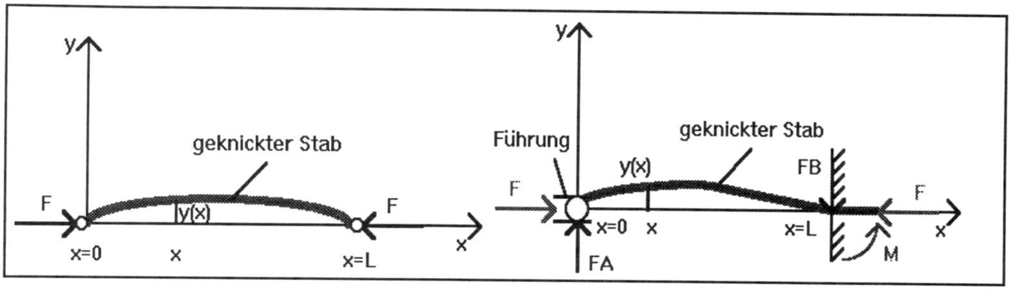

Bild 6.2: Zwei typische Knickprobleme

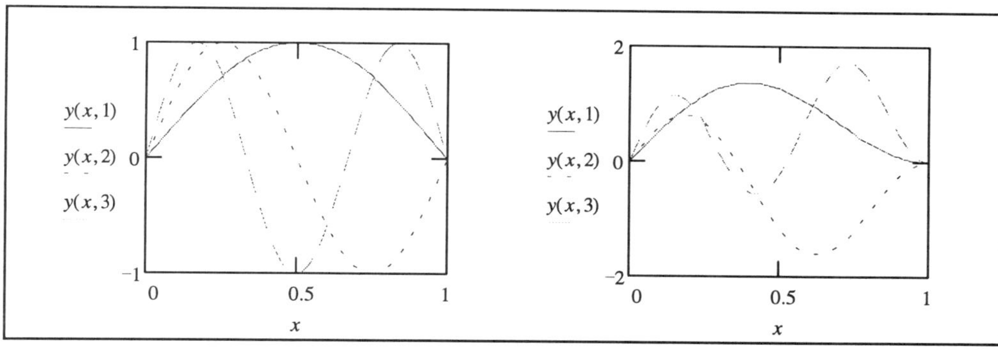

Bild 6.3: Mögliche elastische Linien zu den Knickproblemen von Bild 6.2

Im Mathcad-Dokument `KNICKUNG.MCD` finden Sie die nötigen Schritte zur Bestimmung des Biegemomentenverlaufs und der elastischen Linien.

6.4 Getriebeberechnungen

Wir betrachten folgende Kurbelgetriebe:

- Schubkurbel mit/ohne Exzentrizität
- Schwingende Kurbelschleife zum Antrieb einer Hobelmaschine
- Schräge Kreuzschubkurbel
- Vierteiliges Malteserkreuz

Wir wollen Ihnen anhand des Mathcad-Dokuments `GETRIEBE.MCD` zeigen, wie Sie die Bewegungsabläufe, die Geschwindigkeiten und Beschleunigungen dieser Kurbelgetriebe bestimmen können. Anhand der Hobelmaschine zeigen wir Ihnen auch, wie Sie die Oberwellenanteile von Hobelbewegung, Hobelgeschwindigkeit und Hobelbeschleunigung bestimmen können.

Kurbelgetriebe (getriebe.mcd)

Wir wollen Ihnen mit diesem Mathcad-Dokument zeigen, wie Sie die Bewegungsabläufe einfacher Kurbelgetriebe studieren können. Dieses Dokument ist kein Handbuch für Getriebelehre, sondern soll Ihnen lediglich helfen, den Einfluß verschiedener Parameter auf den Bewegungsablauf zu untersuchen. Für genauere Auskünfte sei auf folgende Literatur verwiesen:

Dubbel, Taschenbuch für Maschinenbau, Springer Verlag.
Bürde Hans, Getriebelehre mit dem Mikrocomputer, Vieweg.
Kalide Wolfgang, Kolben- und Strömungsmaschinen, Carl Hanser Verlag.

1. Schubkurbel mit/ohne Exzentrizität:

Die Kurbel drehe sich mit konstanter Winkelgeschwindigkeit ω. Der Kreuzkopf bewegt sich geradlinig hin und her und erreicht im Punkt K_{max} den oberen Totpunkt.

Wir wollen neben der Kreuzkopfposition auch noch seine Geschwindigkeit und Beschleunigung in Abhängigkeit von der Zeit ermitteln.

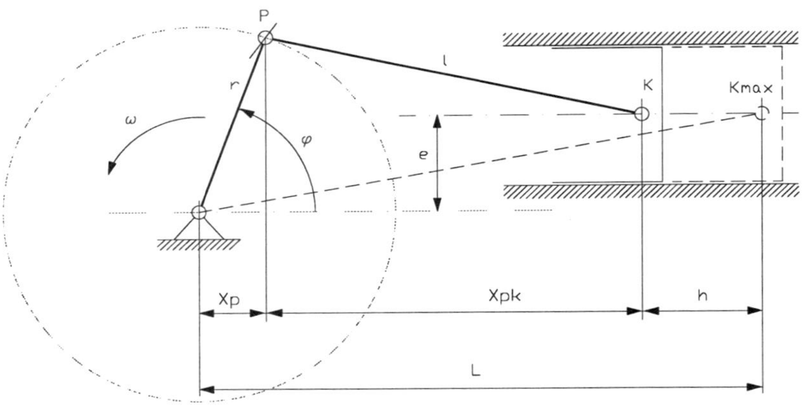

$\omega := 1$		Kreisfrequenz
$T := \frac{2\cdot\pi}{\omega}$	$T = 6.283$	Periodendauer für eine Kurbelumdrehung
$r := 5$		Kurbelradius
$l := 12$		Schubstangenlänge
$\lambda := \frac{r}{l}$	$\lambda = 0.417$	Schubstangenverhältnis
$e := 2$		Versetzung bzw. Exzentrizität
$L := \sqrt{(r+l)^2 - e^2}$	$L = 16.882$	Größter x-Abstand Kreuzkopf, Kurbelachse

$x_P(t) := r \cdot \cos(\omega \cdot t)$ Kurbelkoordinaten

$y_P(t) := r \cdot \sin(\omega \cdot t)$

$x_{PK}(t) := \sqrt{l^2 - (y_P(t) - e)^2}$

$x_K(t) := x_P(t) + x_{PK}(t)$ Kreuzkopfposition

$v_K(t) := \frac{d}{dt} x_K(t)$ Geschwindigkeit des Kreuzkopfes

$a_K(t) := \frac{d^2}{dt^2} x_K(t)$ Beschleunigung des Kreuzkopfes

$h(t) := L - x_K(t)$ Hub bezogen auf oberen Totpunkt

Bestimmung des oberen und unteren Totpunkts aus den Nullstellen der Kreuzkopfgeschwindigkeit:

$t_o := 0$

$t_o := \text{wurzel}(v_K(t_o), t_o)$ $\omega \cdot t_o = 6.75 \cdot Grad$

$t_u := \frac{T}{2}$

$t_u := \text{wurzel}(v_K(t_u), t_u)$ $\omega \cdot t_u = 196.602 \cdot Grad$

$|\omega \cdot t_o - \omega \cdot t_u| = 189.851 \cdot Grad$

Durch die Exzentrizität ist der Abstand zwischen dem oberen und unteren Totpunkt nicht mehr 180 Grad. Je größer die Exzentrizität, desto größer die Abweichung von 180 Grad.

$t := 0, \frac{T}{100} .. T$

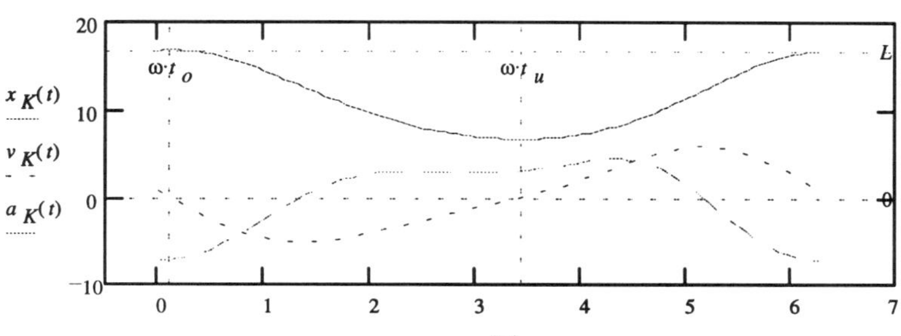

$Hub := h(t_u)$ $Hub = 10.174$ Kolbenhub

2. Schwingende Kurbelschleife zum Antrieb einer Hobelmaschine:

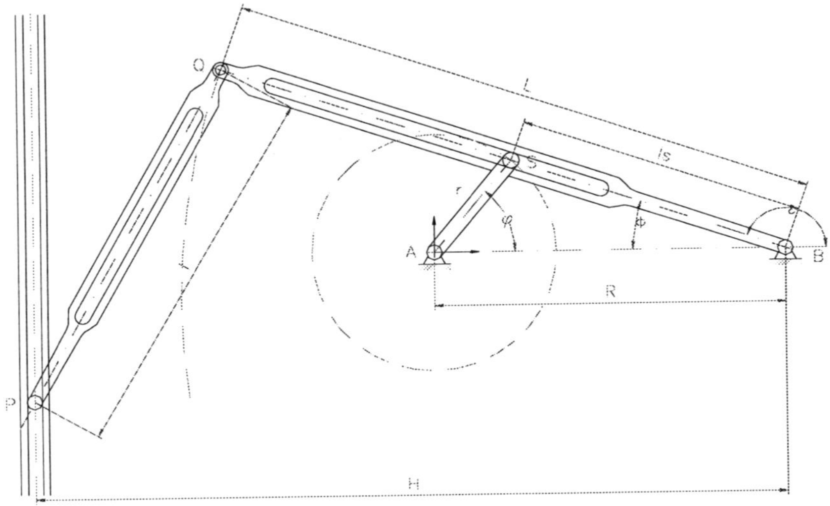

$\omega := 1$		Kreisfrequenz der Kurbel
$T := \frac{2\cdot\pi}{\omega}$	$T = 6.283$	Periodendauer für eine Kurbelumdrehung
$r := 5$		Kurbelradius
$R := 10$		Abstand Kurbel - Schwingenachse
$L := 20$	$l := 10$	Schwingenlängen
$H := 24$		Abstand Schwingenachse zur Hobelebene

Wir interessieren uns für die Bewegung des Punktes P sowie die Hobelgeschwindigkeit v_P und die Beschleunigung a_P:

$$l_s(t) := \sqrt{r^2 + R^2 - 2\cdot r\cdot R\cdot \cos(\omega\cdot t)}$$

$$\Phi(t) := \operatorname{asin}\left(\frac{r}{l_s(t)}\cdot \sin(\omega\cdot t)\right)$$ Schwingenwinkel

$$y_Q(t) := L\cdot \sin(\Phi(t))$$

$$x_Q(t) := R - L\cdot \cos(\Phi(t))$$

Koordinaten der Schwinge mit Länge L (Punkt Q), bezogen auf Punkt A als Koordinatenursprung

Zur Bestimmung von y_P stellen wir sin(ε) und cos(ε) auf:

$$\frac{x_Q - x_P}{l} = \cos(\varepsilon)$$

$$\frac{y_Q - y_P}{l} = \sin(\varepsilon) = \sqrt{1 - \cos(\varepsilon)^2} = \sqrt{1 - \left(\frac{x_Q - x_P}{l}\right)^2} = \sqrt{1 - \left[\frac{R - L\cdot\cos(\Phi(t)) - (R - H)}{l}\right]^2}$$

$$y_P(t) := y_Q(t) - l\cdot\sqrt{1 - \left[\frac{R - L\cdot\cos(\Phi(t)) - (R - H)}{l}\right]^2}$$

$$v_P(t) := \frac{d}{dt} y_P(t)$$ Hobelgeschwindigkeit

$$a_P(t) := \frac{d^2}{dt^2} y_P(t)$$ Beschleunigung

Bestimmung des oberen und unteren Umkehrpunkts der Hobelmaschine aus den Nullstellen der Hobelgeschwindigkeit:

$$t_o := \frac{T}{4}$$

$t_o := \mathrm{wurzel}\left(v_P(t_o), t_o\right)$ $\quad \omega \cdot t_o = 60 \cdot Grad$

$$t_u := 3\cdot\frac{T}{4}$$

$t_u := \mathrm{wurzel}\left(v_P(t_u), t_u\right)$ $\quad \omega \cdot t_u = 299.996 \cdot Grad$

$\left|\omega \cdot t_o - \omega \cdot t_u\right| = 239.995 \cdot Grad$

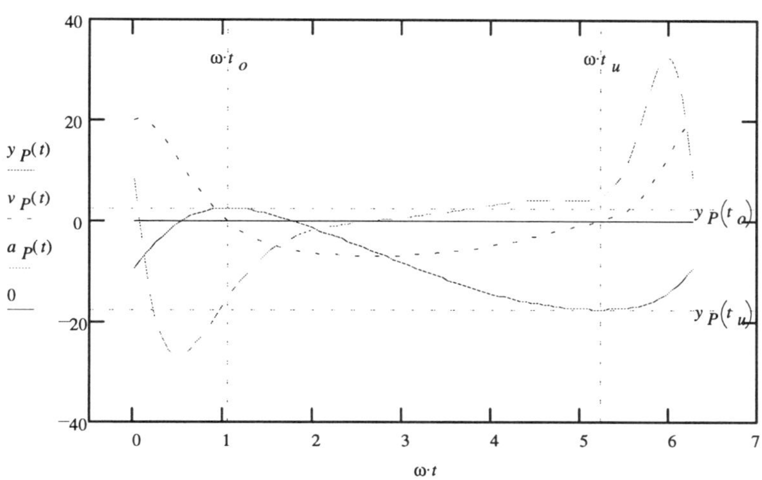

Weg-Geschwindigkeitsdiagramm und Weg-Beschleunigungsdiagramm:

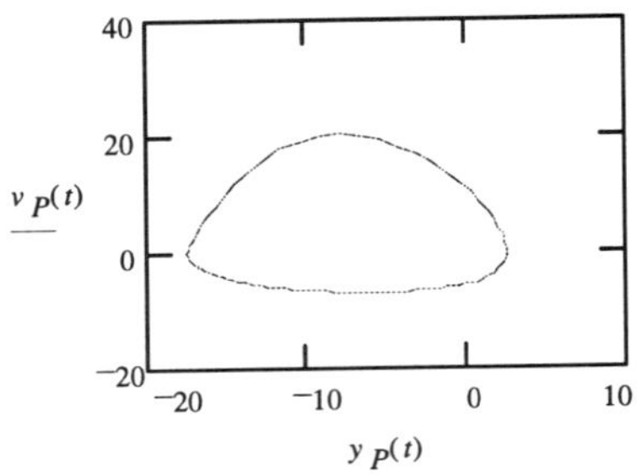

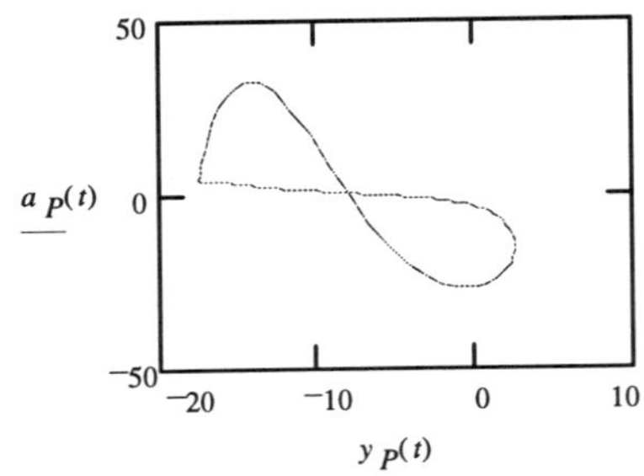

Wäre die Bewegung harmonisch, so wäre das y-v-Diagramm ein Kreis. Da die Hin- und die Herbewegung unterschiedlich lange dauern, ist die Bewegung anharmonisch und enthält entsprechende Oberwellenanteile.

$N := 8 \qquad i := 0 .. 2^N - 1$ Abtastzeitpunkte

$y_i := y_P\left(\frac{i}{2^N}\cdot T\right) \qquad v_i := v_P\left(\frac{i}{2^N}\cdot T\right) \qquad a_i := a_P\left(\frac{i}{2^N}\cdot T\right)$ Abtastwerte

$Y := \mathrm{SFT}(y) \qquad V := \mathrm{SFT}(v) \qquad A := \mathrm{SFT}(a)$ Schnelle Fouriertransformation der Abtastwerte

$n := 1 .. 2^{N-1}$

Oberwellenanteile der Hobelbewegung:

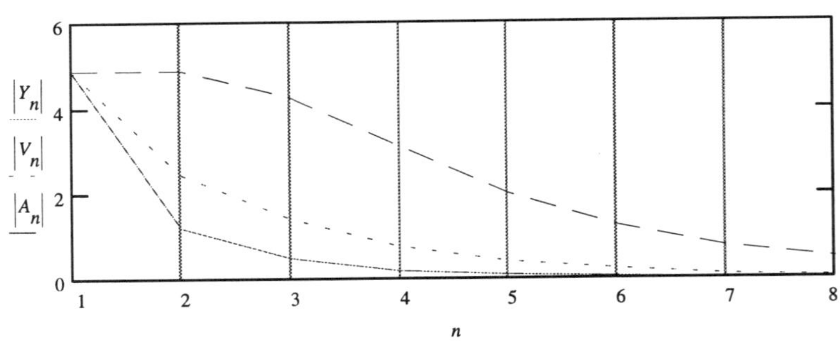

Die Beschleunigung enthält die stärksten Oberwellenanteile im Vergleich zur Grundwelle (n=1). Dies ist auch aus den Zeitfunktionen ersichtlich, die Beschleunigung weicht am stärksten von einer Sinusform ab.

3. Schräge Kreuzschubkurbel:

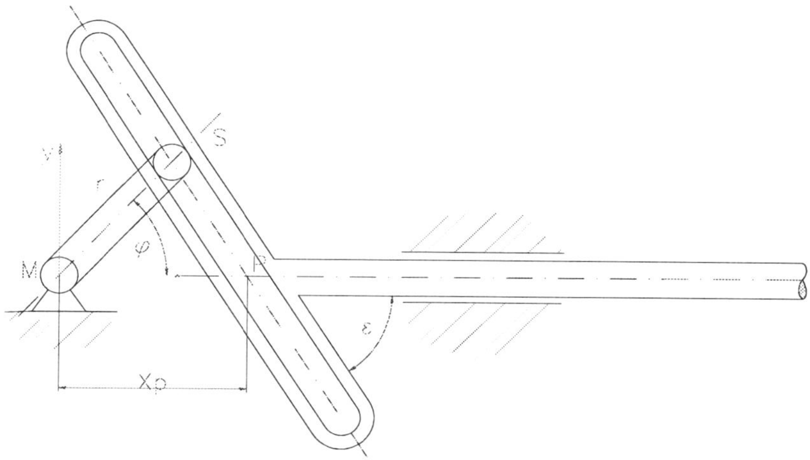

Die Drehbewegung der Kurbel (Punkt S) wird in eine Längsbewegung (Punkt P) umgesetzt. Ist der Winkel ε 90 Grad, so spricht man von einer geraden Kreuzschubkurbel, andernfalls von einer schrägen Kreuzschubkurbel.

$\omega := 1$		Kreisfrequenz der Kurbel
$T := \frac{2 \cdot \pi}{\omega}$	$T = 6.283$	Periodendauer für eine Kurbelumdrehung
$r := 5$		Kurbelradius
$\varepsilon := 30 \cdot Grad$		Schräge der Kreuzschubkurbel

Wir interessieren uns für die Bewegung des Punktes P sowie die Geschwindigkeit der Horizontalbewegung.

$$x_S(t) := r \cdot \cos(\omega \cdot t)$$

$$y_S(t) := r \cdot \sin(\omega \cdot t)$$

$$x_P(t) := \mathrm{wenn}\left(\varepsilon = 90 \cdot Grad, x_S(t), x_S(t) + \frac{y_S(t)}{\tan(\varepsilon)}\right)$$ Längsbewegung

$$v_P(t) := \frac{d}{dt} x_P(t)$$ Längsgeschwindigkeit

$$a_P(t) := \frac{d^2}{dt^2} x_P(t)$$ Längsbeschleunigung

Bestimmung des oberen und unteren Umkehrpunktes der Hobelmaschine aus den Nullstellen der Hobelgeschwindigkeit:

$$t_o := 0$$

$$t_o := \mathrm{wurzel}\left(v_P\left(t_o\right), t_o\right) \qquad \omega \cdot t_o = 60 \cdot Grad$$

$$t_u := \frac{T}{2}$$

$$t_u := \text{wurzel}\left(v_P(t_u), t_u\right) \qquad \omega \cdot t_u = 240 \cdot Grad$$

$$\left|\omega \cdot t_o - \omega \cdot t_u\right| = 180 \cdot Grad$$

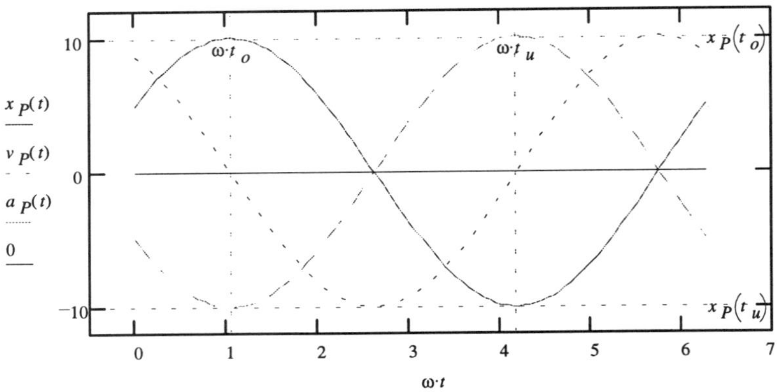

4. Vierteiliges Malteserkreuz

Die Kurbel ist beim vierteiligen Malteserkreuz nur für eine Viertelperiode im Eingriff. Die restlichen 3/4 der Periode bleibt das Malteserkreuz in Ruhe, bis die Kurbel wieder im Kreuz eingreift. Während die Drehbewegung der Kurbel harmonisch ist (konstante Drehzahl), ändert sich die Winkelgeschwindigkeit des Malteserkreuzes während der Drehung.

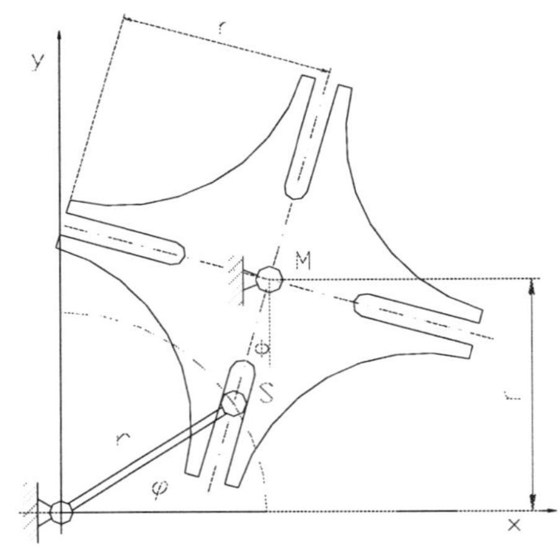

$\omega := 1$		Kreisfrequenz der Kurbel
$T := \frac{2 \cdot \pi}{\omega}$	$T = 6.283$	Periodendauer für eine Kurbelumdrehung
$r := 5$		Kurbelradius

Wir interessieren uns für die Drehbewegung des Malteserkreuzes, insbesondere für seine Winkelgeschwindigkeit und Winkelbeschleunigung.

$$\tan(\Phi) = \frac{r - x_S}{r - y_S} = \frac{r - r\cdot\cos(\varphi)}{r - r\cdot\sin(\varphi)}$$

$$\Phi(t) := \text{wenn}\left(t < \frac{T}{4}, \text{atan}\left(\frac{1-\cos(\omega\cdot t)}{1-\sin(\omega\cdot t)}\right), \frac{\pi}{2}\right)$$ Winkelbewegung des Malteserkreuzes

$$\Omega(t) := \frac{d}{dt}\Phi(t)$$ Zeitabhängige Winkelgeschwindigkeit des Malteserkreuzes

$$\Omega(t) := \text{wenn}\left[t < \frac{T}{4}, -\omega\cdot\frac{(\sin(\omega\cdot t) - 1 + \cos(\omega\cdot t))}{(-3 + 2\cdot\sin(\omega\cdot t) + 2\cdot\cos(\omega\cdot t))}, 0\right]$$

$$\alpha(t) := \frac{d^2}{dt^2}\Phi(t)$$ Zeitabhängige Winkelbeschleunigung des Malteserkreuzes

$$\alpha(t) := \text{wenn}\left[t < \frac{T}{4}, \omega^2\cdot\frac{(\cos(\omega\cdot t) - \sin(\omega\cdot t))}{(13 - 12\cdot\sin(\omega\cdot t) - 12\cdot\cos(\omega\cdot t) + 8\cdot\sin(\omega\cdot t)\cdot\cos(\omega\cdot t))}, 0\right]$$

Hinweis:
Um eine Division durch Null im *atan*-Argument beim numerischen Differenzieren zu vermeiden, sollten Sie den *atan*-Ausdruck symbolisch differenzieren. Verwenden Sie *nach Variable differenzieren* und *Vereinfachen* aus dem Menü *Symbolik*!

$$t := 0, \frac{T}{360} .. \frac{T}{4}$$

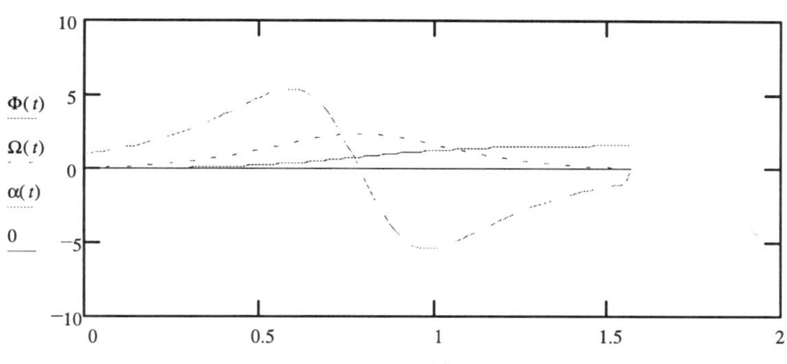

Als letztes Beispiel in diesem Abschnitt wollen wir die Problematik von Geradführungen besprechen. Geradführungen haben in der Praxis die Aufgabe, eine Kreisbewegung in eine lineare Bewegung umzusetzen. So eine Situation haben Sie z.B. bei schreibenden Meßgeräten, wo die kreisförmige Bewegung des Drehspulmeßwerks in eine lineare Schreibstiftbewegung umgewandelt werden soll. Eine andere Anwendung im Bereich des Maschinenbaus ist die Bewegung von Kränen nach Anheben einer Last. Die Last soll möglichst ohne Änderung der potentiellen Energie bewegt werden, y_P in Bild 6.4 soll also annähernd konstant sein.

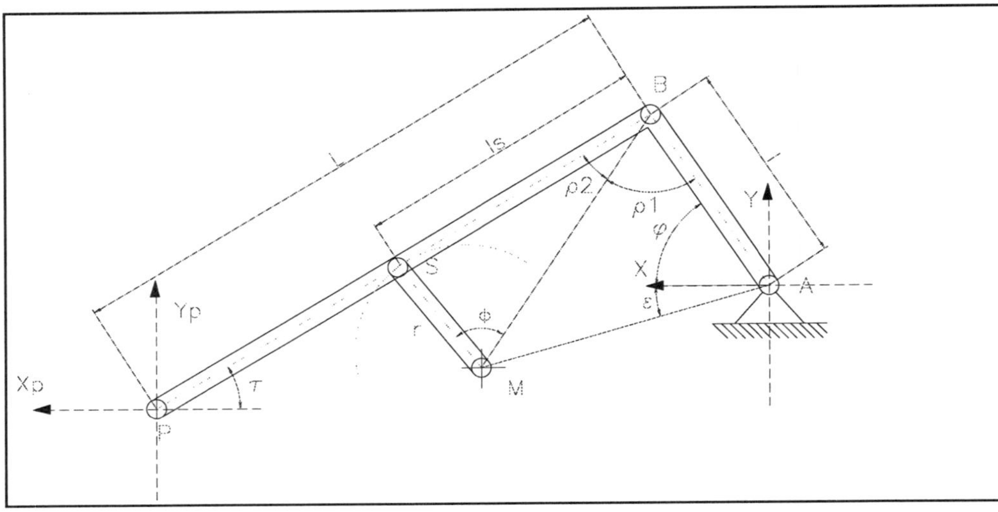

Bild 6.4: 4-Gelenksystem zur Geradführung, d.h., y_P soll annähernd konstant sein

Aus Platzgründen können wir die zur Problemlösung nötige Mathematik an dieser Stelle nicht anführen, wir müssen Sie wieder auf die Beispieldiskette verweisen.

Im Mathcad-Dokument `4GELENK.MCD` finden Sie die Berechnung der in Bild 6.4 dargestellten 4-Gelenk-Geradführung.

7 Elektronik und Elektrotechnik

In diesem Abschnitt wollen wir die gute Verwendbarkeit eines Computer-Algebra-Programms, wie es Mathcad ist, für den Elektrotechniker und Elektroniker demonstrieren. Auch wenn es zahlreiche Spezialprogramme gibt, mit deren Hilfe man die am häufigsten vorkommenden Problemstellungen dieser Branchen bearbeiten kann (z.B. Leiterplattenentwurf), bleiben im allgemeinen viele Probleme übrig, die sich einer Lösung mit Hilfe dieser Spezialprogramme entziehen. Sofern diese Probleme in irgendeiner Form über ein mathematisches Modell gelöst werden können, kann Mathcad Sie dabei kräftig unterstützen.

In diesem Buch können aus der Fülle der Aufgabenstellungen dieser Wissensbereiche nur ein paar Beispiele gezeigt werden. Sie sind so gewählt, daß sie möglichst breit gestreut erscheinen, daß sie im Schwierigkeitsgrad steigen und vor allem möglichst viele Lösungsmethoden und ihre Bearbeitung mit Mathcad zeigen.

Neben Selbstverständlichkeiten, wie das Lösen von Gleichungen, das Kopieren von Formelteilen etc., wie sie im ersten Abschnitt bzw. ausführlicher im Buch *Mathcad 5.0/PLUS 5.0* von *Hörhager/Partoll* gezeigt werden, kommen hier auch höhere Methoden, wie die Anwendung von Lösungsblöcken zum Lösen linearer und nichtlinearer Gleichungssysteme, die Laplace- und z-Transformation und die Lösung nichtlinearer Differentialgleichungen zum Zug. Bezüglich der Transformationen sei auf die Abschnitte 1, 4 und 9 hingewiesen. Im Abschnitt 9 werden impuls- und regeltechnische Probleme beschrieben, die hier von Interesse sein könnten. Manche Hinweise auf Problemlösungen werden auch im Abschnitt 8 zu finden sein.

7.1 Elektrotechnik

7.1.1 Messung von Biegespannungen mit einer Wheatstone-Brücke

Eine Wheatstonebrücke soll zur Messung mechanischer Biegespannungen von Stahl verwendet werden. Die Widerstände R_1 bis R_4 (vgl. Bild 7.1) rühren von Dehnmeßstreifen (DMS) her. Die DMS mit den Widerstandswerten R_1 und R_4 sind an der Oberseite, die anderen beiden an der Unterseite des Biegestabes befestigt. In der Mitte soll von oben eine Kraft auf den beidseitig gestützten Stab einwirken. Die DMS auf der Oberseite werden dabei gestaucht (R verkleinert sich), die beiden anderen werden gedehnt.

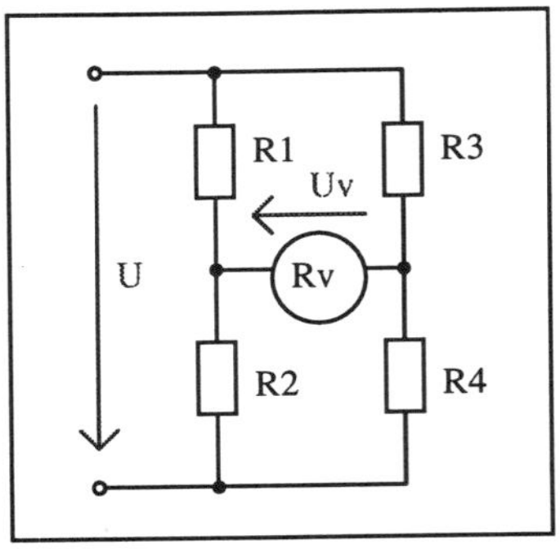

Bild 7.1: Wheatstonebrücke

Die Frage, die sich aufdrängt: Welche Art von Zusammenhang besteht zwischen der Widerstandsänderung, die über die Brückenspannung gemessen wird, und der mechanischen Biegespannung?

Im Dokument `WHEATSTO.MCD` werden die einschlägigen physikalischen Zusammenhänge (Hook´sches Gesetz, Maschen und Knotenregeln etc.) verwendet, um nach Vorgabe von Parameterwerten (k-Faktor des DMS, Elastizitätsmodul für Stahl etc.) dieser Frage auf den Grund zu gehen.

Die Lösung wird wieder über einen Lösungsblock gewonnen, der wie in `UTEILER.MCD` (vgl. Abschnitt 7.2) aufgebaut wird (allerdings mit wesentlich mehr Gleichungen). Als Ergebnis zeigt sich, daß zwischen der Brückenspannung U_v und der mechanischen Spannung σ ein linearer Zusammenhang besteht (vgl. Bild 7.2).

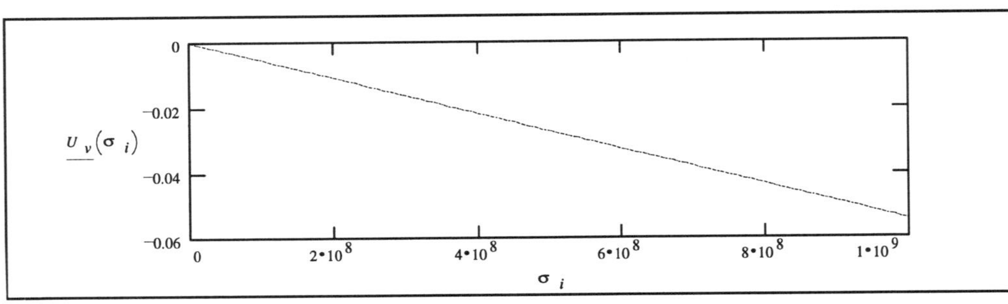

Bild 7.2: Zusammenhang zwischen Brückenspannung und mechanischer Spannung

7.1.2 Einschalten eines Gleichstrommotors

Ein Gleichstrommotor (vgl. Bild 7.3), der durch ein konstantes Drehmoment M von außen belastet wird, kann durch das folgende Differentialgleichungssystem beschrieben werden:

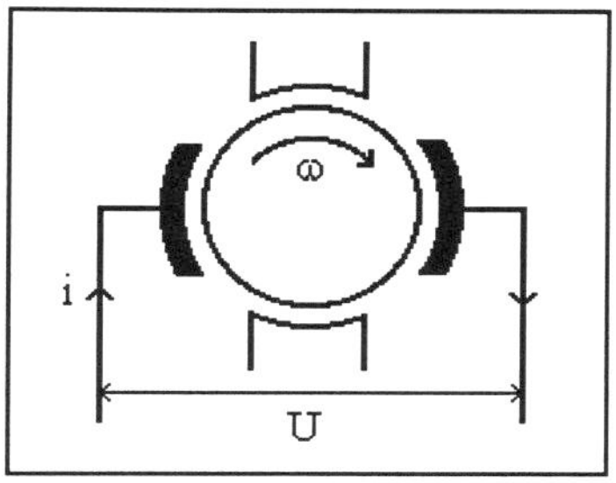

Bild 7.3: Gleichstrommotor

$$L \frac{d}{dt} i(t) + Ri(t) + m\omega(t) = U$$ Spannungsgleichgewicht im Ankerstromkreis

$$\Theta \frac{d}{dt} \omega(t) - mi(t) = -M$$ Mechanische Bewegungsgleichung

In diesen Gleichungen bedeuten L, R und Θ die Induktivität, den Widerstand und das Trägheitsmoment des Ankers; m ist eine Motorkonstante. Das Differentialgleichungssystem beschreibt den zeitlichen Verlauf des Ankerstromes $i(t)$ und der Ankerwinkelgeschwindigkeit $\omega(t)$ in Abhängigkeit von den gegebenen Parametern.

Im Mathcad-Dokument MOTOR_B.MCD, das Sie auch hier im Buch abgedruckt vorfinden, wird dieses Differentialgleichungssystem mit homogenen Anfangsbedingungen ($i(0) = \omega(0) = 0$) über Laplacetransformation gelöst.

Nach Laden des Symbolprozessors und Eingabe der beiden Gleichungen markieren Sie jeweils die Variable t mit dem Einfügebalken und aktivieren LAPLACE-TRANSFORMATION im Menü SYMBOLIK. Mathcad transformiert die Differentialgleichungen in algebraische Gleichungen. Die ursprüngliche Funktion $x(t)$ (bei uns $i(t)$ bzw $\omega(t)$) wird dabei von Mathcad durch $laplace(x(t),t,s)$ ersetzt.

Nun stehen zwei Varianten der Weiterbehandlung offen. Sie können das lineare Gleichungssystem mit symbolischer Matrizenrechnung oder mit dem »Symbolischen Lösungsblock« lösen. Wenn Sie sich für Matrizenrechnung entschieden haben, sollten Sie sich aus Gründen der Übersichtlichkeit einen Zwischenschritt leisten. Ersetzen Sie $laplace(x(t),t,s)$ durch die Variable X. In unseren beiden transformierten Gleichungen erfüllen Sie nun durch Ersetzen die Anfangsbedingungen und lösen das lineare Gleichungssystem (in I und Ω) symbolisch auf. Wie?

Am besten schreiben Sie das Gleichungssystem (durch KOPIEREN und in Operatorpalette 2) in Matrizenform um. Mit MATRIX INVERTIEREN erhalten Sie die symbolische Inverse der Systemmatrix. Ergänzen Sie nun multiplikativ den Störvektor (rechte Seite des Gleichungssystems). Umschließen des gesamten Ausdrucks mit der Selektionsbox bereitet SYMBOLISCH AUSWERTEN vor. Die Lösung liegt dann in Vektorform vor. Diese Variante finden Sie im Buch abgedruckt.

Für die zweite Variante (»Symbolischer Lösungsblock«) KOPIEREN Sie beide Gleichungen und setzen das Mathcad-Schlüsselwort *vorgabe* davor. Es leitet den Lösungsblock ein. Mit *suchen*(*laplace*(*i*(*t*),*t*,*s*), *laplace*(ω(*t*),*t*,*s*)) → schließen Sie den Block ab. Hinter dem SmartMath-Pfeil erscheint die Lösung in Vektorform. Der entstehende Ausdruck ist so ausladend, daß diese Variante im Buch nicht abgedruckt werden kann. (Es gibt keine Formatierungsmöglichkeit!)

Im Dokument MOTOR.MCD finden Sie auch diese Variante.

Um das asymptotische Lösungsverhalten beurteilen zu können, sollten Sie sich die Grenzwerte $\lim_{s\to 0} s \cdot x(s)$ (= $\lim_{t\to\infty} x(t)$) berechnen lassen. Dazu kopieren Sie die Vektorkomponenten der Lösung und fügen davor jeweils einen Limes (Symbol in Operatorpalette 3) ein. Wenn Sie nun mit dem SmartMath-Pfeil (Symbol in Palette 1) abschließen, erscheinen die Limites (nach einiger Zeit!), sofern Sie nicht vergessen haben, SMARTMATH im RECHNEN-Menü zu aktivieren!

Als nächstes wählen Sie konkrete Werte für die Parameter, da sonst die folgenden Funktionsdefinitionen für die rückübersetzten Zeitfunktionen (*i*(*t*) bzw ω(*t*)) von Mathcad nicht akzeptiert werden.

Markieren Sie nun in den kopierten Vektorkomponenten der Lösung des Gleichungssystems die Variable *s* und rufen Sie jeweils die INVERSE LAPLACE-TRANSFORMATION auf. Die Ergebnisse sind lang und unübersichtlich. Sie könnten sie entweder mit Zeilenumbruch bei Summen (<Strg>+<↵>) formatieren oder mit AUSDRUCK FAKTORISIEREN verkürzen (Wenn Sie diese Ergebnisse nur als Zwischenschritt betrachten, können Sie sich die mühsame Formatierung auch schenken!).

Damit Sie mit diesen rückübersetzten Zeitfunktionen überhaupt etwas anfangen können, müssen sie zu Definitionen ergänzt werden. Fügen Sie vor diesen Ausdrükken jeweils ein Definitionszeichen (in Palette 1) ein und ergänzen Sie mit *i*(*t*) bzw ω(*t*).

Zum Abschluß eine grafische Darstellung! Legen Sie einen Laufbereich für *t* fest. <@> oder X-Y-DARSTELLUNG ERSTELLEN erzeugt das Rohgerüst der Grafik. Tragen Sie *t* auf der Abzisse, die Funktionsnamen und die Asymptotenwerte, die Sie mit den Limites berechnet haben, auf der Ordinate ein, und die Grafik erscheint nach Freistellen des Cursors.

⇨ Sie können ohne weiteres im Dokument die Parameterwerte ändern und sich auf diese Art verschieden dimensionierte Motoren ansehen. Dank der lückenlos durchgeführten symbolischen Berechnungen wird der Graph bei jeder Änderung augenblicklich aktualisiert (sofern der AUTOMATIKMODUS im RECHNEN-Menü eingeschaltet ist).

Gleichstrommotor (motor_b.mcd)

Einschalten eines Gleichstrommotors:

Ankerstrom .... i(t)
Ankerwinkelgeschwindigkeit .... ω(t)
Induktivität des Ankers L
Widerstand der Ankerwicklung .... R
Trägheitsmoment des Ankers .... Θ
Konstantes Drehmoment der Belastung .... M
Motorkonstante .... m

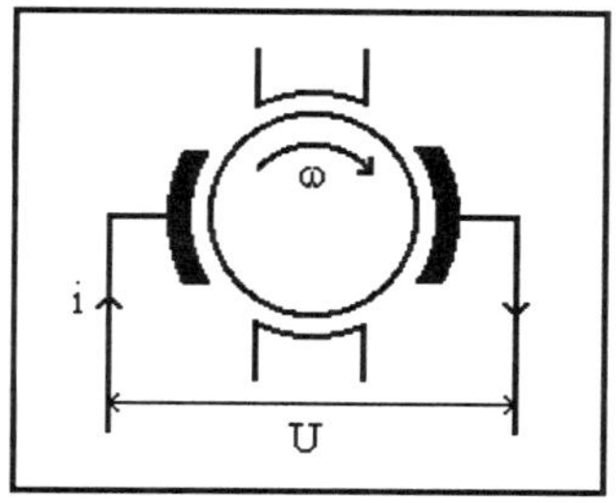

Bild 1: Gleichstrommotor

Ausgangsgleichungen:

$L\cdot\frac{d}{dt}i(t) + R\cdot i(t) + m\cdot\omega(t) = U$ Spannungsgleichgewicht im Ankerstromkreis (1)

$\Theta\cdot\frac{d}{dt}\omega(t) - m\cdot i(t) = -M$ Mechanische Bewegungsgleichung (2)

$i(0) = 0 \qquad \omega(0) = 0$ Anfangsbedingungen

Lösung:

$L\cdot\frac{d}{dt}i(t) + R\cdot i(t) + m\cdot\omega(t) = U$ *Laplace-Transformation* der 1. Gleichung

$$L\cdot(\text{laplace}(i(t),t,s)\cdot s - i(0)) + R\cdot\text{laplace}(i(t),t,s) + m\cdot\text{laplace}(\omega(t),t,s) = \frac{U}{s}$$

laplace(i(t),t,s) ersetzt durch I bzw. laplace(ω(t),t,s) ersetzt durch Ω

$$L\cdot(I\cdot s - i(0)) + R\cdot I + m\cdot\Omega = \frac{U}{s}$$

Anfangswert erfüllen

$$L\cdot I\cdot s + R\cdot I + m\cdot\Omega = \frac{U}{s}$$

$\Theta\cdot\frac{d}{dt}\omega(t) - m\cdot i(t) = -M$ *Laplace-Transformation* der 2. Gleichung

$$\Theta\cdot(\text{laplace}(\omega(t),t,s)\cdot s - \omega(0)) - m\cdot\text{laplace}(i(t),t,s) = \frac{-M}{s}$$

laplace(i(t),t,s) ersetzt durch I bzw. laplace(ω(t),t,s) ersetzt durch Ω

$$\Theta \cdot (\Omega \cdot s - \omega(0)) - m \cdot I = \frac{-M}{s}$$

Anfangswert erfüllen

$$\Theta \cdot \Omega \cdot s - m \cdot I = \frac{-M}{s}$$

$$\begin{pmatrix} L \cdot s + R & m \\ -m & \Theta \cdot s \end{pmatrix} \cdot \begin{pmatrix} I \\ \Omega \end{pmatrix} = \begin{bmatrix} \frac{U}{s} \\ \frac{-M}{s} \end{bmatrix}$$

In Matrizenform umgebaut

$$\begin{pmatrix} L \cdot s + R & m \\ -m & \Theta \cdot s \end{pmatrix}$$

Matrix *Kopieren* und *Matrix invertieren*

$$\frac{1}{\left(\Theta \cdot s^2 \cdot L + \Theta \cdot s \cdot R + m^2\right)} \cdot \begin{pmatrix} \Theta \cdot s & -m \\ m & L \cdot s + R \end{pmatrix} \cdot \begin{bmatrix} \frac{U}{s} \\ \frac{-M}{s} \end{bmatrix}$$

Störvektor ergänzen (*Kopieren*) und *Symbolisch auswerten*

$$\begin{bmatrix} \frac{(\Theta \cdot U \cdot s + m \cdot M)}{\left[\left(\Theta \cdot s^2 \cdot L + \Theta \cdot s \cdot R + m^2\right) \cdot s\right]} \\ \frac{(m \cdot U - M \cdot L \cdot s - M \cdot R)}{\left[\left(\Theta \cdot s^2 \cdot L + \Theta \cdot s \cdot R + m^2\right) \cdot s\right]} \end{bmatrix} = \begin{pmatrix} I \\ \Omega \end{pmatrix}$$

Grenzwerte:

$$\lim_{s \to 0} s \cdot \frac{(\Theta \cdot U \cdot s + m \cdot M)}{\left[\left(\Theta \cdot s^2 \cdot L + \Theta \cdot s \cdot R + m^2\right) \cdot s\right]} \to \frac{1}{m} \cdot M$$

$$\lim_{s \to 0} s \cdot \frac{(m \cdot U - M \cdot L \cdot s - M \cdot R)}{\left[\left(\Theta \cdot s^2 \cdot L + \Theta \cdot s \cdot R + m^2\right) \cdot s\right]} \to \frac{-(-m \cdot U + M \cdot R)}{m^2}$$

Anfangswerte: $U := 24$ $\Theta := 6$ $M := 5$

$L := 1$ $R := 0.1$ $m := 0.2$

$$\frac{(\Theta \cdot U \cdot s + m \cdot M)}{\left[\left(\Theta \cdot s^2 \cdot L + \Theta \cdot s \cdot R + m^2\right) \cdot s\right]}$$

Inverse Laplace-Transformation und zur Funktion i(t) ergänzt

$$i(t) := 2\cdot U\cdot exp\left(\frac{-1}{2}\cdot\frac{R}{L}\cdot t\right)\cdot\sin\left[\frac{1}{2}\cdot\frac{\sqrt{4\cdot m^2\cdot L - R^2\cdot\Theta}}{\left(\sqrt{\Theta}\cdot L\right)}\cdot t\right]\cdot\frac{\sqrt{\Theta}}{\sqrt{4\cdot m^2\cdot L - R^2\cdot\Theta}}\ \ldots$$

$$+ -M\cdot R\cdot\exp\left(\frac{-1}{2}\cdot\frac{R}{L}\cdot t\right)\cdot\frac{\sin\left[\frac{1}{2}\cdot\frac{\sqrt{4\cdot m^2\cdot L - R^2\cdot\Theta}}{\left(\sqrt{\Theta}\cdot L\right)}\cdot t\right]}{m}\cdot\frac{\sqrt{\Theta}}{\sqrt{4\cdot m^2\cdot L - R^2\cdot\Theta}}\ \ldots$$

$$+ -M\cdot\exp\left(\frac{-1}{2}\cdot\frac{R}{L}\cdot t\right)\cdot\frac{\cos\left[\frac{1}{2}\cdot\frac{\sqrt{4\cdot m^2\cdot L - R^2\cdot\Theta}}{\left(\sqrt{\Theta}\cdot L\right)}\cdot t\right]}{m} + \frac{M}{m}$$

Nach einigen Vereinfachungen mit *Ausdruck faktorisieren*

$$i(t) := \exp\left(\frac{-1}{2}\cdot\frac{R}{L}\cdot t\right)\cdot\frac{\left[\begin{array}{l}\sin\left[\frac{1}{2}\cdot\frac{\sqrt{4\cdot m^2\cdot L - R^2\cdot\Theta}}{\left(\sqrt{\Theta}\cdot L\right)}\cdot t\right]\cdot\sqrt{\Theta}\cdot(2\cdot U\cdot m - M\cdot R)\ \ldots\\ + -M\cdot\cos\left[\frac{1}{2}\cdot\frac{\sqrt{4\cdot m^2\cdot L - R^2\cdot\Theta}}{\left(\sqrt{\Theta}\cdot L\right)}\cdot t\right]\cdot\sqrt{4\cdot m^2\cdot L - R^2\cdot\Theta}\end{array}\right]}{\left(m\cdot\sqrt{4\cdot m^2\cdot L - R^2\cdot\Theta}\right)} + \frac{M}{m}$$

$$\frac{(m\cdot U - M\cdot L\cdot s - M\cdot R)}{\left[\left(\Theta\cdot s^2\cdot L + \Theta\cdot s\cdot R + m^2\right)\cdot s\right]}$$

Inverse Laplace-Transformation und zur Funktion ω(t) ergänzt

$$\omega(t) := -2\cdot M\cdot L\cdot\exp\left(\frac{-1}{2}\cdot\frac{R}{L}\cdot t\right)\cdot\frac{\sin\left[\frac{1}{2}\cdot\frac{\sqrt{4\cdot m^2\cdot L - R^2\cdot\Theta}}{\left(\sqrt{\Theta}\cdot L\right)}\cdot t\right]}{\left(\sqrt{\Theta}\cdot\sqrt{4\cdot m^2\cdot L - R^2\cdot\Theta}\right)}\ \ldots$$

$$+ -\sqrt{\Theta}\cdot\frac{R}{m}\cdot U\cdot\exp\left(\frac{-1}{2}\cdot\frac{R}{L}\cdot t\right)\cdot\frac{\sin\left[\frac{1}{2}\cdot\frac{\sqrt{4\cdot m^2\cdot L - R^2\cdot\Theta}}{\left(\sqrt{\Theta}\cdot L\right)}\cdot t\right]}{\sqrt{4\cdot m^2\cdot L - R^2\cdot\Theta}}\ \ldots$$

$$+\sqrt{\Theta}\cdot R^2\cdot M\cdot\exp\left(\frac{-1}{2}\cdot\frac{R}{L}\cdot t\right)\cdot\frac{\sin\left[\frac{1}{2}\cdot\frac{\sqrt{4\cdot m^2\cdot L - R^2\cdot\Theta}}{\left(\sqrt{\Theta}\cdot L\right)}\cdot t\right]}{\left(m^2\cdot\sqrt{4\cdot m^2\cdot L - R^2\cdot\Theta}\right)}\ \ldots$$

$$+ -\left(\frac{1}{m}\right)\cdot U\cdot\exp\left(\frac{-1}{2}\cdot\frac{R}{L}\cdot t\right)\cdot\cos\left[\frac{1}{2}\cdot\frac{\sqrt{4\cdot m^2\cdot L - R^2\cdot\Theta}}{\left(\sqrt{\Theta}\cdot L\right)}\cdot t\right]\ \ldots$$

$$+M\cdot R\cdot\exp\left(\frac{-1}{2}\cdot\frac{R}{L}\cdot t\right)\cdot\frac{\cos\left[\frac{1}{2}\cdot\frac{\sqrt{4\cdot m^2\cdot L - R^2\cdot\Theta}}{\left(\sqrt{\Theta}\cdot L\right)}\cdot t\right]}{m^2} + \frac{1}{m}\cdot U - M\cdot\frac{R}{m^2}$$

Nach einigen Vereinfachungen mit *Ausdruck faktorisieren*

$$\omega(t) := -\exp\left(\frac{-1}{2}\cdot\frac{R}{L}\cdot t\right)\cdot\frac{\left[\begin{array}{l}\sin\left[\frac{1}{2}\cdot\frac{\sqrt{4\cdot m^2\cdot L - R^2\cdot\Theta}}{\left(\sqrt{\Theta}\cdot L\right)}\cdot t\right]\cdot\left(2\cdot M\cdot L\cdot m^2 + \Theta\cdot R\cdot U\cdot m - R^2\cdot\Theta\cdot M\right)\ \ldots\\ +\cos\left[\frac{1}{2}\cdot\frac{\sqrt{4\cdot m^2\cdot L - R^2\cdot\Theta}}{\left(\sqrt{\Theta}\cdot L\right)}\cdot t\right]\cdot\sqrt{\Theta}\cdot\sqrt{4\cdot m^2\cdot L - R^2\cdot\Theta}\cdot(U\cdot m - M\cdot R)\end{array}\right]}{\left[\sqrt{\Theta}\cdot\left(\sqrt{4\cdot m^2\cdot L - R^2\cdot\Theta}\cdot m^2\right)\right]}\ \ldots$$
$$+\frac{1}{m}\cdot U - M\cdot\frac{R}{m^2}$$

Graphen: Grenzwert für den Strom: $\frac{M}{m} = 25$

Grenzwert für die Winkelgeschwindigkeit: $\frac{-(-m\cdot U + M\cdot R)}{m^2} = 107.5$

Laufbereich: $t := 0, 0.5 .. 200$

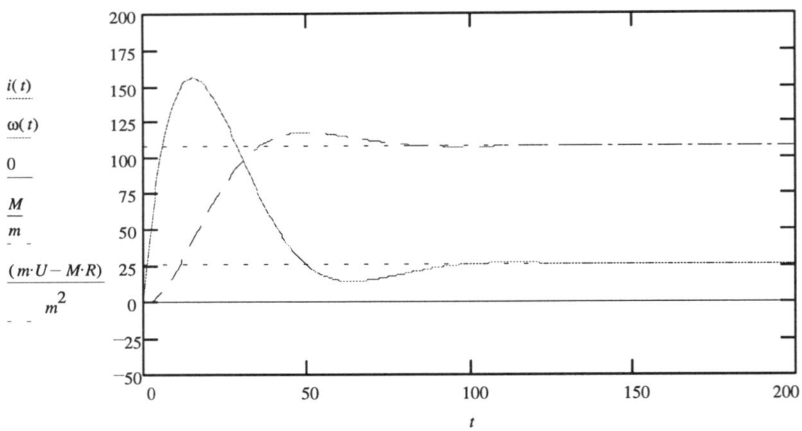

Sie bemerken am Graphen, daß der Motor nach dem Anfahren überdreht!

Aus dem Dokument ersehen Sie, daß der Motor bei unserer Wahl der Parameter leicht überdreht. Wir wollen nun noch (diesen Teil finden Sie nicht mehr im Buch, sondern nur noch im Mathcad-Dokument MOTOR.MCD) der Frage nachgehen, ob sich an der Konstruktion etwa durch Abändern der Induktivität L der Motor so auslegen läßt, daß dieses Phänomen verschwindet. Präziser formuliert: Welche Wahl von L garantiert optimal schnelles Anfahren des Motors, ohne daß er überdreht!

Das Überdrehen ist mathematisch gesprochen ein Schwingen. Dieses Schwingen rührt von einem komplexen Polpaar in den Laplacetransformierten her. Im Dokument wird nun gezeigt, wie man dieses komplexe Polpaar durch einen doppelten reellen Pol ersetzt. Wir erreichen damit, daß der Schwingfall in den aperiodischen Grenzfall übergeht. Dieser Fall ist aber unter den aperiodischen Fällen gerade jener, der optimal schnelles Anfahren garantiert (vgl. Bild 7.4).

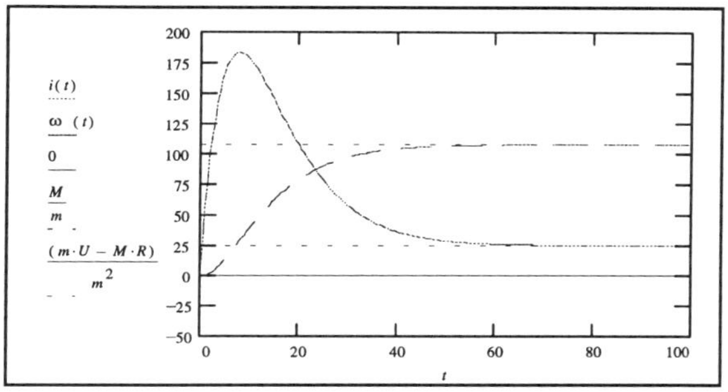

Bild 7.4: Aperiodische Motorkennlinien

7.1.3 Spannungsabfall an einer Isolatorenkette

Bei diesem Beispiel geht es um den Spannungsabfall an einer Isolatorenkette bei vorgegebener Anzahl von N Isolatoren, also um ein Randwertproblem. Man kennt die Spannung $U(N) = U_L$, die vor dem ersten Isolator auf der Leitung liegt; die Spannung hinter dem letzten Isolator ist natürlich 0 (Erdpotential).

Betrachtet man in Bild 7.5 die Spannung (Wechselspannung mit Kreisfrequenz ω) zwischen Isolatorenkette $I_1, I_2 \ldots$ und Hochspannungsmast (Erde) im Knoten K_{n+1}, also unterhalb des Isolators I_{n+1} (vgl. Bild 7.5), so ergibt sich (nach der Kirchhoff'schen Maschenregel):

$$j\omega \cdot C_1 \left(U_{n+2} - U_{n+1}\right) = j\omega \cdot C_1 \left(U_{n+1} - U_n\right) + j\omega \cdot C_2 \cdot U_{n+1}$$

(j als imaginäre Einheit). Division durch $j\omega$ und Zusammenfassen ergibt die Gleichung, die im Mathcad-Dokument untersucht wird.

Der Ansatz für die Lösung dieses Problems führt also auf eine Rekursionsformel, und man sucht sozusagen eine geschlossene Darstellung für die Spannung U als Funktion von n; mathematisch ausgedrückt also die Lösung einer Differenzengleichung unter Beachtung der Randbedingungen. Diese Differenzengleichung ist linear mit konstanten Koeffizienten. Die Methode der Wahl zu ihrer Lösung wird also die z-Transformation sein (vgl. Abschnitte 1.3.2, 4 und 8.7)!

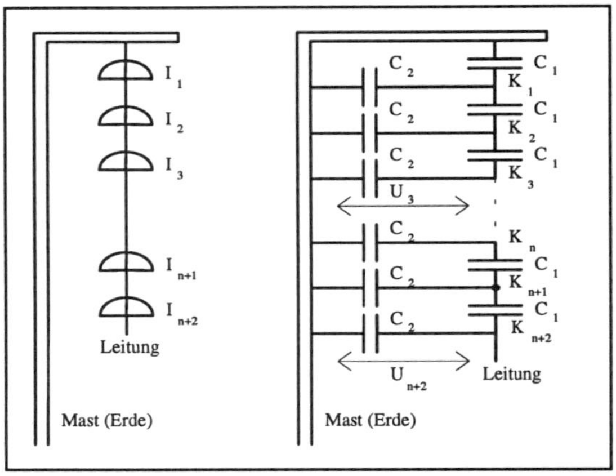

Bild 7.5: Spannungsabfall am Hochspannungsmast, Ersatzschaltung

Nach einigen sinvollen Abkürzungen, die die Gleichung übersichtlicher machen, wird sie der z-Transformation unterworfen (Mathcad 5.0-Besitzer können dies »händisch« nach der Vorlage `DIFZGL_Z.MCD` in Abschnitt 4 durchführen). Die entstandene algebraische Gleichung ist nach *ztrans*($U(n)$,n,z), das man zweckmäßigerweise durch U ersetzt, aufzulösen. In dieser Lösung stecken die noch unerfüllten Anfangsbedingungen $U(0)$ und $U(1)$. $U(0)$ (Erdpotential) ist bekannt und kann erfüllt werden. Anstelle von $U(1)$ kennt man aber nur den Randwert $U(N)$. $U(1)$ bleibt also als unbestimmter Parameter bestehen!

Die Rücktransformation (inverse z-Transformation) wird von Mathcad trotz des noch variablen Parameters $U(1)$ bewältigt, so daß wir also damit eine Formel für $U(n)$ gewinnen, die noch von $U(1)$ abhängt. Nun kann die Bedingung $U(N) = U_L$ durch geeignete Wahl von $U(1)$ erfüllt werden. Damit ist das Problem gelöst!

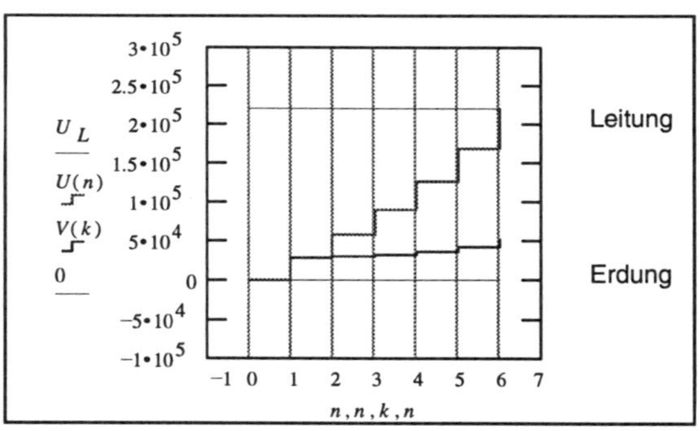

Bild 7.6: Spannungsabfall an der Isolatorenkette

Zur Illustration werden die Spannungsabfälle für unterschiedliche Verhältnisse von $C_1 : C_2$ grafisch dargestellt (vgl Bild 7.6). Einer Tabelle ist jeweils der Spannungsabfall für den meistbelasteten Isolator (Maximum von V(k)) zu entnehmen. Er stellt das schwächste Glied in der Kette dar und entscheidet über die Dimensionierung.

Die technischen Details, die sich bei der Lösung dieses Problems ergeben, können Sie dem Dokument `ISOLAT.MCD` entnehmen.

7.1.4 Übertragung auf Leitungen, Kettenparameter

Der Versuch, die elektrische Leitung mathematisch zu beschreiben, führt ähnlich wie bei dem Motor auf 2 lineare Differentialgleichungen, die wir leicht aus dem Ersatzschaltbild 7.7 ablesen können. Der wesentliche Unterschied zum Motor ist aber, daß die beiden Widerstände, die Induktivität und die Kapazität nicht in Form von konzentrierten Bauelementen erscheinen, sondern sozusagen »verschmiert« sind über die ganze Länge der Leitung. Sie werden daher als Beläge bezeichnet und normiert auf die Längeneinheit angegeben.

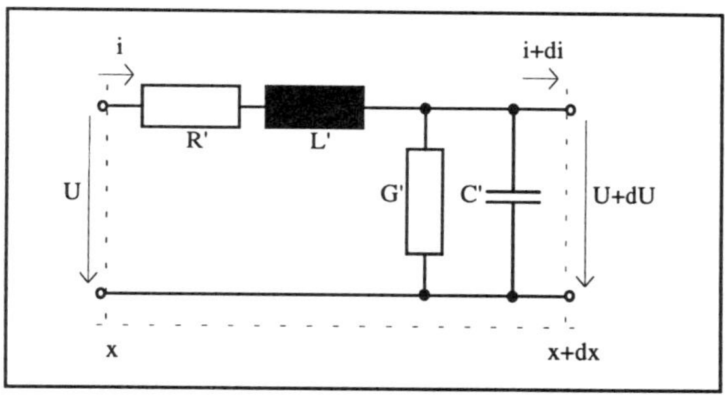

Bild 7.7 Ersatzschaltbild der Leitung

Die mathematische Konsequenz aus dieser Tatsache ist, daß es sich nicht um ein System gewöhnlicher Differentialgleichungen handelt. Das Differentialgleichungssystem ist partiell (vgl. Bild 7.8); die gesuchten Funktionen für Spannung und Strom hängen nicht nur von der Zeit t, sondern auch vom Ort x ab. Da dieses System aber, wie gesagt, linear ist und zudem noch konstante Koeffizienten aufweist, sollte einer Behandlung mittels Laplacetransformation nichts im Wege stehen.

Die Herausforderung an Mathcad besteht darin, daß in beiden Gleichungen je 2 Laplacetransformationen durchgeführt werden müssen, einmal nach der Zeit t, ein zweites Mal nach dem Ort x.

Wie Mathcad damit fertig wird (zugegebenermaßen mit kleinen, leicht zu behebenden Mängeln), sehen Sie im Dokument `LEITG_P.MCD`.

1. Gleichung: Abnahme der Spannung infolge des Widerstandsbelags (Ohm´sche Gesetz: U = -R' ·i) und des Induktivitätsbelages (L', Induktionsgesetz) entlang der Leitung

$$\frac{d}{dx}U(x,t) = -R' \cdot i(x,t) - L' \cdot \frac{d}{dt}i(x,t) \qquad i(x,0) = 0 \quad \text{Anfangsbedingung}$$

2. Gleichung: Abnahme der Stromes infolge des Ableitungsbelags (Ohm´sches Gesetz: i = -G' ·U) und des Kapazitätsbelages (C') entlang der Leitung

$$\frac{d}{dx}i(x,t) = -G' \cdot U(x,t) - C' \cdot \frac{d}{dt}U(x,t) \qquad U(x,0) = 0 \quad \text{Anfangsbedingung}$$

Bild 7.8: Differentialgleichungssystem der Leitung

Ziel dieses Dokuments ist es, aus dem Differentialgleichungssystem die Beschreibung der Leitung durch die Kettenparameter (a-Parameter, vgl. Bild 7.9 und Abschnitt 9.1.2) zu gewinnen. Mit dieser Form lassen sich dann viele Anfangs- und Randwertprobleme, die sich stellen und die von technischer Relevanz sind, lösen.

Ein Beispiel dafür (Erzeugung ultrakurzer Rechteckimpulse mit Hilfe einer Leitung) wird im Dokument `LEITG1_P.MCD` stellvertretend vorgestellt.

$$\begin{pmatrix} U(0,s) \\ i(0,s) \end{pmatrix} = \begin{bmatrix} \cosh(\gamma(s)\cdot x) & \sinh(\gamma(s)\cdot x)\cdot Z_W(s) \\ \dfrac{\sinh(\gamma(s)\cdot x)}{Z_W(s)} & \cosh(\gamma(s)\cdot x) \end{bmatrix} \cdot \begin{pmatrix} U(x,s) \\ i(x,s) \end{pmatrix}$$

Darstellung der Leitung durch die Kettenparameter

Bild 7.9: a-Parameter der Leitung

Wie gewinnen wir diese a-Parameterform?

Wir führen zunächst eine Laplacetransformation nach der Variablen t durch unter der Annahme, daß die Leitung zum Zeitpunkt $t = 0$ in Ruhe war. Die ursprünglichen Funktionen $U(x,t)$ und $i(x,t)$ wurden von Mathcad durch *laplace*($U(x,t),t,s$) und *laplace*($i(x,t),t,s$) ersetzt. Wir taufen sie in $U(x,s)$ bzw. $i(x,s)$ um und setzen die Anfangsbedingungen ein. Nun wird die Variable x markiert und abermals Laplacetransformiert.

⇨ Mathcad erkennt, daß s bereits für die Transformation nach t verbraucht wurde, und erfindet die Variable *ss* für die Transformation von x, merkt sich die Korrespondenz aber nicht. Wird später zunächst nach *ss* rücktransformiert, so schreibt Mathcad kaltblütig wieder t als Zeitvariable anstelle von x! Der Schaden ist mit NACH VARIABLE ERSETZEN leicht zu beheben!

Nach dieser doppelten Laplacetransformation erhalten wir ein algebraisches Gleichungssystem (natürlich linear) für *U(ss,s)* und *i(ss,s)*. Umbauen in Matrizenform ermöglicht dann die symbolische Lösung dieses Systems.

Führen wir abschließend noch die gängigen Abkürzungen für den Wellenwiderstand und den Ausbreitungskoeffizienten (Bild 7.10) ein, so erhalten wir bereits die inverse a-Parameter-Matrix.

Definitionen: $\gamma(s) := \sqrt{R' + L'\cdot s}\cdot\sqrt{G' + C'\cdot s}$ "Ausbreitungskoeffizient"

$Z_W(s) := \frac{\sqrt{R' + L'\cdot s}}{\sqrt{G' + C'\cdot s}}$ "Wellenwiderstand"

Bild 7.10: Ausbreitungskoeffizient und Wellenwiderstand einer Leitung

Invertieren der Matrix erzeugt die endgültige Form (Bild 7.9). Als Draufgabe können wir durch Division der beiden in der Matrizenform enthaltenen Gleichungen noch den Eingangswiderstand der Leitung als Funktion einer Abschlußimpedanz angeben. Dieses Ergebnis wird in `LEITG1_P.MCD` gebraucht.

7.2 Elektronik

7.2.1 Belasteter Spannungsteiler

Im Dokument `UTEILER.MCD` soll die Ausgangsspannung eines Spannungsteilers in Abhängigkeit von der Belastung (R_v fest gewählt) und der Schleiferposition am Potentiometer untersucht werden (vgl. Bild 7.11). Die Eingangsspannung U und der Gesamtwiderstand des Potentiometers $R = R_1 + R_2$ sind natürlich bekannt.

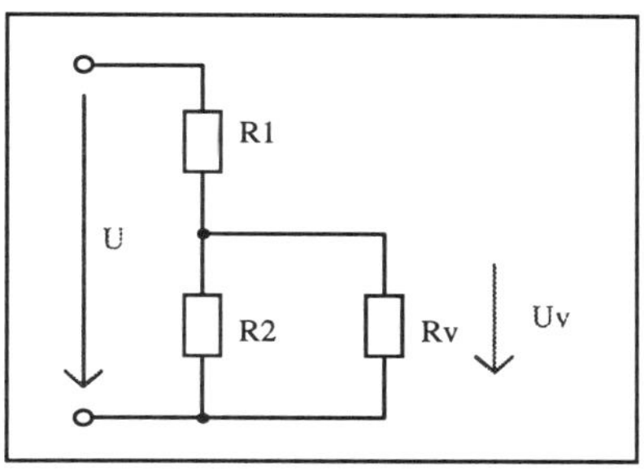

Bild 7.11: Belasteter Spannungsteiler

Wir nehmen des weiteren an, daß das Potentiometer einen linearen Verlauf hat, daß also die Ausgangsspannung im unbelasteten Fall dem Drehwinkel direkt proportional ist. Nach den Kirchhoff'schen Gesetzen ergeben sich 2 Maschengleichungen für die Teilspannungen und eine Knotengleichung für die Teilströme (Bild 7.12):

Maschenregel:

$U - I_1 \cdot R_1 - I_2 \cdot R_2 = 0 \qquad I_2 \cdot R_2 = I_v \cdot R_v$

Knotenregel:

$I_1 = I_2 + I_v$

Potentiometergesamtwiderstand:

$R_1 + R_2 = R$

Bild 7.12: Kirchhoff-Gesetze am Spannungsteiler

Natürlich könnte man nun das Gleichungssystem in Matrizenform umbauen und daraus $U_{rel} = \frac{U_v}{U}$ als Funktion von $R_{2rel} = \frac{R_2}{R}$ berechnen. Man könnte den Zusammenhang auch direkt über die Spannungsteilerregel ableiten und erhielte sofort unter Verwendung der bekannten Daten die Funktion:

$$U_{rel}(R_{2rel}) = \frac{R_{2rel}}{1 + (1 - R_{2rel})R_{2rel}}$$

In diesem Dokument soll aber gezeigt werden, daß Sie das Problem auch sehr elegant mit einem Lösungsblock (vgl. Tabelle 1.10) bearbeiten können. Diese Methode hat die Vorteile, daß Sie nicht an Linearität der Zusammenhänge gebunden sind (und Gleichungen zu lösen via Matrizenrechnung also nicht mehr möglich wäre) und daß Sie die Maschen- und Knotengleichungen gerade so, wie Sie sie ohnehin eingeben, im Lösungsblock verwenden können (vgl Bild 7.12).

Wie gehen wir dabei vor? Zunächst müssen für alle in den Gleichungen auftretenden Variablen Werte definiert werden (das sind zum Teil vorgegebene Festwerte, z.B für U oder Startwerte für die *suchen*-Funktion, z.B. I_v). Wir suchen I_1, I_2 und I_v. Da 4 Gleichungen in den Lösungsblock eingetragen sind, brauchen wir auch 4 Parameter. Wir nehmen R_1 hinzu. Sein Ergebniswert wird aber natürlich mit dem Startwert übereinstimmen, weil er ja über $R = R_1 + R_2$ bereits gebunden ist.

Nun könnten wir einfach mit $x :=$ suchen(I_1, I_2, I_v, R_1) einen Vektor x mit 4 Komponenten (0 bis 3!) erzeugen, der die gesuchten Werte enthält. Damit hätten wir die Lösung für eine feste Schleiferstellung (R_1 und damit auch R_2 bleiben ja von der Iteration unberührt!) und könnten $U_v = x_2 \cdot R_v$ $(= I_v \cdot R_v)$ ausrechnen.

Eigentlich wollten wir U_v aber für eine ganze Folge verschiedener R_2-Werte, um die Änderung von U_v grafisch darstellen zu können. Damit das gelingt, müssen wir anstelle von x im Lösungsblock eine Funktion $f(R_2)$ definieren. Sie hat dann dieselben 4 Komponenten wie oben und gestattet, für R_2 einen ganzen Parameterbereich festzulegen. Mathcad sucht dann im Lösungsblock simultan alle Lösungen für diesen Laufbereich. Mit der zweiten Komponente dieser Funktion und der Definition $U_v(R_2) := f(R_2)_2 \cdot R_v$ erhalten wir die gesuchte Lösung U_v als Funktion von R_2, die simultan für alle Werte, die R_2 annimmt, berechnet wird (Bild 7.13).

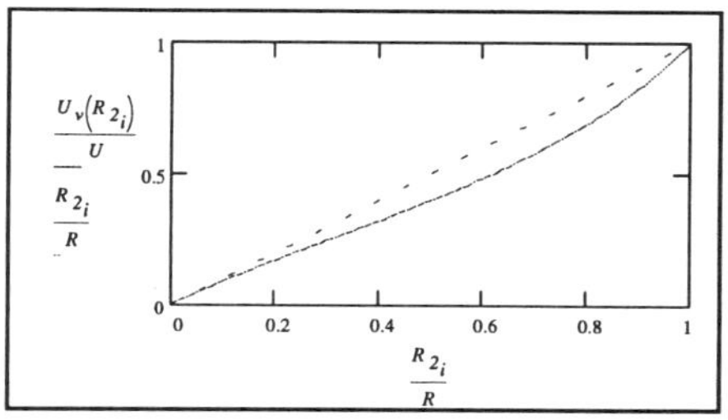

Bild 7.13: Ausgangsspannung des Spannungsteilers

7.2.2 Spitzenwertgleichrichter mit Diode

Damit Sie die Scheu vor der Behandlung nichtlinearer Differentialgleichungen verlieren, bietet Ihnen das Dokument `DIODE.MCD` stellvertretend für ähnliche Aufgabenstellungen einen Lösungsansatz.

In Bild 7.14 sehen Sie einen Spitzenwertgleichrichter. Wir hätten gerne U_C bzw. $U_e - U_C$ in Abhängigkeit von einer sinusförmigen Eingangsspannung U_e ermittelt. Der Gleichrichter enthält mit der Diode ein nichtlineares Bauelement. Somit versagen alle wunderschönen Methoden der Behandlung linearer Probleme, insbesondere ist die Laplacetransformation unbrauchbar. Aus der Knotenregel, der Kondensatorgrundgleichung, dem ohm´schen Gesetz und der Diodenkennlinie $I_D(U)$ ergibt sich die Differentialgleichungleichung:

$$I_C(t) + I_R(t) = C\frac{d}{dt}U_C(t) + \frac{U_C(t)}{R} = I_D(U_e(t) - U_C(t))$$

Die Abhängigkeit des Diodenstroms von der Spannung ist üblicherweise dem Kennlinienfeld zu entnehmen (Diodenkennlinie). Um sie einer rechnerischen Bearbeitung zugänglich zu machen, brauchen wir dafür eine funktionale Beschreibung.

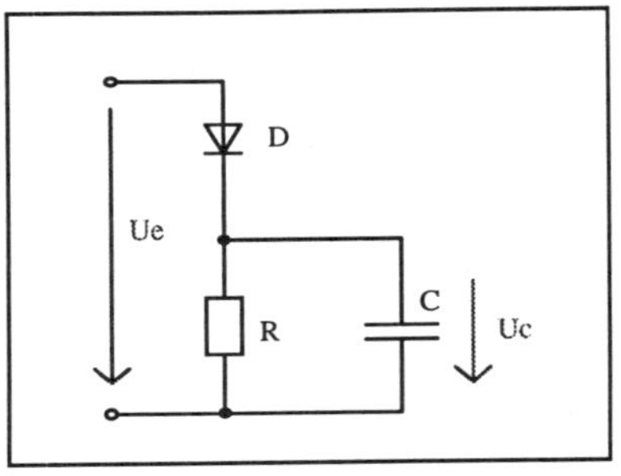

Bild 7.14: Spitzenwertgleichrichter

Jede Möglichkeit, die Ihnen einfällt (hier würde sich die exponentielle Regression durch eine genügende Anzahl von Punkten des Kennlinienfeldes aufdrängen), kann herangezogen werden. Wir wählen die simpelste, dafür aber auch universell einsetzbare Methode, die lineare Interpolation. Sie ist in Mathcad mit der Funktion *linterp* abrufbar. Für diesen Demonstrationsfall beschränken wir uns auf 8 Datenpunkte, seriöserweise müßte man im Ernstfall wohl mehr Punkte heranziehen. Damit ist schon die gröbste Hürde genommen. Mit einer Diskretisierung der Ableitung:

$$\frac{d}{dt} U_C(t) \approx \frac{U_{C_{i+1}} - U_{C_i}}{\Delta t}$$

führen wir die Differentialgleichung in eine Rekursionsformel über, die bei genügend kleinem Zeitschritt Δt gegenüber der Periodendauer des Eingangssignals $T = \frac{2\pi}{\omega}$, ein sehr brauchbares Ergebnis liefert (vgl. Bild 7.15). Mit der Mathcad-Funktion *mittelwert* wird noch der Mittelwert der Kondensatorspannung in den Graphen eingetragen.

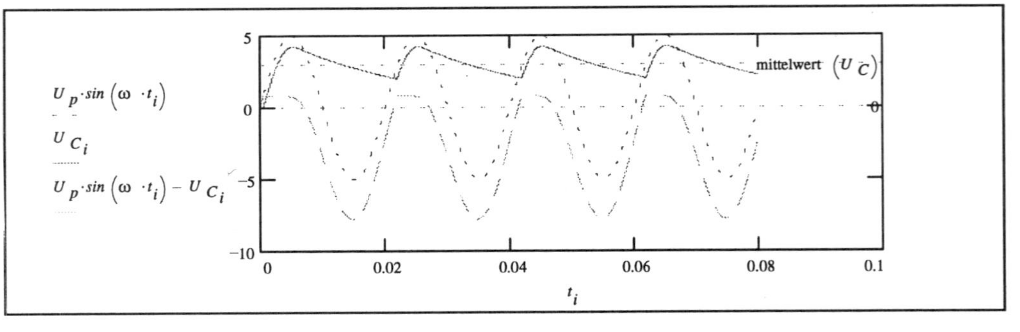

Bild 7.15: Eingangsspannung, gleichgerichtete Spannung und Diodenspannung

7.2.3 Berechnung von Kleinsignalverstärkern

In diesem Beitrag wollen wir die charakteristischen Daten

$$v_u = \frac{u_a}{u_e}, \quad v_i = \frac{i_a}{i_e}, \quad r_e = \frac{u_e}{i_e} \text{ und } r_a = \frac{u_a}{i_a}$$

(Spannungs- und Stromverstärkung, Ein- und Ausgangswiderstand) eines Kleinsignalverstärkers in Emitterschaltung berechnet. Wir wollen diese Daten durchwegs aus den h-Parametern des Transistors gewinnen, die wir dem Datenbuch entnehmen können.

Anhand dieser Beispiele, die auf jede der sonst üblichen Näherungsformeln verzichten, kommt die Schlagkraft von Mathcad besonders deutlich zum Ausdruck. Sie finden die einschlägigen Mathcad-Methoden in den Dokumenten `VERSTÄRK.MCD` und `VERSTÄR2.MCD`.

Wir setzen den Transistor-Vierpol in h-Parameterform an und erhalten die beiden Gleichungen:

$$u_e = h_{11} i_e + h_{12} u_a$$
$$i_a = h_{21} i_e + h_{22} u_a$$

Neben diesen beiden Gleichungen gilt noch

$$u_a = -R_L i_a$$

bzw. für die Berechnung von r_a

$$u_e = -R_G i_e$$

mit dem Lastwiderstand R_L bzw. dem Generator(gesamt)widerstand R_G.

Da wir jeweils nur das Verhältnis von 2 der 4 Größen u_e, u_a, i_e und i_a brauchen, genügen uns die oben angeführten 3 Gleichungen vollkommen.

Um das Prinzip der Berechnungen mit Mathcad deutlich zu machen, wollen wir zuerst den in Bild 7.16 dargestellten Kleinsignalverstärker in Emitterschaltung ohne Wechselstrom-Gegenkopplung berechnen.

Die Wechselstrom-Ersatzschaltung für diesen Verstärker sehen Sie in Bild 7.17.

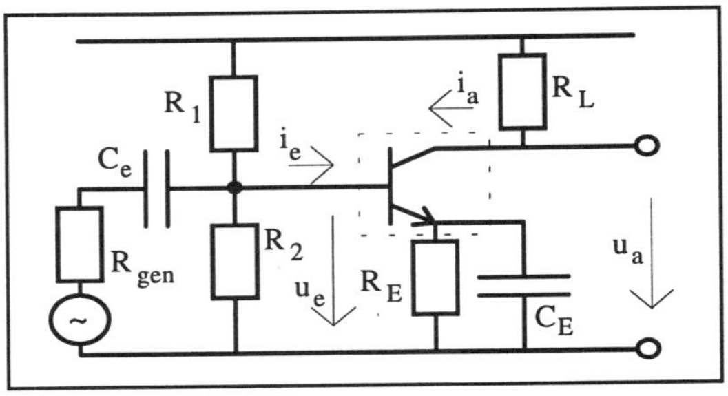

Bild 7.16: Kleinsignalverstärker in Emitterschaltung ohne Wechselstrom-Gegenkopplung

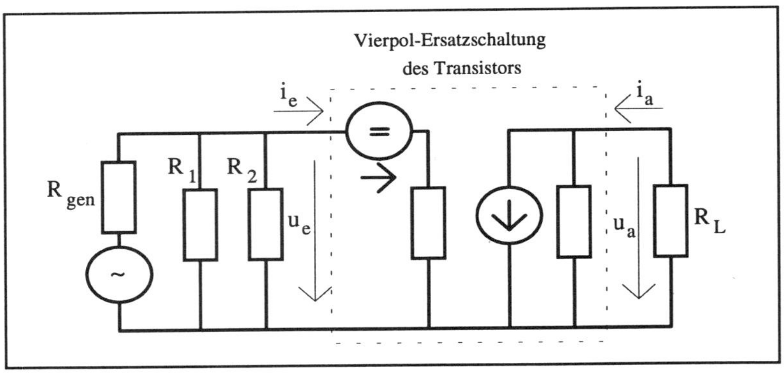

Bild 7.17: Wechselstrom-Ersatzschaltung

Mit Hilfe des »Symbolischen Lösungsblocks« von Mathcad PLUS 5.0 haben wir ein schlagkräftiges Instrument, um aus diesen Gleichungen eine beliebige Kombination von 3 Größen (Spannungen respektive Ströme) durch die jeweils vierte, verbleibende Größe auszudrücken.

Diese Größe kürzt sich dann beim Bilden der gesuchten charakteristischen Verstärkerdaten, die ja samt und sonders Verhälniszahlen sind. Im Anschluß an die symbolischen Berechnungen können wir ein konkretes Beispiel mit gängigen Werten für die h-Parameter bzw. den Last- und Generatorwiderstand berechnen lassen.

Mathcad 5.0-Besitzer können diese Probleme natürlich auf demselben Weg lösen, allerdings mit mehr »händischer« Umbauarbeit in den Formeln. Da der bequeme »Symbolische Lösungsblock« nicht zur Verfügung steht, müssen die Gleichungen explizit mit symbolischer Matrizenrechnung gelöst werden.

Im zweiten Dokument wird der Verstärker modifiziert. Diesmal wollen wir einen Verstärker in Emitterschaltung mit stromabhängiger Spannungsgegenkopplung berechnen. Sie sehen die Schaltung in Bild 7.18 und die Wechselstrom-Ersatzschaltung in Bild 7.19.

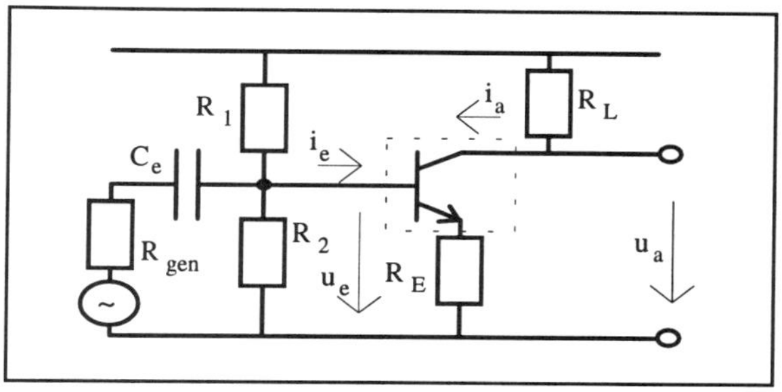

Bild 7.18: Kleinsignalverstärker in Emitterschaltung mit Wechselstrom-Gegenkopplung

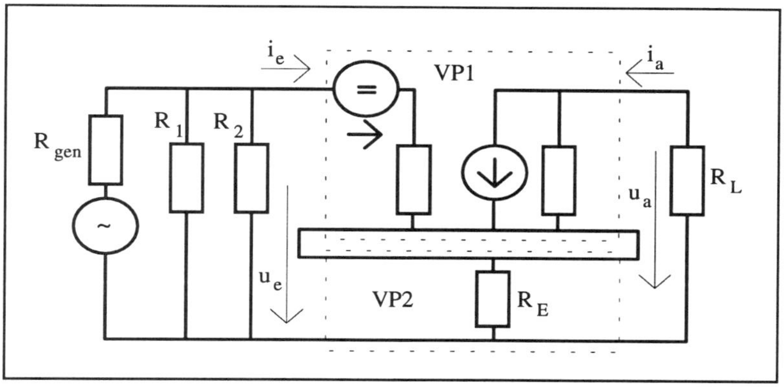

Bild 7.19: Wechselstrom-Ersatzschaltung

Die elegante Möglichkeit, in Mathcad Gleichungen symbolisch zu lösen, legt nahe, alle Berechnungen dieser Art über Vierpolschaltungen abzuwickeln. Daher wurde das Wechselstrom-Ersatzschaltbild bereits so gezeichnet, daß Sie mühelos die Serie-Serie-Schaltung des Transistorvierpols (VP1) mit dem Vierpol, der den Emitterwiderstand enthält (VP2), herauslesen können.

Wir rechnen also die h-Parameter des Transistorvierpols in die z-Parameter um. Ebenso verfahren wir mit dem 2. Vierpol. (Wer die z-Parameter weiß, schreibt die Gleichungen einfach hin; wer eine andere Parameterform kennt, rechnet sie vorher in die z-Parameter um. Wir gehen beispielsweise von den a-Parametern aus (vgl. Abschnitt 9, Vierpole).)

Addition der z-Parameter der beiden Vierpole ergibt die z-Parameter des Gesamtvierpols. Wenn wir diesen Gesamtvierpol wieder in die h-Parameterform zurücktransformieren, berechnen sich die gesuchten Größen wie im ersten Dokument, nur eben mit den neuen h-Parametern.

Der Vollständigkeit halber wollen wir in einem 3. Dokument (`VERSTÄR3.MCD`) noch einen Verstärker in Emitterschaltung mit spannungsabhängiger Stromgegenkopplung rechnen.

Die entsprechenden Schaltungen in den Bildern 7.20 und 7.21 zeigen, daß wir so vorgehen können, wie in Dokument 2 bereits gezeigt. Einziger Unterschied: die beiden Vierpole sind parallel-parallel zu schalten, d.h., wir berechnen deren y-Parameter und addieren sie. Die restliche Berechnung kann wieder analog durchgeführt werden.

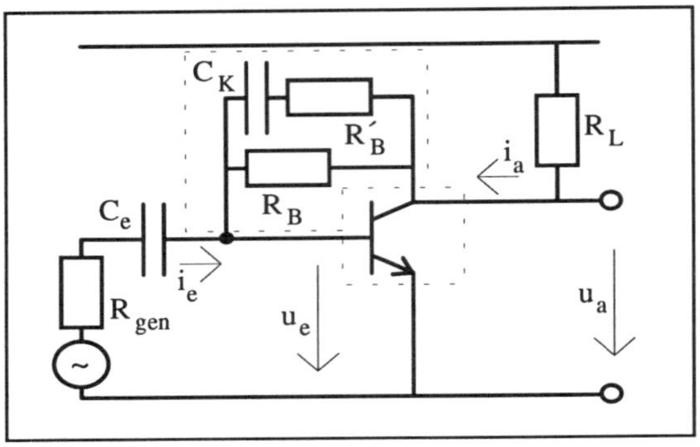

Bild 7.20: Kleinsignalverstärker

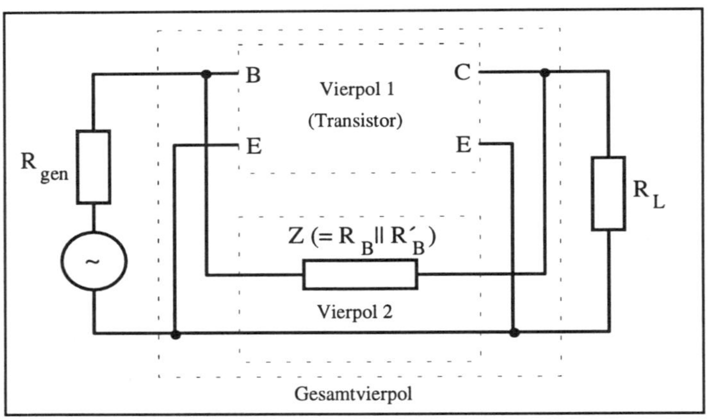

Bild 7.21: Wechselstrom-Ersatzschaltung

7.2.4 Erzeugen kurzer Rechteckimpulse auf einer Leitung

Ausgehend von der a-Parameterform bzw. ihrer Inversen aus dem Dokument `LEITG_P.MCD` wollen wir nun in einer weiterführenden Berechnung eine Leitung der Länge l annehmen und ersetzen daher die Variable x durch l. Für die Quotienten aus Spannung und Strom am jeweiligen Ende der Leitung führen wir eine Eingangs- bzw. Ausgangsimpedanz ein. Bei dieser Gelegenheit verwenden wir noch ein Ergebnis aus `LEITG_P.MCD`. Nach einigen Umformungen erhalten wir die Spannung am Leitungsende, ausgedrückt durch die Eingangsspannung.

Nun treffen wir zwei Annahmen. Die Leitung soll als verlustlos angesehen werden dürfen, und die Abschlußimpedanz sei ein rein Ohm´scher Widerstand. Diesen Abschlußwiderstand lassen wir sofort gegen unendlich gehen, weil uns in diesem Beispiel nur die leerlaufende Leitung interessiert. Mathcad darf wieder seine Fähigkeiten im Bilden von Grenzwerten erproben! Nehmen wir nun einen Einheitssprung als Eingangspannung an, so resultieren daraus wegen der Reflexion am leerlaufenden Leitungsende hin- und herlaufende (kurze) Rechteckimpulse, deren Dauer nur von der gewählten Leitungslänge abhängt (vgl. Bild 7.22).

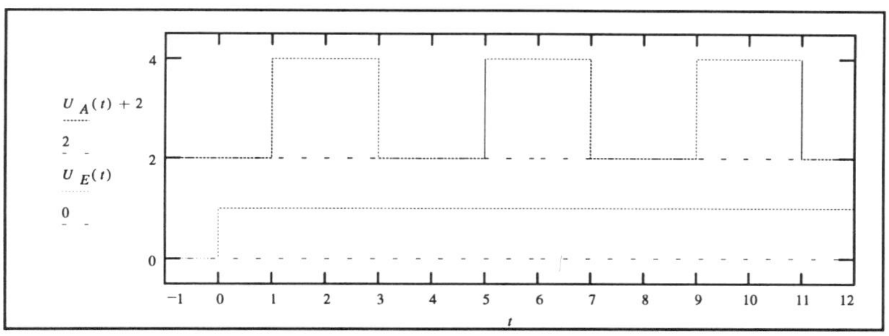

Bild 7.22: Reaktion einer leerlaufenden Leitung auf einen Spannungssprung

Durch Variieren der Form des Eingangssignals können auch bipolare Rechteckpulse erzeugt werden.

Im Dokument `LEITG1_P.MCD`, dem Sie die Lösung entnehmen können, werden schließlich noch die Reaktionen auf eine Sinusschwingung und auf eine Sinushalbwelle dargestellt.

8 Nachrichtentechnik

Aus dem Gebiet der Nachrichtentechnik möchten mir Ihnen auszugsweise einige Beispiele vorstellen, die Sie dazu anregen sollen, Ihre eigenen Vorstellungen in die Tat umzusetzen.

8.1 Passive Filter – Bodediagramm – Ortskurven

8.1.1 R-C-Hochpaß, Bodediagramm

Im Abschnitt 7 Elektrotechnik und Elektronik haben wir gelernt, wie man mit komplexer Wechselstromrechnung fertig wird. In unserem ersten Beispiel wollen wir - anhand eines einfachen R-C-Hochpasses (vgl. Bild 8.1) Frequenz- und Phasengang bestimmen und anschließend mittels logarithmischer Frequenzachsen ein Bodediagramm erstellen.

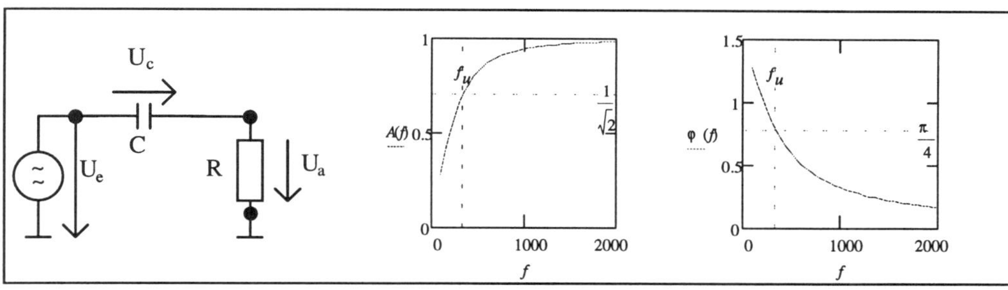

Bild 8.1: R-C-Hochpaßfilter mit Frequenz- und Phasengang (f-Achse linear)

Zu berechnen sind Amplituden- und Phasengang des Filters im Frequenzbereich $f_{min} \le f \le f_{max}$. Vorerst wollen wir eine äquidistante Teilung auf einer linearen Frequenzachse mit einer Frequenzschrittweite Δf vornehmen. Die Schaltung wird mit einer cosinusförmigen Wechselspannung der Form

$$u_e(t) = \hat{u}_e \cos(2\pi f t)$$

gespeist und mit elementarer Wechselstromrechnung erhalten wir für die komplexe Übertragungsfunktion $\underline{A}(f) := \frac{\underline{U}_a}{\underline{U}_e}$ bei vorgegebenen Bauteilwerten R und C

$$\underline{A}(f) := \frac{\underline{U}_a}{\underline{U}_e} = \frac{R}{R + \frac{1}{i2\pi fC}}$$

Der Amplitudengang ist das Verhältnis von Ausgangsamplitude zu Eingangsamplitude und aus der Übertragungsfunktion einfach durch Betragsbildung zu berechnen.

$$A(f) := |\underline{A}(f)| = \frac{\hat{u}_a(f)}{\hat{u}_e}$$

Um die Ausgangsamplitude bei einer bestimmten Frequenz zu bestimmen, müssen wir die Verstärkung nur noch mit der Eingangsamplitude multiplizieren:

$$\hat{u}_a(f) := A(f)\hat{u}_e$$

Für den Phasengang berechnen wir die Phasenverschiebung der Ausgangsspannung zur Eingangsspannung mit der *arg*-Funktion:

$$\varphi\ (f) := \arg(\underline{A}(f))$$

Wir müssen also nicht explizit die Betragsbildung durchführen bzw. die Phasenverschiebung ausrechnen. Dies wäre ja bei dieser einfachen Hochpaßschaltung nicht allzu schwer und führt auf die bekannten Formeln

$$\hat{u}_a(f) = A(f)\hat{u}_e = \frac{R}{\sqrt{R^2 + (\frac{1}{2\pi fC})^2}}\hat{u}_e$$

$$\varphi(f) = \arctan(\frac{1}{2\pi fRC}),$$

die man als Definitionsgleichungen für $\hat{u}_a(f)$ und $\varphi(f)$ verwenden könnte. Bei komplizierteren Schaltungen kann die Betragsbildung bzw. die Berechnung der Phase aber recht aufwendig sein, und wir wollen uns diese Mühe ersparen. Wir benötigen also einzig und allein die komplexe Übertragungsfunktion $\underline{A}(f)$.

Von Interesse ist die Grenzfrequenz des Filters, in unserem speziellen Fall eines Hochpaßfilters die untere Grenzfrequenz

$$f_u := \frac{1}{2\pi RC}.$$

Zuerst wollen wir Amplituden- und Phasengang mit linearer Frequenzachse und äquidistanter Teilung darstellen. Hierfür müssen wir die Frequenz als Bereichsvariable der Form

$$f := f_{\min}, f_{\min} + \Delta f \,..\, f_{\max}$$

festlegen. Als nächstes erzeugen wir die beiden Grafiken mit dem Befehl GRAPH ERSTELLEN aus dem GRAFIK-Menü (kurz mit @). Die 6 Platzhalter (vgl. Abschnitt 1.1.1) sind in gewohnter Weise zu »füllen«, in der Mitte der Abszisse die unabhängige Variable f, in der Mitte der Ordinate $A(f)$ bzw. $\varphi(f)$, in die restlichen vier Platzhalter können wir hervorzuhebende Werte auf der Abszisse bzw. Ordinate eintragen. So ist auf der Abszisse die untere Grenzfrequenz f_u ein hervorzuhebender Wert, auf der Ordinate der 3dB-Abfall beim Amplitudengang und beim Phasengang $\frac{\pi}{4}$ bzw. $\frac{\pi}{2}$.

Die in der Praxis übliche Darstellungsform ist das Bodediagramm. Die Frequenzachse ist logarithmisch und beim Amplitudengang ist die Ordinate zusätzlich logarithmisch. Die Verstärkung wird in Dezibel dB angegeben. Bei der Grenzfrequenz hat man gerade 3dB-Abfall und unterhalb der Grenzfrequenz ergibt sich für den vorliegenden Hochpaß 1. Ordnung ein 20dB-Anstieg pro Dekade.

Um Ihren Amplituden- bzw. Phasengang mit linearen Achsen in ein Bodediagramm zu verwandeln, müssen Sie folgende Schritte durchführen:

- Die Grafik mit einem einfachen Mausklick markieren bis eine blaue Selektionsbox um die Grafik herum erscheint.
- Wählen Sie den Befehl GRAPHENFORMAT aus dem GRAFIK-Menü oder führen Sie einen Doppelklick auf der Grafik aus.
- Beim Amplitudengang x-Achse und y-Achse auf LOG. SKALIERUNG setzen, beim Phasengang nur die x-Achse.
- Um die logarithmische Frequenzachse zu unterstreichen, RASTERLINIEN auf der x-Achse anwählen.
- Um die Meßpunkte hervorzuheben, wählen wir bei SPUR 1 die SYMBOL-Listbox an und suchen uns z.B. + zur Markierung der Meßpunkte aus.

Ihr Amplituden- und Phasengang sollte nun das in Bild 8.2 dargestellte Aussehen aufweisen.

Zwei Dinge sind in diesen Diagrammen noch störend:

- ▶ Die Verstärkung wird nicht in dB angegeben.
- ▶ Durch die logarithmische Frequenzachse bedingt, liegen die Meßpunkte bei hohen Frequenzen viel enger zusammen als bei tiefen.

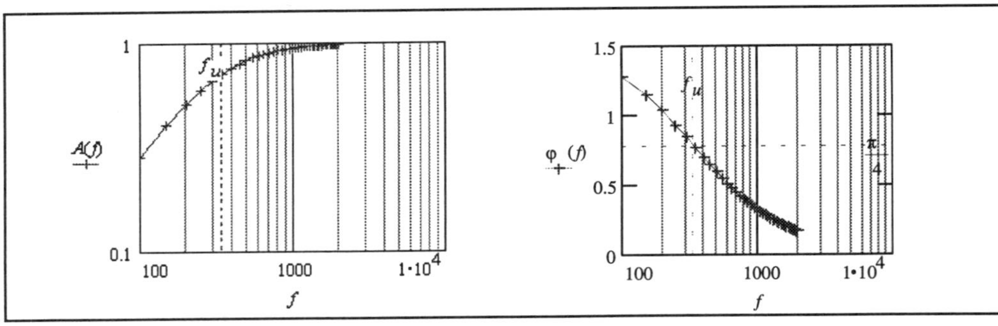

Bild 8.2: Amplituden- und Phasengang eines R-C-Hochpasses

Um die Verstärkung in Dezibel aufzutragen, definieren wir eine Funktion für die Verstärkung in dB

$$A\_dB(f) := 20 \cdot \log(A(f))$$

tragen diese Funktion $A\_dB(f)$ anstatt $A(f)$ im mittleren Platzhalter der Ordinate ein und dürfen dabei nicht vergessen, die y-Achse wieder auf lineare Achse umzustellen. Als hervorzuhebenden y-Wert können Sie jetzt auch -3dB eintragen, um die untere Grenzfrequenz zu markieren.

Um zu erreichen, daß die Meßpunkte gleichmäßig verteilt sind, müssen wir eine äquidistante Teilung für eine logarithmische Frequenzachse durchführen:

- Anzahl der Meßpunkte definieren, z.B. $N := 20$.
- Minimale und maximale Frequenz festlegen, z.B. $f_{min} := 10^1\,Hz, f_{max} := 10^5\,Hz$ für 4 Frequenzdekaden. Bei $N := 20$ ergeben sich dann 5 Meßpunkte pro Dekade.
- Logarithmisch äquidistante Meßfrequenzen definieren mit

$$j := 0..N, f_j := f_{min}\left(\frac{f_{max}}{f_{min}}\right)^{\frac{j}{N}}$$

- Die Einträge auf Abszisse und Ordinate ändern in $f_j, A\_dB(f_j), \varphi(f_j)$.

Ihr Bodediagramm sollte jetzt das gewünschte Aussehen haben (vgl. Bild 8.3).

Im Mathcad-Dokument `RC_HP.MCD` auf der Beispieldiskette finden Sie alle Schritte zur gewünschte »Endform« des Bodediagramms.

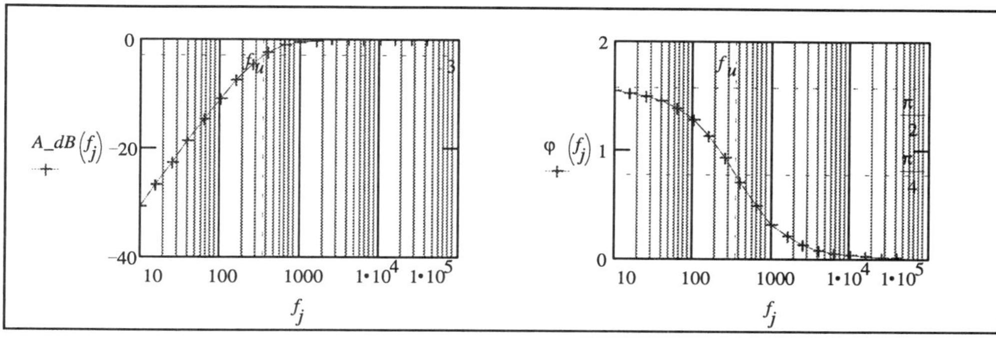

Bild 8.3 Bodediagramm eines R-C-Hochpasses

Übung 8.1

Erstellen Sie ein Mathcad-Dokument, das auf analoge Art und Weise Amplituden- und Phasengang eines R-L-C-Bandpasses (vgl. Bild 8.4) berechnet. Bestimmen Sie die Resonanzfrequenz nach der Thomsonformel

$$f_r := \frac{1}{2\cdot\pi\cdot\sqrt{L\cdot C}}$$

und die obere bzw. untere Grenzfrequenz mit Hilfe der *wurzel*-Funktion. Wichtig dabei ist, die richtige Wahl des Startwertes, z.B. um die obere Grenzfrequenz f_o zu bestimmen, könnte Ihre Bestimmungsformel im Mathcad-Dokument so aussehen:

$$f := 100\cdot f_r \qquad f_o := \text{wurzel}\left(A(f) - \frac{1}{\sqrt{2}}, f\right)$$

Ein entsprechendes Mathcad-Dokument `RLC_BP.MCD` finden Sie auf der Beispieldiskette.

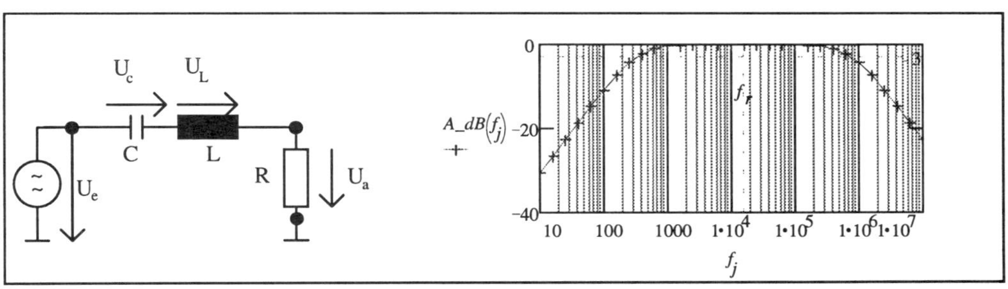

Bild 8.4: RLC-Bandpaß mit Amplitudengang

8.1.2 Bandfilter mit kapazitiv gekoppelten Schwingkreisen

In der Hochfrequenztechnik verwendet man zur Realisierung von Schmalbandverstärkern Bandfilter im Kollektorkreis einer Verstärkerstufe. Um im ganzen Filterdurchlaßbereich möglichst gleiche Verstärkung zu erzielen, wird das Bandfilter in Form von 2 kapazitiv gekoppelten Parallelschwingkreisen realisiert.

Ein prinzipielles AC-Ersatzschaltbild ist in Bild 8.5 links dargestellt. Der hochohmige Verstärkerausgang wird durch eine »fast ideale« Stromquelle (R_g groß) repräsentiert, die Kapazitäten werden als verlustlos angenommen, der Verlustwiderstand der Spule R wird durch die Spulengüte Q bei Resonanz ω_r mit Hilfe der Formel $R := Q\omega_r L$ bestimmt. Die Koppelkapazität C_k ist veränderbar und beeinflußt wesentlich die Form der Durchlaßkurve. Das Verhältnis von Koppelkapazität und Schwingkreiskapazität wird als Kopplungsfaktor $k = \frac{C_k}{C}$ bezeichnet. Ist $k > k_{krit} = \frac{1}{Q}$, so besitzt der Amplitudengang 2 Maxima und in der Mitte eine Art Sattel. Da wir aber ein Bandfilter dimensionieren wollen, darf die »Einsattelung« nicht mehr als -3dB betragen. Bei Voraussetzung einer idealen Stromquelle, tritt diese -3dB Einsattelung bei $k = k_{opt} = (1+\sqrt{2})k_{krit}$ auf. Dieser k-Wert ist anzustreben, da in diesem Fall das Filter die größtmögliche Bandbreite aufweist.

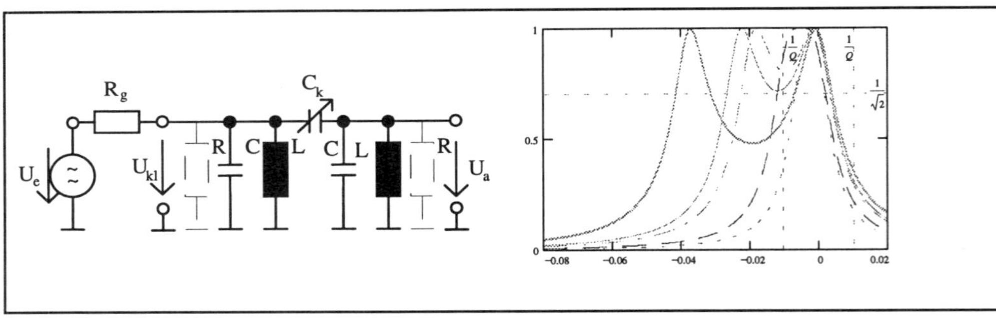

Bild 8.5 Kapazitiv gekoppeltes Bandfilter mit Bandfilterdurchlaßkurve für verschiedene k-Werte

Eine Dimensionierung eines solchen Bandfilters und die Bestimmung der Bandbreite finden Sie im Mathcad-Dokument LCLC_BP.MCD erläutert. Dort wird für verschiedene k-Werte der Frequenzgang des Bandfilters berechnet. Den auf die maximale Verstärkung normierten Amplitudengang finden Sie in Bild 8.5 rechts dargestellt.

⇨ Schlußendlich soll nicht verschwiegen werden, daß solch ein Bandfilter selbstverständlich auch mit Simulationsprogrammen wie z.B. *PSPICE* analysiert werden kann. Der Vorteil von Mathcad liegt einfach darin, daß Sie erläuternden Text, Berechnungen und Grafiken alle in einem Dokument sehr übersichtlich vereinigen können.

8.1.3 Doppel-T-Sperrfilter, Ermittlung der Übertragunsfunktion, Ortskurve

Wir wollen ein Mathcad-Dokument erstellen, das den Frequenzgang eines Doppel-T-Sperrfilters nach Bild 8.6 links und die Sperrbandbreite numerisch mit Hilfe der *wurzel*-Funktion bestimmt. Neben dem Bodediagramm soll auch noch die Ortskurve (vgl. Bild 8.6 rechts) der Übertragungsfunktion ermittelt werden.

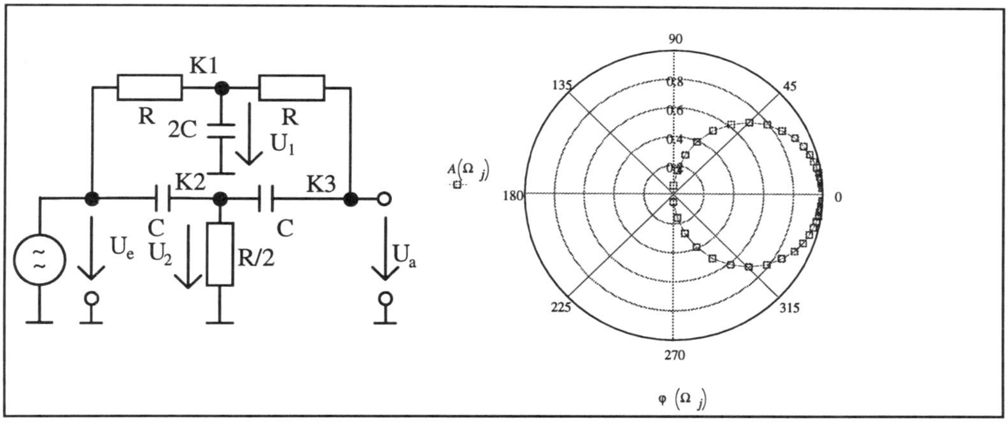

Bild 8.6: Doppel-T-Sperrfilter und zugehörige Ortskurve

Um den Amplituden- und Phasengang bestimmen zu können, müssen wir zuerst die Übertragungsfunktion kennen. Anhand dieser Problemstellung wollen wir Ihnen die Stärke von Mathcad beim symbolischen Rechnen demonstrieren. Da es sich um eine Parallelschaltung von 2 Vierpolen handelt, könnte man die $\underline{Y}$-Parameter eines jeden T-Gliedes bestimmen und dann aufaddieren. Die Übertragungsfunktion ergäbe sich letztlich aus dem Verhältnis $\underline{A} := -\frac{\underline{Y}_{21}}{\underline{Y}_{22}}$ der resultierenden $\underline{Y}$-Parameter. Wir wollen aber die »konventionelle« Methode verwenden und die Übertragungsfunktion mit Hilfe der Kirchhoff'schen Knotenregel in den 3 Punkten K1 K2 K3 (vgl. Bild 8.6 links) bestimmen.

Starten Sie Mathcad und geben Sie die 3 Knotengleichungen ein:

$$\frac{U_e - U_1}{R} + \frac{U_a - U_1}{R} = U_1 \cdot i \cdot \omega \cdot 2 \cdot C$$

$$(U_e - U_2) \cdot i \cdot \omega \cdot C + (U_a - U_2) \cdot i \cdot \omega \cdot C = 2 \cdot \frac{U_2}{R}$$

$$(U_a - U_2) \cdot i \cdot \omega \cdot C = \frac{U_1 - U_a}{R}$$

⇨ Bei der letzten Knotengleichung wurde angenommen, daß das Doppel-T-Filter nicht belastet wird. In der Praxis wird man am Ausgang des Filters einen Impedanzwandler anschließen, um diese Bedingung so gut wie möglich zu erfüllen.

Um die Spannungen U_1, U_2 zu eliminieren, klicken Sie in Knotengleichung K1 (K2) die Variable U_1 (U_2) an und wählen den Befehl NACH VARIABLE AUFLÖSEN aus dem SYMBOLIK-Menü und erhalten für U_1 und U_2 die Ausdrücke:

$$\frac{-\left(\frac{1}{R} \cdot U_e + \frac{1}{R} \cdot U_a\right)}{\left(\frac{-2}{R} - 2i \cdot \omega \cdot C\right)} \qquad \frac{-\left(1i \cdot \omega \cdot C \cdot U_e + 1i \cdot \omega \cdot C \cdot U_a\right)}{\left(\frac{-2}{R} - 2i \cdot \omega \cdot C\right)}$$

In der noch verbleibenden Knotengleichung K3 müssen jetzt die Spannungen U_1, U_2 durch die gerade gewonnenen Ausdrücke ersetzt werden. Kopieren Sie deshalb den für U_1 gewonnen Ausdruck in die Zwischenablage, positionieren den blauen Strichcursor in die Knotengleichung K3 hinter der Variable U_1 und führen den Befehl VARIABLE ERSETZEN aus dem SYMBOLIK-Menü aus. Die gleiche Operation führen Sie mit U_2 durch und erhalten letztlich eine Gleichung, in der nur mehr U_e, U_a enthalten sind:

$$i \cdot \left[U_a - \frac{\left(-i \cdot \omega \cdot C \cdot U_e - i \cdot \omega \cdot C \cdot U_a\right)}{\left(\frac{-2}{R} - 2i \cdot \omega \cdot C\right)}\right] \cdot \omega \cdot C = \frac{1}{(2 \cdot R)} \cdot \frac{\left(U_e - U_a - 2i \cdot U_a \cdot \omega \cdot C \cdot R\right)}{(1 + i \cdot \omega \cdot C \cdot R)}$$

Um die Übertragungsfunktion zu erhalten, müssen wir diese Gleichung nach U_a auflösen mit dem Befehl NACH VARIABLE AUFLÖSEN. Vereinfachen Sie die etwas komplizierte Gleichung mit dem Befehl VEREINFACHEN aus dem SYMBOLIK-Menü. Ihr Ergebnis sollte folgende Form aufweisen:

$$U_e \cdot \frac{\left(-\omega^2 \cdot C^2 \cdot R^2 + 1 + 1i \cdot \omega^3 \cdot C^3 \cdot R^3 - 1i \cdot \omega \cdot C \cdot R\right)}{\left(3 \cdot \omega^2 \cdot C^2 \cdot R^2 + 1 + 3i \cdot \omega \cdot C \cdot R + 1i \cdot \omega^3 \cdot C^3 \cdot R^3\right)}$$

Jetzt sind Sie fast am Ziel. Mit dem Befehl FAKTORISIEREN können Sie gemeinsame Faktoren herausheben und erhalten letztendlich für Ihre Ausgangsspannung U_a:

$$U_e \cdot (\omega \cdot C \cdot R + 1) \cdot \frac{(\omega \cdot C \cdot R - 1)}{\left(\omega^2 \cdot C^2 \cdot R^2 - 4i \cdot \omega \cdot C \cdot R - 1\right)}$$

Aus dieser Beziehung können Sie ersehen, daß das Filter für $\omega_{sp} := \frac{1}{RC}$ keine Ausgangsspannung liefert und es sich deshalb um ein Sperrfilter handelt. Für sehr kleine und auch für sehr hohe Frequenzen ist das Filter hingegen durchlässig $U_a \approx U_e$.

Versuchen Sie nun, selbstständig den Amplituden- und Phasengang dieses Sperrfilters zu bestimmen. Berechnen Sie auch die Sperrbandbreite numerisch mit Hilfe der *wurzel*-Funktion. Nachdem Sie das Bodediagramm erstellt haben, wollen wir gemeinsam noch die Ortskurve der Übertragungsfunktion ermitteln. Die Schritte zur Erstellung einer Ortskurve sind der zur Erstellung eines Bodediagramms sehr ähnlich:

- Anzahl der Meßpunkte definieren, z.B. $N := 20$.
- Die Frequenzteilung sollte logarithmisch erfolgen, da die Ortskurve strenggenommen für Frequenzen von 0 bis ∞ zu zeichnen wäre. Minimale und maximale Frequenz festlegen, z.B. $\omega_{\min} := 10^2, \omega_{\max} := 10^6\,Hz$ für 4 Frequenzdekaden. Bei $N := 20$ ergeben sich dann 5 Meßpunkte pro Dekade.
- Logarithmisch äquidistante Meßfrequenzen definieren mit

  $$j := 0..N, \omega_j := \omega_{\min} \left(\frac{\omega_{\max}}{\omega_{\min}}\right)^{\frac{j}{N}}$$

- Befehl KREISDARSTELLUNG ERSTELLEN aus dem GRAFIK-Menü ausführen (fehlt in der Mathcad-Version 3.1).
- Auf der Abszisse $\varphi(\omega_j)$ und auf der Ordinate $A(\omega_j)$ eintragen.
- Wenn Sie mit der Form Ihrer Ortskurve nicht zufrieden sind, führen Sie den Befehl KREISDARSTELLUNGSFORMAT aus dem GRAFIK-Menü aus (oder Doppelklick auf die markierte Ortskurve). So können Sie z.B. $A = konst, \varphi = konst$ Linien eintragen und die Meßpunkte markieren.

Da wir Betrag A und Phase φ der Übertragungsfunktion zu bestimmten Frequenzen ω_j bereits für die Erstellung des Bodediagramms benötigten, müssen wir nur die letzten 3 Schritte ausführen.

Die resultierende Ortskurve sollte die Form eines Kreises haben (vgl. Bild 8.6 rechts). Markant der Phasensprung um π bei der Sperrfrequenz, die Grenzfrequenzen liegen bei $\pm\pi/4$.

Im Mathcad-Dokument `DOPPEL-T.MCD` auf der Beispieldiskette ist der Lösungsweg komplett dargestellt. Die Frequenz wurde in diesem Dokument auf die Sperrfrequenz normiert.

Übung 8.2

Ergänzen Sie das in Übung 8.1 erstellte Mathcad-Dokument um eine Ortskurve. Die Ortskurve des R-L-C-Bandpasses (vgl. Bild 8.4) sollte einen Kreis ergeben. Bei der Resonanzfrequenz haben wir maximale Amplitude $A = 1$, $\varphi = 0$, bei niedrigen und bei hohen Frequenzen nähern wir uns dem Ursprung, also $A \to 0, \varphi \to \pm\frac{\pi}{2}$.

Das Mathcad-Dokument `RLC_BP.MCD` finden Sie auf der Beispieldiskette.

8.2 Aktive Filter

Passive Filter können die unter Umständen kleinen Eingangsspannungen nicht verstärken. Um neben der Filterwirkung auch noch eine Verstärkung zu erzielen, müssen aktive Bauelemente wie z.B. ein Operationsverstärker in die Schaltung integriert werden. Dieser Abschnitt soll keine Abbhandlung sämtlicher aktiver Filtertypen sein, sondern Ihnen anhand einer kompletten Dimensionierung eines Filtertyps den Weg aufzeigen, wie Sie zu einer Lösung Ihres konkreten Problems aus der Praxis gelangen können. Wenn Sie mehr über die Theorie aktiver Filterschaltungen nachlesen wollen, möchten wir Sie verweisen auf *Tietze/Schenk, Halbleiterschaltungstechnik*, erschienen im Springer-Verlag.

Wir beschränken uns auf die Realisierung eines Tiefpaßfilters 2. Ordnung (40dB/Dekade Abfall über der Grenzfrequenz) nach der in Bild 8.7 dargestellten Operationsverstärkerschaltung. Der Schaltungstyp wird als aktives Tiefpaßfilter 2. Ordnung mit Mehrfachgegenkopplung bezeichnet (im Unterschied zu einer anderen Schaltungsvariante, die aktives Tiefpaßfilter 2. Ordnung mit Einfachmitkopplung genannt wird).

Übung 8.3

Nachdem wir bereits beim Doppel-T-Sperrfilter, von Knotenregeln ausgehend, mittels symbolischer Berechnung die Übertragungsfunktion bestimmt haben, sollten Sie Ihr Glück auch bei unserem aktiven Tiefpaßfilter versuchen. Eine Lösung finden Sie weiter unten im Text bzw. in der Datei `FILTER.MCD` auf der Beispieldiskette.

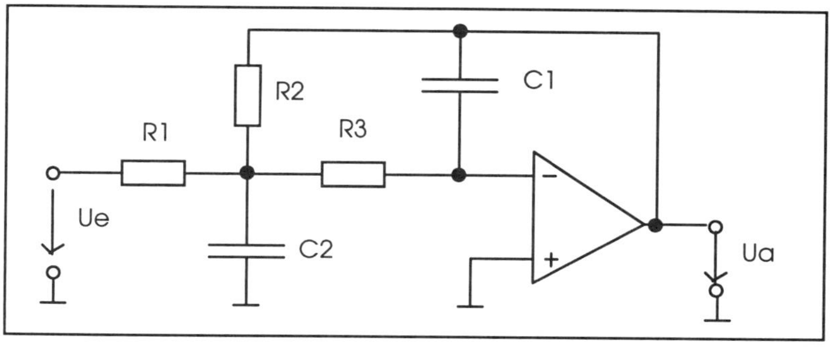

Bild 8.7: Aktives Tiefpaßfilter 2. Ordnung mit Mehrfachgegenkopplung

Die aus Knotenregeln bestimmte Übertragungsfunktion ergibt sich zu

$$F(\omega) := -\frac{\dfrac{R_2}{R_1}}{1 + i\cdot\omega\cdot C_1\cdot\left(R_2 + R_3 + R_2\cdot\dfrac{R_3}{R_1}\right) + (i\cdot\omega)^2\cdot C_1\cdot C_2\cdot R_2\cdot R_3}$$

und hat die allgemeine Struktur

$$F(\Omega, a, b) := \frac{v_0}{1 + a\cdot i\cdot\Omega + b\cdot(i\cdot\Omega)^2}$$

Mittels Koeffizientenvergleich erhalten wir

$$v_0 = -\frac{R_2}{R_1} \qquad a = \omega_g\cdot\left[C_1\cdot\left(R_2 + R_3 + R_2\cdot\frac{R_3}{R_1}\right)\right] \qquad b = (\omega_g)^2\cdot C_1\cdot C_2\cdot R_2\cdot R_3$$

wobei v_0 die Verstärkung im Durchlaßbereich für $\Omega \to 0$ ist, a und b von den Bauteilwerten abhängige Konstanten sind und Ω die auf die Grenzfrequenz ω_g normierte Frequenz darstellt. Die Werte von a und b beeinflussen den Verlauf des Frequenzganges wesentlich. Je nach den Anforderungen, die an das Filter gestellt werden, ergeben sich unterschiedliche a und b Werte. Dabei werden folgende Filtertypen unterschieden:

- *Tiefpaßfilter mit kritischer Dämpfung*
  Die Übertragungsfunktion ergibt sich aus dem Produkt zweier identischer Tiefpaßfilter 1. Ordnung.
- *Bessel-Tiefpaß*
  Bei diesem Tiefpaß versucht man bestmögliches Sprungantwortverhalten zu erzielen. Zu diesem Zweck sollte die Gruppenlaufzeit im Durchlaßbereich möglichst konstant sein (geringste Verzerrungen!).

- *Butterworth-Tiefpaß*
  Bei diesem Filtertyp versucht man, einen möglichst »horizontalen« Amplitudengang unterhalb der Grenzfrequenz zu erreichen.
- *Tschebyscheff-Tiefpaß*
  Im Durchlaßbereich des Filters läßt man eine bestimmte Welligkeit (maximal 3dB) zu. Beim Tiefpaß 2. Ordnung hat das im Amplitudengang einen Anstieg vor der Grenzfrequenz zur Folge und über der Grenzfrequenz den stärksten Abfall von allen Filtertypen. Dieser steilste Abfall muß mit dem instabilsten Sprungantwortverhalten erkauft werden (starkes Überschwingen!).

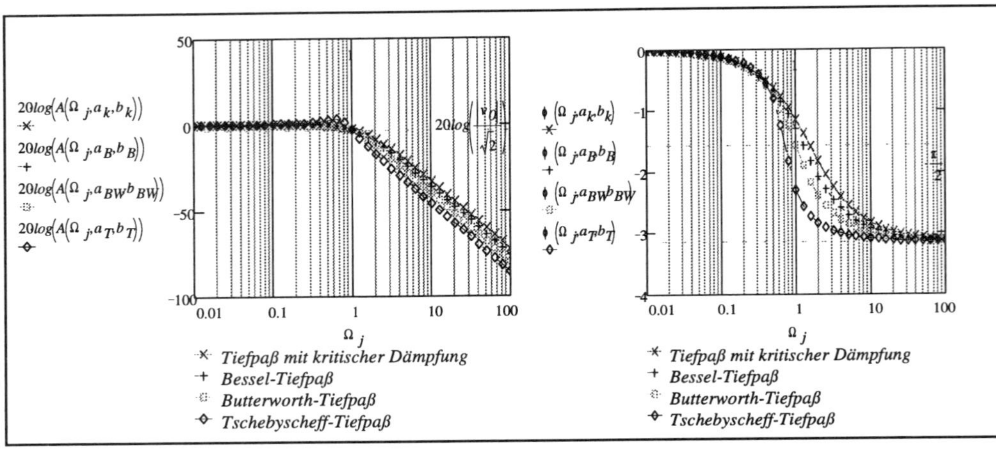

Bild 8.8: Bodediagramm verschiedener aktiver Filtertypen im Vergleich

Im Mathcad-Dokument `FILTER.MCD` auf der Beispieldiskette wird die Bestimmung der Koeffizienten *a, b* der verschiedenen Filtertypen behandelt. Die verschiedenen Filtertypen werden verglichen in Amplitudengang, Phasengang, Gruppenlaufzeit und Sprungantwortverhalten (vgl. Bild 8.8 und Bild 8.9). Anschließend wird die komplette Dimensionierung der in Bild 8.7 dargestellten Filterschaltung für einen Tschebyscheff-Tiefpaß mit 3dB Welligkeit durchgeführt. Dabei geben wir die Kapazitätswerte (zweckmäßig!) sowie die Grenzfrequenz vor und bestimmen daraus die erforderlichen Widerstandswerte.

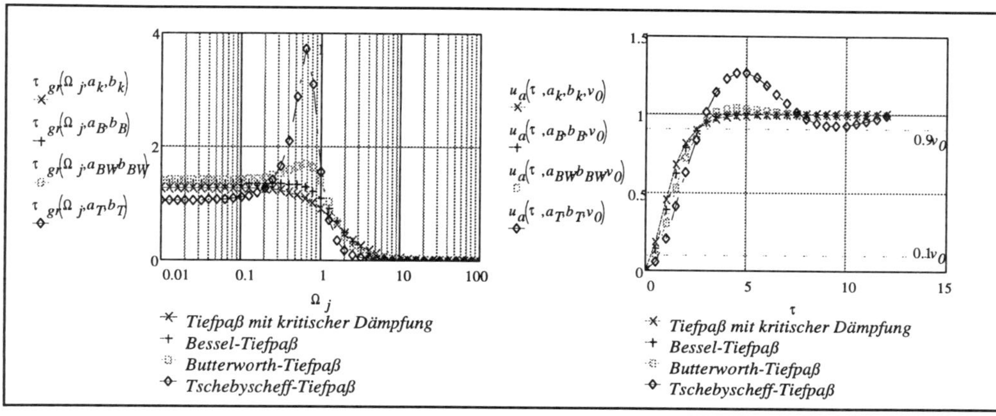

Bild 8.9: Gruppenlaufzeit und Sprungantwort verschiedener aktiver Filtertypen

8.3 Fourieranalyse

Wenn wir eine zeitlich periodische Funktion $f(t)$ mit Periodendauer T und Grundfrequenz $\omega = \dfrac{2\pi}{T}$ durch ein Fourierpolynom der Form

$$S(t) := a_0 + \sum_{n=1}^{n_{\max}} (a_n \cos(n\omega t) + b_n \sin(n\omega t))$$

bestmöglich approximieren wollen, so minimieren wir den von den Fourierkoeffizienten abhängigen quadratischen Fehler:

$$F(a_k, b_k) := \int_0^T (f(t) - S(t))^2 \, dt$$

Der Fehler ist dann minimal, wenn die partiellen Ableitungen des quadratischen Fehlers nach den Fourierkoeffizienten verschwinden. Aus diesem linearen Gleichungssystem in den Fourierkoeffizienten erhält man unter Verwendung der Orthogonalitätsrelationen für Kreisfunktionen:

$$a_0 = \frac{1}{T}\int_0^T f(t)\,dt, \quad a_n = \frac{2}{T}\int_0^T f(t)\cos(n\omega t)\,dt, \quad b_n = \frac{2}{T}\int_0^T f(t)\sin(n\omega t)\,dt$$

Dies sind die Formeln für die Berechnung der Fourierkoeffizienten. Im Grenzübergang $n_{max} \to \infty$ erhalten wir aus $S(t)$ die Fourierreihe. Da wir nur endlich viele Koeffizienten ausrechnen können, berechnen wir immer das Fourierpolynom bis zur $(n_{max}-1)$-ten Oberwelle.

Die zu ermittelnden Integrale der Fourierkoeffizienten können entweder numerisch oder unter Zuhilfenahme von Smartmath symbolisch bestimmt werden. Die numerische Methode hat den Vorteil, auch bei unstetigen Funktionen wie z.B. bei einem Rechtecksignal die Integrale auswerten zu können, aber den Nachteil, soviele Integrale numerisch bestimmen zu müssen, wie Fourierkoeffizienten gesucht sind. Das kostet natürlich Rechenzeit. Bei der symbolischen Bestimmung der Integrale hat man dafür das Problem, keine allgemeine Funktionsdefinition $f(t)$ im Integranden verwenden zu können. Man muß im Integranden die explizite Signalform angeben, z.B.

$$f(t) := u_{max}\frac{t}{T}$$

für eine Sägezahnschwingung mit Mittelwert $\frac{u_{max}}{2}$ und

$$f(t) := u_{max}(\Phi(t) - 2\Phi(t - \frac{T}{2}))$$

für eine Rechteckschwingung mit Mittelwert 0. Während der Symbolprozessor im Fall der Sägezahnschwingung eine symbolische Lösung der Integrale findet (vgl. Mathcad-Dokument `FOURIER.MCD`), muß man bei der Rechteckschwingung (vgl. Mathcad-Dokument `FOURIER2.MCD`) Kunstgriffe machen. Einerseits verwenden wir statt der Kreisfrequenz ω die Periodendauer T in den Integralen der Fourierkoeffizienten, um nicht nachträglich Terme ωT durch 2π ersetzen zu müssen, andererseits verwenden wir Symmetrieeigenschaften der Funktion $f(t)$.

Ist die Funktion eine ungerade Funktion (d.h. $f(-t) = -f(t)$), so liegt eine zum Ursprung zentralsymmetrische Funktion vor, und die Koeffizienten a_n müssen aus Symmetriegründen verschwinden, d.h. $a_0 = 0$, $a_n = 0$. Bei der Bestimmung der Koeffizienten b_n erhalten wir unter der Ausnutzung der Periodizität des Integranden und der Symmetrieeigenschaft von $f(t)$:

$$b_n = \frac{4}{T}\int_0^{T/2} f(t)\sin(n\omega t)dt$$

Im Falle einer Rechteckschwingung vereinfacht sich dann der Integrand zu $f(t) := u_{max}$, da der Klammerausdruck mit der Heavisidefunktion im ganzen Integrationsbereich +1 ist. Dadurch findet der Symbolprozessor eine geschlossene Lösung.

Ist die Funktion hingegen eine gerade Funktion (d.h. $f(-t) = f(t)$), so liegt eine zur Ordinate symmetrische Funktion vor, und in diesem Fall müssen die Koeffizienten b_n aus Symmetriegründen verschwinden, d.h. $b_n = 0$. Bei der Bestimmung der Koeffizienten a_n erhalten wir analog:

$$a_0 = \frac{2}{T}\int_0^{T/2} f(t)dt, \quad a_n = \frac{4}{T}\int_0^{T/2} f(t)\cos(n\omega t)dt \quad .$$

Im Mathcad-Dokument `FOURIER.MCD` werden anhand einer Sägezahnschwingung $f(t) := u_{\max}\frac{t}{T}$ beide Methoden zur Bestimmung der Fourierkoeffizienten präsentiert und gegenübergestellt. Die abschließende Fouriersynthese vergleicht das berechnete Fourierpolynom $S(t)$ mit der Orginalfunktion $f(t)$ bzw. deren periodische Fortsetzung $g(t) = f(t - \text{floor}(\frac{t}{T})T)$. In Bild 8.10 sind neben dieser Gegenüberstellung auch die Fourierkoeffizienten b_n und a_n für eine Spannungsamplitude von $u_{\max} = \pi$ angegeben. An den Sprungstellen ergeben sich die größten Abweichungen, selbst wenn man die Oberwellenzahl vergrößert (Gibbs'sches Phänomen).

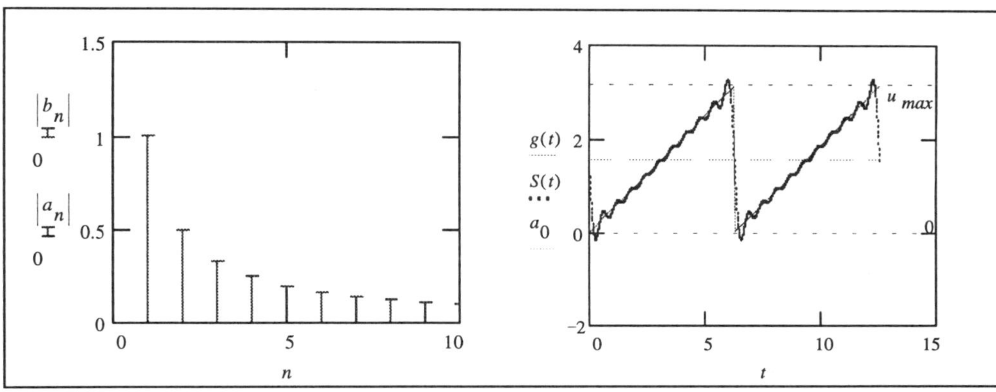

Bild 8.10: Fouriersynthese einer Sägezahnschwingung

Übung 8.4

Versuchen Sie auf analoge Art und Weise die Fouriersynthese eines Rechtecksignals $f(t) := u_{\max}(\Phi(t) - 2\Phi(t - \frac{T}{2}))$ durchzuführen. Nutzen Sie bei der symbolischen Berechnung der Fourierkoeffizienten die Symmetrieeigenschaften der Funktion. Vergleichen Sie das ermittelte Fourierpolynom $S(t)$ mit $f(t)$ (vgl. Bild 8.11). Beobachten Sie das Gibbs'sches Phänomen an den Sprungstellen.

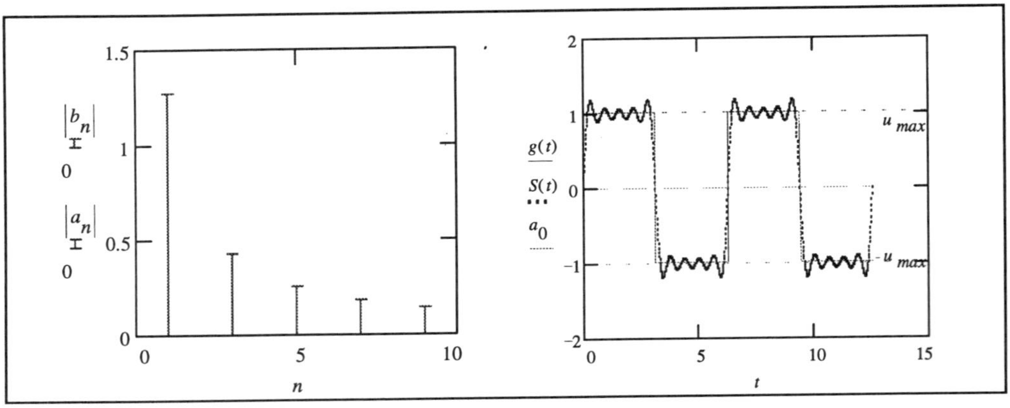

Bild 8.11: Fouriersynthese einer Rechteckschwingung

Eine Lösung finden Sie im Mathcad-Dokument `FOURIER2.MCD` auf der Beispieldiskette.

Abschließend wollen wir noch die komplexe Form des Fourierpolynoms angeben:

$$S(t) := \sum_{n=-n_{\max}}^{n_{\max}} c_n \exp(in\omega t)$$

Die komplexwertigen Koeffizienten ergeben sich nach Anwendung der Eulerschen Formel $e^{ix} = \cos x + i \sin x$ durch Koeffizientenvergleich zu

$$c_n = \frac{1}{2}(a_n - ib_n),\ c_{-n} = \overline{c_n},\ n = 1, 2\ldots, n_{\max}$$

und zusätzlich gilt für den Koeffizienten $c_0 = a_0$. Setzt man die Berechnungsformeln für a_n und b_n ein, so erhalten wir für die komplexen Fourierkoeffizienten:

$$c_n = \frac{1}{T}\int_0^T f(t)\exp(-n\omega t)dt$$

8.4 Schnelle Fouriertransformation

In der Praxis hat man es oft mit periodischen Signalen zu tun. Üblicherweise kennt man vom periodischen Meßsignal nicht die explizite Form $f(t)$, sondern die in äquidistanten Abtastzeitpunkten t_k aufgenommenen N Abtastwerte

$$y_k = f(t_k),\ t_k = \frac{k}{N}T,\ k = 0,1,\ldots,N-1$$

wobei T die Periodendauer des Signals angibt. Die Anzahl der Abtastwerte sei ohne Einschränkung der Allgemeinheit eine Zweierpotenz $N = 2^m$. Da jede periodische Funktion $f(t)$ mit Periodendauer $T = \frac{2\pi}{\omega}$ in eine Fourierreihe entwickelt werden kann, setzen wir als Approximationsfunktion ein Fourierpolynom der Form

$$S(n_{\max},t) := a_0 + \sum_{n=1}^{n_{\max}} (a_n \cos(n\omega t) + b_n \sin(n\omega t)),\ n_{\max} < \frac{N}{2}$$

an, wobei die letzte Bedingung eine Folge des Abtasttheorems ist. Die Abtastfrequenz $\omega_T = \omega N$ muß größer als das Doppelte der höchsten Signalfrequenz $\omega_{\max} = \omega n_{\max}$ sein (bei uns die höchste Frequenz im Fourierpolynom):

$$\omega_T = \omega N > 2\omega_{\max} = 2\omega n_{\max}.\ \text{bzw.}\ n_{\max} < \frac{N}{2}$$

Da wir nur Kenntnis von diskreten Abtastwerten y_k besitzen, setzen wir als quadratischen Fehler

$$F(a_n,b_n) := \sum_{k=0}^{N-1} (y_k - S(t_k))^2,\ n = 0,1,\ldots,n_{\max}$$

an. Der Fehler ist dann minimal, wenn die partiellen Ableitungen des quadratischen Fehlers nach den Fourierkoeffizienten verschwinden. Das resultierende lineare Gleichungssystem in den $2n_{\max}+1$ unbekannten Koeffizienten besitzt als Lösung:

$$a_0 = \frac{1}{N}\sum_{k=0}^{N-1} y_k,\ a_n = \frac{2}{N}\sum_{k=0}^{N-1} y_k \cos(n\omega t_k),\ b_n = \frac{2}{N}\sum_{k=0}^{N-1} y_k \sin(n\omega t_k)$$

Bekannter sind diese Formeln für die komplexen Fourierkoeffizienten, auch als Fast-Fourierkoeffizienten bekannt. Mit dem Ansatz für das Fourierpolynom

$$S(n_{\max},t) := \sum_{n=-n_{\max}}^{n_{\max}} c_n \exp(in\omega t) \text{ mit } n_{\max} < \frac{N}{2}$$

erhalten wir auf analoge Art und Weise

$$c_n = \frac{1}{N}\sum_{k=0}^{N-1} y_k \exp(-in\omega t_k) = \frac{1}{N}\sum_{k=0}^{N-1} y_k \exp(-i2\pi kn/N),\ c_{-n} = \overline{c_n},\ n = 0,1,\ldots,n_{\max}.$$

Beachten Sie bitte, daß der Exponent in den Berechnungsformeln für c_n umgeformt werden kann in $n\omega t_k = n\frac{2\pi}{T}\frac{k}{N}T = 2\pi kn/N$.

Den für die Praxis wichtigsten Fall haben wir, wenn das Abtasttheorem gerade noch bzw. gerade nicht mehr erfüllt ist, d.h. $n_{\max} = \frac{N}{2}$. Da wir N vorgegebene Abtastwerte (t_k, y_k) kennen, aber bei gleichbleibendem Ansatz für $S(n_{\max},t)$ $N+1$ Koeffizienten c_n zu berechnen hätten (z.B. aus $y_k = S(n_{\max},t_k)$), müssen wir den Ansatz für $S(\frac{N}{2},t)$ ändern:

$$S(\frac{N}{2},t) := \sum_{n=-N/2+1}^{N/2-1} c_n \exp(in\omega t) + c_{N/2}\cos(\frac{N}{2}\omega t)$$

Ein Term $c_{N/2}\sin(\frac{N}{2}\omega t)$ fehlt, da dieser in den Abtastzeitpunkten verschwindet. Das Minimalprinzip liefert von der Formelstruktur dieselben $1+\frac{N}{2} = 1+n_{\max} = 1+2^{m-1}$ unabhängigen komplexen Fourierkoeffizienten c_n. Zudem sind die Koeffizienten c_0 und $c_{N/2}$ wegen der Beziehungen

$$c_0 = \frac{1}{N}\sum_{k=0}^{N-1} y_k,\quad c_{N/2} = \frac{1}{N}\sum_{k=0}^{N-1} y_k(-1)^k$$

reell. Setzen wir die gewonnenen Fourierkoeffizienten in das Fourierpolynom $S(\frac{N}{2},t)$ ein und bestimmen den Funktionswert zu den Zeitpunkten t_k, so erhalten wir unter Anwendung der Summenformel für endliche geometrische Reihen

$$S(\frac{N}{2},t_k) = y_k.$$

Das Fourierpolynom $S(\frac{N}{2},t)$ geht somit exakt durch die vorgegebenen Abtastwerte.

Die Tatsache, daß $S(\frac{N}{2},t)$ die exakten Stützstellen liefert, kommt in der Umkehrformel der diskreten Fouriertransformation zum Ausdruck:

$$y_k = S(\frac{N}{2},t_k) = \sum_{n=-N/2+1}^{N/2-1} c_n \exp(in\omega t_k) + c_{N/2}\cos(\frac{N}{2}\omega t_k) = \sum_{n=-N/2+1}^{N/2-1} c_n \exp(i2\pi kn/N) + c_{N/2}(-1)^k$$

Den Vektor c mit $1+\frac{N}{2}$ Koeffizienten c_n kann man aus dem Abtast-Vektor y mit der Mathcad-Funktion *SFT* via $c = \mathrm{SFT}(y)$ berechnen. Mathcad erfordert allerdings, daß die Anzahl der Meßwerte N eine Zweierpotenz ist. Nur in diesem Fall lassen sich nämlich die Summen für c_n numerisch sehr schnell und effizient berechnen, daher auch der Name schnelle Fouriertransformation. Die inverse Fast-Fouriertransformation zur Bestimmung der Meßwerte y_k aus den Fourierkoeffizienten c_n erhalten wir mit der Mathcad-Funktion *ISFT* über $y = \mathrm{ISFT}(c)$.

Vor allem in den Vereinigten Staaten von Amerika wird zur Berechnung von c_n bzw. y_k eine unterschiedliche Normierung und ein unterschiedliches Vorzeichen im Exponenten verwendet (Funktionsnamen *sft* und *isft*). Dadurch ergeben sich für die Fourierkoeffizienten konjugiert komplexe Werte mit einer um $\sqrt{N}$ unterschiedlichen Amplitude. In Tabelle 8.1 sind die in Mathcad implementierten Funktionen zur Berechnung der Fourierkoeffizienten zusammengestellt.

Formel	**Mathcad-Funktion**	**dim(y)**	**dim(c)**
$c_n = \frac{1}{N}\sum_{k=0}^{N-1} y_k e^{-i2\pi kn/N},\ n = 0,1,\ldots,\frac{N}{2}$	$c := \mathrm{SFT}(y)$	$N = 2^m$	$2^{m-1}+1$
$y_k = c_0 + \sum_{n=1}^{\frac{N}{2}-1} (c_n e^{i2\pi kn/N} + c.c.) + c_{N/2}(-1)^k,\ k = 0,1,\ldots,N-1$	$y := \mathrm{ISFT}(c)$	$N = 2^m$	$2^{m-1}+1$
$c_n = \frac{1}{\sqrt{N}}\sum_{k=0}^{N-1} y_k e^{i2\pi kn/N},\ n = 0,1,\ldots,\frac{N}{2}$	$c := \mathrm{sft}(y)$	$N = 2^m$	$2^{m-1}+1$
$y_k = \frac{1}{\sqrt{N}}\left[c_0 + \sum_{n=1}^{\frac{N}{2}-1} (c_n e^{-i2\pi kn/N} + c.c.) + c_{N/2}(-1)^k\right],\ k = 0,1,\ldots,N-1$	$y := \mathrm{isft}(c)$	$N = 2^m$	$2^{m-1}+1$

Formel	Mathcad-Funktion	dim(y)	dim(c)
$c_n = \frac{1}{N}\sum_{k=0}^{N-1} y_k e^{-i2\pi kn/N}$, $n = 0,1,\ldots,N-1$	$c := \mathrm{CSFT}(y)$	N beliebig	N beliebig
$y_k = \sum_{n=0}^{N-1} c_n e^{i2\pi kn/N}$, $k = 0,1,\ldots,N-1$	$y := \mathrm{ICSFT}(c)$	N beliebig	N beliebig
$c_n = \frac{1}{\sqrt{N}}\sum_{k=0}^{N-1} y_k e^{-i2\pi kn/N}$, $n = 0,1,\ldots,N-1$	$c := \mathrm{csft}(y)$	N beliebig	N beliebig
$y_k = \frac{1}{\sqrt{N}}\sum_{n=0}^{N-1} c_n e^{i2\pi kn/N}$, $k = 0,1,\ldots,N-1$	$y := \mathrm{icsft}(c)$	N beliebig	N beliebig

Tabelle 8.1: Fast-Fourier-Transformation (SFT) und Umkehrtransformation (ISFT)

⇨ Wenn Sie Benutzer einer englischen Version Mathcad 4.0 oder 5.0 sind, so müssen Sie folgende deutsche Standardfunktionsnamen ersetzen:
SFT→FFT, ISFT→IFFT, sft→fft, isft→ifft, CSFT→CFFT, ICSFT→ICFFT, csft→cfft, icsft→icfft.

Es sollte nicht unerwähnt bleiben, daß in der Literatur meistens eine etwas andere Schreibweise der diskreten Fouriertransformation verwendet wird:

$$d_n = \frac{1}{N}\sum_{k=0}^{N-1} y_k e^{-i2\pi kn/N},\ n = 0,1,\ldots,N-1$$

Die Koeffizienten d_n hängen über

$$d_n = c_n,\ n = 0,1,\ldots,\frac{N}{2} \text{ bzw. } d_n = \overline{c_{N-n}},\ n = \frac{N}{2}+1,\ldots,N-1$$

mit den c_n zusammen. Ersetzt man in der Umkehrformel die Koeffizienten c_n durch d_n, so erhält man die bekannte Form der inversen diskreten Fouriertransformation:

$$y_k = \sum_{n=0}^{N-1} d_n e^{i2\pi kn/N},\ k = 0,1,\ldots,N-1$$

Lassen Sie sich von dieser Umkehrformel bitte nicht zu einem Ansatz

$$S(t) := \sum_{n=0}^{N-1} d_n e^{in\omega t}$$

für Ihr Fourierpolynom verleiten. Dieses trigonometrische Polynom erfüllt zwar $S(t_k) = y_k$ exakt, verletzt aber das Abtasttheorem für $n \geq \frac{N}{2}$ und liefert für $t \neq t_k$ i.a. komplexe Funktionswerte!

Im Mathcad-Dokument `FFT_IFFT.MCD` auf der Beispieldiskette zeigen wir Ihnen die Verwendung der in Tabelle 8.1 dargestellten Funktionen *SFT*, *sft* zur Berechnung der Fast-Fourier-Koeffizienten. Dazu tasten wir eine periodische Rechteckschwingung ab und berechnen das Fourierpolynom zur Approximation der Abtastwerte. Wir vergleichen abschließend die Fourierkoeffizienten der Fourierreihe (stetige Approximation über eine Signalperiode) mit den Fast-Fourier-Koeffizienten (beste Approximation der Abtastwerte).

In drei Fällen können Sie die Funktionen *SFT*, *ISFT*, *sft*, *isft* nicht verwenden:

- Wenn die Dimension von y keine Zweierpotenz $N = 2^m$, oder die Dimension von c verschieden von $2^{m-1}+1$ ist. In diesem Fall erhalten Sie die Fehlermeldung ***Falsche Vektorgröße***.
- Wenn y komplexwertig ist.
- Wenn y kein Vektor sondern eine Datenmatrix ist.

In diesen Fällen verwenden Sie bitte die in Tabelle 8.1 dargestellten Funktionen *CSFT*, *ICSFT*, *csft*, *icsft*. Diese Funktionen sind zwar universeller einsetzbar, benötigen aber bei gleicher Felddimension größere Rechenzeit.

8.5 Abtasttheorem, Fourierintegral und Aliasingfrequenzen

Um eine taugliche Rekonstruktion einer abgetasteten Zeitfunktion $f(t)$ aus den Abtastwerten y_i, $i = 0,1,...N-1$ zu erhalten, muß die Abtastfrequenz ω_T mehr als doppelt so groß wie die höchste, im Frequenzspektrum von $f(t)$ vorkommende, Frequenz $\omega_{\max}$ sein. Dabei spielt es keine Rolle, ob das Signal $f(t)$ periodisch ist oder nicht. Bei einem periodischen Signal ist das Frequenzspektrum diskret, bei einmaligen Signalen kontinuierlich. Das Signal muß lediglich bandbegrenzt auf $\omega_{\max} < \frac{\omega_T}{2}$ sein.

Im Mathcad-Dokument `ABTAST.MCD` erzeugen wir ein periodisches Signal mit zufälligen Fourieramplituden

$$f(t) := \sum_{n=0}^{n_{\max}} A_n \cos(n\omega t) + B_n \sin(n\omega t) \text{ mit } A_n := \mathrm{rnd}(1),\ B_n := \mathrm{rnd}(1),\ B_0 := 0$$

und kennen dadurch das Fourierspektrum des Ausgangssignal $f(t)$ exakt. Wir tasten das Signal mit 3 unterschiedlichen Tastfrequenzen $\omega_{T1} = \omega_{\max}; \omega_{T2} = 2\omega_{\max}$

$\omega_{T3} = 4\omega_{max}$ ab. Im ersten Fall ist das Abtasttheorem verletzt, eine taugliche Rekonstruktion des ursprünglichen Signals also nicht möglich (vgl. Bild 8.12 links). Auch die Fourierspektren des Abtastsignals und des Ausgangssignals unterscheiden sich komplett (vgl. Bild 8.13 links). Im zweiten Fall gilt gerade $\omega_{max} = \frac{\omega_T}{2}$, das Abtasttheorem ist gerade nicht mehr erfüllt (vgl. Bild 8.12 Mitte). Dieser zweite Fall unterscheidet sich vom letzten Fall (Abtasttheorem erfüllt, Bild 8.12 rechts) lediglich in der höchsten Fourieramplitude (vgl. Bild 8.13 Mitte und rechts).

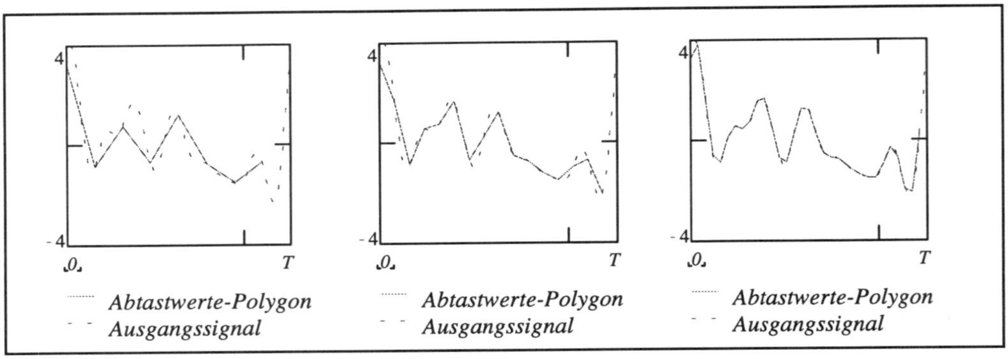

Bild 8.12: Abtastung des Ausgangssignals mit $\omega_{T1} = \omega_{max}; \omega_{T2} = 2\omega_{max}; \omega_{T3} = 4\omega_{max}$

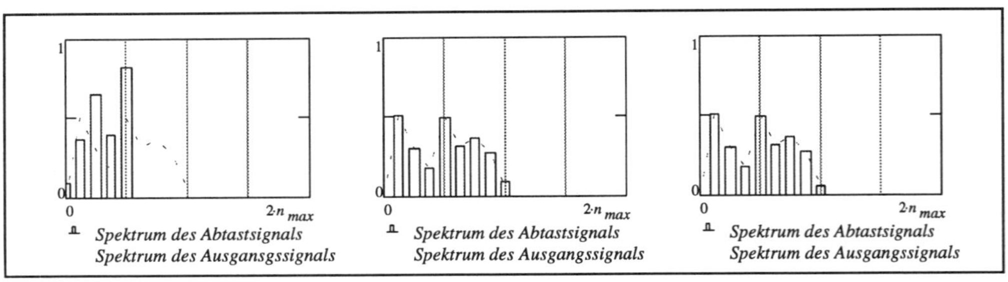

Bild 8.13: Fast-Fourierspektrum des Abtastsignals im Vergleich mit dem Ausgangssignal für Abtastfrequenzen $\omega_{T1} = \omega_{max}; \omega_{T2} = 2\omega_{max}; \omega_{T3} = 4\omega_{max}$

Die nötigen Schritte, um die in Bild 8.13 dargestellten Frequenzspektren mit Mathcad zu ermitteln, finden Sie im Mathcad-Dokument `ABTAST.MCD`.

Bisher haben wir immer periodische Signale betrachtet, die ein diskretes Frequenzspektrum besitzen. In Wirklichkeit gibt es keine dauerhaften periodischen Signale, jedes Signal wird einmal ein- und später wieder ausgeschaltet. Bei einmaligen Vorgängen, wie z.B. bei einem einzigen Dreiecks- oder Rechtecksimpuls müssen wir, um das Frequenzspektrum zu erhalten, das Fourierintegral auswerten:

$$F(\omega) := \int_{-\infty}^{\infty} e^{-i\omega t} f(t) dt$$

Aus dem diskreten Linienspektrum wird ein kontinuierliches Frequenzspektrum. Da die Zeitfunktion meistens auf einen gewissen Zeitbereich beschränkt ist, können wir die Integrationsgrenzen auf diesen Bereich beschränken und dieses Integral mit Hilfe von Mathcad numerisch oder auch symbolisch auswerten.

⇨ Als Benutzer von Mathcad PLUS 5.0 steht Ihnen die symbolische Auswertung der (inversen) Fouriertransformation im Menü SYMBOLIK unter TRANSFORMATIONEN (INVERSE) FOURIER-TRANSFORMATION zur Verfügung.

Bei der Rücktransformation in den Zeitbereich tritt bei einem kontinuierlichen Frequenzspektrum an Stelle des Fourierpolynoms die Fourierumkehrtransformation:

$$f(t) := \frac{1}{2\pi} \int_{-\infty}^{\infty} e^{i\omega t} F(\omega) dt$$

Die Rücktransformationsformel unterscheidet sich vom Fourierintegral nur um einen Faktor 2π und um ein unterschiedliches Vorzeichen im Exponenten. Diese Ähnlichkeit von Hin- und Rücktransformation von Zeitbereich in Frequenzbereich und vice versa begegnete uns bereits bei der schnellen Fouriertransformation (vgl. Tabelle 8.1). Die schnelle Fouriertransformation können wir mit den in Mathcad eingebauten Funktionen *SFT* und *ISFT* durchführen. Es wäre schön, wenn wir mit diesen Funktionen auch das Fourierintegral auswerten bzw. das Frequenzspektrum eines einmaligen Signals bestimmen könnten. Auch wenn das Frequenzspektrum kontinuierlich ist, so können wir $F(\omega)$ doch nur für abzählbar viele Frequenzen berechnen.

Anhand eines Beispiels wollen wir Ihnen im Mathcad-Dokument `ALIASING.MCD` Schritt für Schritt zeigen, wie wir durch Abtastung eines transienten Meßsignals $f(t)$ und anschließender periodischer Fortsetzung der Abtastimpulse uns der schnellen Fouriertransformation zur Ermittlung des Frequenzspektrums bedienen können.

Diese Schritte seien hier kurz zusammengefaßt:

- Zeitlich begrenztes, einmaliges Signal $f(t)$ besitze kontinuierliches, annähernd bandbegrenztes Frequenzspektrum $F(\omega)$. Meßsignal $f(t)$ wird von idealem Sampler mit geeigneter Abtastfrequenz abgetastet.
- Abtastimpulse besitzen kontinuierliches und periodisches Frequenzspektrum mit der Abtastfrequenz als Periode im Frequenzraum (Einhüllende in Bild 8.14), die Form des Frequenzspektrums ist die periodische Fortsetzung des Frequenzspektrums $F(\omega)$. Die durch Abtastung hinzugekommenen Frequenzen werden Aliasingfrequenzen genannt (falsche Frequenzen).

- Die Abtastimpulse werden im Zeitbereich periodisch wiederholt und dadurch ein zeitlich periodisches Signal gewonnen. Das kontinuierliche Frequenzspektrum geht über in ein diskretes Spektrum (vgl. Bild 8.14) und kann mit Hilfe der Fast-Fouriertransformation bestimmt werden. Der Abstand zweier Spektrallinien im Frequenzraum ist gleich der Abtastfrequenz dividiert durch die Anzahl der Abtastimpulse.
- Das kontinuierliche Spektrum des Meßsignals $F(\omega)$ erhält man als Einhüllende der Fourieramplituden bis hin zur halben Abtastfrequenz und kann direkt mit der Funktion *SFT* bestimmt werden. Je größer die Abtastrate, desto genauer ist diese Approximation.

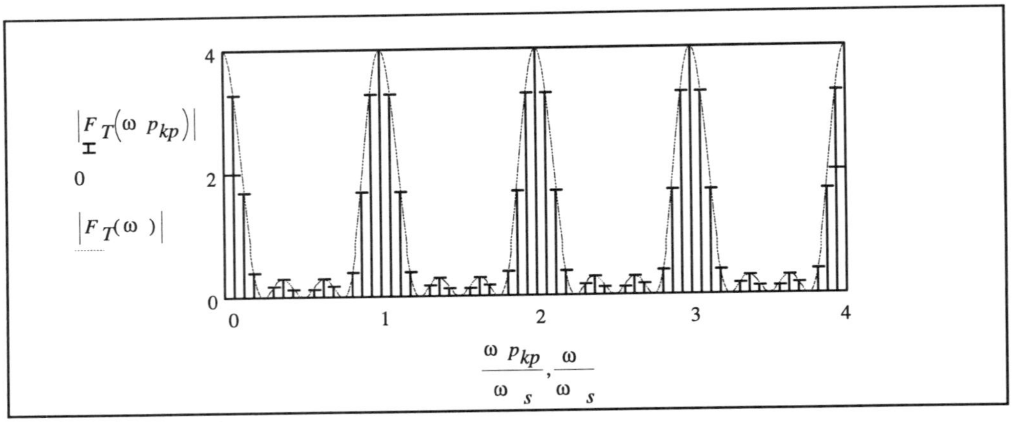

Bild 8.14: Spektrum periodisch fortgesetzter Abtastimpulse

Im Mathcad-Dokument `ALIASING.MCD` berechnen wir für ein einmaliges Dreiecksignal das kontinuierliche Frequenzspektrum zuerst direkt durch Auswertung des Fourierintegrals (numerische Auswertung der Integrale benötigt viel Zeit), und in der Folge, in den gerade angedeuteten Schritten, mit Hilfe der Fast-Fouriertransformation (Summen der FFT können schnell und effizient ausgewertet werden). Wir zeigen auch, wie man aus dem Spektrum der periodisch fortgesetzten Abtastimpulse mit Hilfe einer Tiefpaßschaltung das Meßsignal rückgewinnen kann.

8.6 Amplituden- und Frequenzmodulation, Besselfunktionen

Mit Mathcad kann man auf sehr anschauliche Art und Weise Modulationsverfahren demonstrieren. Für den Nachrichtentechniker von Interesse sind die Frequenzspektren der modulierten Signale und deren nötige Bandbreite, um eine eindeutige Rückgewinnung bzw. Demodulation des NF-Signals zu gewährleisten. Da wir kein Buch über Modulationsverfahren schreiben wollen, beschränken wir uns auf zwei Modulationsarten, nämlich auf die Amplituden- und die Frequenzmodulation.

8.6.1 Amplitudenmodulation

Bei der Amplitudenmodulation wählen wir ein cosinusförmiges Trägersignal

$$U_T(t) := u_T \cos(\omega_T t)$$

und modulieren diesen Träger mit $U_{NF}(t)$ in der Trägeramplitude. Das amplitudenmodulierte Signal hat die Form

$$U_{AM}(t) := \left(1 + \frac{U_{NF}(t)}{u_T}\right) U_T(t)$$

und besitzt im Frequenzspektrum zwei, die Information des NF-Signals enthaltende Seitenbänder symmetrisch zur Trägerfrequenz (vgl. Bild 8.15). Zur Rückgewinnung des NF-Signals verwenden wir eine Produktdetektorschaltung. Die AM wird mit dem Trägersignal multipliziert

$$U_p(t) := U_{AM}(t) 2 \frac{U_T(t)}{u_T}$$

und die Spannung $U_p(t)$ enthält bereits die NF-Schwingung als Information in der Hüllkurve. Das können Sie auch am Spektrum des Produktdetektorsignals erkennen (vgl. Bild 8.15). Mittels geeigneter Tiefpaßschaltung kann daraus die NF-Schwingung wiedergewonnen werden. Das demodulierte Signal weist dabei einen Laufzeiteffekt gegenüber dem ursprünglichen NF-Signal auf (vgl. Bild 8.15).

Die Frequenzspektren der verschiedenen Spannungen gewinnen wir mit der schon bekannten Methode Abtastung und Fast-Fouriertransformation.

Das Mathcad-Dokument `AM.MCD` auf der Beispieldiskette zeigt Ihnen die Schritte zur Gewinnung der in Bild 8.15 dargestellten Signale im Zeitbereich und der zugehörigen Frequenzspektren.

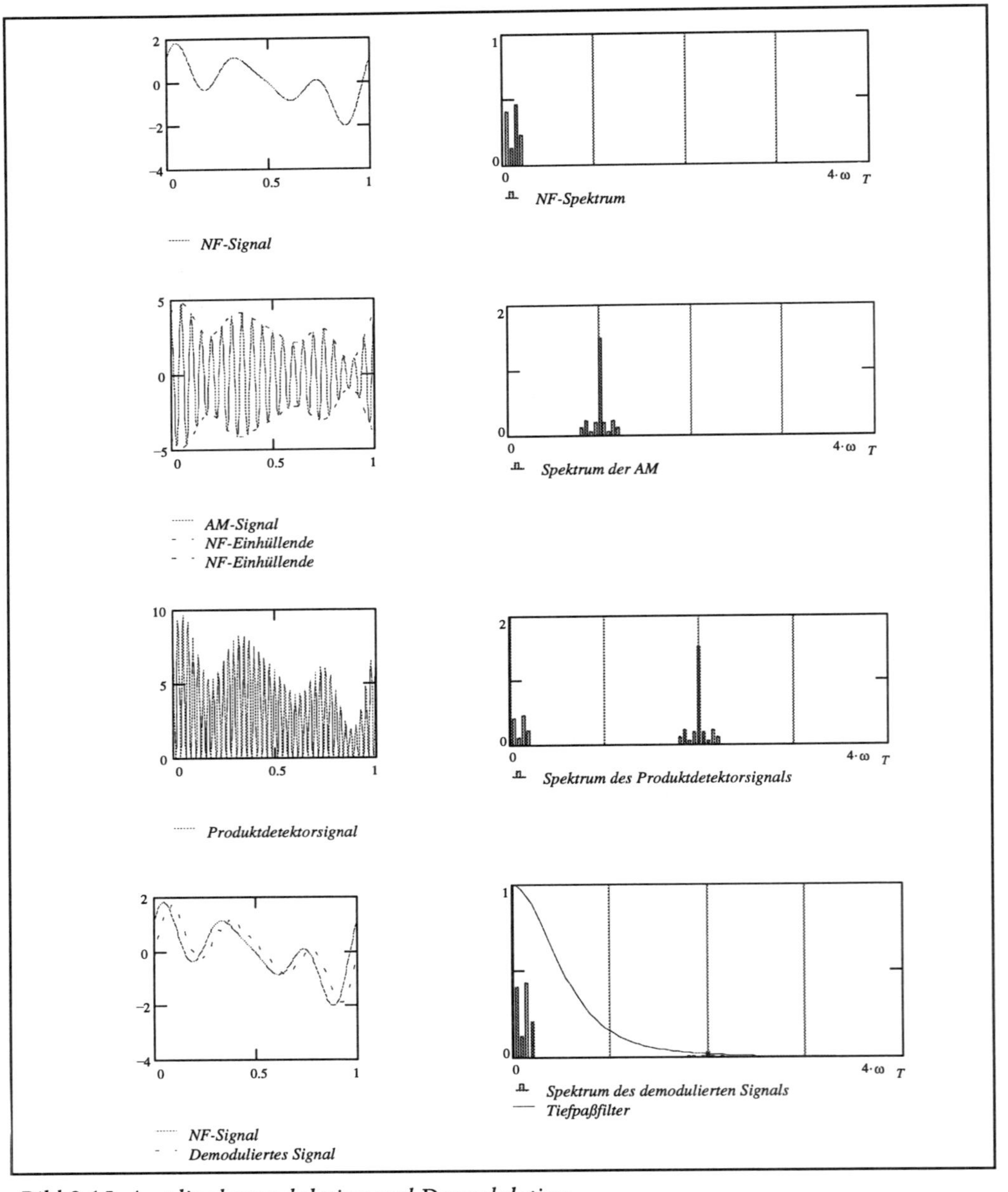

Bild 8.15: Amplitudenmodulation und Demodulation

8.6.2 Phasen- und Frequenzmodulation

Technisch von größerer Bedeutung sind heutzutage die Phasenmodulation und die dazu verwandte Frequenzmodulation. Dabei wird die Augenblicksfrequenz des Trägersignals $\Omega(t)$ im Rythmus des NF-Signals verändert. Im Fall eines harmonischen NF-Signals

$$U_{NF}(t) := u_{NF}\cos(\omega t)$$

erhalten wir für die modulierte Trägerfrequenz:

$$\Omega(t) := \omega_T + \Delta\Omega\cos(\omega t)$$

Der Frequenzhub $\Delta\Omega$ ist proportional zur NF-Amplitude. Während bei der Frequenzmodulation der Frequenzhub $\Delta\Omega$ unabhängig von der NF-Frequenz ist, ist bei der Phasenmodulation der Phasenhub (Modulationsindex genannt)

$$M := \frac{\Delta\Omega}{\omega}$$

unabhängig von der NF-Frequenz. Die Phase des Trägersignals $\alpha(t)$ erhalten wir durch Integration der Momentanfrequenz $\Omega(t)$

$$\alpha(t) := \int_0^t \Omega(t')\,dt' = \omega_T t + M\sin(\omega t)$$

und das zugehörige Trägersignal ergibt sich zu:

$$U_{FM}(t) := u_{FM}\cos(\omega_T t + M\sin(\omega t))$$

Bei der Bestimmung des Frequenzspektrums des modulierten Trägersignals tauchen Besselfunktionen J_n (in Mathcad die Funktion $Jn(n,x)$) als Fourierkoeffizienten auf:

$$U_{FM}(t) := u_{FM}\cos(\omega_T t + M\sin(\omega t)) = \sum_{n=-\infty}^{\infty} u_{FM} J_n(M)\cos((\omega_T + n\omega)t)$$

In den Mathcad-Dokumenten `FM.DAT` und `BESSEL.DAT` werden diese Besselfunktionen 1. Art J_n besprochen (vgl. Bild 8.17). In Bild 8.16 können Sie das FM-Signal und das zugehörige FM-Spektrum für einen Modulationsindex von $M = 5$ sehen. Im FM-Spektrum ist auch die sogenannte Carsonbandbreite eingezeichnet, die für eine NF-Signalfrequenz ω festgelegt ist mit $BB = \omega_o - \omega_u = 2\omega(M+1)$. Wenn das FM-Signal auf diese Bandbreite begrenzt wird, ergibt sich in der Amplitude eine leichte Modulation (vgl. Mathcad-Dokument `FM.DAT`).

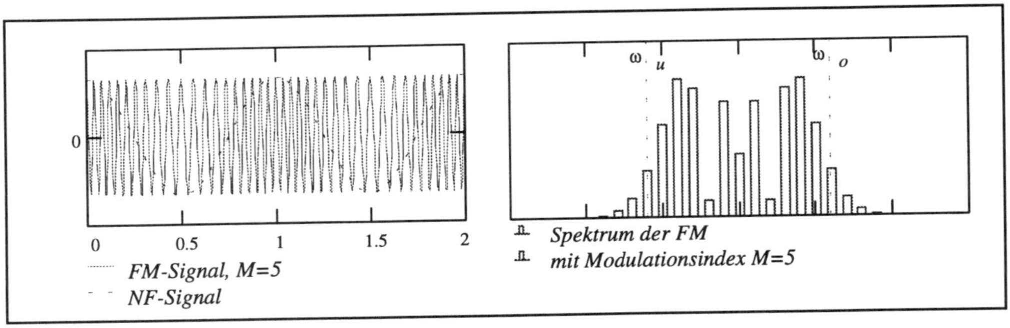

Bild 8.16 FM-Signal und zugehöriges Spektrum

Im Mathcad-Dokument FM.DAT finden Sie die nötigen Schritte zur Ermittlung des Frequenzspektrums einer frequenzmodulierten Schwingung.

8.6.3 Besselfunktionen

Das hätte sich Friedrich Wilhelm Bessel (1784-1846) wohl kaum gedacht, im Zusammenhang mit dem Spektrum der FM berühmt zu werden, die Nachrichtentechnik steckte zu seinen Lebzeiten noch in den Kinderschuhen, Werner von Siemens entwikkelte seinen Zeigertelegraphen um 1850. Bessel untersuchte vielmehr in Anschluß an Daniel Bernoulli und Leonhard Euler eine spezielle Differentialgleichung der Form

$$x^2 y'' + xy' + (x^2 - n^2) y = 0,$$

die bei verschiedenen physikalischen und technischen Fragestellungen auftauchte. Diese Differentialgleichung nennt man zu Ehren Bessels Bessel'sche Differentialgleichung und hat neben den schon erwähnten Besselfunktionen 1. Art J_n auch noch die Besselfunktionen 2. Art Y_n als Lösungen (in Mathcad die Funktion $Yn(n,x)$). In der Praxis tauchen diese Besselfunktionen 2. Art allerdings wesentlich seltener auf, da sie eine Singularität im Ursprung $x = 0$ aufweisen (vgl. Sie bitte Bild 8.17 und Mathcad-Dokument BESSEL.MCD auf der Beispieldiskette).

Neben den Besselfunktionen 1. und 2. Art gibt es auch noch die modifizierten Besselfunktionen 1. und 2. Art, $In(n,x)$ bzw. $Kn(n,x)$. Diese modifizierten Besselfunktionen genügen der modifizierten Bessel'schen Differentialgleichung:

$$x^2 y'' + xy' - (x^2 + n^2) y = 0$$

Während die Besselfunktionen 1. Art $Jn(n,x)$ und $In(n,x)$ relativ einfache Taylorreihendarstellungen

$$Jn(n,x)=\sum_{k=0}^{\infty}\frac{(-1)^k}{k!(n+k)!}(\frac{x}{2})^{n+2k} \text{ bzw. } In(m,x)=\sum_{k=0}^{\infty}\frac{1}{k!(m+k)!}(\frac{x}{2})^{m+2k}$$

besitzen, ist dies bei den Besselfunktionen 2. Art aufgrund der Singularität bei $x=0$ nicht möglich.

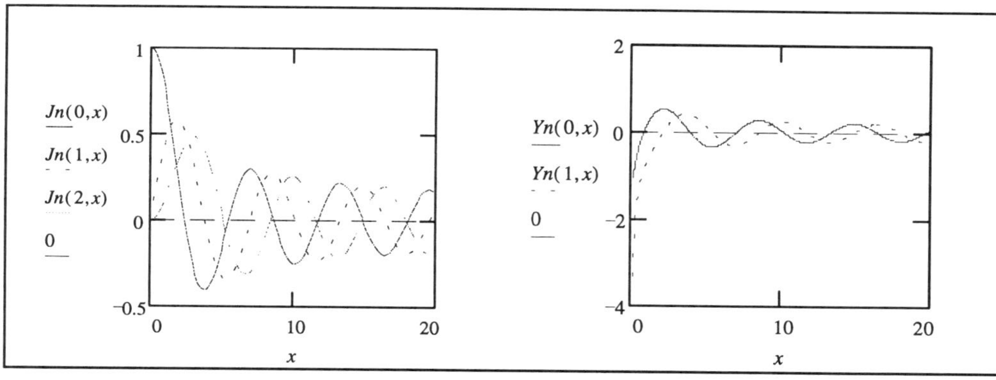

Bild 8.17: Besselfunktionen 1. Art J_n und 2. Art Y_n

In Tabelle 8.2 sind sämtliche in Mathcad implementierten Besselfunktionen angegeben. Neben dem reellen Argument x muß auch noch die ganzzahlige Ordnung n als Parameter angegeben werden. Für die Besselfunktionen 2. Art $Yn(n,x)$ und $Kn(n,x)$ gilt außerdem die Einschränkung $x>0$ wegen der bereits erwähnten Singularität. In Tabelle 8.2 ist zudem die asymptotische Entwicklung für $x\to\infty$ angeführt.

Mathcad-Funktion	Typ der Besselfunktion	Besselfunktion erfüllt Differentialgleichung	Asymptotisches Verhalten $x\to\infty$
$\mathrm{Jn}(n,x)$ $\mathrm{J0}(x), \mathrm{J1}(x)$	1. Art, $x\geq 0, n\in N_0$	$x^2y''+xy'+(x^2-n^2)y=0$	$\mathrm{Jn}(n,x)=\sqrt{\frac{2}{\pi x}}\cos(x-\frac{n\pi}{2}-\frac{\pi}{4})$
$\mathrm{Yn}(n,x)$ $\mathrm{Y0}(x), \mathrm{Y1}(x)$	2. Art, $x>0, n\in N_0$	$x^2y''+xy'+(x^2-n^2)y=0$	$\mathrm{Yn}(n,x)=\sqrt{\frac{2}{\pi x}}\sin(x-\frac{n\pi}{2}-\frac{\pi}{4})$
$\mathrm{In}(n,x)$ $\mathrm{I0}(x), \mathrm{I1}(x)$	modifiziert 1.Art, $x\geq 0, n\in N_0$	$x^2y''+xy'-(x^2+n^2)y=0$	$\mathrm{In}(n,x)=\frac{e^x}{\sqrt{2\pi x}}$
$\mathrm{Kn}(n,x)$ $\mathrm{K0}(x), \mathrm{K1}(x)$	modifiziert 2.Art, $x>0, n\in N_0$	$x^2y''+xy'-(x^2+n^2)y=0$	$\mathrm{Kn}(n,x)=\sqrt{\frac{\pi}{2x}}e^{-x}$

Tabelle 8.2: Besselfunktionen

Die Besselfunktionen 0-ter und 1-ter Ordnung sind in Mathcad gesondert implementiert und besitzen eigene Funktionsnamen

$$J0(x), J1(x), Y0(x), Y1(x), I0(x), I1(x), K0(x), K1(x)$$

und nur mehr einen Parameter, nämlich x.

Im Mathcad-Dokument `BESSEL.MCD` finden Sie einen Graphen zu jeder in Tabelle 8.2 angeführten Besselfunktion (vgl. auch Bild 8.17).

8.7 Die z-Transformation, Simulation digitaler Filter

Bevor wir uns dem Studium digitaler Filter zuwenden können, müssen wir uns mit der z-Transformation und ihrer Umkehrtransformation, der inversen z-Transformation auseinandersetzen.

Wir tasten ein Signal $x(t)$ zu äquidistanten Zeitpunkten $t_n = nT_s$ ab und kürzen die Abtastwerte $x(t_n)$ in der Kurzform $x(n)$ ab. Als einseitige z-Transformierte definiert man:

$$X(z) := \sum_{n=0}^{\infty} x(n) \frac{1}{z^n}$$

Diese unendliche Reihe ist von der Form her eine Laurentreihe um den Entwicklungspunkt $z = 0$, die Koeffizienten der Laurentreihe sind die Abtastwerte $x(n)$. Die Koeffizienten einer Laurentreihe kann man unter Zuhilfenahme der Cauchy'schen Integralformel berechnen. Die inverse z-Transformation ergibt sich dann aus einem komplexen Kurvenintegral zu:

$$x(n) := \frac{1}{2\pi i} \oint X(z) z^{n-1} dz$$

Die Funktion $X(z)$ muß eine reguläre Funktion für $|z| > R > 0$ sein, und der Integrationsweg in der komplexen Ebene ist dabei so zu wählen, daß der Weg geschlossen ist und das Gebiet $|z| < R$ einschließt. Am einfachsten ist es, einen Kreis mit Radius $r > R$ als Integrationsweg zu wählen und das Kurvenintegral mit der Substitution $z = re^{i\varphi}$ auf die Form

$$x(n) := \frac{r^n}{2\pi} \int_0^{2\pi} X(re^{i\varphi}) e^{in\varphi} d\varphi$$

zu bringen. Dieses Integral kann von Mathcad ohne Schwierigkeiten ausgewertet werden. Bitte beachten Sie, daß das Ergebnis für $x(n)$ unabhängig vom gewählten Radius r ist.

⇨ Als Benutzer von Mathcad PLUS 5.0 steht Ihnen die symbolische Auswertung der (inversen) z-Transformation im Menü SYMBOLIK unter TRANSFORMATIONEN (INVERSE) Z-TRANSFORMATION zur Verfügung.

Mit der Summenformel für geometrische Reihen

$$1+q+q^2+q^3+.....=\frac{1}{1-q},\ |q|<1$$

können wir einige z-Transformierte sofort bestimmen. Die z-Transformierte des Einheitssprungs $\varepsilon(n):=1,\ n\geq 0,\ \varepsilon(n):=0$ sonst, ergibt sich zu

$$\varepsilon(n)\ \circ\!\!-\!\!\bullet\ X(z):=1+\frac{1}{z}+\frac{1}{z^2}+....=\frac{1}{1-\frac{1}{z}}=\frac{z}{z-1},\ |z|>1$$

der Einheitsimpuls $\delta(n):=1,\ n=0,\ \delta(n):=0$ sonst, besitzt die z-Transformierte

$$\delta(n)\ \circ\!\!-\!\!\bullet\ X(z):=1$$

und stellt das Einselement dieser Transformation dar. Eine abgetastete harmonische Schwingung $x(n):=\hat{u}e^{i\omega nT_s}$ mit der Frequenz ω führt ebenfalls auf eine geometrische Reihe und liefert:

$$x(n):=\hat{u}e^{i\omega nT_s}\ \circ\!\!-\!\!\bullet\ X(z):=\hat{u}(1+\frac{e^{i\omega T_s}}{z}+\frac{e^{i2\omega T_s}}{z^2}+....)=\frac{\hat{u}}{1-\frac{e^{i\omega T_s}}{z}}=\frac{\hat{u}z}{z-e^{i\omega T_s}},\ |z|>1$$

Dies ermöglicht uns, die z-Transformierte einer reinen Cosinusschwingung zu ermitteln. Mit $\cos x=\frac{1}{2}(e^{ix}+e^{-ix})$ erhalten wir

$$x(n):=\hat{u}\cos\omega nT_s\ \circ\!\!-\!\!\bullet\ X(z):=\frac{\hat{u}}{2}(\frac{z}{z-e^{i\omega T_s}}-\frac{z}{z-e^{-i\omega T_s}}),\ |z|>1\,.$$

Betrachten wir ein Verzögerungsglied um eine Taktperiode T_s, wie in Bild 8.18 links dargestellt, so erhalten wir aus $y(n):=x(n-1),\ y(0):=0$ für die z-Transformierten den Zusammenhang:

$$Y(z):=\frac{1}{z}X(z)$$

Diesen Zusammenhang können Sie als Anwender von Mathcad PLUS 5.0 mit der symbolischen *z*-Transformation sofort überprüfen. Die digitale Übertragungsfunktion $\underline{A}(z)$ eines Verzögerungsglieds im *z*-Bereich ist also $\frac{1}{z}$.

Da ein digitales Filter aus solchen Verzögerungsgliedern, kombiniert mit Addierern und Multiplizierern, aufgebaut ist, und wir mit diesen Grundelementen ein Analogfilter »nachahmen« wollen, müssen wir den Zusammenhang der digitalen Übertragungsfunktion $\underline{A}(z)$ mit der analogen Übertragungsfunktion $F(s) = \underline{F}(\omega)$, $s = i\omega$ finden. Wir wenden die Laplacetransformation

$$f(t) \circ\!\!-\!\!\bullet\; F(s) := \int_0^\infty e^{-st} f(t)dt$$

auf das Verzögerungsglied an und erhalten den Zusammenhang

$$y(t) = x(t - T_s) \circ\!\!-\!\!\bullet\; Y(s) = e^{-sT_s} X(s)$$

zwischen Eingangssignal und Ausgangssignal. Vergleichen wir die *z*-Transformation mit der Laplacetransformation, so erkennen wir den Zusammenhang:

$$\frac{1}{z} = e^{-sT_s}$$

Wenn wir also ein digitales Filter mit der Übertragungsfunktion $\underline{A}(z)$ vorliegen haben, so erhalten wir die entsprechende analoge Übertragungsfunktion $\underline{F}(\omega)$, indem wir *z* durch $e^{sT_s} = e^{i\omega T_s}$ ersetzen. Die resultierende Übertragungsfunktion $\underline{F}(\omega)$ ist periodisch mit der Abtastfrequenz $\omega_s = 2\pi / T_s$ als Periode im Frequenzraum. Nutzen können wir das Digitalfilter aufgrund des Abtasttheorems lediglich bis zur halben Abtastfrequenz.

Wir betrachten als einführendes Beispiel einen digitalen Tiefpaß 1. Ordnung mit der in Bild 8.18 rechts dargestellten Form.

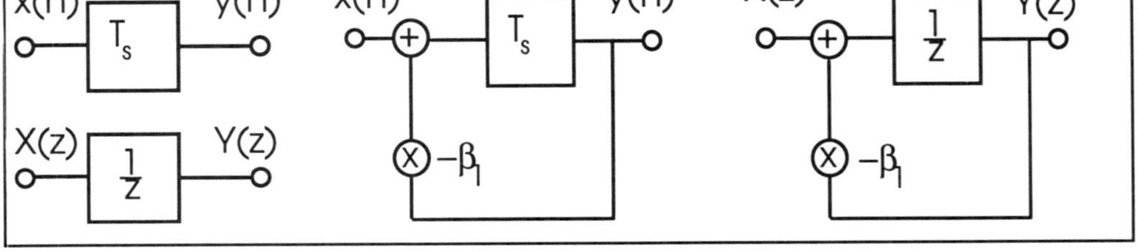

Bild 8.18 Verzögerungsglied und digitaler Tiefpaß im t- und z-Bereich

Im Zeitbereich haben wir eine Differenzengleichung der Form

$$y(n+1) = x(n) - \beta_1 y(n), \; y(0) = 0$$

und im z-Bereich erhalten wir aufgrund der digitalen Übertragungsfunktion $\frac{1}{z}$ des Verzögerungsgliedes:

$$Y(z) = \frac{1}{z}(X(z) - \beta_1 Y(z))$$

Die digitale Übertragungsfunktion $A(z)$ ergibt sich durch einfache Umformung zu:

$$\underline{A}(z) = \frac{Y(z)}{X(z)} = \frac{z^{-1}}{1+\beta_1 z^{-1}}$$

Die zugehörige analoge Übertragungsfunktion $\underline{F}(\omega)$ erhalten wir mit der Substitution $z = e^{i\omega T_s}$:

$$\underline{F}(\omega) = \frac{1}{\beta_1 + e^{i\omega T_s}}, \; F(\omega) = |\underline{F}(\omega)| = \frac{1}{\sqrt{(\beta_1 + \cos(\omega T_s))^2 + (\sin(\omega T_s))^2}}$$

In Bild 8.19 ist die analoge Übertragungsfunktion $\underline{F}(\omega)$ dargestellt. Wie schon erwähnt, ist die Übertragungsfunktion periodisch mit der Abtastfrequenz und wegen des Abtasttheorems nur bis zur halben Abtastfrequenz verwendbar.

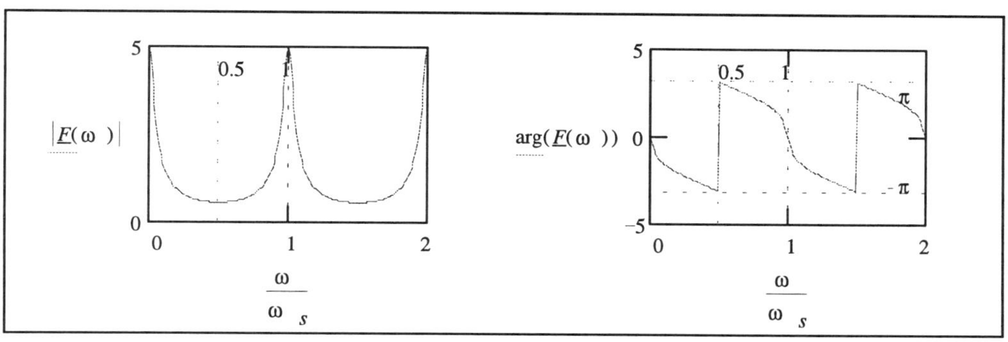

Bild 8.19: Übertragungsfunktion des digitalen Tiefpaßfilters 1. Ordnung mit β_1=-0.8

Im Mathcad-Dokument `DIG_TP_1.MCD` bestimmen wir zuerst die Sprungantwort und Impulsantwort $h(n)$ durch Lösung der Differenzengleichung für $y(n)$ (vgl. Bild 8.20).

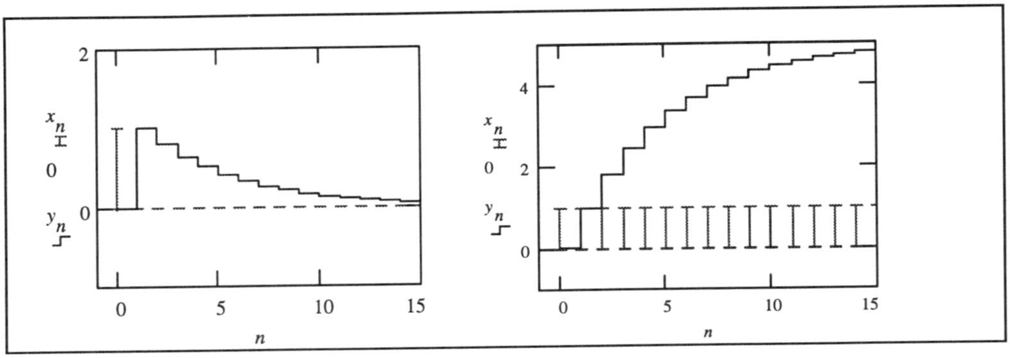

Bild 8.20: Impuls- und Sprungantwort eines digitalen Tiefpaßfilters 1. Ordnung, β_1*=-0.8*

Diese Methode der direkten Lösung der Differenzengleichung ist bei Filtern höherer Ordnung aber nur in Sonderfällen anwendbar. Wollen wir die Impulsantwort $h(n)$ für beliebige digitale Filtertypen berechnen, müssen wir die inverse z-Transformation durchführen. Die z-Transformierte des Einheitimpulses $\delta(n)$ ist $X(z)=1$, und daraus folgt für die z-Transformierte des Ausgangssignals:

$$Y(z) = \underline{A}(z)X(z) = \underline{A}(z)$$

⇨ Wenn Sie Besitzer von Mathcad PLUS 5.0 sind, können Sie versuchen, aus der digitalen Übertragungsfunktion $A(z)$ mittels INVERSER Z-TRANSFORMATION (Menü SYMBOLIK) direkt die Impulsantwort $h(n)$ zu bestimmen.

Mit der Inversionsformel $y(n) := \frac{1}{2\pi i}\oint Y(z)z^{n-1}dz$ erhalten wir nach der Substitution $z = re^{i\varphi}$ für die Impulsantwort unseres digitalen Filters:

$$h(n) := \frac{r^n}{2\pi}\int_0^{2\pi} \underline{A}(re^{i\varphi})e^{in\varphi}d\varphi$$

Der Radius r ist dabei so groß zu wählen, daß sämtliche Pole von $\underline{A}(z)$ innerhalb des kreisförmigen Integrationsweges in der z-Ebene liegen. Kennt man die z-Transformierte $X(z)$ des Eingangssignals $x(n)$, so kann man die Antwort des Systems via

$$y(n) := \frac{r^n}{2\pi}\int_0^{2\pi} \underline{A}(re^{i\varphi})X(re^{i\varphi})e^{in\varphi}d\varphi$$

bestimmen. Die Kenntnis der z-Transformierten $X(z)$ ist aber nicht unbedingt erforderlich. Betrachtet man nämlich das Produkt

$$Y(z) = \underline{A}(z)X(z) = \sum_{n=0}^{\infty} h(n)z^{-n} \sum_{m=0}^{\infty} x(m)z^{-m} = \sum_{n=0}^{\infty} \sum_{k=0}^{n} x(n-k)h(k)z^{-n}$$

so erkennt man nach Umordnung der Summen unter Berücksichtigung von

$$Y(z) = \sum_{n=0}^{\infty} y(n)z^{-n}$$

daß die Antwort des Systems $y(n)$ auf die Eingangsfolge $x(n)$, bei Kenntnis der Impulsantwort $h(n)$, mit einer einfachen Summe berechnet werden kann:

$$y(n) = \sum_{k=0}^{n} x(n-k)h(k) \quad \circ\!\!-\!\!\bullet \quad Y(z) = \underline{A}(z)X(z)$$

Diese Summenformel wird diskrete Faltung genannt. Multiplikation in der z-Ebene korrespondiert mit diskreter Faltung im Zeitbereich.

Lediglich bei der Bestimmung der Impulsantwort $h(n)$ muß noch für jedes n ein Integral ausgewertet werden. Beschränkt man sich jedoch auf endliche bzw. finite Signale ($x(n) = 0,\ n \geq N$), so geht die unendliche Summe der z-Transformation in eine endliche Summe über. Wählt man zusätzlich diskrete, äquidistante z-Werte am Einheitskreis der z-Ebene $z_k := e^{i2\pi k/N}$, $k = 0,1..N-1$, so erhält man für die z-Transformierte an den Stellen z_k:

$$X(z_k) = \sum_{n=0}^{N-1} x(n)e^{-i2\pi kn/N}$$

Diese Summe ist bis auf einen Faktor N gerade die Fast-Fourier-Transformierte der Abtastwerte $x(n)$. Dadurch haben wir die Möglichkeit die Zeitwerte $x(n)$ mittels inverser Fast-Fourier-Transformation zu bestimmen:

$$x(n) = \frac{1}{N} \sum_{k=0}^{N-1} X(z_k)e^{i2\pi kn/N}$$

Die Impulsantwort ergibt sich dann zu:

$$h(n) = \frac{1}{N} \sum_{k=0}^{N-1} \underline{A}(z_k)e^{i2\pi kn/N}$$

Diese Formel ist mit Vorsicht zu genießen. Ist die Impulsantwort ein endliches Signal, so ist die Summenformel für $h(n)$ exakt. Dies trifft insbesondere auf alle digitalen

Filter ohne Rückkopplung zu. Diese Filter nennt man FIR-Filter (Finite-Impulse-Response-Filter). Bei unserem einfachen Tiefpaß 1. Ordnung haben wir bereits eine Rückkopplung. Die Folge davon ist eine unendlich andauernde Impulsantwort, auch wenn Sie bei diesem Tiefpaß gegen null geht. Solche Filter mit unendlich andauernder Impulsantwort nennt man IIR-Filter (Infinite-Impulse-Response-Filter). Um die Summenformel dennoch verwenden zu können, muß die Abtastdauer NT_s so groß gewählt werden, daß $h(N)$ praktisch null ist. Geht die Impulsantwort nicht gegen null, so muß man auf alle Fälle die Integrale der inversen z-Transformation für $h(n)$ auswerten! Verwenden Sie die Formel

$$h(n) := \frac{r^n}{2\pi} \int_0^{2\pi} \underline{A}(re^{i\varphi}) e^{in\varphi} d\varphi$$

zur Bestimmung der Impulsantwort, um kein Risiko einzugehen, auch wenn Sie längere Rechenzeiten dafür in Kauf nehmen müssen.

Im Mathcad-Dokument `DIG_TP_1.MCD` sind die besprochenen Berechnungsgänge für ein digitales Tiefpaßfilter 1. Ordnung zusammengestellt. Es enthält neben der Berechnung von Impuls- und Sprungantwort auch die Bestimmung des Frequenzgangs sowie die Verwendung der diskreten Faltung zur Ermittlung der Antwort auf ein Sinussignal.

Wir wollen uns nach diesem einführenden Beispiel der allgemeinen Struktur digitaler Filter N-ter Ordnung zuwenden. Wir beschränken uns auf die in Bild 8.21 dargestellte kanonische Direktstruktur. Weitere Strukturtypen können Sie in der einschlägigen Literatur finden, z.B. *Tietze/Schenk, Halbleiterschaltungstechnik,* erschienen im Springer-Verlag oder *W.Hess, Digitale Filter*, erschienen im Teubner-Verlag.

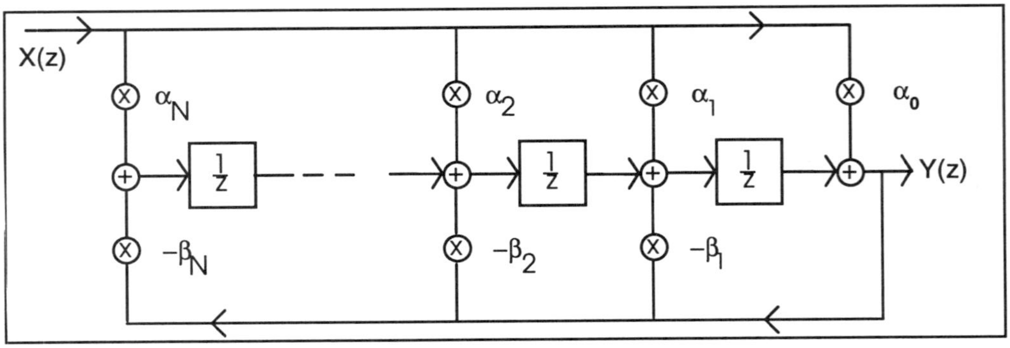

Bild 8.21: Kanonische Direktstruktur digitaler Filter

Im Zeitbereich erhalten wir die lineare Differenzengleichung

$$y(n)=\sum_{k=0}^{N}\alpha_k x(n-k)-\sum_{k=1}^{N}\beta_k y(n-k)$$

und in der z-Ebene, unter der Berücksichtigung der Korrespondenz

$$y(n-k) \circ\!\!-\!\!\bullet \frac{1}{z^k}Y(z)$$

für ein bzw. k Zeitverzögerungsglieder, die Gleichung:

$$Y(z)=X(z)\sum_{k=0}^{N}\alpha_k\frac{1}{z^k}-Y(z)\sum_{k=1}^{N}\beta_k\frac{1}{z^k}$$

Die erste Summe mit den Koeffizienten α_k stellt den nicht rekursiven Teil des Filters dar, während die zweite Summe (Koeffizienten β_k) den Rückkopplungsteil bzw. rekursiven Teil des Filters repräsentiert. Daraus erhalten wir die digitale Übertragungsfunktion

$$\underline{A}(z)=\frac{Y(z)}{X(z)}=\frac{\sum_{k=0}^{N}\alpha_k\frac{1}{z^k}}{1+\sum_{k=1}^{N}\beta_k\frac{1}{z^k}}.$$

Im Folgenden besprechen wir die 2 Grundtypen FIR- und IIR-Filter getrennt.

8.7.1 FIR-Filter, Finite-Impulse-Response-Filter

Diese Filter besitzen keinen Rückkopplungsteil, d.h. alle $\beta_n=0$. Der Name kommt von der zeitlich begrenzten Impulsantwort $h(n)$. Setzt man nämlich $x(n)=\delta(n)$ in die Differenzengleichung ein, so ergibt sich die Impulsantwort zu:

$$h(n)=\alpha_n,\ h(n)=0\ n>N$$

Die zugehörige analoge Übertragungsfunktion $\underline{F}(\omega)$ erhalten wir mit der Substitution $z=e^{i\omega T_s}$ aus der digitalen Übertragungsfunktion $\underline{A}(z)$:

$$\underline{F}(\omega)=\sum_{k=0}^{N}\alpha_k e^{-ik\omega T_s}$$

Setzt man insbesondere für die Frequenz 0 bzw. die halbe Abtastfrequenz ein, so erhält man 2 markante Werte des Frequenzgangs:

$$\underline{F}(0) = \sum_{k=0}^{N} \alpha_k \text{ bzw. } \underline{F}(\frac{\omega_s}{2}) = \sum_{k=0}^{N} \alpha_k (-1)^k$$

Die Simulation solcher Filter ist mit Mathcad überhaupt kein Problem. Die Antwort $y(n)$ auf ein Eingangssignal $x(n)$ kann direkt im Zeitbereich ausgewertet werden. Die Schwierigkeit besteht aber darin, für einen bestimmten gewünschten Frequenzgang $\underline{A}(\omega)$ die Filterkoeffizienten α_n zu bestimmen. In der Praxis geht man von einem idealen Tiefpaßfilter mit konstanter Gruppenlaufzeit aus und bestimmt die Impulsantwort dieses idealen Filters mittels inverser Fouriertransformation. Diese sogenannten Rohwerte für die Filterkoeffizienten werden mit einer geeigneten Fensterfunktion, z.B. der Hammingfensterfunktion, multipliziert und neu normiert. Da sich nach einem Berechnungsgang eine verschobene Grenzfrequenz gegenüber dem idealen Filter ergibt, muß eine Iteration durchgeführt werden. Diese Vorgangsweise wird im folgenden Mathcad-Dokument `FIR_TP_N.MCD` demonstriert.

Digitales FIR-Tiefpaßfilter N-ter Ordnung (fir_tp_n.mcd)

Vorgaben für das FIR-Filter:

$T_s := 1$	Abtastzeit
$\omega_s := \frac{2\cdot\pi}{T_s}$	Samplingfrequenz
$\Omega_g := 0.25$	Frequenzverhältnis Grenzfrequenz/Abtastfrequenz
$\omega_{ga} := \Omega_g \cdot \omega_s$	zu realisierende Grenzfrequenz
$N := 5$	Filtergrad
$v_0 := 1$	Verstärkung bei ω=0

1. Iteration:

Wir versuchen einen idealen Tiefpaß mit konstanter Gruppenlaufzeit zu realisieren:

$\omega_g := \omega_{ga}$

$$F_a(\omega) := \text{wenn}\left(|\omega| \le \omega_g, v_0 \cdot e^{-i \cdot N \cdot \frac{T_s}{2} \cdot \omega}, 0\right)$$ Übertragungsfunktion des idealen analogen Tiefpaßfilters

$$\tau = -\frac{d}{d\omega}\arg\left(F_a(\omega)\right) = N \cdot \frac{T_s}{2}$$ Gruppenlaufzeit

Da die Impulsantwort h_n bei einem FIR-Filter identisch mit den Filterkoeffizienten α_n ist, nehmen wir als Rohwerte die Impulsantwort dieses idealisierten Analogfilters:

$n := 0..N$

$$h_n = \frac{1}{2 \cdot \pi} \cdot \int_{-\frac{\omega_s}{2}}^{\frac{\omega_s}{2}} F_a(\omega) \cdot e^{i \cdot \omega \cdot n \cdot T_s} d\omega = \frac{v_0}{2 \cdot \pi} \cdot \int_{-\omega_g}^{\omega_g} e^{-i \cdot N \cdot \frac{T_s}{2} \cdot \omega} \cdot e^{i \cdot \omega \cdot n \cdot T_s} d\omega$$

$$h_n := \frac{2 \cdot v_0}{\pi} \cdot \frac{\sin\left(\omega_g \cdot n \cdot T_s - \frac{1}{2} \cdot T_s \cdot \omega_g \cdot N\right)}{\left[T_s \cdot (2 \cdot n - N)\right]}$$ Nach symbolischer Integration und vereinfachen des Ausdrucks.

$\alpha_{r_n} := h_n$ Rohwerte der Filterkoeffizienten $\sum_n \alpha_{r_n} = 1.02$

Die Rohwerte müssen noch so normiert werden, daß die Summe der Filterkoeffizienten die Verstärkung für $\omega=0$ ergibt. Zusätzlich multipliziert man die Koeffizienten mit einer Fensterfunktion W(x) um einen realen Filterverlauf zu erhalten. Wir beschränken uns auf die geläufigste Fensterfunktion, das **Hammingfenster**:

$$W(x) := 0.54 - 0.46\cos\left(2 \cdot \pi \cdot \frac{x}{N}\right)$$ Hammingfensterfunktion

$\alpha_n := \alpha_{r_n} \cdot W(n)$ modifizierte Koeffizienten

Normierung der Filterkoeffizienten:

$s := \sum_n \alpha_n$ $s = 0.926$

$\alpha_n := \frac{\alpha_n}{s} \cdot v_0$ $\sum_n \alpha_n = 1$ Summe der Filterkoeffizienten ergibt v_0

Impulsantwort bzw. Filterkoeffizienten und Hammingfenster:

$x := 0, 0.01 .. N$

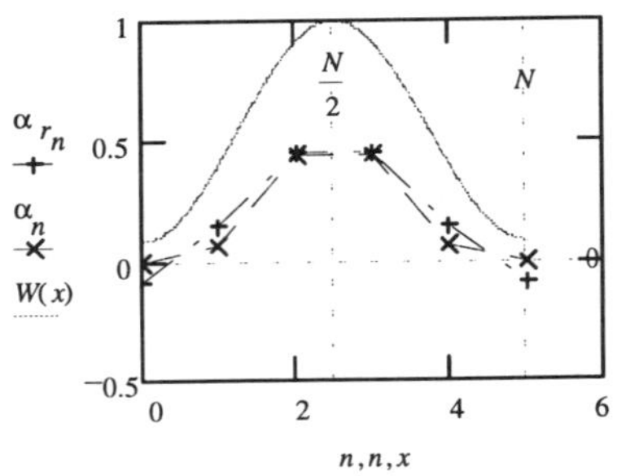

αr_n	$W(n)$	α_n
-0.09	0.08	-0.008
0.15	0.398	0.064
0.45	0.912	0.443
0.45	0.912	0.443
0.15	0.398	0.064
-0.09	0.08	-0.008

Frequenzgang des FIR-Filters:

$\underline{A}(z) := \sum_{n=0}^{N} \alpha_n \cdot \frac{1}{z^n}$ Digitale Übertragungsfunktion des FIR-Filters.

$F_d(\omega) := \underline{A}\left(e^{i \cdot \omega \cdot T_s}\right)$ Zugehörige Übertragungsfunktion.

$\omega := 0, \frac{\omega_s}{200} .. \omega_s$

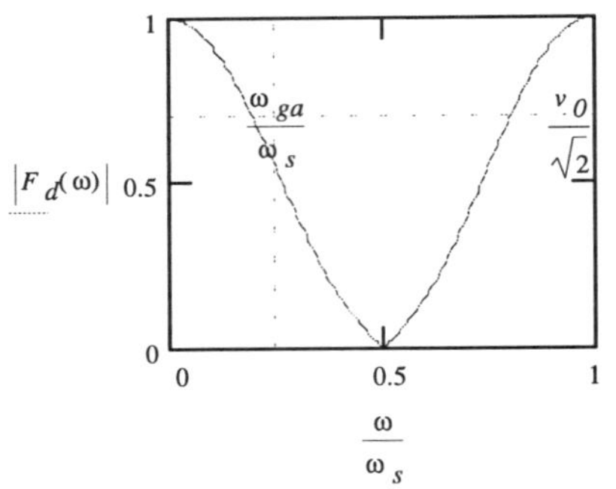

Bestimmung der Grenzfrequenz:

$\omega := \omega_{ga}$

$\omega_{g1} := \text{wurzel}\left(\left|F_d(\omega)\right| - \frac{v_0}{\sqrt{2}}, \omega\right)$

$\frac{\omega_{g1}}{\omega_s} = 0.195$

2. Iteration

Da die Grenzfrequenz unseres FIR-Filters um einen Faktor ω_{ga}/ω_{g1} falsch ist, korrigieren wir die Grenzfrequenz unseres idealen Tiefpaßfilters um diesen Faktor.

$\omega_g := \omega_g \cdot \frac{\omega_{ga}}{\omega_{g1}}$

$$h_n := \frac{2 \cdot v_0}{\pi} \cdot \frac{\sin\left(\omega_g \cdot n \cdot T_s - \frac{1}{2} \cdot T_s \cdot \omega_g \cdot N\right)}{\left[T_s \cdot (2 \cdot n - N)\right]}$$

$\alpha_{r_n} := h_n$ Neue Rohwerte der Filterkoeffizienten $\sum_n \alpha_{r_n} = 0.886$

$\alpha_n := \alpha_{r_n} \cdot W(n)$ modifizierte Koeffizienten

Normierung der Filterkoeffizienten:

$s := \sum_n \alpha_n$ $s = 0.983$

$\alpha_n := \frac{\alpha_n}{s} \cdot v_0$ $\sum_n \alpha_n = 1$ Summe der Filterkoeffizienten ergibt v_0

$x := 0, 0.01 .. N$

Impulsantwort bzw. Filterkoeffizienten und Hammingfenster:

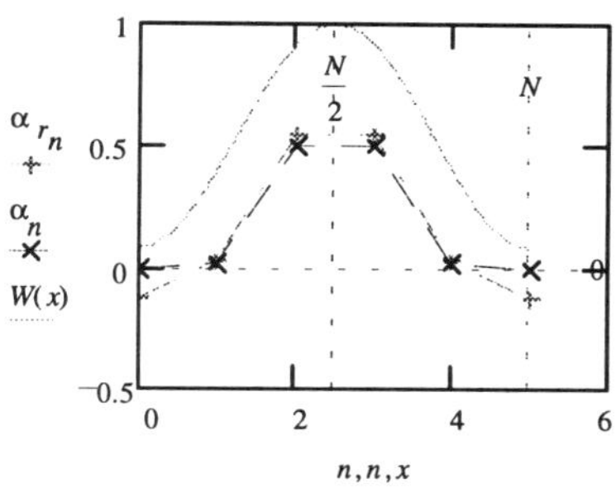

α_{r_n}	$W(n)$	α_n
-0.121	0.08	-0.01
0.026	0.398	0.01
0.538	0.912	0.499
0.538	0.912	0.499
0.026	0.398	0.01
-0.121	0.08	-0.01

Frequenzgang des FIR-Filters:

$\underline{A}(z) := \sum_{n=0}^{N} \alpha_n \cdot \frac{1}{z^n}$ Digitale Übertragungsfunktion des FIR-Filters

$F_d(\omega) := \underline{A}\left(e^{i \cdot \omega \cdot T_s}\right)$

$\omega := 0, \frac{\omega_s}{200} .. \omega_s$

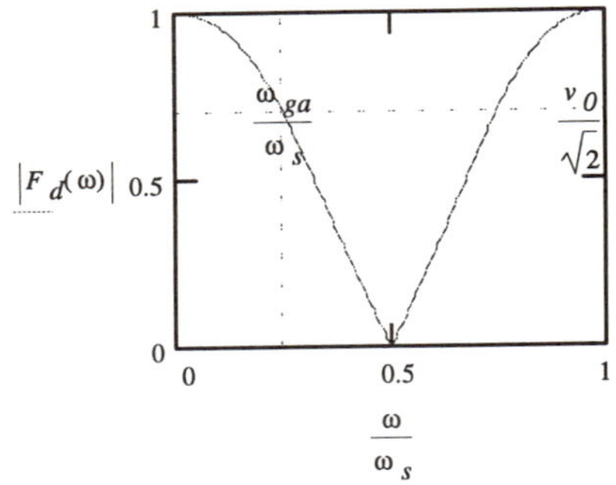

Bestimmung der Grenzfrequenz:

$\omega := \omega_g$

$\omega_{g2} := \mathrm{wurzel}\left(\left|F_d(\omega)\right| - \frac{v_0}{\sqrt{2}}, \omega\right)$

$\frac{\omega_{g2}}{\omega_s} = 0.25$

Prinzipiell könnte, wenn nötig, eine weitere Iteration angehängt werden. Dies ist vor allem für größere N-Werte notwendig.

8.7.2 IIR-Filter, Infinite-Impulse-Response-Filter

Dieser digitale Filtertyp besitzt zumindest einen Rückkopplungszweig. Im Mathcad-Dokument `DIG_TP_1.MCD` behandelten wir die einfachste Form eines solchen Filtertyps, nämlich ein Tiefpaßfilter 1. Ordnung bei vorgegebenen Filterkoeffizienten.

Praxisrelevant ist aber die Bestimmung der Filterkoeffizienten α_k, β_k bei Vorgabe eines zu approximierenden analogen Frequenzgangs $F_a(\omega)$. Wir werden im Mathcad-Dokument `IIR_TP_2.MCD` die Approximation des Frequenzgangs eines Tschebyscheff-Filters 2. Ordnung mit 3dB-Welligkeit demonstrieren. Da der vorgegebene Frequenzgang $F_a(\omega)$ Frequenzwerte von 0 bis ∞ aufweist, unser Digitalfilter aufgrund des Abtasttheorems aber lediglich bis zur halben Abtastfrequenz verwendet werden kann, muß eine Frequenztransformation durchgeführt werden. Wir werden in `IIR_TP_2.MCD` zwei verschiedene Frequenztransformationen vorstellen. Die erste Transformation approximiert den Frequenzgang für niedrige Frequenzen besonders gut, verschiebt aber die Grenzfrequenz. Die zweite, in der Praxis üblicherweise verwendete Transformation, läßt die Grenzfrequenz des Filters unverändert und ist unter dem Namen bilineare Transformation bekannt. Man ersetzt dabei im vorgegebenen Frequenzgang $F_a(\omega)$ die auf die Grenzfrequenz normierte Frequenz durch

$$i\frac{\omega}{\omega_g} = l\frac{1-\frac{1}{z}}{1+\frac{1}{z}}, \quad l = \cot\left(\pi\frac{\omega_g}{\omega_s}\right)$$

und erhält daraus die zugehörige digitale Übertragungsfunktion $\underline{A}(z)$ bzw. $F_d(\omega) := \underline{A}(e^{i\omega T_s})$.

Diese Übertragungsfunktion enthält die Koeffizienten des Digitalfilters als Parameter. Durch Koeffizientenvergleich mit der Übertragungsfunktion unseres Digitalfilters

$$\underline{A}(z) = \frac{Y(z)}{X(z)} = \frac{\sum_{k=0}^{N} \alpha_k \frac{1}{z^k}}{1 + \sum_{k=1}^{N} \beta_k \frac{1}{z^k}}$$

können die gesuchten Koeffizienten α_k, β_k bestimmt werden. Diese Vorgehensweise wird im Dokument IIR_TP_2.MCD beschrieben. In Bild 8.22 werden analoge und digitale Übertragungsfunktion für einen Tschebyscheff-Tiefpaß 2. Ordnung mit 3dB Welligkeit gegenübergestellt.

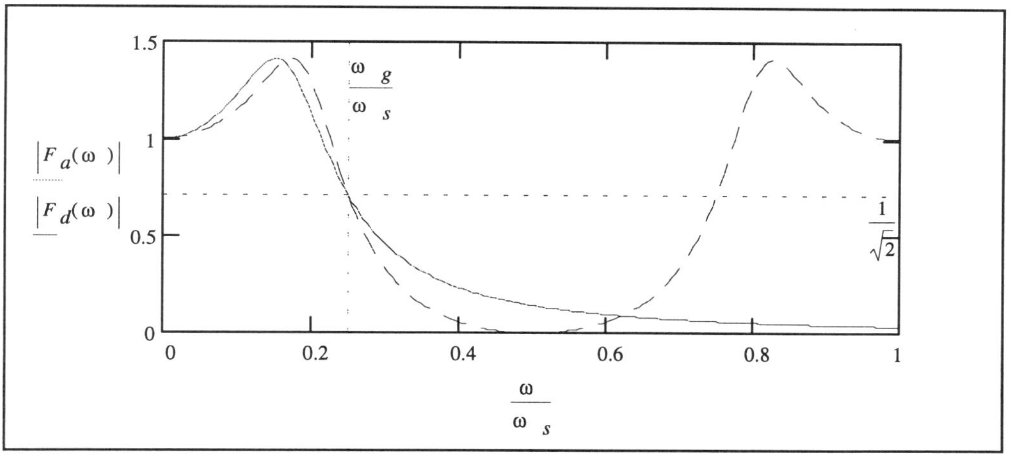

Bild 8.22: Analoge und digitale Übertragungsfunktion eines IIR-Filters

Details zur Bestimmung der Filterkoeffizienten eines IIR-Filters 2. Ordnung entnehmen Sie bitte dem Mathcad-Dokument IIR_TP_2.MCD.

Wir hoffen, Ihnen mit den dargestellten Beispielen Anregungen für Ihre Spezialaufgaben vermittelt zu haben. Auch wenn es noch viele Anwendungsmöglichkeiten von Mathcad im Bereich der Nachrichtentechnik gäbe, so müssen wir, um die Seitenzahl des Buches zu begrenzen, dieses Spezialkapitel Nachrichtentechnik mit dem Hinweis auf ein umfangreiches Funktionszusatzpaket zu Mathcad zum Abschluß bringen.

8.8 Das Signal Processing Function Pack

Neben den in Mathcad integrierten Standardhandbüchern, haben Sie die Möglichkeit, Zusatzpakete für die verschiedenen Spezialgebiete käuflich zu erwerben. Für den Bereich der Nachrichtentechnik gibt es das *Electrical Engineering Handbook*, das anhand von Beispielen die Einsatzmöglichkeiten von Mathcad in der Nachrichtentechnik zeigen möchte. Es sei nochmals darauf hingewiesen, daß die Zusatz-Handbücher nicht den Funktionsumfang von Mathcad erweitern, sondern lediglich die Verwendung der in Mathcad implementierten Funktionen aufzeigen möchten.

Ein echtes Erweiterungspaket was den Umfang der Funktionen angeht, ist das *Signal Processing Function Pack*. Zur Installation führen Sie `SETUP.EXE` auf der Installationsdiskette aus. Nach der Installation sehen Sie in Ihrer Windowsgruppe *MathSoft Apps* ein neues Symbol  für das *Signal Processing Function Pack*.

Wenn Sie Mathcad gestartet haben, können Sie im Menü BÜCHER ganz unten eine Rubrik SIGNAL PROCESSING FUNCTIONS erkennen. Dieses Funktionspaket ist strukturiert wie ein normales Handbuch auch, Sie finden neben einem Funktionsindex zu jeder neuen Funktion auch ein Beispiel. Im Folgenden werden die in diesem Funktionspaket integrierten Mathcad-Funktionen kurz beschrieben.

⇨ Auch wenn Sie das *Signal Processing Function Pack* nicht auf Ihrem Rechner installiert haben, können Sie zumindest die Mathcad-Dokumente der Beispieldiskette öffnen. Mathcad kennt dann allerdings die Zusatzfunktionen nicht und stellt die Funktionsnamen invers dar.

8.8.1 Transformationen im Signal Processing Function Pack

Hinzugekommen sind eine Menge von Transformationen:

- Hartley-Transformation
- Sinus- und Cosinustransformation
- Walsh-Funktionen, Walsh-Transformation
- Diskrete Wavelet-Transformation (im Funktionsumfang von Mathcad PLUS 5.0 sind Funktionen *wave*, *iwave* enthalten)
- Hilbert-Transformation

Daneben stehen nützliche Funktionen zur Verfügung:

- *twodconvol*(A,B) zur Durchführung einer diskreten, zweidimensionalen Faltung (Two dimensional convolution), z.B. einsetzbar in der Fraunhofer'schen Beugungstheorie

- *mag*($\boldsymbol{x}$) und *phase*($\boldsymbol{x}$) berechnen einen »Betragsvektor« und einen Phasenvektor, d.h. $mag(\boldsymbol{x})_i := |x_i|$ und $phase(\boldsymbol{x})_i := \arg(x_i)$

$$mag\left(\begin{pmatrix} 1+i \\ -i \\ 3-4\cdot i \end{pmatrix}\right) = \begin{pmatrix} 1.414 \\ 1 \\ 5 \end{pmatrix} \qquad phase\left(\begin{pmatrix} 1+i \\ -i \\ 3-4\cdot i \end{pmatrix}\right) = \begin{pmatrix} 0.25 \\ -0.5 \\ -0.295 \end{pmatrix}\cdot\pi$$

- *makeri*($\boldsymbol{r}$,φ) ist die Umkehrung der Funktionen *mag* und *phase*, $makeri(\boldsymbol{r},\varphi)_i := r_i\cos(\varphi_i) + r_i\sin(\varphi_i)$
- *recenter*($\boldsymbol{x}$) führt eine zyklische Verschiebung der Vektorkomponenten wie bei einem Schieberegister durch, und zwar derart, daß die erste Komponente in Feldmitte verschoben wird, usw.

$$recenter\left((1\ \ 2\ \ 3\ \ 4)^T\right)^T = (4\ \ 1\ \ 2\ \ 3)$$
$$recenter\left((1\ \ 2\ \ 3\ \ 4\ \ 5)^T\right)^T = (4\ \ 5\ \ 1\ \ 2\ \ 3)$$

- *phasecor*(φ) korrigiert Phasensprünge in einem Phasenvektor und versucht, Stetigkeit von »Nachbarphasen« herzustellen

$$phase\left(\begin{pmatrix} -1+0.1\cdot i \\ -1 \\ -1-0.1\cdot i \end{pmatrix}\right) = \begin{pmatrix} 3.042 \\ 3.142 \\ -3.042 \end{pmatrix} \qquad phasecor\left(\begin{pmatrix} 3.042 \\ 3.142 \\ -3.042 \end{pmatrix}\right) = \begin{pmatrix} 3.042 \\ 3.142 \\ 3.241 \end{pmatrix}$$

Im Mathcad-Dokument `SIGNALP1.MCD` sehen Sie, wie die Hartley-Transformation *dht*($\boldsymbol{x}$) definiert ist (ähnlich der diskreten Fouriertransformation, die Hartley-Koeffizienten sind aber reellwertig), die Verwendung der Funktionen *dht*($\boldsymbol{x}$) und *idht*($\boldsymbol{x}$) (der Umkehrtransformation) und einen Vergleich des »Hartley-Spektrums« mit dem Frequenzspektren der FFT eines abgetasteten Zeitsignals. Auf das gleiche Zeitsignal wenden wir auch die Sinus- und Cosinustransformation an (Funktionen *sintr*($\boldsymbol{x}$) und *costr*($\boldsymbol{x}$)) sowie deren Umkehrungen (Funktionen *isintr*($\boldsymbol{x}$) und *icostr*($\boldsymbol{x}$)) zur Rücktransformation in den Zeitbereich.

Eine wichtige Gruppe von Funktionen in der digitalen Signalverarbeitung sind die Walsh-Funktionen. Im Mathcad-Dokument `WALSH.MCD` finden Sie einerseits eine Definitionsmöglichkeit der Walsh-Funktionen mit Mathcad über die Rademacher-Funktionen und andererseits die Verwendung der im *Signal Processing Function Pack* integrierten Funktion $walsh(N,k)$, $k = 0,1,\ldots,2^N - 1$, N ist die Ordnung der Walsh-Funktionen. In Bild 8.23 sehen Sie die Approximation der Funktionen $f_1(x) := x$ und $f_2(x) := \sqrt{x}$ durch eine Summe der Walsh-Funktionen der Ordnung $N = 4$ im Intervall [0,1].

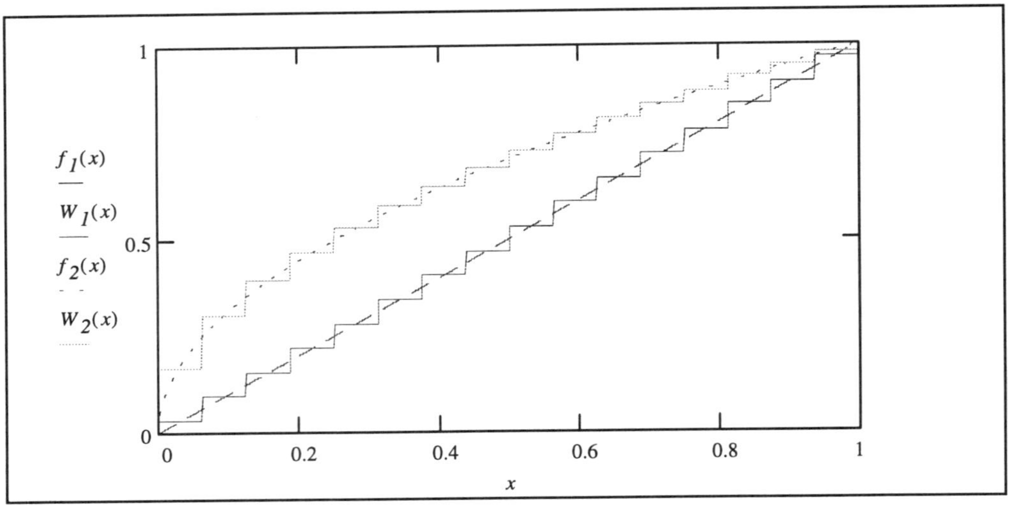

Bild 8.23: Approximation von Funktionen durch eine Summe von Walsh-Funktionen

8.8.2 Spektralanalyse und Rauschgeneratoren

Das *Signal Processing Function Pack* stellt spezielle Funktionen zur Bestimmung von Leistungsspektrum, Kreuzspektrum, Kohärenz und Signal-Rauschverhältnis von Signalen zur Verfügung.

- *S*:= pspectrum(x,n,r) Leistungsspektrum des Signals x. Das abgetastete Zeitsignal (ev. mit Rauschanteil) wird in n überlappende Zeitintervalle (Überlappungsgrad r) aufgespalten, jedes Zeitintervall wird fouriertransformiert und im Frequenzraum wird eine Mittelung der Spektren der einzelnen Zeitintervalle gebildet (*Walsh periodogram technique*).
- *Cross*:= cspectrum(x_1,x_2,n,r) Kreuzspektrum der Signale x_1 und x_2. n und r haben die Bedeutung wie bei der Funktion *pspectrum*. In Frequenzbereichen, wo die Signale korreliert sind, ist auch die Amplitude des Kreuzspektrums groß.
- *Coh*:= coherence(x_1,x_2,n,r) Kohärenz der Signale x_1 und x_2. Die Kohärenz ist im Prinzip das Kreuzspektrum beider Signale zum Quadrat dividiert durch die Leistungsspektren der Einzelsignale. Für $x_1 = x_2$ ist die Kohärenz ein Vektor mit lauter Einsen.
- *SNR*:= snr(x_1,x_2,n,r) Signal-Rauschverhältnis der Signale x_1 und x_2 über der Frequenz, definiert als Quotient der Kohärenz zu (1-Kohärenz). Für $x_1 = x_2$ ist das Signal-Rauschverhältnis ∞. In Frequenzbereichen großer Korrelation ist das Signal-Rauschverhältnis groß.

Im Mathcad-Dokument `SIGNALP2.MCD` zeigen wir Ihnen, wie Sie die eben besprochenen Funktionen einsetzen können. Wir erzeugen als Meßsignal ein Fourierpolynom eines Rechtecksignals (von dem wir die spektrale Leistung kennen), und vergleichen das mittels Fast-Fouriertransformation berechnete Frequenzspektrum mit dem Leistungsspektrum via *pspectrum*. Wir bestimmen auch die Gesamtleistung des Signals auf 3 Arten. Um die weiteren Funktionen für Kreuzspektrum, Kohärenz und Signal-Rauschabstand austesten zu können, verrauschen wir das Originalsignal mit den im *Signal Processing Function Pack* enthaltenen Rauschsignalen *whiten*, *onefn* und *gaussn* (vgl. Bild 8.24).

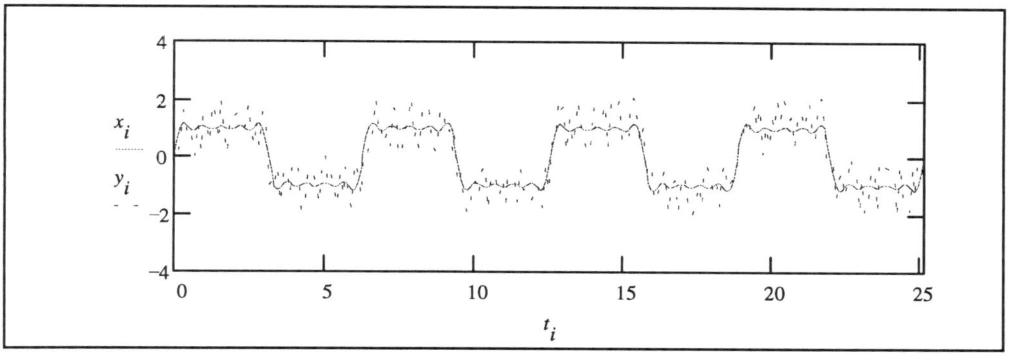

Bild 8.24: Originalsignal x mit weißem Rauschen überlagert liefert Signal y

Wie bereits erwähnt, kann das *Signal Processing Function Pack* auch zur Generierung von Rauschen eingesetzt werden:

- $x := \text{whiten}(N)$ erzeugt weißes Rauschen. x ist ein Vektor der Dimension N mit Komponenten x_i zwischen -0.5 und 0.5. Das Frequenzspektrum des weißen Rauschens ist annähernd gleichverteilt.
- $x := \text{onefn}(N)$ erzeugt N Zahlenwerte x_i, deren Frequenzspektrum eine $1/f$-Abhängigkeit zeigt und deshalb auch als $1/f$-Rauschen bezeichnet wird.
- $x := \text{gaussn}(N)$ erzeugt N normalverteilte Zufallszahlen mit Erwartungswert 0 und Standardabweichung 1. In Abschnitt 3.4 (Datei `RNDNORM.MCD` auf der Beispieldiskette) haben wir ein Verfahren nach Box und Muller kennengelernt, aus gleichverteilten Zufallszahlen standardnormalverteilte Zufallszahlen zu generieren mittels $x_i := \sqrt{-2\ln(\text{rnd}(1))}\cos(2\pi\,\text{rnd}(1))$.

8.8.3 Zeitreihenanalyse, Glätten von Signalen, Vorhersagemethoden (linear prediction methods)

Das *Signal Processing Function Pack* enthält verschiedene Funktionen zur Analyse von Zeitsignalen:

- $mx := \mathrm{movavg}(x,n)$ *moving average*, »bewegter« Mittelwert der definiert ist, als Mittelwert der n vorhergehenden Elemente. Die Bedeutung dieser Funktion wird sofort aus folgendem Beispiel klar:

$$n := 4 \qquad x := (1\ \ 3\ \ 5\ \ 7\ \ 9\ \ 11\ \ 13\ \ 15)^T$$

$$mx := \mathrm{movavg}(x,n) \qquad mx^T = (1\ \ 2\ \ 3\ \ 4\ \ 6\ \ 8\ \ 10\ \ 12)$$

- $ex := \mathrm{expsmooth}(x,\alpha)$ *exponential smoothing*, exponentielles Glätten nach dem rekursiven Algorithmus:

$$ex_n := \alpha x_n + (1-\alpha)ex_{n-1},\ ex_0 := x_0$$

- $detx := \mathrm{detrend}(x)$ zur Trendanalyse. Wenn Sie z.B. Börsenkurse studieren, so unterliegen diese immer gewissen zeitlichen Fluktuationen. Mit der Funktion *detrend* können Sie diese Fluktuationen herausfiltern, $trendx := x - \mathrm{detrend}(x)$ stellt den Trend ohne Fluktuationen dar. Für den Nachrichtentechniker ist $trendx := x - \mathrm{detrend}(x)$ das nicht mehr verrauschte Signal.

Im Mathcad-Dokument `SIGNALP3.MCD` zeigen wir Ihnen, wie Sie die Funktionen *movavg*, *expsmooth* und *detrend* zum Glätten eines verrauschten Signals einsetzen können. In Bild 8.25 ist das Glätten mit der Funktion *movavg* für eine exponentiell abklingende Schwingung dargestellt.

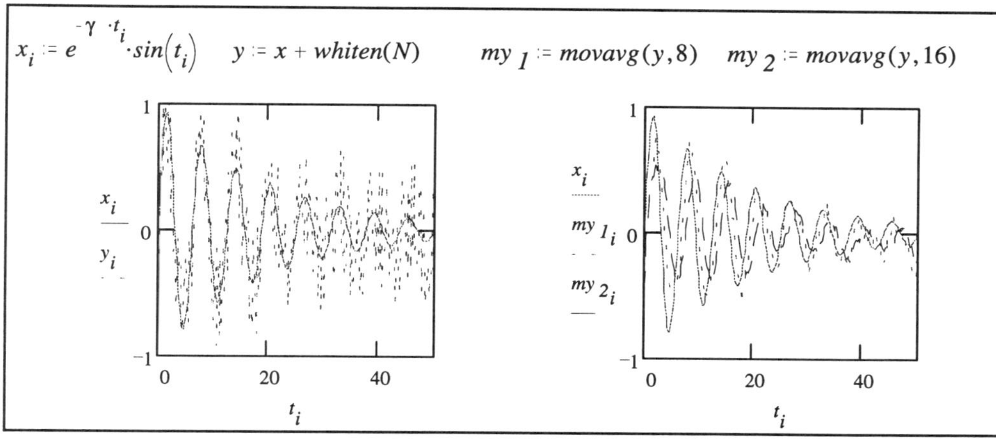

Bild 8.25: Glätten eines verrauschten Signals durch Mittelwertbildung

- *corr*:= lcorr(x, y) liefert die Korrelation der beiden Signale x und y. In Mathcad könnten Sie diese Korrelation direkt definieren:

$$X_j := x_j - mittelwert(x),\ Y_j := y_j - mittelwert(y),\ corr_i := \frac{\sum_{j=0}^{N-i-1} X_j Y_{j+i}}{\sqrt{X \cdot X}\sqrt{Y \cdot Y}}$$

Im Mathcad-Dokument CORR.MCD stellen wir die Funktion *lcorr* vor. Wir produzieren eine gedämpfte Schwingung, erzeugen eine zweite mit anderer Amplitude, um Δ Zeitschritte zeitverschoben, und bestimmen die Korrelation dieser beiden Signale. Die Korrelation ist bei Δ Zeitschritten maximal und besitzt entsprechende Nebenmaxima (um Abtastungen/Signalperiode verschoben). Wir zeigen Ihnen auch, wie sich die Korrelationsfunktion ändert, wenn das zeitverschobene Signal zusätzlich mit weißem Rauschen verfälscht wird. An der Korrelationsfunktion ändert sich dadurch relativ wenig (vgl. Bild 8.26). Diese Tatsache findet Anwendung in der Korrelationsmeßtechnik.

Das *Signal Processing Function Pack* enthält zwei Funktionen zur Vorhersage des weiteren Verlaufs eines Zeitsignals mit Hilfe von *linear-prediction*-Methoden. Wenn Sie einen Signalvektor $(x_0, x_1, ..., x_{N-1})$ vorliegen haben, so wird versucht, den Wert x_n bestmöglich als Linearkombination

$$x_n = \sum_{k=1}^{M} (-a_k x_{n-k})$$

der M vorhergehenden Elemente im Signalvektor zu approximieren.

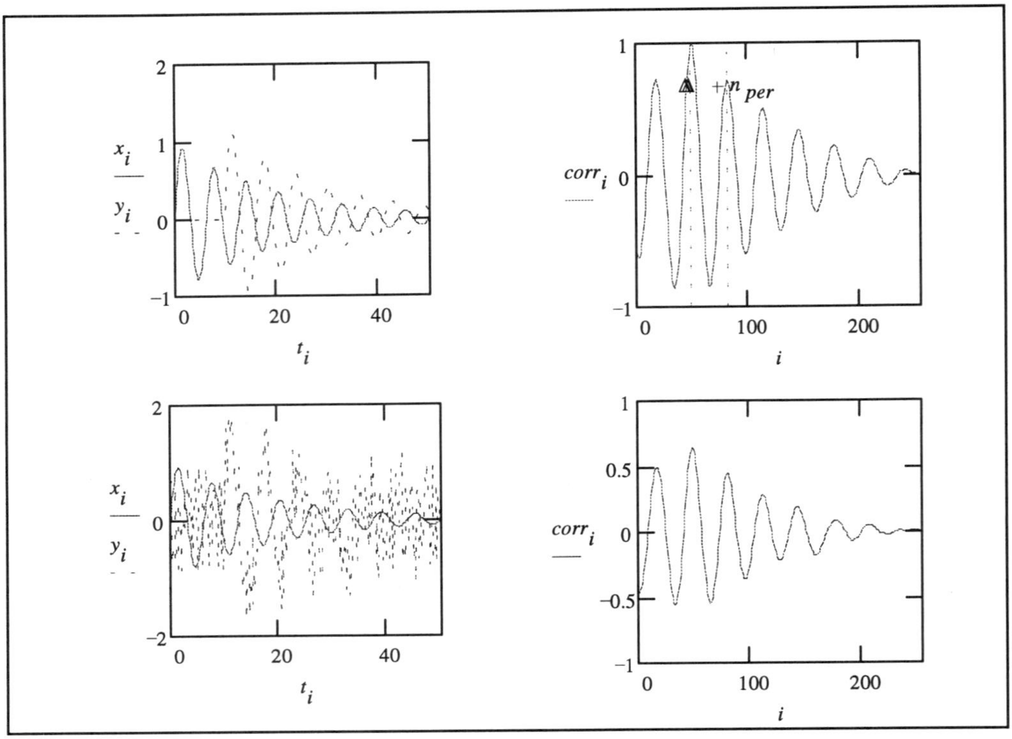

Bild 8.26: Korrelationsfunktion zweier Signale, geringe Änderung durch Verrauschung

M ist die Ordnung der linearen Vorhersagemethode. Hat man den quadratischen Fehler minimiert und die Koeffizienten a_k bestimmt, so kann man von den letzten M Elementen im Signalvektor ausgehend das Signal fortsetzen. Mathcad bietet zwei Algorithmen zur Bestimmung der M noch unbekannten Koeffizienten a_k, $k = 1,2,\ldots, M$:

- $a :=$ yulew(x, M), Yule-Walker-Algorithmus.
- $a :=$ burg(x, M), Methode nach Burg.

 Im Mathcad-Dokument `LINPRED.MCD` stellen wir Ihnen diese Funktionen anhand der Fortsetzung einer leicht gedämpften Schwingung vor. Die Fortsetzung der Funktion auf die doppelte Punkteanzahl erfolgt mit einer *wenn*-Anweisung der Form:

$$n := 0 .. 2 \cdot N - 1 \qquad x_n := \mathrm{wenn}\left(n<N, x_n, \sum_{k=1}^{M} -a_k \cdot x_{n-k} \right)$$

Das *Signal Processing Function Pack* bietet auch die Möglichkeit, Funktionen für die diskrete Faltung zweier Signalvektoren zu verwenden. Die diskrete Faltung ist uns bereits bei der Dimensionierung eines IIR-Filters 2. Ordnung begegnet und kann leicht mittels Summenbildung durchgeführt werden. Folgende Funktionen stehen zur Verfügung:

- $\text{convol}(x,y)_i = \sum_k x_k y_{i-k}$ diskrete Faltung
- $\text{deconvol}(z,x) = y \Leftrightarrow \text{convol}(x,y) = z$ Umkehrung der diskreten Faltung (Faltungsprodukt z und Signal x bekannt)
- $\text{correl}(x,y)_i = \sum_k x_k y_{i+k}$ Korrelation
- $\text{covar}(x,y)_i = \sum_k (x_k - \overline{x})(y_{i+k} - \overline{y})$ Kovarianz

Die integrierten Funktionen werden allerdings aus Rechenzeitüberlegungen nicht über Summenbildung berechnet, sondern mittels Fast-Fouriertransformation und deren Umkehrung. Bei der Faltung z.B. werden beide Vektoren in den Frequenzraum transformiert, multipliziert und das Produkt wieder rücktransformiert. Gerade bei langen Zeitreihen bringt dies erhebliche Einsparung an Rechenzeit.

Das *Signal Processing Function Pack* enthält auch zwei Funktionen zum Interpolieren periodischer Signale.

- $y := \text{interpolate}(x,n)$
- $y := \text{resample}(x,m,n)$

Der Datenvektor x muß aus den Samples einer Signalperiode bestehen (andernfalls kann man böse Überraschungen erleben), n der Interpolationsfaktor muß ganzzahlig größer 1 sein und gibt bei der *interpolate*-Funktion das Verhältnis $\text{länge}(y)/\text{länge}(x)$ an (aus einem Signalwert werden n Interpolationswerte). Bei der Funktion *resample* haben wir zusätzlich einen ganzzahligen Reduzierungsfaktor m zur Verfügung (aus einem Signalwert werden $\text{länge}(y)/\text{länge}(x) = n/m$ neue Samples).

8.8.4 Dimensionierung digitaler Filter

Wir zeigen Ihnen in diesem Abschnitt, wie Sie die in Abschnitt 8.7 erstellten Mathcad-Dokumente zur FIR- und IIR-Filterberechnung wesentlich durch Einsatz von Funktionen des *Signal Processing Function Pack* kürzen können. Im Paket sind viele verschiedene Fensterfunktionen zum FIR-Filterdesign enthalten. Sie schalten mit der *setwindow*-Funktion um. Die wichtigsten Fensterfunktionen sind in Tabelle 8.3 zusammengestellt.

Fenster	setwindow-Befehl	Fensterfunktion
Rechteckfenster (default)	setwindow(1)	
Trapez-Rechteckfenster	setwindow(2)	taprect($N+1$) für Filterkoeffizienten $\alpha_0,\ldots,\alpha_N$
Dreieckfenster	setwindow(3)	triangular($N+1$)
Hanningfenster	setwindow(4)	hanning($N+1$)
Hammingfenster	setwindow(5)	hamming($N+1$)
Blackmanfenster	setwindow(6)	blackman($N+1$)

Tabelle 8.3: Fensterfunktionen zum Entwurf von FIR-Filtern

Die FIR-Filterkoeffizienten $\alpha_0,\ldots,\alpha_N$ bestimmen Sie je nach Filterart mit einer der in Tabelle 8.4 zusammengestellten Filterfunktionen. Die Grenzfrequenzen sind dabei auf die Abtastfrequenz normiert einzugeben und aufgrund des Abtasttheorems kleiner als 0.5!

Filterart	Filterfunktion
Tiefpaßfilter mit normierter Grenzfrequenz Ω_g	$\alpha :=$ lowpass($\Omega_g, N+1$)
Hochpaßfilter mit normierter Grenzfrequenz Ω_g	$\alpha :=$ highpass($\Omega_g, N+1$)
Bandpaßfilter mit normierten Grenzfrequenzen Ω_u, Ω_o	$\alpha :=$ bandpass($\Omega_u, \Omega_o, N+1$)
Bandsperre mit normierten Grenzfrequenzen Ω_u, Ω_o	$\alpha :=$ bandstop($\Omega_u, \Omega_o, N+1$)

Tabelle 8.4: Filterfunktionen zur Bestimmung der FIR-Filterkoeffizienten $\alpha_0,\ldots,\alpha_N$

Im Mathcad-Dokument `FIR_SPFP.MCD` zeigen wir Ihnen die Verwendung der in Tabellen 8.3 und 8.4 dargestellten Funktionen. Die Problemstellung ist dieselbe wie in Abschnitt 8.7, Mathcad-Dokument `FIR_TP_N.MCD`. Trotz der kompakten Funktionen kommen Sie nicht um eine Normierung der Filterkoeffizienten und mehrmalige Iterationen herum.

⇨ Zur Bestimmung des Frequenzgangs stellt das Funktionspaket die Funktion *gain* zur Verfügung. Während wir in Abschnitt 8.7 den Frequenzgang $F_d(\omega)$ mit Hilfe der digitalen Übertragungsfunktion $\underline{A}(z)$

$$\underline{A}(z) := \sum_{n=0}^{N} \alpha_n \cdot \frac{1}{z^n} \qquad F_d(\omega) := \underline{A}\left(e^{i \cdot \omega \cdot T_s}\right)$$

definiert haben, müssen Sie jetzt lediglich

$$F_d(\omega) := \text{gain}\left(\alpha, \frac{\omega}{\omega_s}\right)$$

angeben.

Zum Abschluß dieses Kapitels wollen wir Ihnen die Berechnung eines IIR-Filters N-ter Ordnung anhand des Mathcad-Dokumentes `IIR_SPFP.MCD` vorstellen. Während wir uns im Abschnitt 8.7 bei einem Tschebyscheff-IIR-Filter 2. Ordnung ziemlich plagen mußten, um die Filterkoeffizienten zu bestimmen, bietet das *Signal Processing Function Pack* für jeden Filtertyp geeignete Funktionen zur Koeffizientenberechnung in Form einer Koeffizientenmatrix an. Aufgrund der Spaltenanzahl der Koeffizientenmatrix kann man die Anzahl der hintereinandergeschalteten IIR-Filter erkennen. Im folgenden Mathcad-Dokument berechnen wir neben dem Frequenzgang des IIR-Filters auch Impuls- und Sprungantwort mittels der Funktion *response*.

Digitales IIR-Tiefpaßfilter N-ter Ordnung mittels Funktionen im Signal Processing Function Pack (iir_spfp.mcd)

Vorgaben des digitalen IIR-Tiefpaß-Filters:

$\omega_g := 1000$ Grenzfrequenz des Tiefpaßfilters

$\omega_s := 4000$ Samplingfrequenz

$T_s := \frac{2\cdot\pi}{\omega_s}$ Abtastzeit

$N := 4$ Filtergrad

Realisierung der digitalen Übertragungsfunktion:

Digitales Filter N-ter Ordnung in kanonsicher Direktstruktur

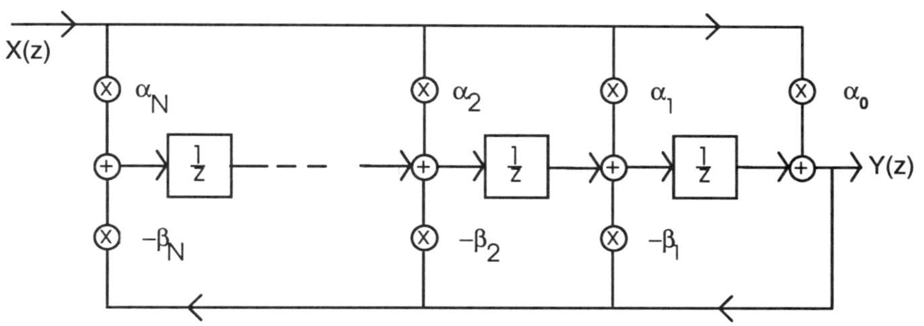

Digitale Übertragungsfunktion der Schaltung:

$$\underline{A}(z)=\frac{\sum_{k=0}^{N}\alpha_k\cdot\frac{1}{z^k}}{1+\sum_{k=1}^{N}\beta_k\cdot\frac{1}{z^k}}\qquad \beta_0=1$$

Die Funktionen im Signal Processing Function Pack sind so gebaut, daß Sie eine Koeffizientenmatrix ***A*** berechnen, wo die Spalte 0 die Koeffizienten α_k verkörpern und die Spalte 1 die Koeffizienten β_k. Hat die Matrix ***A*** 4, 6, 8,... Spalten, so sind entsprechend 2, 3, 4,... digitale IIR-Filter hintereinanderzuschalten.

Berechnung der Filterkoeffizienten :

Wir können im Prinzip jeden Filtertyp (Bessel, Butterworth, Tschebyscheff) und jede Filterart (Tiefpaß, Hochpaß, Bandpaß, Bandsperre) nach dieser Methode berechnen. Wir zeigen Ihnen die Berechnung eines Tschebyscheff-Tiefpaßfilters 4. Ordnung.

$$\boldsymbol{A} := \mathrm{iirlow}\left(\mathrm{butter}(N),\frac{\omega_g}{\omega_s}\right)$$ Koeffizientenmatrix eines Butterworth-Tiefpasses

$$scale := 1 \qquad \boldsymbol{A} := \mathrm{iirlow}\left(\mathrm{bessel}(N, scale),\frac{\omega_g}{\omega_s}\right)$$ Koeffizientenmatrix eines Bessel-Tiefpasses

$$\varepsilon := 1 \qquad \boldsymbol{A} := \mathrm{iirlow}\left(\mathrm{cheby1}(N,\varepsilon),\frac{\omega_g}{\omega_s}\right)$$ Koeffizientenmatrix eines Tschebyscheff-Tiefpasses mit 3dB-Welligkeit.

$$\sqrt{2}=\sqrt{1+\varepsilon^2}$$ 3dB ensprechen Verhältnis 1.414 und somit ε=1

Achtung:
Während die Welligkeit eines Tschebyscheff-Tiefpasses früher die Bedeutung von v_{max}/v_0 (gerade Ordnung) bzw. v_0/v_{min} (ungerade Ordnung) hatte (siehe z.B. Mathcad-Dokumente `FILTER.MCD` und `IIR_TP_2.MCD`), so wird die Welligkeit im Signal Processing Function Pack als v_{max}/v_g definiert.

Bemerkung:
Mit den Funktionen *iirhigh*, *iirpass*, und *iirstop* könnten Sie die Filterkoeffizienten für einen Hochpaß, Bandpaß und eine Bandsperre berechnen.

$$\boldsymbol{A}=\begin{pmatrix}0.308 & 1 & 0.122 & 1\\ 0.616 & -0.094 & 0.244 & -1.001\\ 0.308 & 0.836 & 0.122 & 0.489\end{pmatrix}$$ Koeffizientenmatrix

$Z := \text{länge}\left(A^{\langle 0\rangle}\right)$ $\quad S := \text{länge}\left[\left(A^T\right)^{\langle 0\rangle}\right]$ Zeilen- und Spaltenanzahl

$Z = 3$ $\quad S = 4$ S=4 heißt 2 IIR-Filter hintereinander

Koeffizienten der digitalen Übertragungsfunktion aus Matrix extrahieren:

$$\underline{A}(z) := \frac{\left[\prod_{i=0}^{\frac{S}{2}-1}\left(\sum_{k=0}^{Z-1} A_{k,2\cdot i}\cdot\frac{1}{z^k}\right)\right]}{\left[\prod_{i=0}^{\frac{S}{2}-1}\left(\sum_{k=0}^{Z-1} A_{k,2\cdot i+1}\cdot\frac{1}{z^k}\right)\right]}$$

Digitale Übertragungsfunktion

$F(\omega) := \underline{A}\left(e^{i\cdot\omega\cdot T_s}\right)$ Zugehörige Übertragungsfunktion

$F(\omega) := \text{gain}\left(A, \frac{\omega}{\omega_s}\right)$ Übertragungsfunktion kann wesentlich schneller mit *gain* definiert werden

Frequenzgang:

$$\omega := 0, \frac{\omega_s}{200} .. \omega_s$$

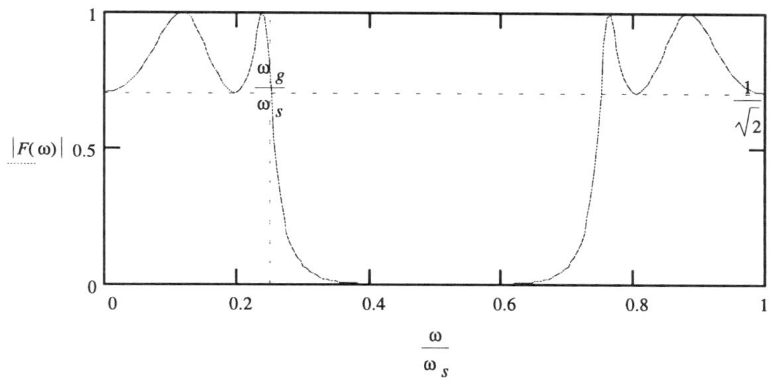

Impulsantwort und Sprungantwort des digitalen Filters:

$M := 20 \qquad m := 0..M$

$\delta_m := \text{wenn}(m=0, 1, 0)$ Einheitsimpuls

$h := \text{response}(\delta, A, M+1)$ Impulsantwort

$\varepsilon_m := 1$ Einheitssprung

$y := \text{response}(\varepsilon, A, M+1)$ Sprungantwort

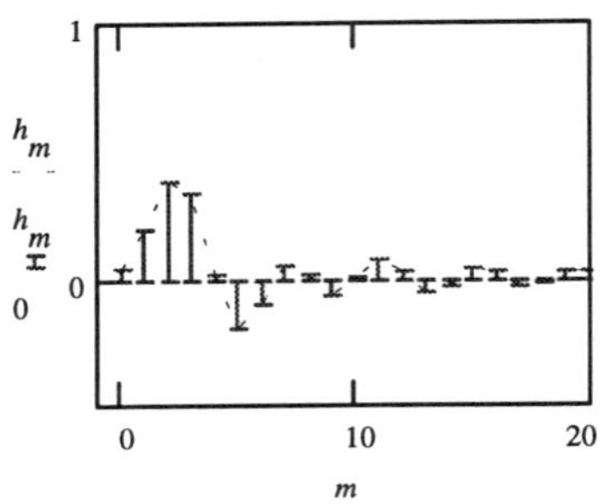

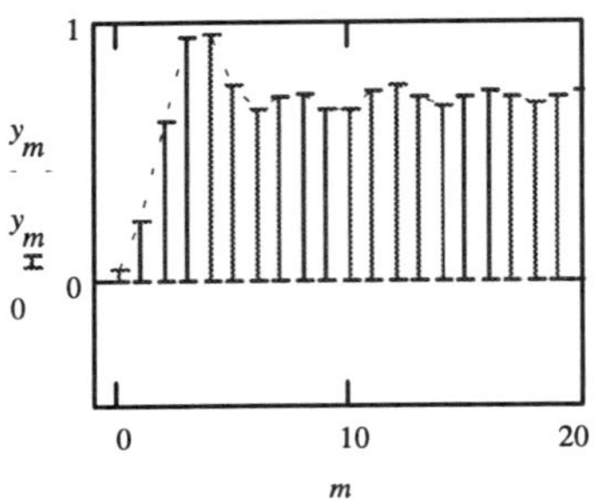

9 Impuls- und Regeltechnik

Zu Beginn gleich eine provokante Frage: Ist es angesichts zahlreicher professioneller Simulationsprogramme (PSPICE, SUSIE etc.) überhaupt sinnvoll, Probleme aus diesen Gebieten mit Mathcad behandeln zu wollen?

Die Frage ist verhältnismäßig leicht und schnell beantwortet. Simulationsprogramme können aus vorgegebenen Netzwerken und Eingangssignalen die Ausgangssignale ermitteln. Sie sind relativ leicht zu bedienen und leisten dabei oft erstaunlich viel.

Dennoch, jede Umkehrung der Problemstellung, wie z.B., welche Manipulationen muß man an einem Netzwerk vornehmen, damit ein bestimmtes Verhalten erreicht wird, könnte auf diese Art und Weise bestenfalls mit Probieren angegangen werden. Eine systematische Beantwortung derartiger Fragestellungen erfordert für gewöhnlich symbolisches Rechnen, also ein Algebraprogramm.

Aus dem sehr umfassenden Gebiet der Impuls- und Regeltechnik können naturgemäß nur einige wenige Teilgebiete angerissen und mit Beispielen belegt werden. Diese hier vorgestellten Beispiele sind gerade so gewählt, daß man mit Simulationen nicht das Auslangen findet. Sie sollten Ihnen Anregungen bieten, solche Probleme mit Hilfe von Mathcad zu lösen und sich nicht zu scheuen, auch einmal eine etwas theoretischere Untersuchung zu wagen.

Grundlage der Behandlung von Impulsübertragungen bei Netzwerken ist das mathematische Modell. Mathematisch wird der Zusammenhang zwischen Spannungen und Strömen, die in einem Netzwerk fließen durch Integro-Differentialgleichungen mit der unabhängigen Variablen t (Zeit) (bei Leitungen mit t und x (Ort)) beschrieben.

Beispielsweise kann der Zusammenhang zwischen Spannung und Strom bei einem Serienschwingkreis (vgl. Bild 9.1) durch die Gleichung

$$U(t) = L \cdot \frac{di(t)}{dt} + R \cdot i(t) + \frac{1}{C} \cdot \int_0^t i(\tau)d\tau$$

wiedergegeben werden. (Da i als Bezeichner für den Strom reserviert ist, schreiben wir wie in der Elektrotechnik üblich j für die imaginäre Einheit!)

Üblicherweise sind die Koeffizienten (L, R, C) bei diesen Gleichungen konstant, so daß man sie im Sinne von Laplace transformieren kann. Überdies liegen bei technischen Problemstellungen im allgemeinen homogene Anfangswerte vor ($U(0)$, $i(0)$ bzw. Ableitungen davon sind Null!). Schreibt man noch für die Laplacetransformierten von $U(t)$ bzw. $i(t)$ $U(s)$ bzw. $i(s)$, so ergibt sich beispielsweise für die Gleichung des Serienschwingkreises folgende algebraische Gleichung im sogenannten Frequenzbereich:

$$U(s) = Ls \cdot i(s) + R \cdot i(s) + \frac{1}{C} \cdot \frac{i(s)}{s} = (Ls + R + \frac{1}{Cs}) \cdot i(s) = Z(s) \cdot i(s)$$

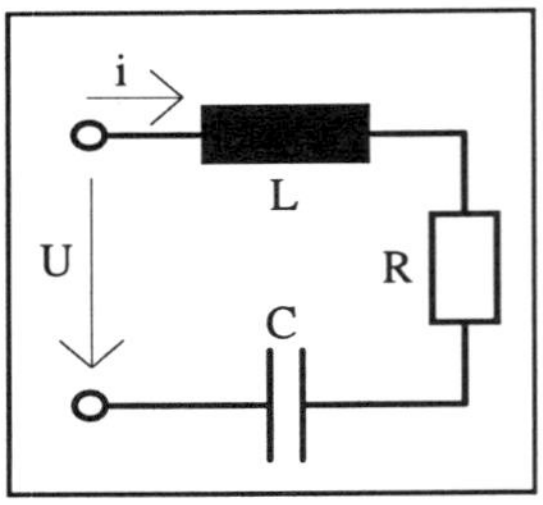

Bild 9.1: Serienschwingkreis

Man erkennt darin die symbolischen Widerstände Ls für die Spule, R für den ohm´schen Widerstand und $\frac{1}{Cs}$ für den Kondensator; $Z(s)$ ist offenbar der symbolische Gesamtwiderstand.

⇨ Wenn Sie in Mathcad-Dokumenten, wie oben empfohlen, sowohl U(t) als auch (meist nachfolgend) U(s) als Bezeichner verwenden, dann nie beide zugleich als Funktionsdefinitionen verankern (U(s) wird so gut wie nie als Funktion gebraucht!). Wenn Sie nämlich später U als Funktion auswerten wollten (Graphen etc.), dann betrifft die Auswertung U(s) und nicht U(t), auch wenn Sie t als Laufvariable definiert haben! Alternativen: Entweder U(s) nie als Definition (:=) verankern oder, wenn dies ausnahmsweise nötig sein sollte, u(s) klein schreiben (vgl. `FORM.MCD`)!

Beachtet man die Gesetze für die Widerstände bei Serien- und Parallelschaltung

$$Z_{Serie} = Z_1 + Z_2 \quad \text{und} \quad Z_{Parallel} = \frac{Z_1 \cdot Z_2}{Z_1 + Z_2}$$

so kann man die Laplacetransformierte der Integro-Differentialgleichung (mit homogenen Anfangswerten) unmittelbar aus dem Schaltbild heraus anschreiben, ohne auf die Differentialgleichung zurückgreifen zu müssen.

Mit dem Abtasttheorem von Shannon als theoretische und den Signalprozessoren als technische Basis können Signale auch durch Verarbeitung diskreter Tastwerte geformt werden. Dieser Diskretisierungsprozeß führt auf Differenzengleichungen (anstelle der Differentialgleichungen). Beschränkt man sich wiederum auf lineare Gleichungen mit konstanten Koeffizienten, so steht in Form der z-Transformation ein ähnlich arbeitendes und ebenso schlagkräftiges Werkzeug zur Verfügung, wie es die Laplacetransformation für Differentialgleichungen ist. Diese Transformationen wurden bereits in den Abschnitten 1 und 4 ausführlich dargestellt.

Unter den verschiedenen Netzwerken ist die Kategorie Vierpol (vgl. Bild 9.2) für uns besonders interessant. Physikalisch handelt es sich um ein Netzwerk mit zwei Klemmenpaaren. Mathematisch kann es durch zwei Gleichungen beschrieben werden, die die Abhängigkeit der Eingangsspannung und des Eingangsstroms von den entsprechenden Ausgangsgrößen angeben. Enthält der Vierpol nur lineare Bauelemente (R, L, C, lineare Verstärkung etc.), so sind auch die Gleichungen linear und können in Matrizenschreibweise dargestellt werden.

$$\begin{aligned} U_e &= f_1(U_a, i_a) \\ i_e &= f_2(U_a, i_a) \end{aligned} \quad \text{(allgemein)} \qquad \text{bzw.} \quad \begin{pmatrix} U_e \\ i_e \end{pmatrix} = \begin{pmatrix} a_{11} & a_{12} \\ a_{21} & a_{22} \end{pmatrix} \cdot \begin{pmatrix} U_a \\ i_a \end{pmatrix} \quad \text{(linear)}$$

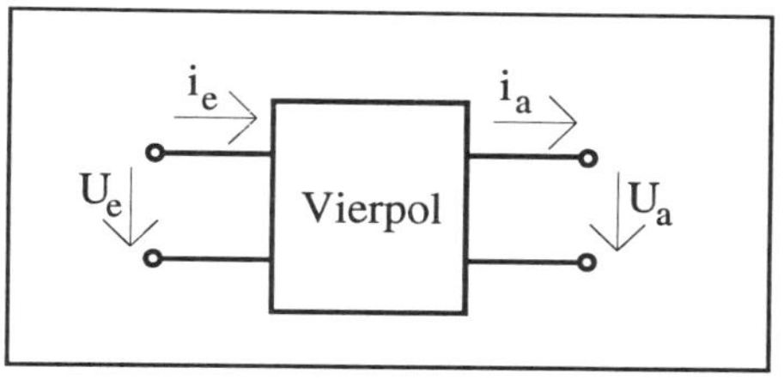

Bild 9.2: Vierpol

Diese Darstellungsform heißt a-Parameterform; sie gestattet das Hintereinanderschalten von Vierpolen (Kettenschaltung) durch die Matrizenmultiplikation auszudrücken. Löst man die beiden Gleichungen nach zwei anderen Größen auf, so entsteht eine andere Darstellungsform (Widerstandsform, wenn nach den beiden Spannungen aufgelöst wurde, etc.).

Betrachtet man die a-Parameterform abwechselnd bei ausgangsseitigem Leerlauf bzw. Kurzschluß, so erkennt man, daß die a-Parameter die Kehrwerte der vier Transferfunktionen sind (Spannungs- und Stromübertragungsfunktion, Transadmittanz und Transimpedanz):

$$\frac{U_a}{U_e} = \frac{1}{a_{11}}; \quad \frac{i_a}{i_e} = \frac{1}{a_{22}}; \quad \frac{i_a}{U_e} = \frac{1}{a_{12}}; \quad \frac{U_a}{i_e} = \frac{1}{a_{21}}$$

Verschafft man sich nun noch die a-Parameterform für die beiden elementaren Vierpole (in Bild 9.3 dargestellt), so kann man damit sofort die Laplacetransformierten der vier Transferfunktionen für jede beliebige Kettenschaltung gewinnen.

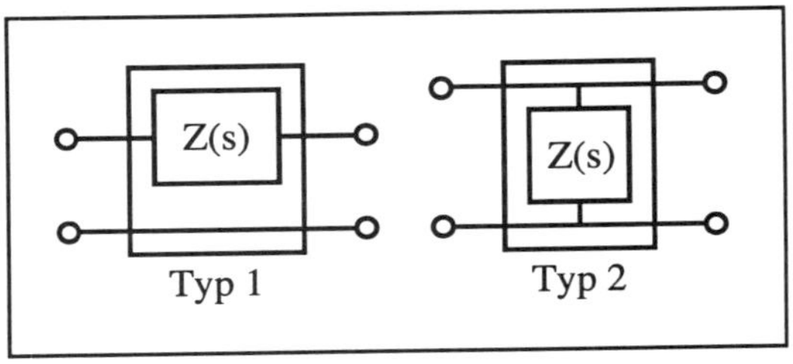

Bild 9.3: Elementare Vierpole

Die korrespondierenden a-Parametermatrizen haben folgende Form ($Z(s)$ ist dabei ein symbolischer Widerstand):

$$\begin{pmatrix} 1 & Z(s) \\ 0 & 1 \end{pmatrix} \text{ für Typ 1 bzw. } \begin{pmatrix} 1 & 0 \\ \frac{1}{Z(s)} & 1 \end{pmatrix} \text{ für Typ 2}$$

Die Methode, sich die eine oder andere Transferfunktion über Kettenschaltung dieser Matrizen zu verschaffen, ist außerordentlich Mathcad-gerecht (Matrizenmultiplikation) und wird daher, wo immer es möglich ist, verwendet (Tastkopf, Oszillatoren, Impulsformung etc.).

Übung 9.1

Versuchen Sie auf diesem Weg, die Transferfunktionen dreier hintereinandergeschalteter TP1 abzuleiten. Die Lösung finden Sie in `PHASE.MCD`!

Finden in den Schaltungen aktive Elemente (z.B. Operationsverstärker) Verwendung, für die es bekanntlich keine Beschreibung durch a-Parameter gibt, so wird man sich die Übertragungsfunktionen anders verschaffen müssen!

Wir benötigen nur 2 Arten von Rückkoppelungsschaltungen, eine für die Oszillatoren, eine für den Regelkreis. In beiden Fällen sind die Übertragungsfunktionen leicht zu gewinnen. Bild 9.4 zeigt die Prinzipschaltung für Oszillatoren.

In diesem Bild bedeutet X_a eine Ausgangsspannung oder auch einen Ausgangsstrom, je nachdem, ob ein Operationsverstärker (Verstärkung V anstelle von X) oder ein Transistorverstärker (Steilheit S anstelle von X) verwendet wird. Entsprechend entstehen RC- oder LC-Oszillatoren. $F(s)$ bedeutet die dazu passende Übertragungsfunktion (Spannungsübertragungsfunktion im 1. Fall; Transimpedanz im 2. Fall) im Rückkoppelungszweig.

In allen Fällen kann die Gesamtübertragungsfunktion (Schleifenverstärkung) leicht aus der folgenden Grundgleichung berechnet werden.

$$X_a = X \cdot U_e + X \cdot F(s) \cdot X_a$$

Die Schleifenverstärkung beträgt also:

$$V_{Schleife} = \frac{X_a}{U_e} = \frac{X}{1 - X \cdot F(s)}$$

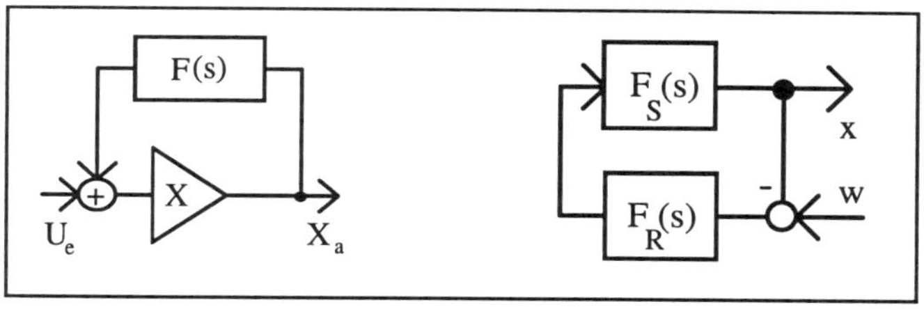

Bild 9.4: Prinzip des Oszillators (links); Prinzip des Regelkreises (rechts)

Ganz ähnlich berechnet sich die Führungsübertragungsfunktion in einem Regelkreis. Aus Bild 9.4 kann man unmittelbar folgenden Zusammenhang ablesen:

$$x = F_R(s)F_S(s) \cdot (w - x)$$

Aufgelöst ergibt sich für die Führungsübertragungsfunktion:

$$\frac{x}{w} = \frac{F_R(s)F_S(s)}{1 + F_R(s)F_S(s)} = \frac{F_0(s)}{1 + F_0(s)}$$

($F_R(s)$ ist die Übertragungsfunktion des Reglers, $F_S(s)$ die der Strecke. $F_0(s)$ heißt üblicherweise dynamischer Regelfaktor.) Nur im Falle der digitalen Regelung einer analogen Strecke muß noch das Halteglied vor der Strecke berücksichtigt werden. Selbstverständlich ist dann als mathematisches Hilfsmittel nicht mehr nur die Laplace-, sondern auch die z-Transformation zuständig.

Netzwerkeigenschaften und Reaktionen von linearen elektrischen Netzwerken auf Signale werden vor allem durch die Lage der Nullstellen und Pole der Übertragungsfunktionen charakterisiert.

Die Lage einer Nullstelle ist in zweierlei Hinsicht von Bedeutung.

- Sie kann zufällig an derselben Stelle liegen wie einer der Pole und ihn somit kompensieren. Die diesem Pol zugeordneten und vom Netzwerk erwarteten Reaktionen fehlen dann (Pole-Zero-Cancellation). Wir werden diese Situation oft künstlich herbeiführen, um einem Netzwerk unerwünschte Eigenschaften zu nehmen und ihm eventuell andere zu geben.
- Sie gestattet es, eine Feinunterscheidung bei Netzwerken 1. und 2. Ordnung durchzuführen.

Netzwerke 1. Ordnung werden durch die folgende Übertragungsfunktion charakterisiert:

$$F(s) = \frac{a_0 + a_1 s}{1 + b_1 s}$$

- Hat $F(s)$ keine Nullstelle, gilt also $a_1 = 0$, so handelt es sich um einen Tiefpaß (TP1).
- Hat $F(s)$ eine Nullstelle bei 0 (Bedingung: $a_0 = 0$), so liegt ein Hochpaß (HP1) vor.

Netzwerke 2. Ordnung haben Übertragungsfunktionen des Typs:

$$F(s) = \frac{a_0 + a_1 s + a_2 s^2}{1 + b_1 s + b_2 s^2}$$

- Hat $F(s)$ keine Nullstelle, gilt also $a_1 = 0$ und $a_2 = 0$, so handelt es sich wieder um einen Tiefpaß (TP2).
- Hat $F(s)$ eine doppelte Nullstelle bei 0 (Bedingungen: $a_0 = 0$ und $a_1 = 0$), so liegt ein Hochpaß (HP2) vor.
- Sind die Bedingungen $a_0 = 0$ und $a_2 = 0$ erfüllt (einfache Nullstelle bei 0), so hat das Netzwerk Bandpaßcharakter (BP2).

Bei Summen dieser Reinformen entscheiden die numerischen Werte der Koeffizienten, welche Charakteristik vorliegt. Eine Summe aus einer TP2- und einer HP2-Reinform ist im allgemeinen eine Bandsperre (die Tiefpaßeigenschaften werden mit denen des Hochpasses kombiniert!) mit der Übertragungsfunktion:

$$F(s) = \frac{a_0 + a_2 s^2}{1 + b_1 s + b_2 s^2}$$

Auf diese Charakterisierungen werden wir des öfteren zurückgreifen. Bei den Oszillatoren (vgl. die Mathcad-Dokumente) kann man z.B. ableiten, daß nur Bandpässe in Frage kommen, wenn man mit einem Netzwerk 2. Ordnung einen Oszillator bauen will!

Bei den Allpässen zeigen die Berechnungen im Dokument, daß nur Übertragungsfunktionen der Typen:

$$F_{A1}(s) = \pm\frac{1 - a \cdot s}{1 + a \cdot s} \quad \text{oder} \quad F_{A2}(s) = \pm\frac{1 - a \cdot s + b \cdot s^2}{1 + a \cdot s + b \cdot s^2}$$

in Frage kommen. Mit der allgemeinen Charakterisierung der Netzwerke ergibt sich daraus sofort die Konstruktion (zumindest für die Bauweise mit aktiven Elementen). Formt man nämlich die Übertragungsfunktionen um auf

$$F_{A1}(s) = 1 - 2\frac{1}{1 + a \cdot s} \quad \text{bzw.} \quad F_{A2}(s) = 1 - 2\frac{a \cdot s}{1 + a \cdot s + b \cdot s^2}$$

so erkennt man, daß man jeweils vom Eingangssignal im Falle des A1 zweimal ein TP1-Ausgangssignal (vgl. Bild 9.13; auch ein HP1 wäre möglich), im Falle des A2 zweimal ein BP2-Ausgangssignal zu subtrahieren hat, um die Allpässe zu erhalten. Diese Schaltungen lassen sich leicht realisieren. Braucht man Allpässe höherer Ordnung, so kann man die beschriebenen Typen mit Trennverstärker hintereinanderschalten; sie behalten dabei ihren Allpaßcharakter!

Generell kan man sagen, daß die Impulstechnik von der Manipulation von Übertragungsfunktionen lebt. Eine Voraussetzung dafür ist aber genaue Charakterisierbarkeit der Netzwerkeigenschaften aus den Übertragungsfunktionen heraus, vor allem also die Kenntnis der Lage und Wirkung von Polen und Nullstellen.

9.1 Impulstechnik

9.1.1 Formtreue Impulsübertragung (Tastkopf-Problem)

Zwei Signale f und g heißen formident, wenn für alle t gilt:

$$g(t) = a \cdot f(t) \quad \text{mit } a \in R^+$$

Formtreue Impulsübertragung wird überall dort gefordert werden müssen, wo die Information in der Impulsform selbst steckt. Speziell werden Oszilloskope, die ja gerade zur Analyse der Impulsform dienen, diese Forderung erfüllen müssen. Derartige Analysegeräte verfälschen aber durch eigene Bauteile, insbesondere durch ihre Eingangskapazität, ihren Eingangswiderstand und den Widerstand der Zuleitung bzw. einen Vorwiderstand (insgesamt also ein kapazitiv belasteter Spannungsteiler; vgl. Bild 9.5 ohne den punktiert gezeichneten Kondensator) die Impulsform.

Im Dokument `TASTKOPF.MCD` wollen wir zeigen, wie diese Verfälschung kompensiert werden kann.

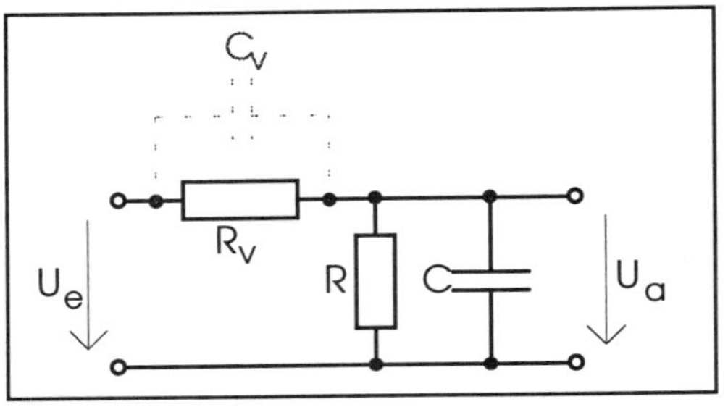

Bild 9.5: Kapazitiv belasteter Spannungsteiler

Wir ermitteln zuerst mit Matrizenrechnung die Transferfunktionen dieses kapazitiv belasteten Spannungsteilers. Mit Hilfe der Heavisidefunktion Φ erzeugen wir ein Testsignal $U_e(t)$ und bilden es in $U_a(t)$ ab (vgl. Bild 9.6). Sie sehen selbst, daß von Formtreue keine Rede sein kann. Ursache dafür ist der Pol in der Übertragungsfunktion des Spannungsteilers. Daß wir bei dieser Analyse von der Laplacetransformation Gebrauch machen müssen, versteht sich von selbst. Sie macht dabei auch bereits Probleme.

⇨ Zwar übersetzt Mathcad die Sprungfunktion $\Phi(t)$ richtig mit $\frac{1}{s}$, aber $\frac{1}{\text{const}}\Phi(t)$ wird mit $\frac{-\text{const}}{\text{s}}$ falsch übersetzt!

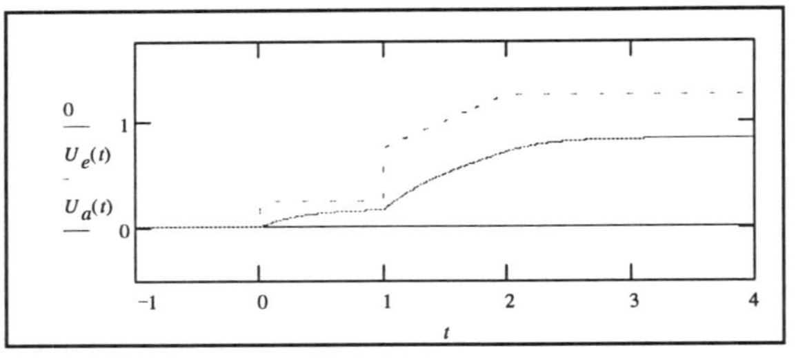

Bild 9.6: Signale am Spannungsteiler

Damit diese Übertragung formtreu wird, muß die Übertragungsfunktion notwendig von s unabhängig also eine Konstante sein. Jeder Insider weiß, wie man das erzwingen kann. Wir schalten einen Kondensator zu R_v parallel (der punktiert gezeichnete Kondensator in Bild 9.5).

Berechnen wir nun die Übertragungsfunktion dieses modifizierten Netzwerkes, so sehen wir, daß C_v so gewählt werden kann, daß der Pol, der die Verfälschung verursacht, durch eine Nullstelle gleicher Lage kompensiert werden kann. Damit entartet die Übertragungsfunktion zu einer Konstanten (Abgleichbedingung: $R_vC_v = RC$). Nun muß die Übertragung der Impulse formtreu sein (vgl. Bild 9.7)!

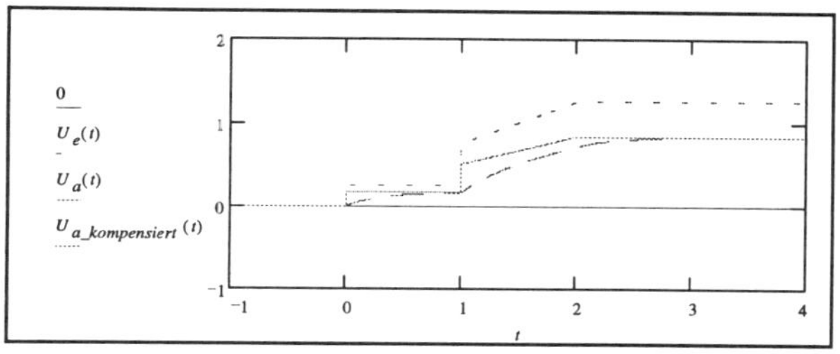

Bild 9.7: Formtreue Übertragung

⇨ Bei der Rückübersetzung von Faktoren ist meist ein vorbereitendes AUSDRUCK ENTWICKELN nötig, damit Mathcad die inverse Transformation bewältigt!

Zuletzt wollen wir noch mathematisch analysieren und grafisch darstellen, was geschieht, wenn wir C_v zu groß bzw. zu klein gewählt haben (Über- bzw. Unterkompensation).

Auf dieselbe Art und Weise könnten wir auch Netzwerke mit anderen Übertragungsfunktionen formtreu machen, indem wir Bauteile hinzufügen. Die Bauteilparameter müssen wir dann so wählen, daß sich die Polynome in s kürzen lassen und die Übertragungsfunktion zu einer Konstanten entartet.

9.1.2 D-A-Wandlung durch Impulsformung (Shannon-Decoder)

Ein einfacher Digital-Analog-Wandler (Dokument: `SHANNON.MCD`), der sich auch in integrierte Schaltkreise aufnehmen läßt, beruht auf der Impulsformung von Netzwerken mit einer Übertragungsfunktion vom TP1-Typ:

$$F(s) = \frac{a}{1 + bs} \quad (a, b \in R^+).$$

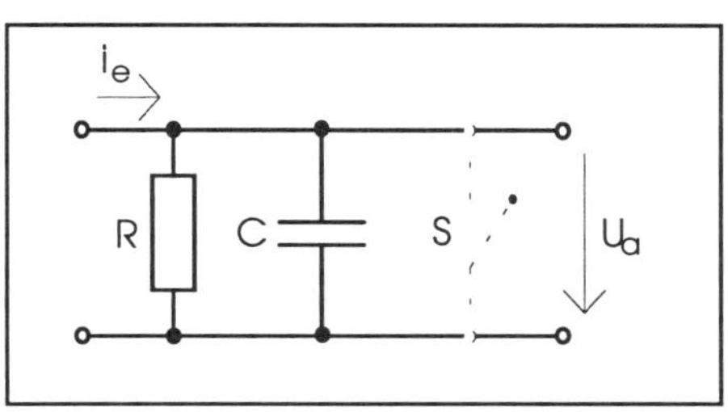

Bild 9.8: Shannon-Decoder

Beispielsweise könnte dafür eine RC-Parallellschaltung (vgl. Bild 9.8) dienen, wenn das Eingangssignal (ein digitales Bitmuster) als Strom vorliegt. Am Ausgang des Vierpols wird eine Spannung erzeugt, deren Betrag dem Wert des Bitmusters am Eingang entspricht. Für die Darstellung der Übertragung eines Stromes in eine Spannung benötigen wir die Transimpedanz. Wir gewinnen sie wieder aus der Kettenschaltung der a-Parameter, mathematisch also über Matrizenmultiplikation. Der Schalter dient nur zur Entladung des Kondensators, um das Netzwerk für den Empfang eines eventuell nachfolgenden Bitmusters vorzubereiten.

Die Bitmuster (4 Bit) werden in der in Bild 9.9 dargestellten Form gesendet. (Als Beispiele dienen die Muster für 5, 7 und 13.) Diese Bitmuster müssen wir in mathematischer Form beschreiben, um sie übertragen zu können.

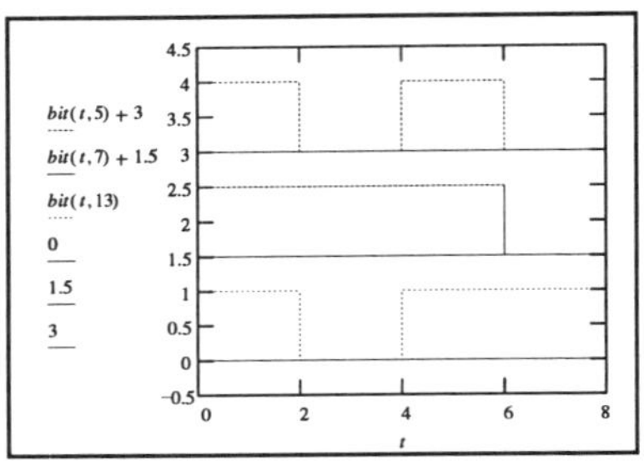

Bild 9.9: Bitmuster (5, 7, 13)

Das Prinzip besteht nun darin, die Parameter R und C des Netzwerkes so zu wählen, daß die Spannung, die der Eingangsstrom für ein gesetztes Bit erzeugt, während der Dauer T (= 2) des folgenden Bits auf genau die Hälfte des Höchstwertes absinkt. Das Bitmuster ist nach $4T$ vollständig gesendet.

Greifen wir nun die Spannung bei $5T$ ab, so haben wir eine dem Wert des Bitmusters entsprechende Spannung (vgl. Bild 9.10). Danach schließen wir den Schalter, und damit sinkt die Spannung auf 0 ab.

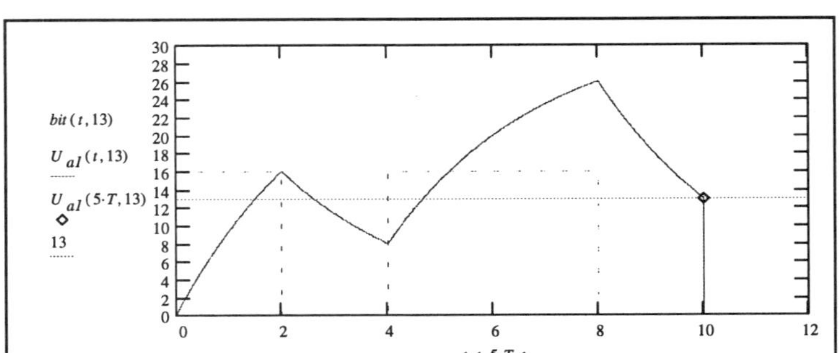

Bild 9.10: Analogwandlung des Bitmusters für 13

⇨ Da Mathcad mit der Laplacetransformation der Funktion Φ Schwierigkeiten hat, wenn sie neben t und Konstanten auch noch Parameter enthält (wie z.B. in $\Phi(t-T)$), verzichten wir in diesem Dokument ganz auf die Transformationsfähigkeiten von Mathcad. Zugegebenermaßen fallen die händischen Transformationen in diesem Beispiel besonders leicht!

Übung 9.2

Versuchen Sie, mit einem TP1 einen Spannungs-Spannungs-DA-Wandler zu erzeugen!

9.1.3 Amplitudenerhaltende Netzwerke (Allpässe)

Zu Beginn dieses Beitrags wollen wir beweisen, daß die Übertragungsfunktion eines Netzwerkes $F(s)$ in $F(j\omega)$ übergeht, wenn wir nur sinusförmige Eingangssignale betrachten und Einschwingvorgänge ignorieren. Diese Analyse zeigt, unter welchen Voraussetzungen wir die »symbolische Rechenmethode« der Wechselstromlehre verwenden dürfen! Bei dieser Gelegenheit wollen wir die in Mathcad PLUS 5.0 implementierten Fähigkeiten, Grenzwerte zu bilden, testen.

Im Dokument `ALLPASS.MCD` können Sie diese Analyse nachvollziehen.

Des weiteren zeigt sich in dieser kurzen, aber eher theoretischen Überlegung, daß der Betrag von $F(j\omega)$ dem Amplitudenverhältnis des Ausgangssignals zum Eingangssignal entspricht. Die Forderung nach Amplitudentreue ist also gleichbedeutend mit der Forderung, daß $|F(j\omega)|$ unabhängig von ω den Wert 1 annimmt. Allpässe sollen ja gerade konstante Verstärkung 1 haben, die Phase soll aber frequenzabhängig sein. Ihre Einsatzgebiete sind daher Phasenentzerrung oder Signalverzögerung. Schlachten wir die Bedingung $|F(j\omega)| = 1$ für Netzwerke 1. und 2. Ordnung aus, so erkennen wir, daß erstaunlicherweise nur jeweils eine wesentliche Bauart für die Übertragungsfunktion in Frage kommt, die dieser Forderung genügt.

Die Untersuchung ergibt, daß die Übertragungsfunktion für einen Allpaß 1. bzw. 2. Ordnung folgende Form haben muß:

$$F_{A1}(s) = \frac{1 - a \cdot s}{1 + a \cdot s}, \quad F_{A2}(s) = \frac{1 - a \cdot s + b \cdot s^2}{1 + a \cdot s + b \cdot s^2}$$

Für diese Allpässe können wir dann (unter Annahme konkreter Werte für a und b) mit Hilfe der Laplacetransformation die Sprungantworten und die Reaktion auf ein sinusförmiges Eingangssignal grafisch darstellen. Selbstverständlich sehen wir dabei neben der Amplitudentreue und dem konstanten Phasenverschub im eingeschwungenen Zustand auch den Einschwingvorgang selbst (vgl. Bild 9.11).

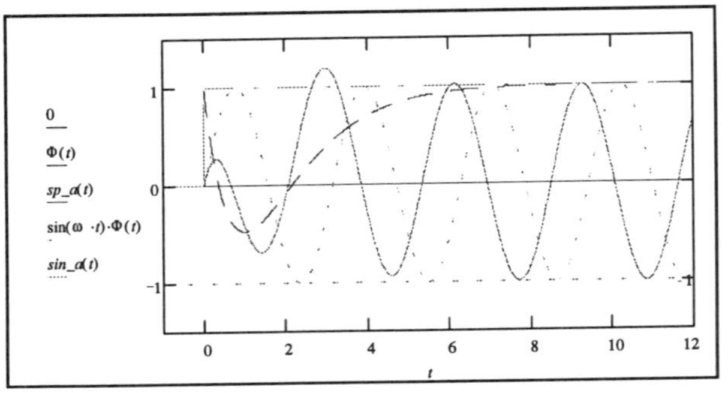

Bild 9.11: Sprung- und Sinusantwort eines Allpasses

Um die Phasenverschiebung frequenzabhängig beurteilen zu können, wollen wir noch den Phasengang (und der Vollständigkeit halber auch den Amplitudengang und die Ortskurve) zeichnen.

Für die Anwendung in der Signalverzögerung ist die Konstanz der Gruppenlaufzeit ($\frac{d\varphi}{d\omega}$) von besonderem Interesse. Wir werden daher auch die Gruppenlaufzeiten berechnen und grafisch darstellen, insbesondere auch für den Butterworth-Allpaß (Besselkoeffizienten), der optimal flachen Verlauf garantiert (vgl. Bild 9.12).

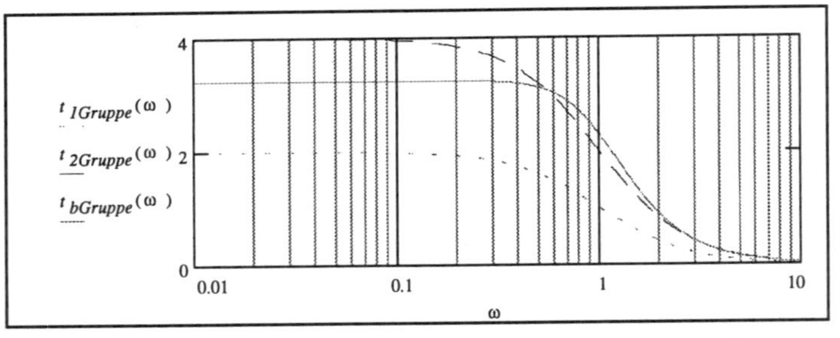

Bild 9.12: Gruppenlaufzeiten der Allpässe

Weil die schönsten theoretischen Ableitungen nichts nützen, wenn diese Übertragungsfunktionen (und damit auch diese Filterart) nicht durch konkrete Bauteile realisierbar wären, stellen wir noch Schaltungen für Allpässe 1. und 2. Ordnung vor (vgl. Bild 9.13).

Übung 9.3

Schalten Sie mit Trennverstärker 2 Butterworth-Allpässe 2. Ordnung hintereinander und stellen Sie die Gruppenlaufzeit dieses Allpasses 4. Ordnung grafisch dar!

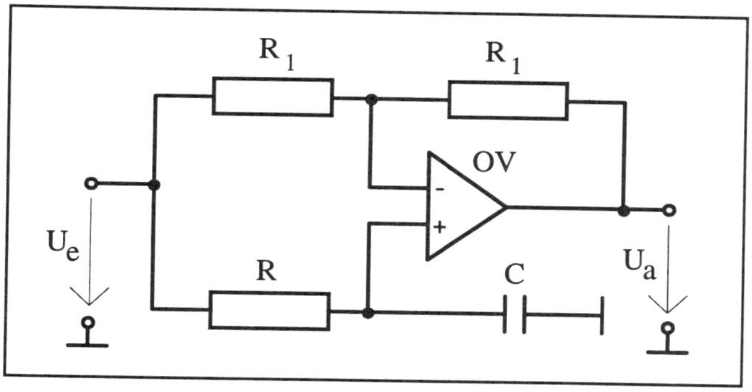

Bild 9.13: Allpaß 1. Ordnung

9.1.4 Verformung periodischer Impulse (Signaltrennung)

Je kürzer in der Digitaltechnik die Schaltzeiten werden, umso interessanter werden die Einschwingvorgänge bei der Übertragung von Impulsfolgen (z.B. auf Leitungen). Bei der Signaltrennung von Mischsignalen spielten diese Einschwingvorgänge immer schon eine große Rolle, da man speziell die Einschwingvorgänge zum Triggern bestimmter Aktionen benützte (z.B. Trennung von Bild- und Zeilenkippsignal im Fernsehgerät).

Im Dokument `TPPULS.MCD` beschreiben wir zunächst eine periodische Rechteckspannung $U_e(t)$ mathematisch. Ziel der Untersuchung ist es, die Reaktion $U_a(t)$ eines TP1 (also in erster Näherung das Verhalten einer Leitung) auf dieses Eingangssignal zu untersuchen.

Die besonderen Probleme, die dabei auftauchen, liegen in der Laplacetransformation. Die Laplacetransformierte des Ausgangssignals $U_{a\_gesamt}(s)$ ist nämlich wegen der Periodizität des Eingangssignals keine rationale Funktion mehr. Damit versagen die handelsüblichen Methoden der Rücktransformation.

Erst eine qualitative Analyse durch das Pol-Nullstellen-Diagramm gestattet, das entstehende Signal in einen flüchtigen und einen stationären Teil zu trennen. Nur mit Hilfe der Residuenmethode (Limesmethode) gelingt zunächst die Rücktransformation des flüchtigen Anteils. Wegen der Gültigkeit der Beziehung:

$$U_{a\_stationär}(s) = U_{a\_gesamt}(s) - U_{a\_flüchtig}(s)$$

können wir dann die Laplacetransformierte des stationären Anteils isolieren. Da aus dem Pol-Nullstellen-Diagramm auch die Periode des eingeschwungenen Ausgangssignals zu ersehen ist, dürfen wir uns darauf beschränken, den stationären Teil nur innerhalb der 1. Periode zu analysieren. Diese Analyse ist aber simpel und mit inverser Laplacetransformation leicht bewältigbar. Addition des flüchtigen Anteils zum periodisch fortgesetzten stationären Anteil ergibt schließlich das resultierende Zeitsignal samt Einschwingvorgang (vgl. Bild 9.14). Sehr aufschlußreich ist es, diese Signale bei verschiedenen Zeitkonstanten des Tiefpasses zu betrachten.

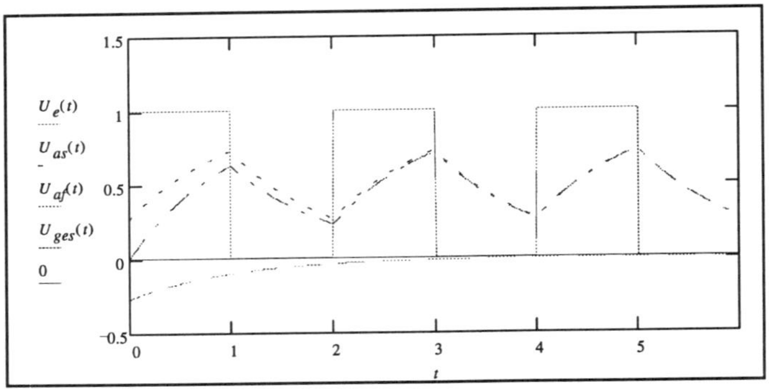

Bild 9.14: Reaktion eines Tiefpasses auf periodische Rechtecke

Das Dokument HPPULS.MCD zeigt Ihnen, wie derselbe Rechteckpuls von einem HP1 verformt wird.

In SAEGEPLS.MCD betrachten wir wieder eine Verformung am Tiefpaß, diesmal mit einem anderen Eingangssignal, nämlich einem Sägezahnimpuls.

Übung 9.4

Versuchen Sie zu analysieren, welches Bild ein zweiweg-gleichgerichteter Sinus nach der Transformation mit einem TP1 ergibt!

9.1.5 Impulsformung durch Pol-Nullstellen-Kompensation

Im Dokument FORM.MCD wollen wir eine ganz typische Problemstellung der Impulstechnik zur Diskussion stellen und je nach Randbedingungen unterschiedlich lösen.

In Bild 9.15 sehen Sie insgesamt 4 (durchgezogen gezeichnete) Impulse (Long-Tails), die statistisch in der Zeit t auftreten und durch ihr sehr langsames Abklingen aufeinander aufreiten. Steckt die Information im Hub der linken (steilen) Flanke, so ist jedes Analysegerät zunächst heillos überfordert.

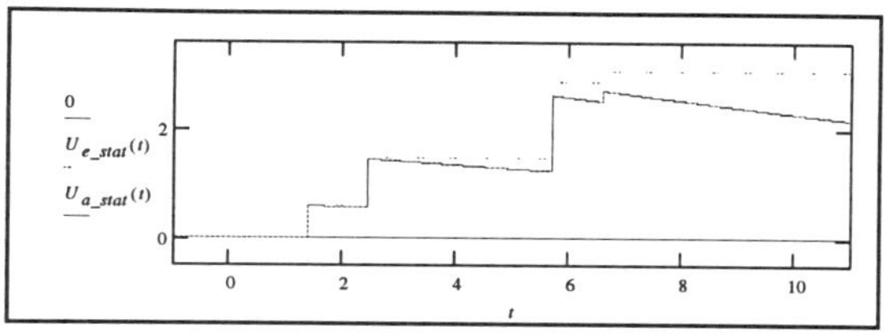

Bild 9.15: Statistisch auftretende Long-Tail-Impulse

Welche Möglichkeiten, diese Hubhöhen der einzelnen Impulse sauber analysieren zu können, bieten sich an?

Um diese Frage theoretisch klären zu können, werden wir diese Impulsform zunächst einmal durch einen Hochpaß mit großer Zeitkonstante (Ersatzschaltung) und statistisch auftretenden Sprüngen am Eingang (punktiert gezeichnet in Bild 9.15) simulieren. In dieser Form können wir das Signal dann mathematisch bearbeiten. Sie können an Hand des Dokuments selbst nachvollziehen, daß das Ausgangssignal, das sich dabei ergibt, exakt der durchgezogenen Linie entspricht.

Der erste Lösungsversuch besteht darin, ein differenzierendes Netzwerk (HP1) mit möglichst kleiner Zeitkonstante nachzuschalten. Die Übertragungsfunktionen werden wir in bewährter Manier über a-Parameter-Matrizen ermitteln. Den Rest erledigt Mathcad mit seinen Transformationsmöglichkeiten. Das Ergebnis der Verformung sehen Sie in Bild 9.16.

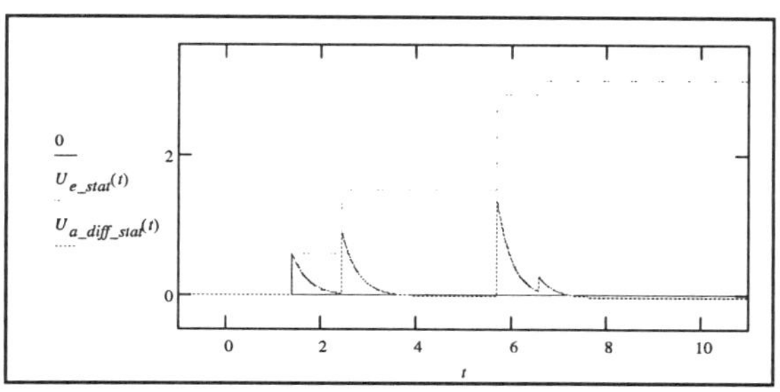

Bild 9.16: Durch Hochpaß geformte Impulse

Wenn Sie genau hinsehen, erkennen Sie Nulldurchgänge der erzeugten Impulse. Sie sind bipolar geworden (was nicht immer erwünscht ist), und der *Undershoot* verfälscht leider, wenn auch in geringem Maß, den Hub nachfolgender Impulse.

Gibt es eine bessere Lösung? Schalten wir anstelle des differenzierenden Hochpasses ein sogenanntes Lead-Glied (Bild 9.17) nach, dann tritt derselbe Verkürzungseffekt bei den Impulsen auf, sie bleiben dabei aber unipolar.

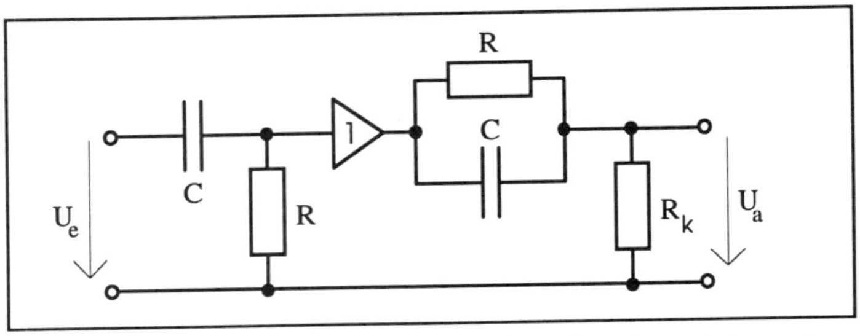

Bild 9.17: Impulserzeugendes Netzwerk und nachgeschaltetes Lead-Glied

Der Trick bei der Impulsverformung durch das Lead-Glied besteht darin, daß es den Pol in der Übertragungsfunktion des ursprünglichen Netzwerkes durch eine Nullstelle derselben Lage kompensiert. Gerade dieser Pol hat aber die ungünstige Long-Tail-Form der Impulse bewirkt. Das Lead-Glied ersetzt nun diesen Pol durch einen anderen, der weiter links auf der negativen reellen Achse der komplexen Zahlenebene liegt. Das bedeutet, daß die nun verformten Impulse ihre Polarität nicht ändern, aber wesentlich schneller abklingen. Diesen Trick nennt man *Pole-Zero-Cancellation.* Bild 9.18 zeigt alle beteiligten Signale. Der Unterschied zwischen Hochpaß- und Lead-Glied-Verformung ist im Graphen kaum zu sehen; im Dokument wird er aber durch die exakte Rechnung belegt.

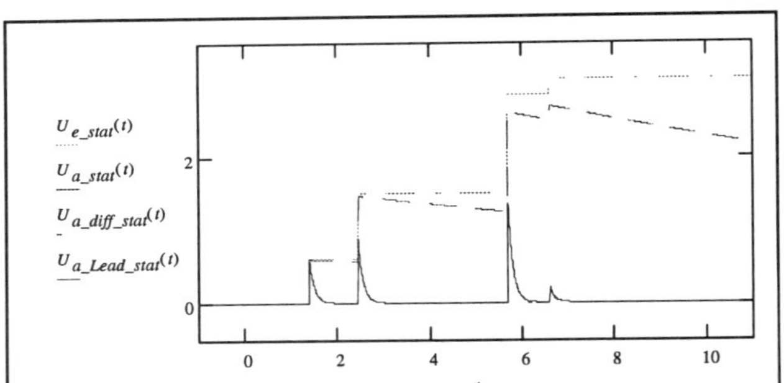

Bild 9.18: Signalverformung durch das Lead-Glied

⇨ Mathcad schafft es nicht, indizierte Summen Laplace zu transformieren; Abhilfe ist leicht möglich: Man transformiere einen Summanden und setze dann wieder das Summenzeichen davor!

Auf dieselbe Art, mit der die Impulsverkürzung gelungen ist, können wir mit Hilfe eines Lag-Gliedes zu kurze Impulse verlängern (vgl. Mathcad-Dokument).

Übung 9.5

Verlängern Sie zu kurze Nadelimpulse, wie sie etwa ein HP1 als Reaktion auf einen Einschaltvorgang produziert, mit Hilfe eines Lag-Gliedes auf die fünffache Zeitkonstante!

9.1.6 Erzeugen stationärer Schwingungen (Oszillatoren)

Oszillatoren haben die Aufgabe, stationäre Schwingungen zu erzeugen. Wie auch immer eine passende Schaltung aussehen mag, zwei Fakten ergeben sich schon aus dieser Problemstellung! Die Schaltung muß wegen des stationären Ausgangssignals einen Verstärker enthalten, und die Übertragungsfunktion muß mindestens ein konjugiert komplexes Polpaar auf der imaginären Achse aufweisen; die Übertragungsfunktion ist also mindestens 2. Ordnung!

Die Prinzipschaltung ist daher durch den Verstärker (Verstärkung X) und ein schwingungserzeugendes Netzwerk (Transferfunktion $F(s)$) im Rückkoppelungszweig charakterisiert (vgl. Bild 9.4).

Für die Schleifenverstärkung haben wir bereits zu Beginn des Abschnitts die Beziehung

$$V_{Schleife} = \frac{X_a}{U_e} = \frac{X}{1 - X \cdot F(s)}$$

abgeleitet.

Wählen wir als Verstärker eine spannungsgesteuerte Spannungsquelle (Operationsverstärker), so wird X üblicherweise Verstärkung (V) genannt. Das Netzwerk überträgt dann eine Spannung wieder in eine Spannung; die zuständige Transferfunktion ist also die Spannungsübertragungsfunktion (RC-Oszillatoren: Wien-, Phasenschieber-Oszillator).

Wählen wir hingegen als Verstärker eine spannungsgesteuerte Stromquelle (Transistorverstärker), so wird X üblicherweise Steilheit (S) genannt. Das Netzwerk überträgt dann einen Strom in eine Spannung; die zuständige Transferfunktion ist also dann die Transimpedanz (LC-Oszillatoren: Colpitts-, Hartley-, Clapp-Oszillator).

Wir haben gesehen, daß das Minimal-Netzwerk, das für den Bau eines Oszillators verwendet werden muß, mindestens 2. Ordnung ist:

$$F(s) = \frac{a_0 + a_1 s + a_2 s^2}{1 + b_1 s + b_2 s^2}$$

Setzen wir in die Formel für die Schleifenverstärkung ein, so entsteht:

$$V_{Schleife} = \frac{X(1 + b_1 s + b_2 s^2)}{1 + b_1 s + b_2 s^2 - X(a_0 + a_1 s + a_2 s^2)}$$

Damit der Oszillator stationär schwingt, muß der Nenner die Form $s^2 + \omega^2$ annehmen, das bedeutet, daß der Teilausdruck $b_1 s - X a_1 s$ im Nenner verschwinden muß.

Da nur über die Verstärkung X verfügt werden kann, darf daher a_1 keinesfalls Null sein. Das schwingungserzeugende Netzwerk muß also BP2-Charakter haben (Wien-, Colpitts-, Hartley-Oszillator)!

Lassen wir auch Netzwerke 3. oder höherer Ordnung zu, so können wir diese Bedingung immer erfüllen (Phasenschieber-, Clapp-Oszillator). Es treten dann allerdings weitere Pole auf. Beim Phasenschieber ein Pol auf der negativen reellen Achse; es gibt daher einen Einschwingvorgang! Beim Clapp-Oszillator ein Pol bei Null. Er bewirkt, daß die Schwingung aus der Nullage verschoben wird!

Im Dokument `WIEN.MCD` zeigen wir im Detail, wie die Transferfunktionen am einfachsten berechnet und aus der oben erwähnten Bedingung die Verstärkung, bei der der Oszillator schwingt, gewonnen werden kann. Nebenbei ergibt sich die Schwingfrequenz. Mittels inverser Laplacetransformation können wir diese Schwingung auch im Zeitbereich darstellen. Zuletzt diskutieren wir noch, welches Netzwerkverhalten aus anderen (»falschen«) Verstärkungswerten resultiert.

Im einzelnen müssen Sie folgende Aktionen durchführen:

Aus der Schaltung des Wiengliedes (vgl. Bild 1 des unten abgebildeten Mathcad-Dokuments) lesen Sie ohneweiteres die Elementarvierpole in Matrizenform ab. Ihr Produkt (Kettenschaltung) gibt Ihnen die Kehrwerte der Transferfunktionen an. In der Formel $\frac{V}{1 - V \cdot F}$, die wir zu Beginn des Abschnitts hergeleitet haben, ersetzen wir F durch die erste dieser Transferfunktionen, die Spannungsverstärkung des Wiengliedes.

Jetzt ist es leicht, den Nenner der Bedingung zu unterwerfen, kein lineares s mehr zu enthalten! Aus dieser Bedingung können wir den Wert V der Verstärkung, bei der der Oszillator schwingt, berechnen! Durch Einsetzen dieses Wertes in die Schleifenverstärkung ergibt sich auch der Wert der Kreisfrequenz ω. Die Rückübersetzung dieser Schleifenverstärkung in den Zeitbereich gestattet diese Schwingung (samt einleitenden δ-Stoß) grafisch darzustellen.

Anhand der nicht mit Verstärkung $V = 3$ abgestimmten Schleifenverstärkung wollen wir nun noch zeigen, für welche Werte V die Oszillatorschaltung überhaupt schwingt, bzw. für welche Werte sie aperiodisches Verhalten an den Tag legt. Entscheidend dafür ist die Lage der Pole in der Schleifenverstärkungsfunktion. Frappierenderweise stellt sich heraus, daß die komplexen Pole auf dem Einheitskreis der komplexen Ebene liegen. Die Pole (bei j und -j für den Verstärkungswert $V = 3$) auf der imaginären Achse bewirken gerade die stationäre Schwingung, liegt das Polpaar links davon (V zwischen 1 und 3), so klingt die Schwingung ab, rechts (V zwischen 3 und 5) bedeutet anklingendes Verhalten. Liegt V außerhalb dieses Bereichs, dann werden die aperiodischen Lösungsfälle erzeugt. Diese Analyse illustrieren wir zum Abschluß durch eine Grafik der Lage der komplexen Polstellen.

Insgesamt könnte das Dokument wie auf den folgenden Seiten gezeigt aussehen.

RC-Oszillatoren (Wien-Oszillator) (wien_b.mcd)

Das **Wienglied** (Bild 1) ergibt in einer Rückkopplungsschaltung (Bild 2) ein stationär schwingendes System, sofern man die Verstärkung richtig wählt.
In diesem Beispiel wird für diese Schaltung die richtige Verstärkung berechnet und diskutiert, wie sich die Schaltung bei anderer Wahl der Verstärkung verhält.

Rückkopplungsnetzwerk als Kettenschaltung:

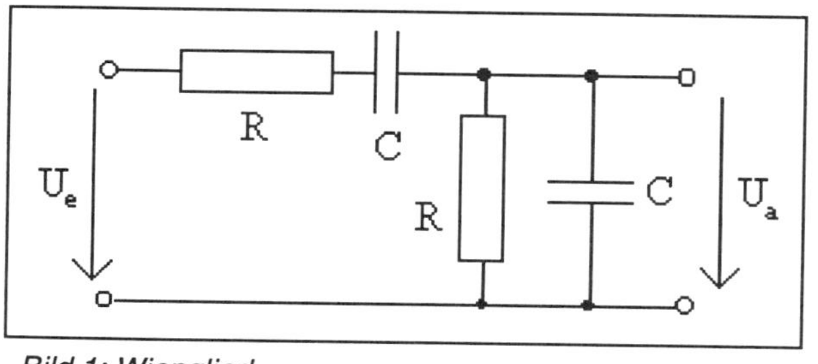

Bild 1: Wienglied

$$\begin{pmatrix} 1 & R \\ 0 & 1 \end{pmatrix} \cdot \begin{pmatrix} 1 & \frac{1}{C \cdot s} \\ 0 & 1 \end{pmatrix} \cdot \begin{pmatrix} 1 & 0 \\ \frac{1}{R} & 1 \end{pmatrix} \cdot \begin{bmatrix} 1 & 0 \\ \frac{1}{\left(\frac{1}{C \cdot s}\right)} & 1 \end{bmatrix}$$

Die 4 Transferfunktionen werden über die symbolischen A-Parameter-Matrizen durch Kettenschaltung elementarer Vierpole hergeleitet. *Symbolisch auswerten* ergibt:

$$\begin{bmatrix} \frac{\left(3 \cdot R \cdot C \cdot s + 1 + R^2 \cdot C^2 \cdot s^2\right)}{(R \cdot (C \cdot s))} & \frac{(1 + R \cdot C \cdot s)}{(C \cdot s)} \\ \frac{(1 + R \cdot C \cdot s)}{R} & 1 \end{bmatrix}$$

Für das Weitere wird die Spannungsübertragungsfunktion gebraucht; ihr Kehrwert steht als a_{11} in der Matrix. *Kopieren*

$$\frac{1}{\frac{\left(3 \cdot R \cdot C \cdot s + 1 + R^2 \cdot C^2 \cdot s^2\right)}{(R \cdot (C \cdot s))}}$$

Ausdruck vereinfachen

$$\frac{1}{\left(3 \cdot R \cdot C \cdot s + 1 + R^2 \cdot C^2 \cdot s^2\right)} \cdot R \cdot C \cdot s$$

Allgemeine Charakterisierung:

$$\frac{a_1 \cdot s}{1 + b_1 \cdot s + b_2 \cdot s^2}$$

also ein BP2 und somit für einen Oszillator 2.Ordnung geeignet!

Rückkopplung:

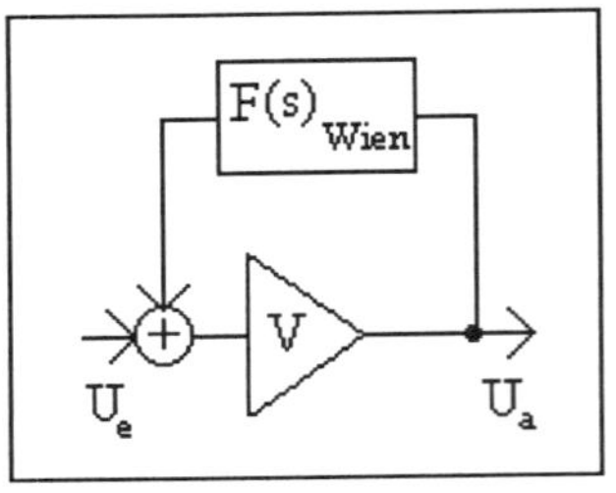

Bild 2: Prinzipschaltung der Rückkopplung

Nun wird mit dieser Spannungsübertragungsfunktion F(s) die Schleifenverstärkung mit der Verstärkung V des Operationsverstärkers berechnet.

$$U_a = V \cdot U_e + V \cdot F(s) \cdot U_a$$

$$\frac{U_a}{U_e} = V_{Schleife} = \frac{V}{1 - V \cdot F}$$

$$\frac{V}{1 - V \cdot F}$$

Mit *Nach Variable ersetzen* (F) erzeugt

$$\frac{V}{\left[1 - \frac{V}{\left(3 \cdot R \cdot C \cdot s + 1 + R^2 \cdot C^2 \cdot s^2\right)} \cdot R \cdot C \cdot s\right]}$$

Vereinfachen

$$V \cdot \frac{\left(3 \cdot R \cdot C \cdot s + 1 + R^2 \cdot C^2 \cdot s^2\right)}{\left(3 \cdot R \cdot C \cdot s + 1 + R^2 \cdot C^2 \cdot s^2 - V \cdot R \cdot C \cdot s\right)}$$

Nach Unterausdruck sammeln (nur im Nenner)

$$V \cdot \frac{\left(3 \cdot R \cdot C \cdot s + 1 + R^2 \cdot C^2 \cdot s^2\right)}{\left[R^2 \cdot C^2 \cdot s^2 + (3 \cdot R \cdot C - V \cdot R \cdot C) \cdot s + 1\right]}$$

Damit diese Rückkopplung schwingen kann, muß in der Laplacetransformierten ein Polpaar auf der imaginären Achse liegen, d.h., der Koeffizient von s im Nenner muß Null sein! (*Kopieren* und zur Gleichung ergänzen)

$$3 \cdot R \cdot C - V \cdot R \cdot C = 0$$

Nach Variable auflösen (V)

$$3 = V$$

Damit ergibt sich als **Lösung** der Wert **3** für die Wahl der **Verstärkung** des OV!

$$V \cdot \frac{\left(3 \cdot R \cdot C \cdot s + 1 + R^2 \cdot C^2 \cdot s^2\right)}{\left[R^2 \cdot C^2 \cdot s^2 + (3 \cdot R \cdot C - V \cdot R \cdot C) \cdot s + 1\right]}$$

Das berechnete V in die Schleifenverstärkung eingesetzt (*Nach Variable ersetzten* (V))

$$3 \cdot \frac{\left(3 \cdot R \cdot C \cdot s + 1 + R^2 \cdot C^2 \cdot s^2\right)}{\left(R^2 \cdot C^2 \cdot s^2 + 1\right)}$$

Nenner *Kopieren* und zur Gleichung ergänzen liefert die Kreisfrequenz, bei der der Oszillator schwingt

$$R^2 \cdot C^2 \cdot s^2 + 1 = 0$$

Nach Variable auflösen (s)

$$\begin{bmatrix} \frac{1}{(R^2 \cdot C^2)} \cdot \sqrt{-R^2 \cdot C^2} \\ \frac{-1}{(R^2 \cdot C^2)} \cdot \sqrt{-R^2 \cdot C^2} \end{bmatrix}$$

Vereinfachen

$$\begin{bmatrix} \frac{j}{(R \cdot C)} \\ \frac{-j}{(R \cdot C)} \end{bmatrix} = j \cdot \omega$$

$$\left[\left| \frac{j}{(R \cdot C)} \right| \right]^2$$ *Komplex auswerten*

$$\frac{1}{(R^2 \cdot C^2)} = \omega^2$$ **Kreisfrequenz** mit der der Oszillator schwingt.

Mit diesen nun abgeleiteten Daten ergibt sich folgende Laplacetransformierte, die das Verhalten des Oszillators im Frequenzbereich beschreibt:

Darstellung der Schwingung im Frequenzbereich:

$$3 \cdot \frac{(3 \cdot R \cdot C \cdot s + 1 + R^2 \cdot C^2 \cdot s^2)}{(R^2 \cdot C^2 \cdot s^2 + 1)}$$

Darstellung der Schwingung im Zeitbereich (Laplacerücktransformation):

$$3 \cdot \frac{(3 \cdot R \cdot C \cdot s + 1 + R^2 \cdot C^2 \cdot s^2)}{(R^2 \cdot C^2 \cdot s^2 + 1)}$$ *Partialbruchzerlegung*

$$3 + 9 \cdot R \cdot C \cdot \frac{s}{(R^2 \cdot C^2 \cdot s^2 + 1)}$$ Händische Rückübersetzung:

$$3 \cdot \delta + \frac{9}{R \cdot C} \cdot \cos\left(\frac{1}{R \cdot C} \cdot t\right)$$ **Schwingung im Zeitbereich**

$C := 1$ $R := 1$ Zum Zeichnen gewählte Werte $\delta := 0$

$$f(t) := 3 \cdot \delta + \frac{9}{R \cdot C} \cdot \cos\left(\frac{1}{R \cdot C} \cdot t\right)$$ Zur Funktion ergänzt

Das δ bedeutet eigentlich einen Dirac-Deltastoß, der im Graphen angedeutet wird !

Graph:

$t := 0, .02 .. 12$ $\quad N := 20$ $\quad i := 0 .. N$ $\quad y_i := \frac{3 \cdot i}{N}$ $\quad x_i := 0$

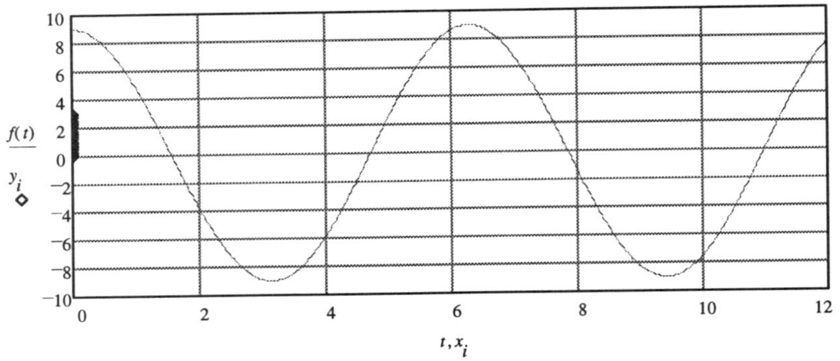

Diskussion des Verhaltens des Wien-Oszillators bei Wahl der Verstärkung V ungleich 3:

$$V_{Schleife} = V \cdot \frac{\left(3 \cdot R \cdot C \cdot s + 1 + R^2 \cdot C^2 \cdot s^2\right)}{\left(3 \cdot R \cdot C \cdot s + 1 + R^2 \cdot C^2 \cdot s^2 - V \cdot R \cdot C \cdot s\right)}$$

Schleifenverstärkung (von oben Kopiert und ergänzt)

Entscheidend für das Verhalten ist die **Lage der Pole** (Nullstellen des Nenners)

$$3 \cdot R \cdot C \cdot s + 1 + R^2 \cdot C^2 \cdot s^2 - V \cdot R \cdot C \cdot s$$

Kopieren (Nenner)

$$3 \cdot x + 1 + x^2 - V \cdot x = 0$$

Substitution: x := RCs, zur Gleichung ergänzt und *Nach Variable auflösen* (x)

$$\begin{bmatrix} \frac{-3}{2} + \frac{1}{2} \cdot V + \frac{1}{2} \cdot \sqrt{5 - 6 \cdot V + V^2} \\ \frac{-3}{2} + \frac{1}{2} \cdot V - \frac{1}{2} \cdot \sqrt{5 - 6 \cdot V + V^2} \end{bmatrix}$$

Lösungen

Schwingfall (Entscheidend ist, daß die Diskriminante negativ ist, damit ein konjugiert komplexes Polpaar entsteht)

$5 - 6 \cdot V + V^2 < 0$ *Kopieren* der Diskriminante, zur Ungleichung ergänzen und *Nach Variable auflösen* (V)

$(1 < V) \cdot (V < 5)$ Die Wien-Schaltung schwingt für Verstärkungen zwischen 1 und 5

Gedämpfte Schwingung (Entscheidend ist ein negativer Realteil der Pole)

$$\frac{-3}{2} + \frac{1}{2} \cdot V < 0$$

$(V < 3)$ Die Wien-Schaltung schwingt abklingend für Verstärkungen zwischen 1 und 3

Anklingende Schwingung (Entscheidend ist ein positiver Realteil der Pole)

$$\frac{-3}{2}+\frac{1}{2}\cdot V>0$$

$(3<V)$ Die Wien-Schaltung schwingt anklingend für Verstärkungen zwischen 3 und 5

Stationäre Schwingung (Entscheidend ist, wie wir schon wissen, daß der Realteil der Pole verschwindet, also V = 3)

Lage der Pole:

$$f(V):=\frac{-3}{2}+\frac{1}{2}\cdot V+\frac{1}{2}\cdot\sqrt{5-6\cdot V+V^2}$$

$$V:=1,1.2..5$$

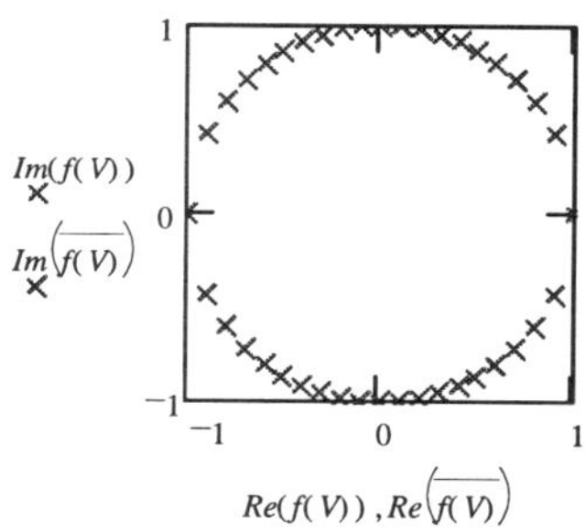

Der Graph läßt vermuten, daß die Pole auf dem komplexen Einheitskreis liegen!

Beweis:

$$\left(\frac{-3}{2}+\frac{1}{2}\cdot V\right)^2+\left(\frac{1}{2}\cdot j\cdot\sqrt{5-6\cdot V+V^2}\right)^2$$

Vereinfachen ergibt tatsächlich den Wert:
1

Aperiodischer Fall (Entscheidend ist, daß die Diskriminante positiv ist, damit zwei reelle Pole entstehen)

$$5-6\cdot V+V^2>0$$

$\begin{pmatrix} V<1 \\ 5<V \end{pmatrix}$ Für V < 1 oder für V > 5 tritt abklingendes bzw. anklingendes aperiodisches Verhalten auf

---

Im Dokument PHASE.MCD finden Sie dieselben Überlegungen, modifiziert für den Fall eines Netzwerkes dritter Ordnung.

Im Dokument PHASE_P.MCD wird überdies wieder (mit anderen Methoden) das Verhalten des Oszillators für »falsche« Werte der Verstärkung V untersucht.

COLP.MCD zeigt die Vorgehensweise für einen LC-Oszillator.

Für die Untersuchungen an den weiteren LC-Oszillatoren sind die Dokumente COLP_P.MCD, HART.MCD (2. Ordnung) und CLAPP.MCD (3. Ordnung) zuständig.

Übung 9.6

Versuchen Sie, ähnlich wie in `PHASE.MCD` gezeigt, einen Oszillator mit 3 hintereinandergeschalteten HP1 zu bauen!

Übung 9.7

Versuchen Sie mit einem Bandpaß ihrer Wahl, einen Oszillator 2. Ordnung zu bauen!

Übung 9.8

Untersuchen Sie das Verhalten der LC-Oszillatoren bei »falscher« Wahl der Steilheit!

9.2 Regeltechnik

Zu Beginn des Abschnitts haben wir die Grundgleichung des Regelkreises abgeleitet. Hier wollen wir nun einige Beispiele für analoge und digitale Regelstrecken durchrechnen. Mathcad unterstützt dabei vor allem mit Matrizenrechnung, Lösen von Gleichungen, Koeffizientenvergleiche (In 5.0 mit NACH UNTERAUSDRUCK SAMMELN, in PLUS 5.0 mit POLYNOM-KOEFFIZIENTEN) und den unvermeidlichen Transformationen; Laplacetransformation im analogen Fall, Laplace- und z-Transformation bei digitaler Regelung analoger Strecken.

9.2.1 PT1-Strecke und P-Regler (analog)

Zur Einstimmung in die Problematik wollen wir im Dokument `ANA_REG.MCD` den einfachsten aller denkbaren Fälle, nämlich analoge Regelung einer PT1-Strecke mit einem Proportionalregler, durchexerzieren.

Aus den Übertragungsfunktionen der Strecke und des Reglers können wir, wie zu Beginn des Abschnitts beschrieben, die Führungsübertragungsfunktion zusammenbauen. Unter Annahme willkürlicher Parameter für Strecke und Regler ermitteln wir die Sprungantwort. Sie zeigt uns erwartungsgemäß sehr deutlich das asymptotische Verhalten und die bleibende Regelabweichung.

Zuletzt erzeugen wir für die Führungsgröße ein Zufallssignal, ermitteln daraus rechnerisch die Reaktion des Reglers und stellen sie grafisch dar (vgl. Bild 9.19).

Übung 9.9

Versuchen Sie, eine PT2-Strecke zu regeln!

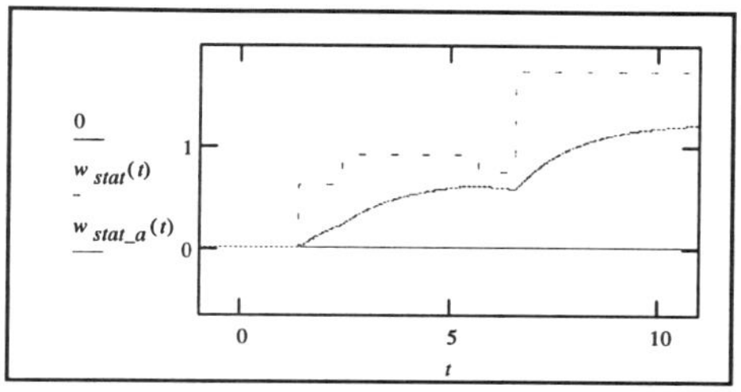

Bild 9.19: Reaktion des P-Reglers auf zufällige Sprünge

9.2.2 PT1-Strecke und P-Regler (digital)

Um die Unterschiede zwischen analoger und digitaler Regelung und ihrer mathematischen Behandlung deutlich zu machen, wollen wir im Dokument: `DIG_REG.MCD` dieselbe PT1-Strecke mit einem digitalen P-Regler ausregeln.

Der wesentliche Unterschied besteht darin, daß der digitale Regler Tastwerte liefert, die in dieser Form der analogen Strecke nicht zugemutet werden können. Auch die Digital-Analog-Wandlung allein nützt noch nichts, solange die Werte nicht auch noch durch ein Halteglied innerhalb einer Tastperiode auf dem Tastwert konstant gehalten werden. Diese Zusammenhänge zwischen analogen, getasteten und gehaltenen Signalen klärt Bild 9.20.

Bild 9.20: Signalformen in der digitalen Regelung

Damit immer die richtige Signalform am richtigen Ort des Regelkreises auftritt, ist auch der Regelkreis um einige Einrichtungen (wie Taster mit D-A- bzw. A-D-Wandlern und ein Halteglied) zu erweitern (vgl. Bild 9.21).

Die Führungsübertragungsfunktion berechnen wir auch im digitalen Fall, wie es zu Beginn des Abschnitts gezeigt wurde. Zu beachten ist nur, daß die Gesamtübertragungsfunktion $G(z)$ für die Strecke aus den entsprechenden Funktionen des Halteglieds $H(z)$ und der Strecke $F_S(s)$ zusammengebaut werden muß (vgl. Dokument).

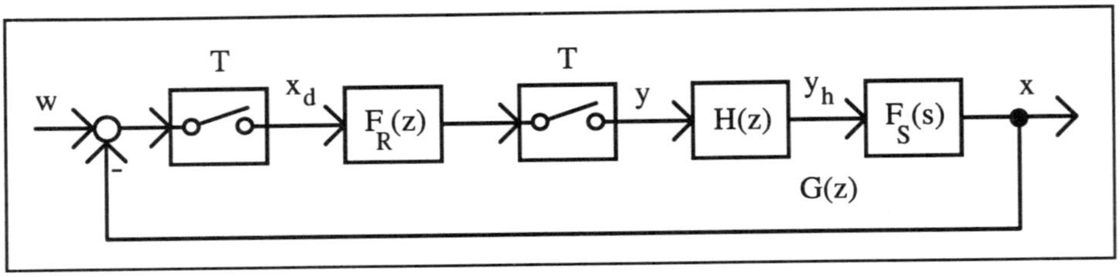

Bild 9.21: Digitaler Regelkreis

Wieder wollen wir zum Test die Sprungantwort, diesmal in digitaler Form, ermitteln.

⇨ Mathcad hat mit der inversen z-Transformation Schwierigkeiten. Ausweg: Vorbereitende Partialbruchzerlegung. Achtung! Sie müssen die Partialbruchzerlegung für z^{-1} durchführen, also Substitution $w := z^{-1}$, dann Partialbruch für w und Rücksubstitution! Erst mit dieser Hilfestellung ist Mathcad dann in der Lage zu transformieren.

Wieder sollten wir das Ergebnis grafisch darstellen, und es zeigt selbstverständlich wie im analogen Fall asymptotisches Verhalten und bleibende Regelabweichung (vgl. Bild 9.22).

Wie heikel die Wahl des Reglerparameters (K_R) und des Verhältnisses der Tastperiode zur Zeitkonstanten der Strecke ist, zeigen die letzten beiden Graphen.

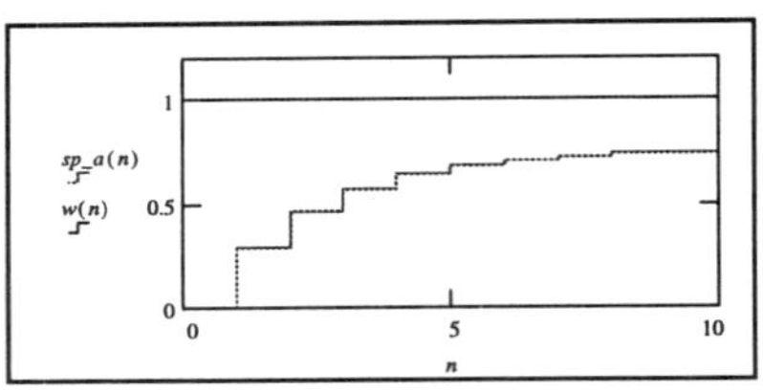

Bild 9.22: Sprungantwort der digitalen Regelung

Übung 9.10

Versuchen Sie, eine PT2-Strecke zu regeln!

9.2.3 Dimensionierung von analogen Reglern

Im Dokument `REGEL2.MCD` soll ein PID-Regler mit der Übertragungsfunktion:

$$F_R(s) = K_R\left(1 + \frac{1}{T_n s} + T_v s\right)$$

so dimensioniert werden, daß die in Bild 9.23 dargestellte Strecke brauchbar ausgeregelt wird. Wie könnten wir also die 3 Parameter des PID-Reglers (Proportionalitätsbeiwert K_R, Nachstellzeit T_n und Vorhaltezeit T_v) wählen?

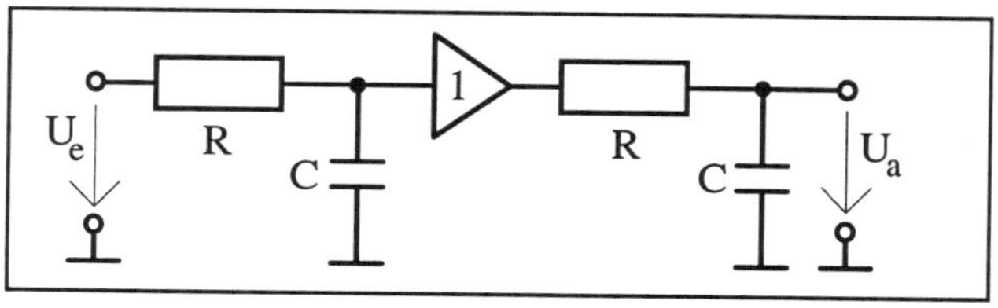

Bild 9.23: PT2-Regelstrecke

Nach einem Schätzverfahren von Ziegler-Nichols können diese Werte aus der Verzugs- und Ausgleichszeit und dem Verstärkungsbeiwert der Strecke (T_u, T_a und K_S) gewonnen werden.

Diese Werte wiederum erhalten wir aus der Sprungantwort der Strecke. In Bild 9.24 wird diese Sprungantwort zusammen mit ihrer Wendetangente dargestellt. Diese Wendetangente (als Ersatz für die eigentliche Kurve) liefert nämlich die Verzugszeit als Schnittpunkt mit der Abszisse. Die Zeit zwischen den Schnittpunkten der Wendetangente mit der Abszisse und der Asymptote (bei 1) ist gerade die Ausgleichszeit, und der Verstärkungsbeiwert ist eben diese Sprunghöhe 1. Mit diesen Werten können wir dann über die Schätzformeln

$$T_n := 2T_u; \quad T_v := 0.5T_u; \quad K_R := \frac{1.2T_a}{K_S T_u}$$

die Reglerparameter (nach Ziegler-Nichols) berechnen.

Wie gut ist dieser Regler nun angepaßt?

Wir berechnen die Führungsübertragungsfunktion und ihre Antwort auf den Einheitssprung (vgl. Bild 9.24 rechts).

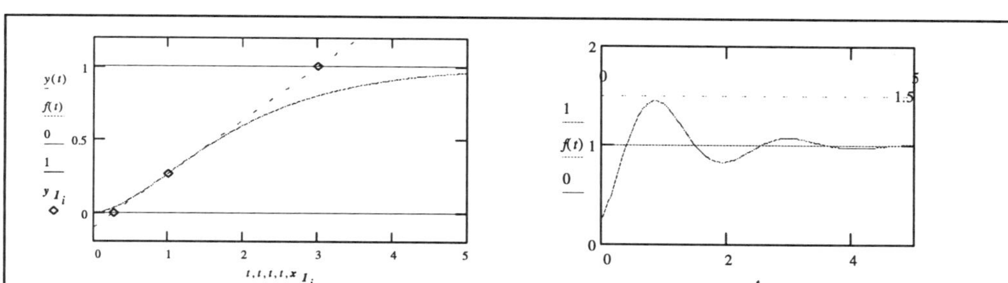

Bild 9.24: Sprungantwort der Strecke und Wendetangente; Regelverhalten

⇨ Da dieses Schätzverfahren natürlich krumme reelle Zahlenwerte liefert, weigert sich Mathcad, die Laplacetransformation, ja sogar eine Partialbruchzerlegung durchzuführen. Wir verzichten daher ganz auf diese Methoden und führen die Partialbruchzerlegung und Rücktransformation sozusagen händisch (natürlich mit Mathcad-Unterstützung) durch.

In Bild 9.25 ist noch eine einfache schaltungstechnische Realisierung eines PID-Reglers dargestellt. Die Ableitung der Übertragungsfunktion können Sie dem Mathcad-Dokument entnehmen.

Der Regelkreis zeigt ein beträchtliches Überschwingen (vgl. Bild 9.24 rechts), so daß sich für uns unmittelbar die Frage ergibt, ob eine Parameterwahl möglich wäre, die dieses Überschwingen unterdrückt. Dieser Frage wollen wir im folgenden Beitrag nachgehen.

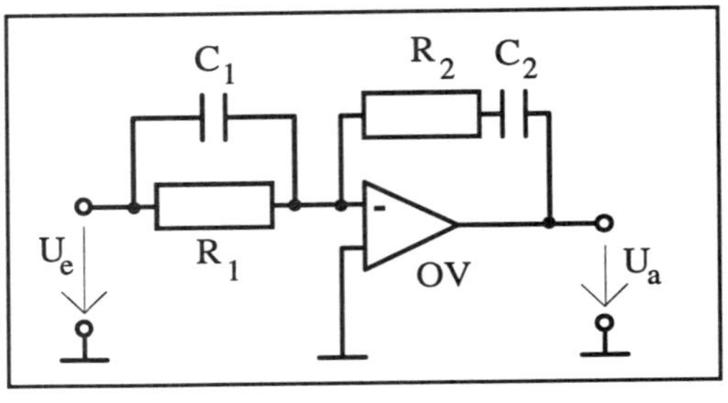

Bild 9.25: Einfacher PID-Regler

9.2.4 Überschwingen von analogen Reglern und Kompensation

Die Ursache für das Schwingen des Reglers in `REGEL2.MCD` ist natürlich das Auftreten eines konjugiert-komplexen Polpaars (wenigstens mit negativem Realteil, also abklingend) in der Führungsübertragungsfunktion.

Im Dokument `NOCYCL.MCD` versuchen wir nun, dieser Strecken-Regler-Kombination das Schwingen und damit auch das Überschwingen abzugewöhnen.

Das Ziel ist klar. Das komplexe Polpaar muß verschwinden. Der Weg dorthin bleibt allerdings offen. Die Führungsübertragungsfunktion ist selbstverständlich eine rationale Funktion; der Zählergrad ist 2; der Grad des Nenners 3. Drei reelle Pole (aus Stabilitätsgründen natürlich auf der negativen reellen Achse) anstelle des einen reellen und der beiden komplexen Pole könnten das Problem lösen. Leider ist es zu schwierig, von dieser Forderung aus auf die richtige Wahl der Reglerparameter rückzuschließen!

Der gangbare Weg nimmt letztlich wieder Anleihe bei der Pol-Nullstellen-Kompensation. Zerlegen wir das Polynom im Nenner allgemein in einen quadratischen und einen linearen Faktor, so können wir versuchen, die Koeffizienten des quadratischen Faktors so zu bestimmen, daß er sich gegen den Zähler kürzt (Kompensationsidee). Ein Glück, daß es den quadratischen Zähler gibt!

Aus der Bedingung, kürzen zu können, folgen die Reglereinstellwerte. Die Führungsübertragungsfunktion entartet zum TP1-Charakter, kann also gar nicht mehr schwingen und zeigt als Sprungantwort das bekannte Bild (vgl. Aufladen eines Kondensators). Da der Reglerbeiwert K_R bei dieser Aktion keiner Bedingung unterworfen werden muß, ist sogar eine weitere Optimierung (steilere Nachführung) innerhalb technischer Grenzen möglich. Bild 9.26 zeigt uns deutlich den Erfolg dieser Aktion – das Führungsverhalten nach der ursprüglichen Ziegler-Nichols-Schätzung und die Nachführung nach der Optimierung für 2 verschiedene Regler-Beiwerte!

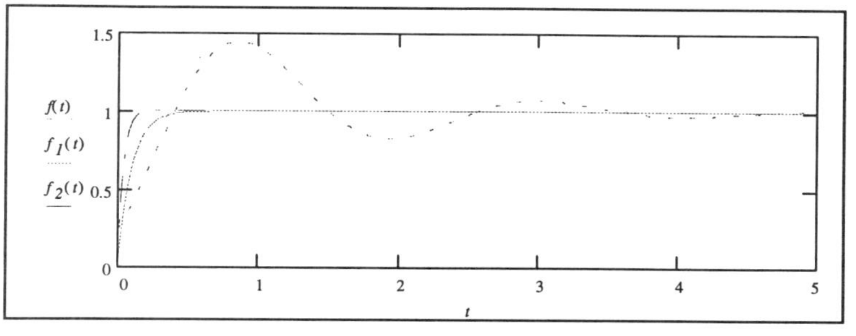

Bild 9.26: Regleroptimierung

Übung 9.11

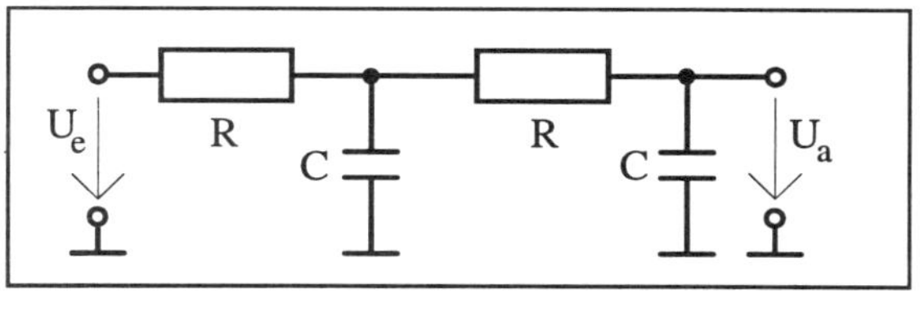

Bild 9.27: PT2-Strecke

Schätzen Sie die Reglerparameter eines PID-Reglers für die in Bild 9.27 dargestellte PT2-Strecke. Optimieren Sie die Regelstrecke!

Eine mögliche Lösung mit PLUS 5.0 finden Sie im Dokument REGEL_P.MCD.

REGEL.MCD zeigt eine Lösung mit Version 5.0.

9.2.5 PT1-Strecke und digitaler Regler mit endlicher Ausgleichszeit

Während man in der analogen Regelung auf konkrete Bauglieder angewiesen ist, die die Vielfalt der denkbaren Übertragungsfunktionen kräftig einschränken (weil es ihre technische Realisierung einfach nicht gibt!), bleibt in der Digitaltechnik jede Möglichkeit offen, da die »Bauglieder« frei wählbare Zahlen sind. Lediglich bezüglich der Algorithmen ist man an die drei Operationen: Addition, Multiplikation und Verzögerung der Tastwerte gebunden.

Wie schon in der Filtertechnik, wo man mit den FIR-Filtern (vgl. Abschnitt 8.7) digitale Filter entwirft, die keine Entsprechung in der Analogtechnik haben, kann man auch in der Regeltechnik FST-Regler (Finite-Settling-Time- oder Dead-Beat-Response-Regler) entwerfen, die eine Ausregelung der Führungsgröße in endlicher Zeit durchführen. Die Analogie zu den FIR-Filtern ist verblüffend: In beiden Fällen liegen sämtliche Pole der Übertragungsfunktion im Ursprung.

Im folgenden machen wir von dieser Tatsache Gebrauch, um aus der Kenntnis der Führungsübertragungsfunktion (z^{-1} für eine PT1-Strecke) die Übertragungsfunktion für den Regler abzuleiten. Aus dieser Übertragungsfunktion können wir dann leicht den rekursiven Algorithmus und das »Schaltbild« (vgl. Bild 9.28) für den Regler gewinnen.

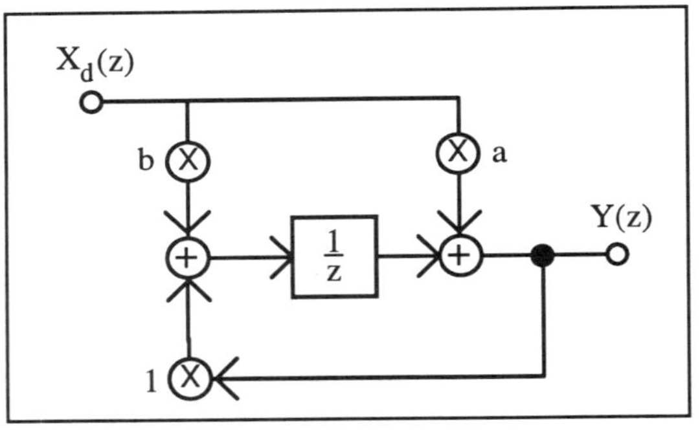

Bild 9.28: Regleralgorithmus

In diesem Bild bedeuten a und b Größen, die sich aus den Streckenparametern ergeben.

$$a = \frac{1}{K_S(1-\alpha)}, \quad b = \frac{-\alpha}{K_S(1-\alpha)} \qquad \text{mit } \alpha = \exp\left(\frac{-\tau}{\tau_1}\right)$$

Im Originaldokument (im Buch unterdrückt) wird dann noch die Rekursion für die Strecke abgeleitet, um die Arbeitsweise des gesamten Regelkreises mit allen auftretenden Zwischensignalen beurteilen zu können. Dieser rekursive Algorithmus für den gesamten Kreis wird zunächst am Einheitssprung, dann an einem Zufallssignal für die Führungsgröße getestet und grafisch dargestellt. Die letzte Grafik wurde wieder in das im Buch gezeigte Dokument aufgenommen.

Im Dokument `DEADBE.MCD` sehen Sie alle Schritte der Berechnung.

Übung 9.12

Versuchen Sie, eine PT2-Strecke so zu regeln, daß die vollständige Ausregelung nach 2 Zeitschritten erfolgt ist!

Dead-Beat-Response-Regelung (deadbe_b.mcd)

Finite-Settling-Time- oder Dead-Beat-Response-Regelung:
Eine analoge Strecke, gegeben durch die Übertragungsfunktion F(s), soll digital so geregelt werden, daß jede Änderung der Führungsgröße nach endlich vielen Schritten ausgeglichen ist.
Der Regelkreis wird folgendermaßen angenommen:

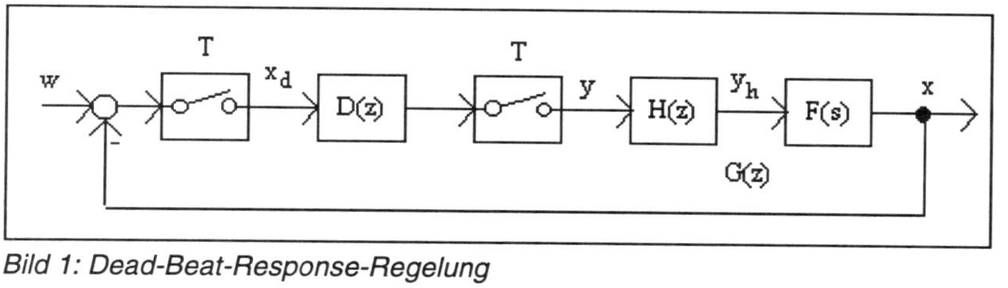

Bild 1: Dead-Beat-Response-Regelung

Es bedeuten:
- w .... Führungsgröße (analoges Signal)
- T .... Taster
- D(z) .... Übertragungsfunktion des Reglers (digital; Z-Transformierte)
- y .... Ausgangssignal des Reglers (getastet)
- H(z) .... Übertragungsfunktion des Haltegliedes (Z-Transformierte)
- y_h .... Ausgangssignal des Reglers (gehalten)
- F(s) .... Übertragungsfunktion der Strecke (analog); ihr entspricht eine nach dem Impuls-Invarianz-Antwort-Verfahren gewonnene digitale Übertragungsfunktion F(z), deren Produkt mit H(z) die Gesamtübertragungsfunktion G(z) (digital) beschreibt
- x .... Ausgangssignal (analog)
- x_d .... Regeldifferenz (digital)

Grundgleichung für den Regelkreis:

$x = D(z)\cdot G(z)\cdot(w-x)$

$x = D(z)\cdot G(z)\cdot w - D(z)\cdot G(z)\cdot x$

$x(1+D(z)\cdot G(z)) = D(z)\cdot G(z)\cdot w$

$$\frac{x}{w} = \frac{D(z)\cdot G(z)}{1+D(z)\cdot G(z)} = \frac{F_0(z)}{1+F_0(z)} = F_F(z)$$

G(z) .... Signalabbildung durch Halteglied und Strecke zusammengefaßt in digitaler Beschreibung

$F_0(z)$ .... Dynamischer Regelfaktor
$F_F(z)$ .... Führungsübertragungsfunktion

Da die prinzipielle Vorgehensweise bei der Konstruktion des Finite-Settling-Time-Algorithmus unabhängig von der Art der Regelstrecke ist (abgesehen vom rechnerischen Mehraufwand), wählen wir eine PT1-Strecke. Eine PTn-Strecke kann mit dem n-ten Schritt vollkommen ausgeregelt werden; eine PT1-Strecke braucht also zur vollkommenen Ausregelung nur einen Schritt.

Strecke: $F(s) = \dfrac{K_S}{1+\tau_1\cdot s} = \dfrac{1}{\tau_1}\cdot\dfrac{K_S}{\dfrac{1}{\tau_1}+s}$ τ_1 .... Zeitkonstante der Strecke

Führungsübertragungsfunktion: $F_F(z) = \dfrac{F_0(z)}{1+F_0(z)} = \dfrac{x}{w}$ mit $F_0(z) = D(z)\cdot G(z)$

$$G(z) = H(z)\cdot F(z) = \left(1-z^{-1}\right)\cdot \text{ztrans}\left(\text{invlaplace}\left(\frac{F_S(s)}{s}\right)_{t=n\cdot\tau}\right)$$

(Vergleiche dig_reg.mcd !)
τ ... Tastperiode

$$G(z) = -K_S\cdot\frac{\left(-1+\exp\left(\dfrac{-1}{\tau_1}\cdot\tau\right)\right)}{\left(z-\exp\left(\dfrac{-1}{\tau_1}\cdot\tau\right)\right)} = K_S\cdot\frac{1-\alpha}{z-\alpha}$$

Substitution: $\alpha = \exp\left(\dfrac{-1}{\tau_1}\cdot\tau\right)$

Damit die Regelung in einem Schritt beendet ist, muß bei einem Sprung der Führungsgröße in Höhe w_0 zwischen den Tastwerten von w und x folgender Zusammenhang bestehen:

$w = < w_0, w_0, w_0, ... >$

$x = < 0, w_0, w_0, w_0, ... >$

Für die Tastwertefolge von x_d ergibt sich dann: $x_d = w - x = < w_0, 0, 0, ... >$

Als Differenzengleichung ausgedrückt: $x(n) = w(n-1)$ mit $w(-1) = 0$

Z-Transformation liefert $\text{ztrans}(x(n), n, z) = \dfrac{1}{z}\cdot\text{ztrans}(w(n), n, z)$

Daß der Zusammenhang zwischen x und w durch Z-Transformation dargestellt $x = w \cdot z^{-1}$ lauten muß, ist allerdings auch ohne Mathcads Transformationsfähigkeiten klar. Daraus ergibt sich für die Führungsübertragungsfunktion folgende Gleichung in z:

$$\frac{x}{w} = z^{-1} = \frac{F_0(z)}{1 + F_0(z)}$$ bzw. $$\frac{1}{z} \cdot (1 + D \cdot G) = D \cdot G$$ *Nach Variable auflösen* (D)

$$\frac{-1}{\left[z \cdot \left(\frac{1}{z} \cdot G - G\right)\right]}$$ *Vereinfachen*

$$\frac{1}{(G \cdot (-1 + z))}$$ *Nach Variable ersetzen* (G) und zur Gleichung ergänzt

$$D(z) = \frac{1}{\left[K_S \cdot (1 - \alpha)\right]} \cdot \frac{(z - \alpha)}{(-1 + z)}$$ *Nach Variable ersetzen* (α)

z-Transformierte des Reglers: $$D(z) = \frac{1}{\left[K_S \cdot \left(1 - \exp\left(\frac{-1}{\tau_1} \cdot \tau\right)\right)\right]} \cdot \frac{\left(z - \exp\left(\frac{-1}{\tau_1} \cdot \tau\right)\right)}{(-1 + z)}$$

Der Regelalgorithmus als Tastwertefolge:

$$D(z) = \frac{y}{x_d} = \frac{1}{\left[K_S \cdot (1 - \alpha)\right]} \cdot \frac{(z - \alpha)}{(-1 + z)} \cdot \frac{z^{-1}}{z^{-1}}$$ Kreuzweise *Kopieren*

$$y \cdot (-1 + z) \cdot z^{-1} = \frac{1}{\left[K_S \cdot (1 - \alpha)\right]} \cdot (z - \alpha) \cdot z^{-1} \cdot x_d$$ *Ausdruck entwickeln* (links)

$$\frac{-y}{z} + y = \frac{1}{\left[K_S \cdot (1 - \alpha)\right]} \cdot \left[(z - \alpha) \cdot z^{-1} \cdot x_d\right]$$ *Ausdruck entwickeln* (eckige Klammer rechts)

$$\frac{-y}{z} + y = \frac{1}{\left[K_S \cdot (1 - \alpha)\right]} \cdot \left(x_d - \frac{1}{z} \cdot x_d \cdot \alpha\right)$$ bzw. $$y = \frac{y}{z} + \frac{1}{K_S \cdot (1 - \alpha)} \cdot \left(x_d - \frac{1}{z} \cdot x_d \cdot \alpha\right)$$

Aus dieser Formel kann das im Text gezeigte "Schaltbild" des Reglers abgeleitet werden (vgl. Bild 9.28)

Zu implementierende r Regleralgorithmus:

$$y_n - y_{n-1} = \frac{1}{\left[K_S \cdot (1 - \alpha)\right]} \cdot \left(x_{d_n} - \alpha \cdot x_{d_{n-1}}\right)$$ bzw.

$$y_n = y_{n-1} + \frac{1}{\left[K_S \cdot (1 - \alpha)\right]} \cdot \left(x_{d_n} - \alpha \cdot x_{d_{n-1}}\right)$$ mit $y_{-1} = 0$ und $x_{d_{-1}} = 0$

$$y_n = y_{n-1} + \frac{1}{\left[K_S \cdot \left(1 - \exp\left(\frac{-1}{\tau_I} \cdot \tau\right)\right)\right]} \cdot \left(x_{d_n} - \exp\left(\frac{-1}{\tau_I} \cdot \tau\right) \cdot x_{d_{n-1}}\right)$$

α durch den richtigen Wert ersetzt

Willkürliche Führung: $ORIGIN := -1$

Abtastperiode: $\tau := \frac{1}{2}$ (Zeiteinheit) Reglerparameter: $\tau_I := 5$ $K_S := 8$

Laufbereich: $n := 0..8$ Substitution: $\alpha := \exp\left(\frac{-1}{\tau_I} \cdot \tau\right)$

Startwerte: $x_{-1} := 0$ $y_{-1} := 0$

Endgültige Form der Rekursion:

$$\begin{pmatrix} x_n \\ y_n \end{pmatrix} := \begin{bmatrix} \alpha \cdot x_{n-1} + K_S \cdot (1 - \alpha) \cdot y_{n-1} \\ \frac{(-w_n + \alpha \cdot w_{n-1})}{[K_S \cdot (-1 + \alpha)]} \end{bmatrix}$$

Willkürliche Führung $w := \begin{bmatrix} 0 \\ 1 \\ 0 \\ 0 \\ .5 \\ .5 \\ -.5 \\ -.5 \\ -.5 \\ -.5 \end{bmatrix}$

Graphen: $x_d := w - x$

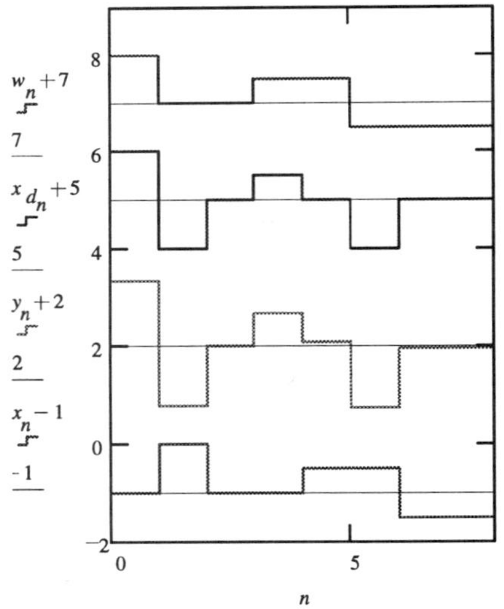

$y = \begin{bmatrix} 0 \\ 1.314 \\ -1.189 \\ 0 \\ 0.657 \\ 0.063 \\ -1.251 \\ -0.063 \\ -0.063 \\ -0.063 \end{bmatrix}$ $x = \begin{bmatrix} 0 \\ 0 \\ 1 \\ 0 \\ 0 \\ 0.5 \\ 0.5 \\ -0.5 \\ -0.5 \\ -0.5 \end{bmatrix}$

9.2.6 PT1-Strecke und P-Regler (adaptiv)

Eine andere Manipulationsmöglichkeit digitaler Signalverarbeitung, die die Analogtechnik nicht kennt, ist die adaptive Filterung bzw. Regelung. Ein analoger Regler ist, einmal gebaut, unveränderlich. Zumindest kann er sich nicht selbst modifizieren. Ganz anders der digitale Regler. Niemand kann ihm verbieten seine Parameter, die ja nur Bitmuster in einem RAM sind (ein geeigneter Algorithmus vorausgesetzt), im Laufe der Regelung zu verändern (adaptive Regelung).

Nur um sein Prinzip darzustellen, versuchen wir in `ADA_REG.MCD` einen (schlecht eingestellten) P-Regler zusammen mit einer PT1-Strecke durch einen einfachen Adaptions-Algorithmus zu verbessern.

Selbstverständlich bleibt er ein Regler mit bleibender Regelabweichung und ist daher kein sehr brauchbares Objekt für adaptive Regelung. Wir wollen trotzdem mit dieser Kombination arbeiten, weil wir für sie in den vorhergehenden Dokumenten bereits alle notwendigen Funktionen bereitgestellt haben.

Bild 9.29 zeigt, daß der adaptive Regler im ersten Schritt gleich schlecht regelt wie der gewöhnliche P-Regler, sich dann aber Schritt für Schritt verbessert, bis er an die natürlichen Grenzen des P-Reglers (bleibende Regelabweichung) stößt.

Ein Zufallssignal für die Führungsgröße zeigt uns, daß der adaptive Regler seinen Parameter in beide Richtungen (Vergrößerung und Verkleinerung) ändern kann, und damit die Gefahr, die bei adaptiver Regelung immer droht (er beginnt zu schwingen), vermeidet (vgl. Bild 9.29, rechtes Bild).

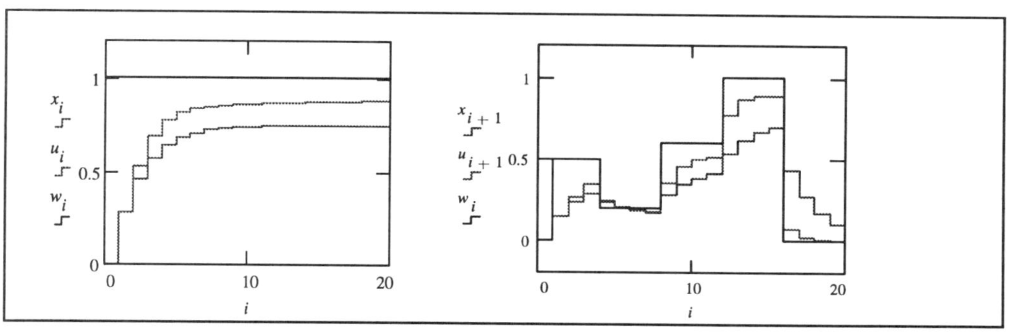

Bild 9.29: Adaption des P-Reglers und adaptiv geregeltes Zufallssignal

9.2.7 Adaptiver Regler mit endlicher Ausgleichszeit

In diesem Beitrag soll der FST-Regler von Abschnitt 9.2.5 adaptiv gemacht werden.

Das unangenehmste Problem beim FST-Regler ist, daß die Parameter der zu regelnden Strecke zahlenmäßig exakt erfaßt und im Regleralgorithmus präzise verankert werden müssen. Ein Problem, das technisch nur in gewissen Grenzen lösbar sein wird. Die Idee, gerade diesen Regler adaptiv zu machen, ist daher naheliegend.

Zunächst sollten wir uns darum kümmern, wie der Regler auf falsch eingestellte (d.h. der Strecke nicht exakt angepaßte) Reglerparameter reagiert. Daher steht am Anfang des Dokuments `ADADEBE.MCD` eine Untersuchung, die klarstellt, welche Auswirkungen falsch eingestellte Reglerparameter auf das Regelverhalten haben.

Aus diesen Erkenntnissen können wir dann einen Adaptionsmechanismus für den im Regler (falsch) verankerten Parameter K_S entwerfen. Wir sehen dabei, daß der entworfene Algorithmus außerordentlich stabil (beliebiger Anfangswert!) und vor allem völlig unempfindlich gegenüber einer Fehleinstellung des 2. Parameters (α) ist. Aus dieser Tatsache folgern wir, daß der 2. Parameter keiner Adaption unterworfen werden muß. Es genügt, ihn nach erfolgter Adaption des 1. Parameters in einem einzigen Führungssprung zu ermitteln und ihn so in den Regler zu übernehmen.

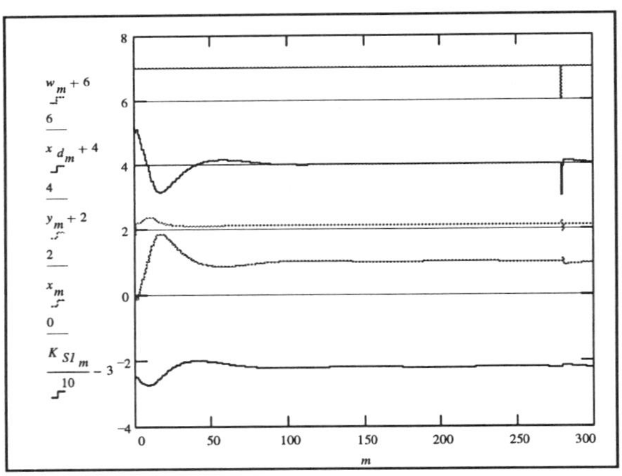

Bild 9.30: Adaptionsvorgang über 280 Schritte

Die hier vorgestellte Adaptionsvariante arbeitet mit einer vorauslaufenden Eichsequenz; mit einigem Bemühen (auch diese Möglichkeit wird im Dokument noch angedeutet) ließe sich daraus auch ein Adaptionsverfahren konstruieren, das die Adaption in den eigentlichen Regelvorgang integriert (On-Line-Adaption). In Bild 9.30 sehen Sie die Eichsequenz für die Führungsgröße w mit einem Einheitssprung über 279 Tastperioden. Dabei wird K_S adaptiert. Der einzelne Sprung im folgenden Zeitschritt ermöglicht die Eichung des 2. Parameters α. Die weiteren Skalen zeigen die Regeldifferenz, das Signal am Regler- und am Streckenausgang. Die letzte Skala zeigt die Adaption des Parameters K_S.

Mit derselben Bedeutung der dargestellten Größen zeigt Bild 9.31 die Schlagkraft der Adaption.

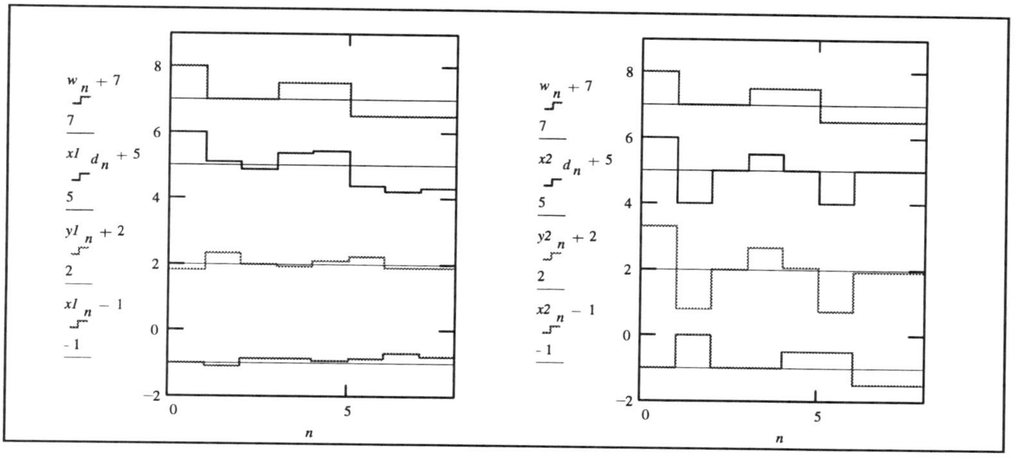

Bild 9.31: Regelverhalten vor und nach der Adaption

Im links stehenden Graphen wird die Strecke mit den Startwerten für die Adaption »geregelt«. Sie sehen selbst, daß von »Regelung« eigentlich keine Rede sein kann. In der rechten Abbildung (nach erfolgter Adaption) sehen Sie, wie der Regler die Führung (1.Skala) exakt nachvollzieht, natürlich um eine Tastperiode versetzt (letzte Skala).

Stichwortverzeichnis